D1753455

Dr. Andreas Piepenbrink · Peter Neumann

Masterplan eMobilie

HAUS & AUTO CO_2-NEUTRAL NUTZEN:
EINE GEBRAUCHSANLEITUNG

IMPRESSUM

Masterplan eMobilie
Haus & Auto CO_2-neutral nutzen: Eine Gebrauchsanleitung

Herausgeber
Dr. Andreas Piepenbrink / Peter Neumann

Verlag: haus verlag & kommunikation gmbh
16348 Wandlitz, Gartenstraße 10 A
E-Mail: peter.neumann@haus-verlag.de

www.haus-verlag.de

www.eMobilie.de

Chefredakteurin
Doris Neumann

Lektorat und Korrektorat
Susann Pantel, Berlin

Art-Direktion, Layout, Gesamtgestaltung und Herstellung
Martin Geiger / Yvonne Ziermann (Grafiken), Altlandsberg

www.wortschnitzer.de

Bildbearbeitung
Knud Kreitz, Hamburg

Aktualisierte und ergänzte 3. Auflage 2022, LEVEL DREI (Ex. 30.001–50.000)

ISBN 978-3-9816756-5-8

Einzelpreis: 34,00 €

Bibliografische Information der Deutschen Nationalbibliothek:
Die Deutsche Nationalbibliothek verzeichnet diese Publikation
in der Deutschen Nationalbibliografie.
Detaillierte bibliografische Daten unter <http://dnb.d-nb.de>

Alle Texte in diesem Buch (sofern nicht ausdrücklich anders gekennzeichnet) stammen von Doris und Peter Neumann.
Das Werk ist einschließlich all seiner Teile urheberrechtlich geschützt.
Jede Verwertung außerhalb der engen Grenzen des Urheberrechtsgesetzes
ist ohne schriftliche Zustimmung des Verlages unzulässig und wird strafrechtlich verfolgt.
Das gilt insbesondere für Vervielfältigungen, Übersetzungen, Einspeicherung und
Verarbeitung in elektronischen Systemen.

Druck
Grafisches Centrum Cuno GmbH & Co. KG, Calbe
Auf FSC®-zertifiziertem Papier (FSC® Mix GFA-COC-001575)
im Ultra HD Print gedruckt.

Editorial

Zum Speicher drängt es, am Speicher hängt es. Notwendige Selbstbefragung.

Mit Eigenstrom die Kosten auf null senken – und CO_2 sparen

Die Stromversorgung vom Kraftwerk ins Haus kostet 50 Prozent Umwandlungs- und Leitungsverluste. Photovoltaik und Heimspeicher arbeiten mit 20 Prozent Verlust. Bei den CO_2-Emissionen sind sie 80 Prozent besser als der Netzstrom. Wir sollten in Heimspeicher investieren, nicht in Netze von gestern.

Ich stimme zu ◯   Ich stimme nicht zu ◯

Unsere Klimaprobleme sind zum größten Teil der Energieversorgung auf Öl-, Gas- und Kohlebasis geschuldet. Jedes Produkt, jede wirtschaftliche Aktivität muss künftig an der CO_2-Bilanz als oberstem Qualitäts- und Wertkriterium bemessen werden.

Ich stimme zu ◯   Ich stimme nicht zu ◯

Photovoltaik ist die preisgünstigste dezentrale Energiequelle. Sie hat gegenüber dem Stromnetz einen um fast 80 Prozent kleineren CO_2-Fußabdruck (ca. 50 g CO_2/kWh vs. 420 g CO_2/kWh aktueller deutscher Strommix).

Ich stimme zu ◯   Ich stimme nicht zu ◯

Elektrische Speicher im Haus und im Fahrzeug können intelligent gekoppelt die verlustärmste 24-Stunden-Versorgung aus erneuerbaren Quellen bilden.

Ich stimme zu ◯   Ich stimme nicht zu ◯

Solarstrom ist in allen Sektoren (Elektrogeräte, Wärmeerzeugung, Mobilität) nutzbar, um fossile und biogene Brenn- und Kraftstoffe zu ersetzen.

Ich stimme zu ◯   Ich stimme nicht zu ◯

Regelbare Lasten (Wärmepumpe/E-Pkw) begünstigen direkte Nutzung durch intelligente Regelung. Mit Speicher und Elektronik kann die Spitzenlast am Netz ganzjährig unter 3 Kilowatt pro Wohneinheit bleiben – Netzausbau unnötig.

Ich stimme zu ◯   Ich stimme nicht zu ◯

Das Hauskraftwerk ist mehr als ein Batteriespeicher – es integriert ihn in ein ganzheitliches CO_2-Vermeidungskonzept für Gebäude und E-Mobilität.

Ich stimme zu ◯   Ich stimme nicht zu ◯

Ein Hauskraftwerk steuert die sektorengekoppelte Solarstromnutzung so, dass der gesamte Energiebedarf des Betreibers (Haushalt/Wärme/Mobilität) mit Eigenstrom gedeckt wird – ohne Batteriespeicher definitiv unmöglich.

Ich stimme zu ◯   Ich stimme nicht zu ◯

Ein Pkw mit modernstem Dieselantrieb emittiert – alles gerechnet auf 200.000 Kilometer Gesamtfahrleistung – 111 g CO_2/km. Ein vergleichbares Fahrzeug mit E-Antrieb emittiert mit Beladung aus dem Netz 62 g CO_2/km. Wer den Strom zum Fahren ausschließlich aus regenerativen Quellen nutzt, kann die CO_2-Emissionen der Nutzungsphase auf nur noch 2 g CO_2/km senken.

Ich stimme zu ◯   Ich stimme nicht zu ◯

Die vollelektrische Versorgung der Gebäude inklusive E-Mobilität über das Stromnetz ist nicht nur in der CO_2-Bilanz deutlich unterlegen; sie ist mit der vorhandenen Netzstruktur nicht machbar.

Ich stimme zu ◯   Ich stimme nicht zu ◯

◯ Sie haben mehrheitlich zugestimmt. Das vorliegende Buch dient Ihnen mit Fakten, Expertenwissen und praktischen Hausbesitzer-Erfahrungen als **Gebrauchsanleitung für kosteneffiziente und CO_2-neutrale Nutzung von Gebäuden und Mobilität. LEVEL DREI: Beispiele, wie auch Sie Ihre Energiekosten dauerhaft auf null drücken können. Und wie Sie in der eMobilie gut durch den Winter kommen.**

◯ Sie haben mehrheitlich nicht zugestimmt. Sorry. Bitte geben Sie das Buch an jemanden weiter, den es inspiriert.

Die Herausgeber
Dr. Andreas Piepenbrink   Peter Neumann

Andreas Piepenbrink   *Peter Neumann*

2	Impressum
3	Editorial Zum Speicher drängt es, am Speicher hängt es

KAPITEL 1 Die Vorgaben

8	17 Thesen für eine bessere (Bau-)Welt. Plus eine Inventur, wie planetenschädigend wir bauen Prof. Werner Sobecks alarmierende Faktensammlung

18	Lösung eines Dauerkonflikts: Vom Passivhaus zum Aktivhaus Prof. Manfred Hegger
24	Klimaneutral wohnen. Mein Haus: Mein Kraftwerk, meine Tankstelle Prof. Norbert Fisch
32	Unser CO_2-Problem Wäre die Erde ein Mensch, würde sie uns wegen unserer Emissionen verklagen

KAPITEL 2 Die Energiesysteme

54	Die Energiewende zeigt ihr wahres Gesicht. Für uns steht die radikalste Umkrempelung an Prof. Dr. Werner Brinker

Kapitel 3 Die E-Mobilie

66 Mission: Possible Dr. Andreas Piepenbrink, Gründer und Chef von E3/DC, über die E-Mobilie: Komfortstrom, Heizstrom, Fahrstrom – maximal regenerativ selbst produziert. CO_2-neutral. Was sonst?

86 Power to the People Wie lange halten welche Batterien? Daten von Dr. Martin Beuse, Direktor Battery E3/DC

90 Überwintern in der E-Mobilie Wärmebedarf und Solarstromausbeute in Balance bringen
94 Beispiel 1: Typ Maximalist
100 Beispiel 2: Typ Feinmotoriker

104 Roadmap 2023 Intelligente Speichertechnik in Bestform

112 Eine Weltpremiere: Der Online-Hauskonfigurator Wie groß ist der CO_2-Schuldenberg Ihres Neubaus? Wie können Sie ihn mit Zero-CO_2-Technik abtragen?

Kapitel 4 Die Akteure

126 Franz Schnider, arento ag, Hinwil: Das erste Klimapositive: 10-Familien-Haus in Wetzikon

146 Holger Laudeley, Laudeley Betriebstechnik: Vitaler Vor- und Querdenker der Branche
154 Honda Wellbrock: In der Pole-Position
158 Stadtvilla Schumacher: Im Nebenjob Energieproduzent
162 Mehrfamilienhaus Henne: Sanierung zur Energieinsel
166 Gut Gerkenhof: Hallo, Netz: Wir sind dann mal weg!
172 Mehrfamilienhaus Janssen: Einmal alles, bitte!

174 Dr. Tanja Lippmann, Schrameyer GmbH: Familienbande oder Das Kontinuum von Kompetenz und Anspruch
184 Privathaus des Seniorchefs: Grüne Verjüngungskuren
188 Mehrfamilienhaus Nordhorn: Miete mit Bonus
194 Passivhaussiedlung Twist: Im Selbstversorger-Modus

204 Stefan Korneck, SCM Energy: Ein Bauernhaus switcht sich in seine klimaneutrale Zukunft
218 Das Familiendomizil als Blaupause fürs Firmen-Tagwerk

224 Peter Burkhard, SonnenPlan GmbH: Wiederbelebung regionaler Architektur auf hohem energetischen Niveau
236 Haus Michel: Zahlen überzeugen auch Skeptiker
240 Der veredelte Familiensitz der Erbs
244 Ein angejahrter Dreiseitenhof verwandelt sich in einen beispielhaften Wohnort

248 B&W Energy: Aufstieg ins XXL-Format
252 Das Wissing'sche Wind-Sonne-Portfolio
258 Ein Glücksfall – für die junge Familie und den Weltenlauf
264 Ex-Banker Ludger Jacobs' private Soll-Ist-Rechnung

270 Stierli Solar: Die Schweizer lieben Eigenstrom
278 Familie Kochs Lebensstil in Grün. Da machen die Emissionen schlapp

284 Karl-Heinz Simmet, solar-pur AG: Vornan im Solarland
288 Bäckerei & Pension Würzbauer: Der Paradekunde
292 Lackiererei Albert Schotte: Der 60-Prozentige
296 Martin Hartmannsgruber: Sonnenstrom trifft Notstrom

300 Joachim Köpfer, Köpfer Gebäudetechnik GmbH: Im Turbomodus
306 Seniorenheim Tannhausen: Neubau mit Klimaschutzfaktor

310 Michael Hövel, Ingenieurbüro Exergenion: Sonnenhäusler mit coolem Kalkül

320 Michael Simon, Sunny Solartechnik GmbH: Befreiungsschläge von den Fossilen
326 Bestnoten fürs ABH-Studentenwohnheim Konstanz
330 Wohnhaus Schruer/van Essen: Drei solare Alltagswelten

334 S-Tech Energy GmbH, Winhöring: Mit der Premiere in die Premiumleague: Der Alt-Neubau-Hybrid von Seeon

eMobilie

www.eMobilie.de

DIE VOR-GABEN

Kapitel 1

Wie wir künftig bauen, ohne die Welt (weiter) zu zerstören

ZUR PERSON

© René Müller

Prof. Dr. Dr. E.h. Dr. h.c. Werner Sobek (Jahrgang 1953) leitete bis 2020 das Institut für Leichtbau, Entwerfen und Konstruieren (ILEK) der Universität Stuttgart. Er ist Mitbegründer der Deutschen Gesellschaft für Nachhaltiges Bauen (DGNB). Auf seiner wissenschaftlichen Agenda weit oben: die klimaschädliche Rolle des Bauwesens ins öffentliche Bewusstsein zu rücken. Seine Firmengruppe hat sich von einem Drei-Mann-Unternehmen im Gründungsjahr 1992 zu einem Global Player mit 350 Mitarbeitern entwickelt.

Die Vorgaben

Prof. Werner Sobek ist ein prominenter, weltweit agierender Baumeister. Seine visionären Projekte sind lebendige Beweise für Umweltschutz und Nachhaltigkeit. Mit diesem Anspruch treibt er seit Jahrzehnten die konservative Baubranche vor sich her und voran. Vor zwei Jahren hat der unangepasst ungeduldige Architekt in 17 Thesen dargelegt, wie groß die Kluft ist zwischen dem, was klimapolitisch getan werden müsste, und dem, was getan wird. Alles noch superaktuell. Jetzt hat er in seinem Buch „non nobis – über das Bauen in der Zukunft" weitere umfängliche Fakten über das gestörte Mensch-Natur-Verhältnis geliefert.

THESE 1

Die Menschheit wächst im Durchschnitt um 2,6 Menschen pro Sekunde.

In großen Teilen ist dies wohl die wichtigste Zahl. Wollten wir den durch dieses Wachstum entstehenden Bedarf an Hochbauten und Infrastruktur auf dem Niveau von Österreich, der Schweiz oder Deutschland befriedigen, dann müssten wir der Erde hierfür pro Jahr circa 40 Milliarden Tonnen Baustoffe entnehmen. Das entspricht dem Volumen einer 30 Zentimeter dicken Wand entlang des rund 40.000 Kilometer langen Äquators. Diese jährlich zu errichtende Wand hätte eine Höhe von etwa 1.300 Metern.
Es geht also fortan darum, für mehr Menschen mit weniger Material zu bauen.

Aus: „non nobis – über das Bauen in der Zukunft"*

➜ Im Jahr 2015 wurden jährlich etwa 84 Gigatonnen an Material aus der Erde entnommen beziehungsweise von ihr geerntet. Den größten Anteil haben nichtmetallische Mineralien mit circa 38 Gigatonnen pro Jahr, gefolgt von Biomasse mit etwa 20 Gigatonnen und fossilen Energieträgern mit circa 15 Gigatonnen. »

Textpassagen zum Cover des neuen Buchs von Werner Sobek sind diesem entnommen.

→ Die globale Materialentnahme stieg damit in den vergangenen 100 Jahren doppelt so schnell an wie die Weltbevölkerung.

→ Während auf den durchschnittlichen Erdenbürger eine jährliche Materialentnahme von etwa 11 Tonnen entfällt, beträgt dieser Wert in den USA circa 20 Tonnen, in Deutschland circa 17 Tonnen und in Italien etwa 11 Tonnen pro Kopf.

→ Als global nachhaltiges Maß gelten 8 Tonnen pro Kopf und Jahr.

→ Das UN International Resource Panel (UNIRP) warnt davor, dass sich die bisherigen Zuwachsraten im Ressourcenverbrauch nicht durchhalten lassen. Ein weltweit schnell anwachsendes Wohlstandsniveau, angetrieben durch aufsteigende Mittelschichten in Asien, Südamerika und Afrika, dürfte dazu führen, dass sich der Verbrauch bis 2030 auf 186 Gigatonnen pro Jahr noch einmal dramatisch erhöhen und gegenüber heute mehr als verdoppeln wird.

→ Das Bauschaffen steht heute für 50 bis 60 Prozent des weltweiten Materialverbrauchs. Damit steht die Baubranche in der Liste der materialverbrauchenden Industrien an erster Stelle.

→ Die mit Stand 2020 auf der Welt installierte Baustoffmenge betrug 1.170 Gigatonnen. Diese Menge ist äußerst inhomogen verteilt.

So besitzt ein Bürger Deutschlands in Summe circa 460 Tonnen an Baustoffen, ein Bürger der sogenannten Industrieländer circa 430 Tonnen, ein durchschnittlicher Weltbürger aber lediglich 148 Tonnen. Die Bürger der sogenannten Entwicklungsländer, die 80 Prozent der Weltbevölkerung ausmachen, besitzen etwa 76 Tonnen Baustoffe pro Person.

THESE 2

Die große Tragödie der Menschheit besteht darin, dass CO_2 durchsichtig, geruchlos ist.

Das Begreifen des nicht wahrnehmbaren, klimaschädlichen Gases beginnt wohl erst dann, wenn wir vor dessen Auswirkungen stehen. Dann aber ist es zu spät. Wir müssen lernen, das Nicht-Sichtbare, das Nicht-Riechbare zu verstehen, es zu bändigen und zu vermeiden, um seine Auswirkungen so klein wie möglich zu halten.

THESE 3

Die Menschheit hat kein Energieproblem. Sie hat ein Emissionsproblem.

Allein die Sonne strahlt über 10.000-mal mehr Energie auf die Erde ein, als die Menschheit für alle ihre Funktionalitäten benötigt. Wir haben also kein Energieproblem.

Wir haben ein Emissionsproblem, im Wesentlichen hervorgerufen durch die bei der Verbrennung von fossilen Trägern, Biogas und Holz entstehenden klimaschädlichen Gase.

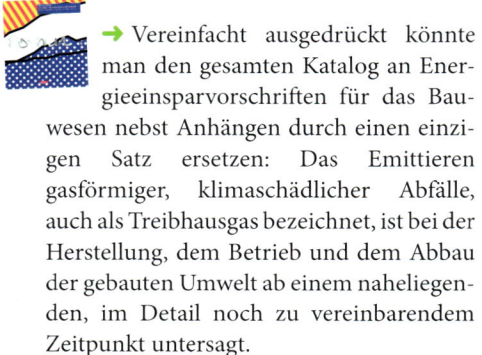

→ Vereinfacht ausgedrückt könnte man den gesamten Katalog an Energieeinsparvorschriften für das Bauwesen nebst Anhängen durch einen einzigen Satz ersetzen: Das Emittieren gasförmiger, klimaschädlicher Abfälle, auch als Treibhausgas bezeichnet, ist bei der Herstellung, dem Betrieb und dem Abbau der gebauten Umwelt ab einem naheliegenden, im Detail noch zu vereinbarendem Zeitpunkt untersagt.

→ Ergänzend könnte man noch hinzufügen, dass per se unvermeidbare prozessbedingte Emissionen bei der Herstellung von Baustoffen oder Bauteilen durch geeignete Kompensationsmaßnahmen auszugleichen sind.

THESE 4

Es ist irreführend, von „erneuerbarer" Energie zu sprechen.

Energie kann weder erzeugt noch vernichtet werden. Sie kann nur von einer Form in andere Formen umgewandelt werden. Wir müssen uns um eine präzise Sprache, ein präzises Beschreiben der Fakten und der zwischen den Fakten bestehenden Zusammenhänge bemühen.

Dies ist Grundlage sowohl jedweder Erkenntnismöglichkeit und damit jeder Wissenschaft als auch jedweder Demokratie.

THESE 5

Es ist falsch, den Fokus nur auf die Energieeffizienz in der Nutzungsphase zu richten.

Hinter der Forderung nach Energieeffizienz in der Nutzungsphase von Gebäuden steht eigentlich der Wunsch nach einer Absenkung der damit verbundenen Emissionen. Das eigentliche Ziel ist jedoch ein emissionsfreier Betrieb. Dies sollte man dann auch so benennen.

Aber: Der Betrieb der Gebäude ist nur ein Teil des Problems. Bei den heute errichteten Gebäuden entstehen circa 50 Prozent der von diesen Gebäuden innerhalb der nächsten 60 Jahre getätigten Emissionen bereits vor dem Einzug. Bei Bauten für die Infrastruktur sind es nahezu 100 Prozent.

Diese grauen Emissionen, entstanden bei der Materialgewinnung, der Komponentenherstellung und der Errichtung von Bauwerken, schädigen die Atmosphäre sofort und in vollem Umfang. Nach den ersten 30 Jahren ist bei Gebäuden der durch sie bewirkte Schaden bereits mehr als achtmal größer als der durch die Emissionen im Betrieb verursachte Schaden.

Wir müssen die Zielrichtungen unseres Handelns bei der Bebauung der Welt ändern. Die Priorität muss auf einer drastischen Reduktion der grauen Emissionen liegen.

These 9: Mehr Bäume!

→ Das Hauptproblem, die derzeitigen Emissionen des Bauwesens auch nur einigermaßen präzise erfassen zu können, liegt in der Einteilung aller umweltrelevanten Vorgänge in Sektoren wie Industrie, Energie, Gebäude, Mobilität etc. Dem Sektor Gebäude werden dabei nur die durch die Bereitstellung von Wärme (Heizung und Warmwasser) entstehenden energiebedingten Emissionen während der Nutzungsphase der Wohn- und Nichtwohngebäude zugebucht.

Die Emissionen in der Herstellungsphase werden den Sektoren Mobilität, Industrie und Energie zugeordnet.

Dasselbe gilt für Bauten der Infrastruktur.

→ Durch diese Art der Verbuchung „verschwindet" das Gros der durch das Bauwesen verursachten Emissionen in den Zahlenmengen der anderen Sektoren. Dass dies künftig nicht mehr möglich sein darf, ist evident.

THESE 6

Das Bauschaffen produziert zu viel gasförmigen Abfall.

Errichtung und Betrieb unserer Gebäude erzeugen circa 35 bis 40 Prozent aller klimaschädlichen Emissionen.

Dies entspricht einer Menge von rund 12 Milliarden Tonnen CO_2. Pro Jahr. Oder 380 Tonnen CO_2 pro Sekunde. Allein bei der Produktion von Zement wird jährlich mehr CO_2 emittiert als vom gesamten Weltluftverkehr.

Wir müssen alles tun, um die mit der Errichtung, dem Betrieb und dem Rückbau unserer gebauten Umwelt entstehenden Emissionen zu senken – indem wir sie vermeiden oder kompensieren.

→ Die weltweite Zementproduktion belief sich im Jahr 2019 auf etwa 4,1 Gigatonnen. Die zur Herstellung erforderliche Energiemenge beläuft sich auf etwa 10,6 Exajoule.

→ Damit steht die Zementindustrie mit einem Anteil von 7 Prozent auf Platz 3 der Liste der weltweit größten Energieabnehmer.

→ Die bei der Herstellung entstehenden Emissionen belaufen sich jährlich weltweit auf etwa 2,3 Gigatonnen CO_2.

→ Etwa 55 Prozent davon, also 1,2 Gigatonnen, sind prozessbedingte, die übrigen 1,1 Gigatonnen sind energiebedingte Emissionen.

→ In der deutschen Zementproduktion liegen diese Werte bei 60 Prozent prozessbedingten und 40 Prozent energiebedingten Emissionen.

→ Die bei der Zementproduktion entstehenden Emissionen haben einen Anteil von etwa 6 Prozent der weltweiten CO_2-Emissionen.

→ Abgesehen von Sonderanwendungen mit vernachlässigbarer Tonnage ist das Bauwesen der alleinige Abnehmer der gesamten Zementproduktion.

→ In Deutschland verteilte sich die Zementproduktion im Jahr 2018 zu zwei Dritteln auf den Gebäudebereich und zu etwa einem Drittel auf die Infrastrukturbauten.

→ Die während des Rückbaus und des anschließenden Rezyklierens oder Endlagerns der Baustoffe entstehenden Emissionen sind, ähnlich wie die während dieser Prozesse benötigten Energiemengen, umfänglich unerforscht.

→ Man geht mit dem derzeitigen Stand des Wissens davon aus, dass bei Gebäuden etwa 10 Prozent der gesamten durch das Gebäude getätigten klimaschädlichen Emissionen auf den Rückbau entfallen.

THESE 7

Wir müssen mit weniger Stahlbeton bauen.

Die Herstellung eines Kubikmeters Stahlbeton geht mit der Emission von etwa 330 Kilogramm CO_2 einher.

Ein einzelner großer und gesunder Baum benötigt circa zehn Jahre, um diese Menge CO_2 zu binden.

Wir sollten also zukünftig Stahlbeton deutlich sparsamer und nur noch dort verwenden, wo seine wunderbaren Eigenschaften wirklich benötigt werden.

→ Die weltweite Produktion von Rohstahl betrug im Jahr 2019 etwa 1,9 Gigatonnen. Was eine Steigerung um 160 Prozent gegenüber dem Jahr 1980 darstellt.

→ Das Bauwesen ist mit einem Anteil von 51,2 Prozent der größte Abnehmer von Stahl weltweit.

→ Die prozessbedingten Emissionen liegen bei etwa 0,4 Tonnen CO_2 pro Tonne Eisen. Hinzu kommen energiebedingte Emissionen von insgesamt etwa 2 Tonnen CO_2 pro Tonne Eisen.

→ Die Eisen- und Stahlindustrie ist mit einem Anteil von 23 Prozent entsprechend 35,6 Exajoule der zweitgrößte Energieabnehmer weltweit.

→ Sie ist zudem mit einem Anteil von 28 Prozent (entsprechend 2,3 Gigatonnen CO_2 jährlich) der Emissionen des Industriesektors beziehungsweise 8 Prozent der weltweiten Emissionen einer der weltweit größten CO_2-Emittenten.

→ Von den 2019 in Deutschland erzeugten 39,6 Millionen Tonnen Stahl gingen 13,9 Millionen Tonnen in das Bauschaffen.

THESE 8

Die Menschheit verfügt über zu wenig Bauholz.

Der Traum, unsere gebaute Welt fortan nahezu ausschließlich aus Holz zu erschaffen, scheitert bereits an der verfügbaren Menge an Bauholz. Würde man alle Wälder »

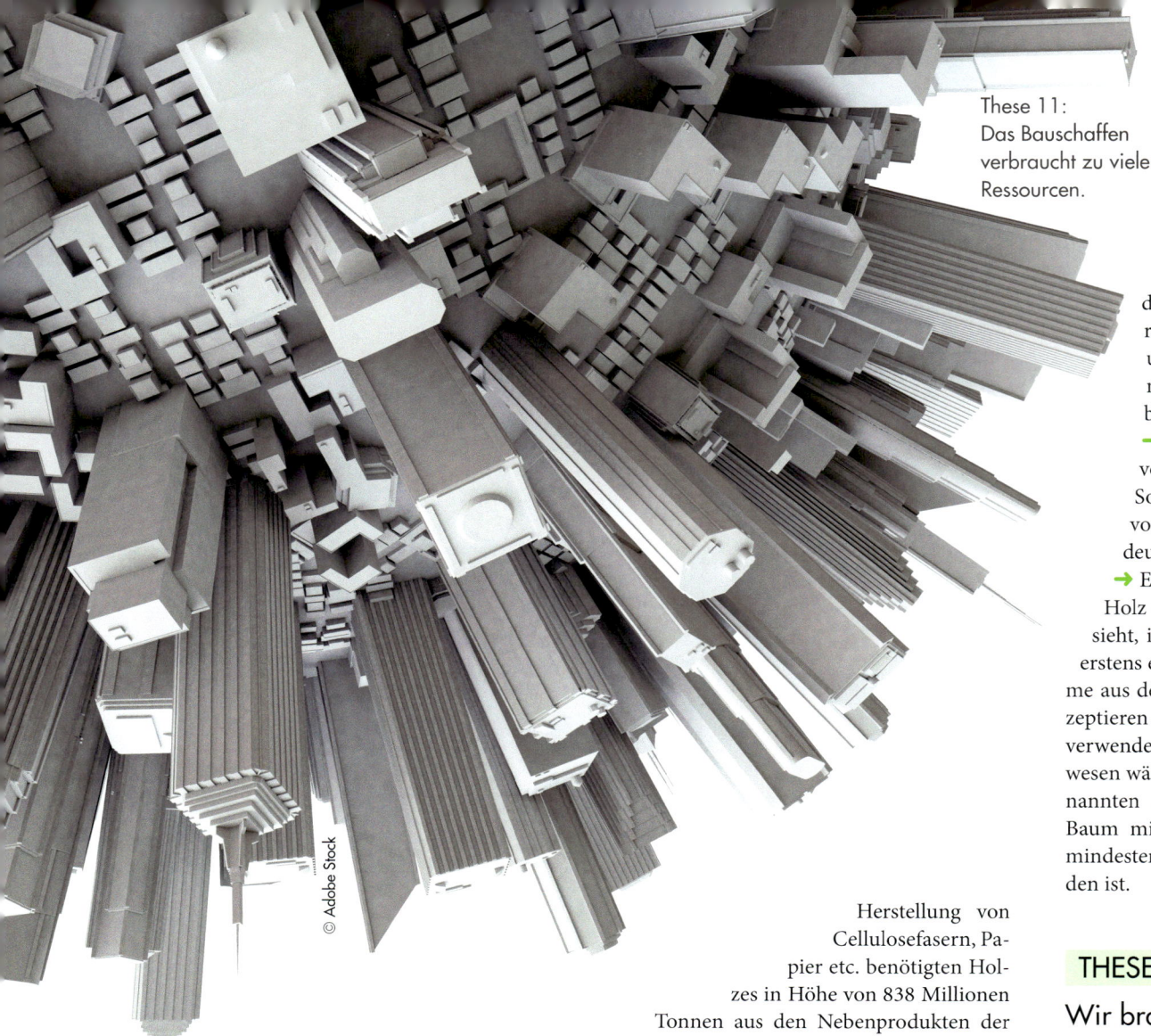

These 11:
Das Bauschaffen verbraucht zu viele Ressourcen.

der Erde nach modernsten forstwirtschaftlichen Prinzipien bewirtschaften, dann könnte man hieraus ungefähr 12 bis 15 Milliarden Tonnen Bauholz gewinnen. Der tatsächliche Baustoffbedarf liegt aber um ein Mehrfaches höher.

Außerdem ist Holz ein Chemiegrundstoff und Grundlage für die Herstellung von Möbeln, Verpackungen oder Papier. Zudem müssen die Ärmsten der Armen nach wie vor mit Holz heizen und kochen.

Deutlich mehr mit Holz zu bauen birgt also das Risiko eines weltweiten Verteilungsstreits. Es gilt, in großem Umfang schnell wachsende und für das Bauen nutzbare Hölzer anzupflanzen. Auch wenn diese Wälder erst in Jahrzehnten geerntet werden können – sie sind eine wichtige Investition in die Zukunft. Und sie binden schon jetzt CO_2. Aufforstung ist das Gebot der Stunde.

→ Zieht man von der weltweit jährlich zur Ernte zur Verfügung stehenden Menge von G = 11,4 Gigatonnen die heute für Brennholz und für Treibstoffe benötigte Summe von 1.943 Millionen Kubikmeter oder – abgeschätzt – 1.166 Millionen Tonnen ab und unterstellt man gleichzeitig, dass die gesamte Menge des zur Herstellung von Cellulosefasern, Papier etc. benötigten Holzes in Höhe von 838 Millionen Tonnen aus den Nebenprodukten der Sägewerke stammt, dann erhält man jährlich eine Menge von G_{Bau} = 6,1 Gigatonnen. Dies ist ungefähr das 6- bis 7-Fache der derzeit in das Bauwesen fließenden Holzmenge. Das Bauen mit Holz könnte demnach erheblich ausgedehnt werden. Allerdings beträgt der jährliche Bedarf an Baustoffen derzeit, je nach zugrunde gelegtem Szenario, weit mehr als 60 Gigatonnen.

Das Bauen mit Holz wird also auf absehbare Zeit eine wichtige, aber keine dominierende Rolle im Bauschaffen spielen.

→ Im Kontext der Favorisierung von Holz als Baustoff wird häufig und sicherlich unbeabsichtigt suggeriert, dass der in Bäumen enthaltene Kohlenstoff unmittelbar nach ihrem Absterben freigesetzt, sie also zur massiven und sofort aktiven CO_2-Quelle werden. Woraus die Vorteile einer Deponierung des Holzes in Gebäuden als Kohlenstoffsenke abgeleitet werden. Diese Argumentation ist nicht richtig. Trendlinien, die aus wissenschaftlicher Sicht sicherlich einer weiteren Unterlegung mit Daten bedürfen, zeigen auf, dass die mittlere Verweilzeit des Kohlenstoffs bei untersuchten abgestorbenen Bäumen zwischen 15 und 30 Jahren beträgt.

→ In Bezug auf die Freisetzung von CO_2 in die Atmosphäre ist der Soforteffekt einer „Endlagerung" von Bäumen in Bauwerken also deutlich kleiner als erhofft.

→ Eine Substitutionsstrategie, die Holz als Substitut für Stahlbeton vorsieht, ist nur dann sinnvoll, wenn man erstens eine Reduktion der CO_2-Aufnahme aus der Atmosphäre durch Bäume akzeptieren kann oder wenn zweitens der verwendete Baum so oder so zu fällen gewesen wäre oder wenn drittens für den genannten Zweck bereits ein zusätzlicher Baum mit einem zeitlichen Vorlauf von mindestens einem Jahrzehnt gepflanzt worden ist.

THESE 9

Wir brauchen mehr Bäume.

Die infolge natürlicher Prozesse entstehenden CO_2-Emissionen betragen derzeit ungefähr 550 Milliarden Tonnen pro Jahr. Diese Menge wird von der Natur in etwa der gleichen Größenordnung durch Photosynthese wieder gebunden.

Für die durch anthropogene Prozesse entstehenden Emissionen, die derzeit bei circa 32 Gigatonnen pro Jahr liegen, fehlt ein natürliches Bindungspotenzial. Um 32 Gigatonnen CO_2 pro Jahr zu binden, benötigt man etwa 30 Millionen Quadratkilometer Wald. Das entspricht der Fläche eines Quadrats mit 5.400 Kilometer Seitenlänge.

Diesen Wald gibt es noch nicht. Er muss erst noch wachsen. Mangels Alternativen müssen wir sofort und umfangreich mit dem Pflanzen beginnen – und gleichzeitig die Emission von CO_2 vermeiden, wo immer es geht.

→ Seit vielen Jahren verschwinden große Waldflächen auf der Welt. Trotz weltweiter Aufforstung gingen seit 1990 etwa 4,2 Millionen Quadratkilometer Wald verloren.

→ Während in den tropischen Gebieten, hauptsächlich in Lateinamerika und der Karibik, massive Waldverluste stattfinden, sind in Europa, Nordamerika und insbesondere China Aufforstungen und eine Wiederbewaldung von Agrarflächen zu beobachten.

→ Die durch die Vernichtung der Wälder jährlich in die Atmosphäre abgegebene Menge an Kohlendioxid beträgt circa 8 bis 10 Gigatonnen CO_2 im Jahr und damit etwa 20 Prozent der weltweiten anthropogenen Treibhausgasemissionen.

→ Die tropischen Böden geben auch nach der Abholzung oder Brandrodung der Wälder über Jahre CO_2 ab, das beispielsweise durch Verrotten der (unterirdischen) Wurzelmasse entsteht. Die tropischen Regenwälder drohen auf diese Weise von einer CO_2-Senke in eine CO_2-Quelle „umzukippen". Die Menge an klimaschädlichen Emissionen, die dadurch in die Atmosphäre gelangen könnte, ist beträchtlich. Sie wird auf bis zu jährlich 5,2 Gigatonnen CO_2 geschätzt.

THESE 10

Die CO_2-Bindungskapazität eines einzelnen Baumes wird völlig überschätzt.

Ein großer und gesunder Baum in Europa bindet in der Phase seines stärksten Wachstums im Durchschnitt bis zu 100 Gramm CO_2 pro Tag.

Um eine Autobahn wie die A 8 bei Stuttgart emissionsfrei zu gestalten, müssten pro Kilometer Autobahn mehr als 200.000 derartiger Bäume stehen. Das ist schon räumlich gesehen nicht möglich.

Wir müssen also weniger Auto fahren. Wir müssen mit emissionsarmen Autos fahren. Und wir müssen Bäume pflanzen. ≠Jeden Tag.

THESE 11

Das Bauschaffen verbraucht zu viele Ressourcen.

Das Bauwesen steht für etwa 60 Prozent des weltweiten Ressourcenverbrauchs. Würde man jedem Menschen den gebauten Standard der sogenannten Industrieländer zusprechen – eine Versorgung mit sauberem Trinkwasser, Abwasser- und Abfallentsorgung, Zugang zu Bildung und ärztlicher Versorgung –, dann müsste man jetzt, in diesem Augenblick, die gesamte bestehende gebaute Welt noch zwei weitere Male errichten. Dies würde den Kollaps des Planeten bedeuten.

Aber braucht ein Bürger Deutschlands wirklich mehr Straßenfläche als Wohnfläche? Benötigt wirklich jeder 46 Quadratmeter Wohnfläche?

Der weltweite Baustoffbedarf ist schon heute zu hoch. Vielerorts steigender Wohlstand sowie eine wachsende Weltbevölkerung werden Baustoffe wie Sand, Zink oder Kupfer für viele unerschwinglich machen.

Wir müssen mit viel weniger Material bauen. Und wir müssen so bauen, dass alle Baustoffe später wiederverwendet werden können. Nichts darf verloren gehen, nichts darf vernichtet werden.

→ In Deutschland entfallen auf jeden Einwohner circa 331 Quadratmeter für Siedlungszwecke und etwa 211 Quadratmeter für Verkehrszwecke. Interessant an der letztgenannten Zahl ist auch die Erkenntnis, dass jeder deutsche Bürger ungefähr 4,6-mal so viel Verkehrsfläche wie Wohnfläche besitzt.

→ Entsprechend der Nachhaltigkeitsstrategie der Bundesregierung sollte der Flächenverbrauch in Deutschland bis 2020 auf 30 Hektar pro Tag reduziert werden. Nachdem dieses Ziel weit verfehlt wurde, hat man es jetzt einfach auf das Jahr 2030 „umgeschrieben".

→ Betrachtet man beispielsweise die Verfügbarkeit des Baustoffs Sand, »

These 14:
Die gebaute Welt verlangt eine andere Art von Licht.

ergibt sich folgendes Bild: Jährlich werden zwischen 40 bis 50 Gigatonnen Sand und Kies aus der Erde entnommen. Diese Menge ist doppelt so groß wie die von allen Gletschern und Flüssen der Welt jährlich „produzierte" Menge. Die Menschheit räumt also heute die in Jahrmillionen entstandenen Lagerstätten leer.

→ Das Bauwesen ist mit 28 Prozent an der Gesamtproduktion der weltweit größte Abnehmer von Kupfer.
→ Etwa 35 Prozent des weltweit produzierten Kupfers stammen aus dem Recycling von Kupferschrott.
→ Die weltweite Produktion von Aluminium umfasst ungefähr 83 Millionen Tonnen jährlich. Das Bauwesen beansprucht hiervon 36 Prozent.
→ Das Aluminiumrecycling erreicht derzeit weltweit Raten von circa 60 Prozent.
→ In Deutschland wurden 2017 insgesamt 11,8 Millionen Tonnen Kunststoffprodukte hergestellt. Das Bauwesen hat davon circa 2,65 Millionen Tonnen abgenommen, was einem Anteil von 22 Prozent entspricht. Diesem Verbrauch steht ein Abfallaufkommen von lediglich 0,5 Millionen Tonnen gegenüber. Bereinigt man die Abnahmemenge um die Baustellenabfälle, dann erkennt man die lange Einsatzdauer der in den Bauwerken eingesetzten Kunststoffe.
→ Das Verhältnis von Neuware zu Rezyklaten bei den im Bauwesen eingesetzten Kunststoffen betrug im Jahr 2019 etwa 77 Prozent zu 23 Prozent.

THESE 12

Die Menschen müssen anders bauen.

Wir können den Ressourcenverbrauch, den Energieverbrauch und die Emissionen im Bauwesen nur dann radikal reduzieren, wenn wir unsere Art zu bauen vollkommen verändern.

Ressourcenarmes Bauen bedeutet konsequenten Leichtbau, bedeutet recyclinggerechtes Bauen, bedeutet Bauen mit Rezyklaten. Es bedeutet aber auch, pro Kopf weniger zu bauen.

Unsere Gebäude emissionsfrei zu betreiben bedeutet eine völlige Abkehr von bisherigen Konzepten.

Und die Emissionen? Warum verleugnen so viele, dass es die grauen Emissionen des Bauwesens sind, die für rund 20 Prozent der Erderwärmung stehen? Sollten wir also nicht endlich eine Bautechnik entwickeln, die sich in den Rahmen des durch die Natur Gegebenen einordnet – anstatt ihn zu sprengen? Eine Bautechnik, die für viele Generationen gültige Lösungen schafft?

THESE 13

Bauen ist der Produktionsversuch menschlicher Heimat.

Wir wissen nicht, woher wir kommen, wir wissen nicht, wohin wir gehen. Hier, im Jetzt und Heute, suchen wir Sinn und Geborgenheit. Heimat.

Wir suchen eine Heimat, die auch und wesentlich durch die gebaute Umwelt bedingt wird. Gebaute Umwelt, in einem umfassenden architektonischen Verständnis – als visuell wahrnehmbare Welt und als die nicht visuelle Architektur der Düfte, der Geräusche, der taktilen Empfindungen. Alles zusammen schafft die Voraussetzung für das Entstehen von Heimat.

Sollten wir nicht viel mehr Heimat bauen? Für alle. Städte, die gut klingen. Häuser, die gut riechen. Infrastruktur, die man gern berührt.

THESE 14

Die gebaute Welt verlangt eine andere Art von Licht.

In den vor uns stehenden Zeiten schwerer Verwerfungen und großer Erschütterungen gewinnt das Bauen mit Licht eine völlig neue Bedeutung. Das Licht des wärmenden und behütenden Lagerfeuers, das uns seit Anbeginn der Menschheit über die Nacht gerettet hat, diese Lichtstimmung, die tief in uns verankert ist.

Ist Licht nicht viel mehr als eine die Arbeitsleistung des Menschen optimierende Beleuchtung? Ist Licht nicht auch Andeutung von Morgen und Abend, von Sicherheit oder drohender Unbill, ist es nicht Chance, weit zu sehen, anstatt im Dunkeln zu tappen?
Vivos voco, mortuos plango, fulgura frango. (Lateinisch, Übersetzung nach Wikipedia: „Die Lebenden rufe ich, die Toten beklage ich, die Blitze breche ich." – Anm. d. Red.)
Wir müssen unseren Umgang mit Licht völlig neu denken. Wir müssen beginnen, wieder mit Licht zu bauen.

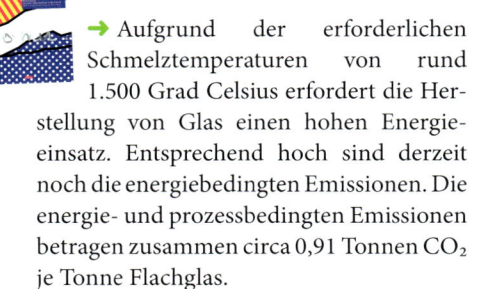

→ Aufgrund der erforderlichen Schmelztemperaturen von rund 1.500 Grad Celsius erfordert die Herstellung von Glas einen hohen Energieeinsatz. Entsprechend hoch sind derzeit noch die energiebedingten Emissionen. Die energie- und prozessbedingten Emissionen betragen zusammen circa 0,91 Tonnen CO_2 je Tonne Flachglas.
→ Bei den Glasherstellern sind große Anstrengungen im Gange, um Altglas für die Produktion von Fensterglas wiederverwertbar zu machen.

THESE 15

Wohlstand für alle auf dem bisherigen Niveau der Industrieländer ist nicht möglich.

Die Versorgung aller heute Lebenden mit einem baulichen Standard, der ein gesundes und menschenwürdiges Leben ermöglicht, ist nicht möglich. Die Versorgung aller zukünftig neu in unsere Welt hineingeborenen Menschen mit einem solchen baulichen Standard ist ebenso wenig möglich. Dasselbe gilt auf absehbare Zeit für den medizinischen und den Ernährungsstandard.

Diese Erkenntnis sollte all unser Denken und Handeln bestimmen. Dabei müssen wir stets ehrlich sein: Entweder wir bekennen uns dazu, dass wir bewusst viele dem Siechtum, dem Elend und dem Tod überlassen, oder wir alle ändern unser Leben und unsere Ziele, die wir uns in diesem allzu kurzen irdischen Dasein gesetzt haben – oder gesetzt bekommen haben?

Rainer Maria Rilke schrieb: „Du musst dein Leben ändern." Wir alle müssen unser Leben ändern. Wir müssen schreiben, sagen und singen: „Wir alle werden unser Leben ändern."

Die Vorgaben

THESE 16
Die große Transformation muss gelingen.

Wir haben maximal bis zum Jahr 2050 Zeit, um die vollständige Reduktion der Emission klimaschädlicher Gase, das Abflachen des Bevölkerungswachstums und die Vollendung einer vollständigen Kreislaufwirtschaft sowie Ernährung, Bildung und medizinische Versorgung für alle sicherzustellen. Das ist die Zeitspanne einer Generation. Wenn wir diese gesamtgesellschaftlich zu erledigende Aufgabe nicht bewältigen, werden die Folgen nicht mehr beherrschbar sein. Die Herausforderungen der kommenden Jahre werden gewaltig sein. Die sozialen, wirtschaftlichen und politischen Veränderungen, die daraus resultieren, werden grundlegend sein.
Aber: Es bleibt kein anderer Weg. Wir müssen all dies für die Kinder von heute und für die späteren Generationen tun. „Einen Olivenbaum pflanzt man für die Enkel", lautet ein altes griechisches Sprichwort. Steckt hierin nicht viel mehr Weisheit, viel mehr Zukunftsverantwortung als in unserem gesamten derzeitigen Wirtschaftssystem? Müssen wir nicht alles tun, um auch den kommenden Generationen ein menschenwürdiges Leben auf Erden zu ermöglichen?

THESE 17
Natura mensura est.

Non deus neque hominus neque pecunia mensura sunt. Nicht ein Gott, nicht der Mensch und kein Mammon sind für uns das zukünftige Maß der Dinge. Die Erhaltung einer intakten Natur ist oberste Aufgabe, ohne eine intakte Natur gibt es keine Grundlage für menschliches Leben. Unser Leben und Handeln muss an einer neuen Angemessenheit und an einer neuen Form der Zuneigung ausgerichtet werden. Zur unbedingten Wertschätzung des anderen als eines Menschen gleicher Würde treten Wertschätzung und Fürsorge für die Natur hinzu, im Ganzen wie im Einzelnen. Ein Weiter-so-wie-bisher gibt es nicht mehr. «

Nachsatz: Die 17 Thesen sind dem Geschäftsbericht 2019/20 der Zumtobel Group entnommen. Konzipiert wurde er von Prof. Werner Sobek.

Alarmierende Bestandsaufnahme

Werner Sobek könnte sich mit Blick auf sein Portfolio entspannt zurücklehnen. Sony Center in Berlin, Post Tower in Bonn, Nationalmuseum in Katar, Mercedes-Benz-Museum in Stuttgart, Hochhäuser in aller Welt. Beispielsweise. Seine Ingenieurexpertise ist von namhaften Architekten gefragt. Die hat er aus seinem Großbüro in Stuttgart und zwölf Standorten von New York bis Dubai geliefert.

Zurücklehnen ist nicht. Der Weltzustand, sein Frust über die behäbige Baubranche, sein andauerndes Bessermachertum, die paradoxen Aufmerksamkeitsdefizite treiben ihn an. Zu einer Bestandsaufnahme unserer gebauten und natürlichen Umwelt. Im Kontext des Klimawandels. Der erste Band der geplanten Trilogie „non nobis" liegt vor, ein Hybrid aus Sach- und Fachbuch, in plakativ erfrischendem Layout. Fakten, Fakten, Fakten. Zusammenhänge. Interpretationen. Ressourcenverbrauch und -verfügbarkeit, Baustoffe, Emissionen, Energie, Erderwärmung, Klimaziele, Bevölkerungsentwicklung …

Als Mann der Tat, sprich: lösungsorientierter Ingenieur, verspricht er in Teil 2 der Trilogie, Gestaltungsmöglichkeiten und Handlungskorridore auszuloten. Der dritte Band wird sich mit notwendigen radikalen Veränderungen befassen: gesellschaftlichen und individuellen.

Auch im Podcast zum Buch äußert sich Werner Sobek nachdenklich. „Wir brauchen Erkenntnis und Mut. Der Wandel muss eine aus der Gesellschaft selbst hervorkommende Veränderung sein." (https://www.wernersobek.com/de/presse/podcasts)

„**non nobis – über das Bauen in der Zukunft**", 384 Seiten, 49 Euro, zu bestellen unter: www.avedition.de

Kapitel 1

Die Vorgaben

R 128. Das Triple-Zero-Prinzip in Bestform

Das eigene Haus ist sein Manifest. Und Prof. Sobeks „lebender" Beweis, wie nachhaltiges Bauen funktioniert.

Entwurf/Gesamtplanung:
Werner Sobek
Auftraggeber:
Ursula und Werner Sobek
Planung: 1998/1999
Baujahr: 1999/2000

Pro Jahr plant Werner Sobek ein Wohnhaus. Als Experiment und Anschauungsobjekt für neue Technologien, die dann oft auch bei den größeren Projekten umgesetzt werden.

Wenn das alte Bauen so offenkundig nichts mehr hergibt, dann muss ein wirklich radikal neuer Denkansatz her.

Werner Sobek nimmt sich beim Wort, als er Ende der 90er-Jahre über sein eigenes neues Haus in Stuttgart nachdenkt, über seinen Kanon für eine innovative, vitale Architektur des 21. Jahrhunderts.

Null fossile Energie! Null Emission! Null Abfall! Diese von ihm „Triple-Zero" genannten Grundqualitäten hält er für unverzichtbar bei zeitgemäßen Gebäudeplanungen. Seine persönlichen Vorstellungen von moderner Lebensart und Wohnkomfort mit den selbst formulierten Triple-Zero-Kernforderungen zu verknüpfen bedeutet:

Das R 128 wird als „ein emissionsfreies Null-Heizenergie-Haus" entwickelt, das

→ sich durch vollkommene Transparenz, Helligkeit und größtmögliche Offenheit „radikal von bisher Gebautem" unterscheidet;

→ durch modulare Bauweise und vorgefertigte Bauteile schnell zu errichten und wegen der unter diesem Aspekt ausgewählten Baumaterialien ohne besonderen Aufwand restlos recycelbar ist;

→ Tragwerk und interne Abtrennungen im Leichtbauprinzip auf ein nötiges Minimum reduziert;

→ seine gesamte Heizenergie in der Jahresbilanz regenerativ selbst erzeugt;

→ Design, Technik und Klimakonzept als Einheit definiert, also von Anfang an durch ein vernetztes interdisziplinäres Planungsteam erarbeitet wird.

„Die Form unseres Wohnhauses ergab sich aus dem Wunsch nach Einfachheit und formaler Ruhe", beschreibt Werner Sobek seine Intentionen. Die viergeschossige Treppe und der partielle Verzicht auf einige Deckenelemente schaffen einen auch vertikal durchgehenden Innenraum. Das Weglassen trennender Innenwände und die komplett verglaste Fassade sorgen für visuelle Kontinuität zwischen Innen- und Außenraum. Wo ist drinnen? Wo fängt draußen an? „Man wohnt weniger in einem Haus als in einem durch eine transparente Hochleistungshülle eingefassten Raum", so der Professor über seinen architektonischen Wagemut. Selbstverständlich gibt es auch Bereiche, etwa das Bad, die nicht einsehbar sind in diesem Guckkasten. «

Kapitel 1

Vom Passivhaus
zum Aktivhaus®

Das Haus, von dem wir reden ...

... steht in der Speicherstraße in Frankfurt am Main: **das weltweit erste Aktiv-Stadthaus**. Die 74 Mietwohnungen auf 8 Etagen sind zwischen 60 und 120 Quadratmeter groß.

Es ist zudem das erste in Deutschland errichtete innerstädtische **Mehrfamilienhaus im EffizienzhausPlus-Standard**. Entworfen von Prof. Manfred Hegger und seinen Kollegen der HHS Planer + Architekten AG, Kassel.

Prof. Hegger, wie weit voraus müssen und können Architekten und Planer denken?

Prof. Manfred Hegger: Architekten müssten eigentlich so weit vorausdenken, wie ihre Gebäude leben. Doch das ist leider fast unmöglich. So eine weite Vorausschau wäre mit unglaublichen Unsicherheiten befrachtet. Dennoch: Wir müssen Verantwortung für die Zukunft in unser Alltagstun implantieren.

Welche Tendenzen sehen Sie?

Es gibt Sicherheiten und Tendenzen. Sicher ist, dass wir immer mehr Menschen auf der Erde werden, dass immer mehr Leute in Städten wohnen und unsere Ressourcenprobleme immer größer werden.

Grenzen des Wachstums und Ende des Wachstums bleiben zwei Paar Stiefel. Die Erwartungen an die Architektur werden scheinbar eher größer als kleiner.

Wir können unsere Ansprüche nicht ins Unendliche steigern, auch nicht beim Raumbedarf. Nehmen wir den Flächenverbrauch. Ich plädiere dafür, nicht reflexhaft nach immer mehr Fläche zu rufen. Aufgabe des Architekten ist es, schöne, angenehme, wertige Räume zu schaffen, die großzügig wirken, auch wenn sie objektiv vielleicht gar nicht so groß sind. Wenn wir verantwortungsbewusster mit bereits vorhandenen und erst recht mit neu zu schaffenden Flächen umgehen, sparen wir Ressourcen und gewinnen neue Freiheiten. Das ist zugleich eine der drei Strategien nachhaltigen Bauens: Suffizienz.

In Ihrem „Aktivhaus"-Buch haben Sie eine „Landkarte der Nachhaltigkeit" mit den Strategien des ressourcenschonenden Bauens vorgestellt. Als erhellende, ordnende, praktikable Verständnishilfe?

Nachhaltiges Bauen ist nicht nur eine gesellschaftliche Notwendigkeit, sondern ein Megatrend. Es ist der einzige realistische Ausweg für unsere Konfliktlage zwischen weiterem Wachstum und begrenzten Ressourcen. Nachhaltiges Bauen meint eigentlich nichts anderes als umfassend gedachte Qualität. Und die ist ohne Effizienz, Konsistenz und Suffizienz, also Angemessenheit, nicht zu haben.

Angemessenheit als Architekturprinzip klingt sympathisch. Erst recht, wenn es zu schöneren Räumen führt. Was macht für Sie einen Raum schön?

Für den schönen Raum gibt es keine allgemeingültige Definition oder gar ein Rezept. Er entwickelt sich jedes Mal neu in unseren Planungen.

Aber es gibt doch Prinzipien, oder?

Der schöne Raum ist wohlproportioniert in der Grundfläche. Er ist vielleicht höher als üblich. Er kann auch differenzierte Höhen aufweisen. Er ist fließend, hat Sichtachsen, die ineinander übergehen. Solche Eigenschaften weiten einen Raum, lassen ihn größer erscheinen, als er tatsächlich ist.

Also doch: Ihr schöner Raum ist kleiner.

Raum ist für Architekten auch eine subjektive Kategorie über die Messbarkeit von Dimensionen hinaus. Wenn es als Teil innovativer Konzepte neue Nutzerqualitäten eröffnet, sollte der Raum objektiv kleiner sein, subjektiv größer. Die junge Generation hat nicht das vordergründige Bestreben zu besitzen. Eher das Bestreben zu nutzen. Und auch zu teilen. Das stimmt mich zuversichtlich. Diese Philosophie des Teilens ermöglicht faszinierende neue Wohnformen.

Werden die Zeiten für innovative Architektur besser?

Horst Rittel, ein Hochschullehrer und Architekturtheoretiker, dem ich als Student eng verbunden war, sagte: „Bauen ist eigentlich ein bösartiger Prozess. Man kann nie das Bestmögliche erreichen, sondern immer nur das am wenigsten Schlechte."
Nehmen Sie die Zertifizierungen für nachhaltiges Bauen: 100 Prozent sind die blanke Illusion. Ziel kann nur sein, mit jedem Projekt möglichst viele der Bewertungskriterien zu erfüllen.
Der unvermeidbare Kompromiss wurzelt in der widersprüchlichen Natur der Bauaufgabe: Was für den Nutzer gut sein mag, kann für die Ökonomie schlecht sein. Was die Energiebilanz verbessert, kann für die Gestaltung problematisch werden. Alle Forderungen abzugleichen ist in der Tat eine extrem bösartige Angelegenheit: Wir können wirklich niemals das Maximum erreichen. Aber ein Optimum. »

ZUR PERSON

Dipl.-Ing. Manfred Hegger (†), ehemals Professor für Entwerfen und energieeffizientes Bauen am Fachbereich Architektur der Technischen Universität Darmstadt, gehörte zu den Mitbegründern der Deutschen Gesellschaft für Nachhaltiges Bauen sowie des AktivPlus e. V. In seiner Landkarte der Nachhaltigkeit bündelte er beispielgebend die neuen Bau-Vorgaben. Gemeinsam mit seiner Frau Doris und anderen betrieb er seit 1980 mit innovativen Projekten erfolgreich die HHS Planer + Architekten AG. Das von ihm entworfene weltweit erste Aktiv-Stadthaus wurde im Juli 2015 in Frankfurt am Main übergeben.

» Angemessenheit ist die oberste Tugend der neuen Architektur. «

PROF. MANFRED HEGGER

Fürs Erste wären wir ja schon glücklich, wenn der Anteil schlechter Gebäude drastisch abnähme. Welche Chancen haben da Einfamilienhäuser?

Bei Einfamilienhäusern ist das Thema Nachhaltigkeit allein schon wegen der Standortfaktoren und des vergleichsweise hohen Mitteleinsatzes schwierig zu realisieren. Auch wenn ich mit Holz baue und die Gebäudehülle energetisch passiv wie aktiv optimiere. Die Verkehrsanbindung wird oft so sein, dass eine Familie zwei Autos benötigt, die jeweils 30 oder mehr Kilometer täglich zurücklegen. So werden vielleicht Grundstückskosten gespart, dafür ist der Mobilitätsaufwand höher – den weder ein Passiv- noch ein Aktivhaus® energetisch kompensieren kann. Nicht mal dann, wenn Elektroautos mit selbst produziertem Solarstrom vom eigenen Aktivhaus®-Dach einbezogen würden.

Nach den ersten Modellversuchen zeichnet sich ab, dass die wirtschaftlichen Vorteile gegenwärtig eher im Aktivhaus®-Quartier zu gewinnen sind als im frei stehenden Einfamilienhaus. Wir hatten von langfristigen Tendenzen gesprochen: Das flache Land entvölkert sich, die Städte wachsen.

Citywohnen ist zunehmend unbezahlbar.

Das mag für besonders attraktive Millionenstädte gelten. Bezieht man jedoch die Mobilitätskosten und die unterschiedliche Wertentwicklung in die Betrachtung ein, ergibt sich meist ein anderes Bild: Das Wohnen in der Stadt wird nicht nur attraktiver, sondern auch kostengünstiger. Und: Die Stadt bietet noch viel unerschlossenes Potenzial. Für Nachverdichtung in 50er-Jahre-Wohngebieten, für Umnutzungen, für Aufstockungsmöglichkeiten. Versteckte Potenziale liegen auch in kleinen Grundstücken, die sich erst bei genauerem Hinschauen erschließen. Dazu kommen noch leer stehende innerstädtische Gebäude, Bunker, Industrie- und Lagergebäude zum Beispiel, die verstärkt für moderne Wohnnutzungen entdeckt werden.

Haben Sie Verständnis, wenn uns als Berliner eine Verdichtung in Sardinenbüchsennähe nicht besonders anpiept?

Wenn es so wäre – ja. Die Fakten sind andere: In einer Stadt wohnte vor 50 Jahren hierzulande eine Person auf 18 Quadratmetern. Heute auf 47,4 Quadratmetern. Das heißt: Allein durch die Tendenz zu immer kleineren Haushalten mit weniger Personen auf immer mehr Fläche hat sich die Dichte in der Stadt mehr als halbiert. Die Infrastruktur derselben Stadt war auf mehr als doppelt so viele Einwohner ausgelegt. Nahverkehr, Wasser und Abwasser, Elektrizität, Theater, Schulen und Kindergärten: Die städtischen Strukturen laufen – von Ausnahmen in einigen besonders gefragten Kiezen in Berlin und anderswo mal abgesehen – zur Hälfte leer. Nachverdichtung ist schon deshalb ein Gebot sinnvoller Stadtplanung, um mit den Ressourcen, über die eine Kommune verfügt, einigermaßen wirtschaftlich umzugehen.

Was wäre folglich in Ihren Augen eine angemessene Wohngebäudeplanung?

Zunächst mal der Abschied vom Durchschnittsfetisch. Hin zu differenzierteren Wohnangebotssituationen. Zum Beispiel Gebäude mit 6, 10 oder 20 Wohnungen in überschaubaren Größen und sozialen Gruppen, in denen Nachbarschaft aktiv gelebt werden kann. Die werden von vielen als ideal empfunden. Aber nicht von allen.

Oder denken Sie an die Millionen Wochenpendler. Die verbringen berufsbedingt nur das Wochenende in der Familienwohnung. Unter der Woche übernachten sie an ihrem Arbeitsort in einer Zweitwohnung. Dort ist das soziale Interesse ein ganz anderes als an ihrem Lebensmittelpunkt. Man sollte also konzeptionell berücksichtigen, dass neben der Halbierung der Wohndichte eine nicht unerhebliche Zahl von Wohnungen nur die halbe Woche genutzt wird. Ihr Flächenbedarf ist kleiner, zweckorientierter, kostenbestimmt.

Eine Familie mit Kindern erwartet demgegenüber Wohnräume anderer Größe, Lage und Beschaffenheit. Das heißt: Was angemessen ist, sollte weder generalisiert noch auf Obergrenzen fixiert werden. Die muss jeder für sich selbst festlegen, seinen ökonomischen Möglichkeiten und seinem ökologischen Verantwortungsbewusstsein entsprechend. Nach unten sollte es aus sozialen Gründen allerdings Mindestgrenzen geben.

Wenn wir Ihnen folgen, kommen wir mit den bisher üblichen Bauweisen nicht mehr weit.

Wir sollten uns fragen, was wir von Wohngebäuden lernen können, die bereits mehr als 100 Jahre stehen und heute noch attraktiv sind, mit Räumen und Grundrissen, die zu den am Markt gesuchtesten gehören. Umgekehrt stellt sich die Frage: Was kann ich von Gebäuden lernen, die erst 20 Jahre stehen – und jetzt schon ohne Reiz sind. Was die stofflichen Ressourcen betrifft: mehr Material nutzen, das langlebiger ist. Und den Anteil nachwachsender Stoffe erhöhen. Energieintensive Materialien wie Stahl oder Aluminium, Zement oder Ziegel sind nur in solchen Konstruktionen akzeptabel, die am Ende des Gebäudezyklus komplett recycelt werden können.

Zu dieser Strategie gehört, dass einzelne Teile der Konstruktion nach einer gewissen Zeit, vielleicht nach 20 oder 30 Jahren, unaufwendig ersetzt werden können. Fenster zum Beispiel. Da könnte ich mir komplett geschraubte Verbindungen vorstellen, die beim Austausch nicht, wie heute üblich, erhebliche Teile der Wand in Mitleidenschaft ziehen. Bei Solarfassaden sind heute schon lösbare Verbindungen gang und gäbe, geschraubt oder gesteckt. Beim mineralischen Bauen mit Ziegeln und Putzen fehlen solche Lösungen noch. »

Professor Heggers Landkarte der Nachhaltigkeit/Strategien ressourcenschonenden Bauens als Grundlage des AktivPlus-Konzepts

KONSISTENZ

- Vom Konsumdenken zum Kreislaufdenken.
- Umbau zu naturverträglichen Ressourcen sowohl beim Baumaterial als auch beim Betrieb der Gebäude.
- Ressourcenaufwand zur Erschließung erneuerbarer Energien in die Bilanz einbeziehen – auch die theoretisch unerschöpfliche Verfügbarkeit der Erneuerbaren hat ihre Grenzen und gebietet Sparsamkeit.
- Für das Aktivhaus®: Bauen mit nachwachsenden Rohstoffen und/oder komplett recyclingfähigen. Energie für den Betrieb möglichst weitgehend aus erneuerbaren Quellen.

EFFIZIENZ

- Grundlage nachhaltigen Wirtschaftens: möglichst viel mit möglichst geringem Ressourceneinsatz erreichen.
- Mit steigender Effizienz die Grenzen der Wachstumswirtschaft in Bezug auf die Ressourcennutzung nahezu beliebig in die Zukunft verschieben.
- Für das Aktivhaus®: nur als hocheffizientes Gebäude denkbar, das hinsichtlich Flächenangebot, Gebäudeform, Materialeinsatz und Gebäudetechnik eine hohe Produktivität aufweist.

SUFFIZIENZ

- Beantwortung der Frage nach dem richtigen Maß.
- Dem Überverbrauch von Ressourcen Grenzen setzen durch das Prinzip der Angemessenheit.
- Aber: bewusste Alternative zu Verzichts-Philosophien.
- Für die Gebäudeplanung: zuerst Beantwortung der Grundsatzfrage, ob ein Neubau zur Deckung eines kritisch zu prüfenden Flächenbedarfs überhaupt erforderlich ist. Falls ja: Frage nach einer angemessenen Größenordnung klären.

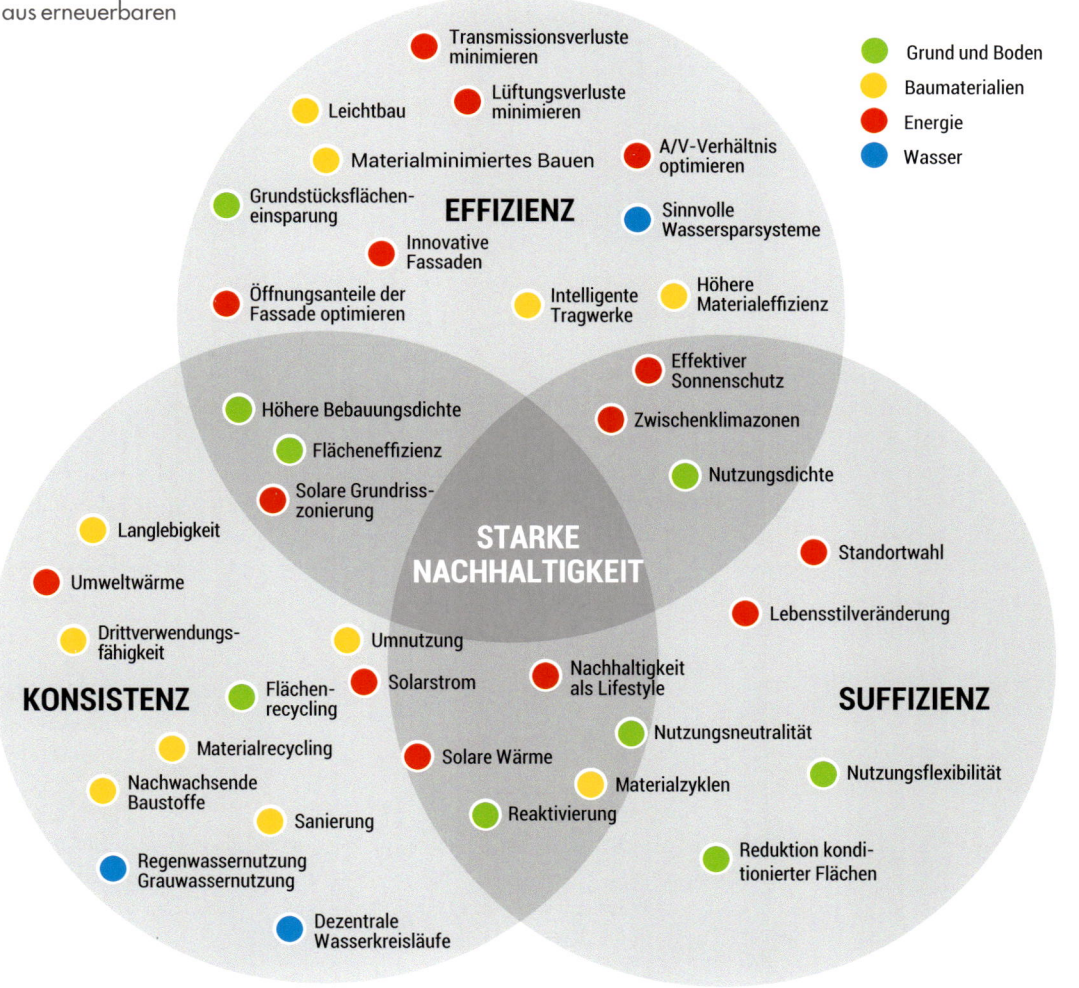

Legende:
- 🟢 Grund und Boden
- 🟡 Baumaterialien
- 🔴 Energie
- 🔵 Wasser

EFFIZIENZ
- Transmissionsverluste minimieren
- Lüftungsverluste minimieren
- Leichtbau
- Materialminimiertes Bauen
- A/V-Verhältnis optimieren
- Grundstücksflächeneinsparung
- Sinnvolle Wassersparsysteme
- Innovative Fassaden
- Öffnungsanteile der Fassade optimieren
- Intelligente Tragwerke
- Höhere Materialeffizienz

KONSISTENZ
- Langlebigkeit
- Umweltwärme
- Drittverwendungsfähigkeit
- Flächenrecycling
- Materialrecycling
- Nachwachsende Baustoffe
- Sanierung
- Regenwassernutzung Grauwassernutzung
- Dezentrale Wasserkreisläufe

SUFFIZIENZ
- Effektiver Sonnenschutz
- Zwischenklimazonen
- Nutzungsdichte
- Standortwahl
- Lebensstiländerung
- Nachhaltigkeit als Lifestyle
- Nutzungsneutralität
- Nutzungsflexibilität
- Reduktion konditionierter Flächen

Überschneidungen:
- Höhere Bebauungsdichte
- Flächeneffizienz
- Solare Grundrisszonierung
- Umnutzung
- Solarstrom
- Solare Wärme
- Materialzyklen
- Reaktivierung

STARKE NACHHALTIGKEIT (Zentrum)

Energieschema Aktiv-Stadthaus Speicherstraße

▸ **Technisch** basiert das Aktiv-Stadthaus auf einer wirtschaftlichen Reduzierung des Energiebedarfs und der **Energiegewinnung aus lokalen Quellen**. Die **hoch wärmegedämmte, luftdichte Gebäudehülle** (HT = 0,3W/m²K) und die **dezentrale Lüftung mit Wärmerückgewinnung** in den Wohnungen führen zu einem sehr geringen Heizwärmebedarf. Die **Restwärmeerzeugung** (vor allem für Warmwasser) erfolgt **über eine elektrische Wärmepumpe mit 120 Kilowatt thermischer Leistung**. Erstmals wird der unterm Haus verlaufende **Abwasserkanal als (Rest-)Wärmequelle** genutzt.

▸ Auf dem 1.500 Quadratmeter großen Pultdach sind 750 PV-Module mit einer nominalen Leistung von circa 250 Kilowattpeak installiert, an der Südfassade weitere 350 Module mit circa 80 Kilowattpeak. Der **jährliche Solarstromertrag** des Gebäudes wird rechnerisch auf etwa **300.000 Kilowattstunden** prognostiziert.

▸ Eine **Li-Ionen-Batterie mit 250 Kilowattstunden Kapazität** dient als Puffer für den Ausgleich von Stromangebot und -nachfrage und ermöglicht einen hohen Eigenstrom-Nutzungsanteil.

▸ **Ingenieurleistungen:** Steinbeis-Transferzentrum Energie-, Gebäude- und Solartechnik EGS, Prof. Dr.-Ing. Norbert Fisch.

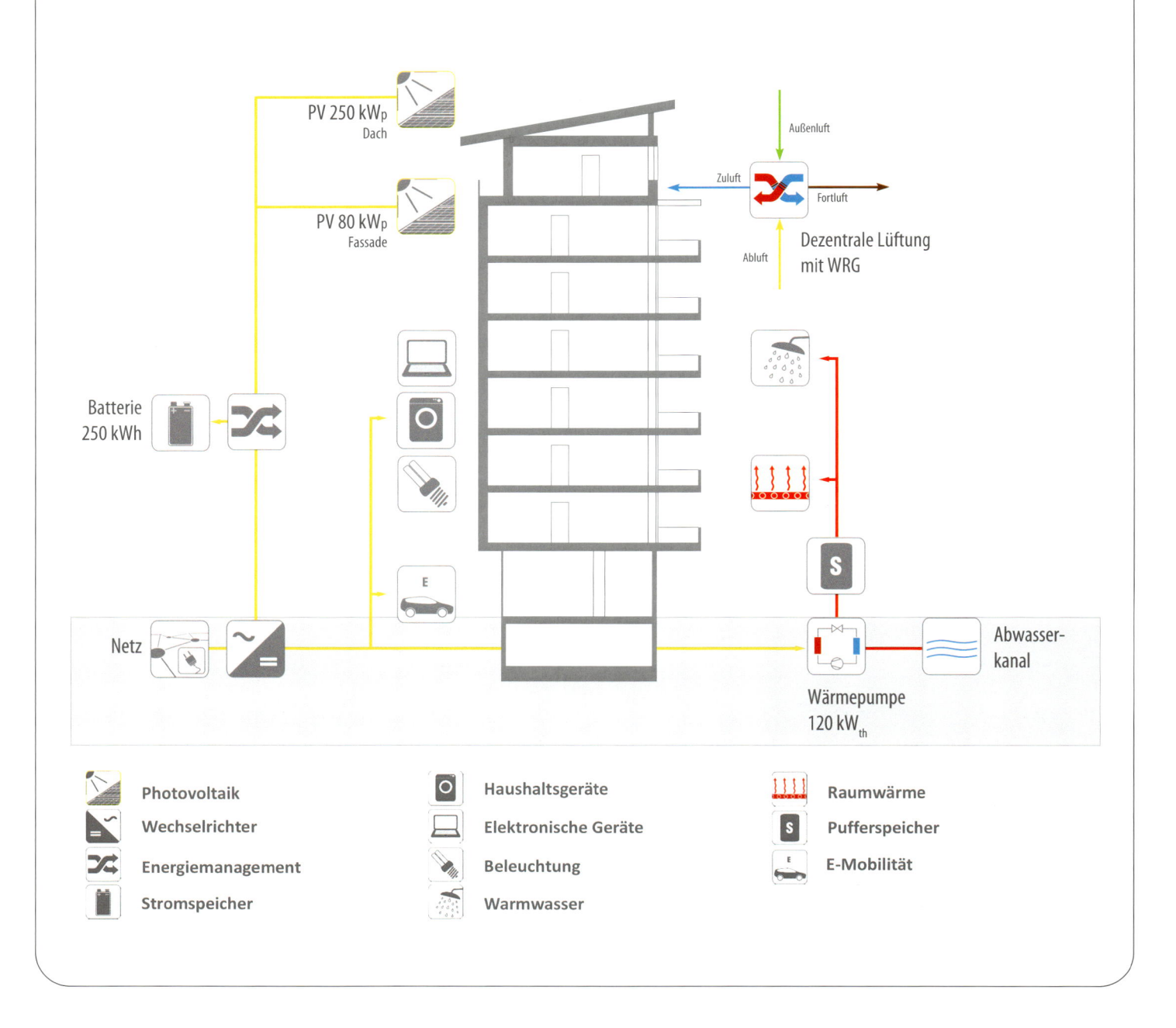

- PV 250 kWp Dach
- PV 80 kWp Fassade
- Batterie 250 kWh
- Netz
- Außenluft / Zuluft / Fortluft / Abluft — Dezentrale Lüftung mit WRG
- Wärmepumpe 120 kW$_{th}$
- Abwasserkanal

Legende:
- Photovoltaik
- Wechselrichter
- Energiemanagement
- Stromspeicher
- Haushaltsgeräte
- Elektronische Geräte
- Beleuchtung
- Warmwasser
- Raumwärme
- Pufferspeicher
- E-Mobilität

> » Nachhaltiges Bauen ist der Megatrend – und die einzige Lösung unserer Konflikte zwischen Wachstum und begrenzten Ressourcen. «
>
> PROF. MANFRED HEGGER

Guter Wille macht frühere Wohnbausünden nicht ungeschehen. Welche fallen Ihnen zuerst ein?

Vor allem, dass jedem Raum seine Nutzung unverrückbar vorgeschrieben wurde. Das Bad ist das Bad ist das Bad. Fensterlos. Nasszelle. Nur Hygiene. Die Küche ist die Küche ist die Küche. U-Boot-klein. Rein funktional. Abgeschottet. Stramme wohnungspolitische Vorgaben.

Dem Nachbessern sind bei solchen Bestandsobjekten Grenzen gesetzt.

Die Kleinteiligkeit lässt sich dennoch mildern: Innenwände entfernen und so eine neue Raumwirkung erzeugen, ohne Enge und Ausgesperrtsein. Großzügige Blickachsen herstellen. Temporäre Abgrenzungen, etwa durch Schiebeelemente, machen Räume flexibel.

Wie sähe die unumgängliche energetische Sanierung eines Althauses bei Ihnen aus?

Ich habe das bei meinem eigenen Haus gerade praktiziert. Das haben wir in jungen Jahren gebaut. In einer ökologischen Siedlung. Holzfachwerk, mit Lehm ausgefacht. Die 14 Zentimeter starke Dämmung war damals ungewöhnlich viel. Immerhin schon aus recycelbarem Material.
Wir haben unser Haus nun in Dach und Wänden nachgedämmt und die Verglasung der Holzfenster ausgetauscht gegen neue mit viermal besseren Werten. Unser Energieverbrauch sinkt, die Behaglichkeit steigt. Beides gehört unbedingt zusammen – Energiesparmaßnahmen und verbesserte thermische Behaglichkeit.

Thermische Behaglichkeit ist etwas sehr subjektiv Empfundenes, oder?

Es gibt wissenschaftlich fundierte Diagramme, die beschreiben, wo der Behaglichkeitsbereich für 90 Prozent der Bevölkerung liegt. Beispielsweise im Verhältnis zwischen Oberflächen- und Lufttemperatur. Je höher die erstere ist, desto geringer kann die letztere sein – die Menschen fühlen sich dennoch behaglich. Auch zwischen der Luftgeschwindigkeit, der Luftfeuchte und dem Temperaturempfinden existieren allgemeingültige Zusammenhänge.

Plusenergiehäuser sind erst dabei, sich am Markt zu etablieren, da arbeiten Sie mit Kollegen schon am nächsten Gebäudestandard AktivPlus.

Der Plusenergie- oder Effizienzhaus-Plus-Standard geht von einer rein energetischen Betrachtung aus. Solare Energieüberschüsse erreichen Sie im Einfamilienhaus relativ leicht: Es hat viel Oberfläche, mit der Sie Energie erzeugen können, und innen relativ wenig Nutzung und Verbrauch.
Das Mehrfamilienhaus tut sich da schwerer: Es hat mehr Wohnraum, aber vergleichsweise weniger Fläche für die Energieproduktion. Je größer also das Haus ist, je mehr Wohnungen Sie darin zu versorgen haben, desto schwieriger wird es, dass es die benötigte Energie selbst produziert. Wir bauen in der Speicherstraße in Frankfurt einen Achtgeschosser, wo es gerade noch klappt. Mit aus heutiger Sicht Formel-1-Technik, wenn ich das mal so sagen darf. Bei Bürogebäuden, großen Labor- oder Hochschulgebäuden kann ich derzeit noch kein Plus erreichen. Der Energiebedarf ist gemessen an der technisch möglichen Energieerzeugung bei diesen Gebäudeoberflächen zu groß.
Bei Logistikbauten, Turnhallen und ähnlichen Gebäuden mit viel Fläche und relativ wenig innerer Nutzung lässt sich wiederum extrem viel Energie gewinnen. Das heißt, wir müssen einen AktivPlus-Standard differenzieren nach Nutzung, nach Dichte in der Stadt, nach Gebäudehöhe.

Stadtquartiere mit AktivPlus-Häusern energetisch neu zu vernetzen, ist eine wirklich gute Idee.

Es ist der nächste Schritt. Die Gebäude in einem gemischten Quartier mit ihren unterschiedlichen Nutzungen zu verschiedenen Tageszeiten machen es möglich, Lastprofile zu ergänzen und untereinander Energie auszutauschen.

Wenn Sie von AktivPlus-Niveau sprechen, denken Sie da an ein offenes System?

Auf die Energie bezogen, unbedingt. Eine Logistikhalle kann 500 Prozent erreichen – also fünfmal so viel Energie produzieren, wie ihre Nutzung verbraucht. Ein Einfamilienhaus schafft locker den Faktor 3. Mehrfamilienhäuser wiederum werden aus den schon genannten Gründen ihren Strombedarf vielleicht nur zu 70 oder 80 Prozent mit selbst produzierter Energie decken.

AktivPlus-Häuser mit 70 Prozent Eigendeckung?

Das irritiert Sie? Passives Energiesparen ist gut und schön, reicht aber nicht. Das Aktivhaus® verdient sich seinen Namen, indem es aktiv Energie gewinnt, für sich und für seine Umgebung einen Beitrag leistet.
Der Kompromiss, dass manche Bestandsobjekte sich nicht 100-prozentig selbst versorgen können, ist ein durchaus akzeptabler. «

Kapitel 1

Klimaneutral wohnen

Alles andere ist zu wenig

Die Vorgaben

ZUR PERSON

Univ.-Prof. Dr.-Ing. M. Norbert Fisch, Jahrgang 1951, gilt international als ausgewiesener Gebäudeenergie-Experte. 1998 bis Ende 2019 leitete er das Institut für Gebäude- und Solartechnik (IGS) im Departement Architektur der Technischen Universität Braunschweig. Er war Mitbegründer und Beiratsmitglied des AktivPlus e. V. In Stuttgart lenkt er als CEO das weltweit tätige Ingenieurbüro EGS-plan mit fast 100 Mitarbeitern.

www.eMobilie.de 25

Mein Haus:
Mein Kraftwerk, meine Tankstelle

First Steps: EnergiePlus

Das Obergeschoss mit Eckverglasung zur Terrasse und raffiniertem Sonnenschutz öffnet durch die raumhohen Fenster einen beneidenswerten Blick ins Tal.

Haus Berghalde, von dem wir hier reden, ist ein bauliches Paradebeispiel der Arbeits- und Denkweise von MNF. Für Manfred Norbert Fischs Herangehen an die zukunftstörendsten Probleme unserer Gebäudetechnik.
Für seine Art, theoretisch fundierte Lösungsstrategien zu erarbeiten.
Für seine an Sturheit grenzende Beharrlichkeit nachzuweisen, dass seine Vorschläge sinnvoll und auch wirtschaftlich umsetzbar sind.
Man sollte wissen, dass Norbert Fisch zu jener Handvoll Universitäts-Professoren gehört, die man ohne Zaudern zur Elite der deutschen Bauingenieurskunst zählt.
Dass ausgerechnet Architekten den promovierten Stuttgarter Maschinenbau-Ingenieur als Professor für Bauphysik und Gebäudetechnik 1996 zu sich an die TU Braunschweig ins Departement Architektur riefen, findet er heute noch bemerkenswert. Dass moderne Architektur ohne innovative Gebäudehüllen und Gebäudetechnik keine Chance hat, liegt auf der Hand. Aber selbst diese Erkenntnis musste erst mal reifen in Zeiten, als Architekten und Ingenieure lieber unter ihresgleichen blieben …

„Ingenieure mit Architekturgefühl und Architekten mit ingenieurtechnischem Verständnis sind eine ideale Zielvorgabe."

So formulierte der Professor das Credo für die Ausbildung seiner Studenten. Wie die durch seine Schule Gegangenen dann mit ihrem Diplom, Master, Doktor die Bauwelt in neue Gänge bringen sollten, formulierte er im Laufe der Jahre immer ambitionierter. Gebäude, ganze Quartiere im EnergiePlus-Standard planen und bauen war dabei seine Mindestvorgabe. Vor etwa zehn Jahren.
Zu erklären und zu begründen, was Norbert Fisch damals mit EnergiePlus als neuen Gebäudestandard beschreibt, füllt ein ganzes Buch. Das liegt vor. Die deutsche Erstauflage „Gebäude und Quartiere als erneuerbare Energiequelle" (2012) verkaufte sich schon im ersten Jahr 2.600-mal. Nach der englischen Fassung (2013) erschien sein Standardwerk zu EnergiePlus 2014 auch im fernen China.
Der Ärger des Professors, sich zuvörderst durch den Dschungel veralteter, inakkurater Begrifflichkeiten schlagen zu müssen, um überhaupt auf den Punkt kommen zu können, ist heute noch nachvollziehbar.
Niedrigstenergiehaus?
„Unpräzise formulierte Zielstellung."
Passivhaus?

Zahlen, bitte!

Projekt: .... EnergiePlus-Haus „Berghalde"
Planung: 2008–2009
Bauweise: ...... massiv (Kalksandstein/Beton)
Fertigstellung: .... September 2010
Wohnfläche: .... 260 m²
Bruttogeschossfläche: .... 595 m²
Bewohner: .... Familie mit 2 Kindern
EnEV-Klasse Gebäude: .... KfW 55
Heizbedarf p. a. (EnEV): 40,5 kWh/(m²a)
Wärmepumpe: .... max. 2,2 kW$_{el}$/10 kW$_{th}$
Erdsonden: .... 2x 69 m Tiefe
Installierte PV-Leistung: .... 17,3 kWp
Energieproduktion*: .... 15.900 kWh/a
Eigendeckungsgrad: .... 33 %
Stromverbrauch* (inkl. Haushaltsstrom, E-Pkw und Monitoring**) . 10.700 kWh/a
Stromverbrauch*/m² Wohnfl... 42 kWh/a

* Monitoring 2011–2018

** Energieverbrauch-Monitoring: 1.200 kWh

Die Vorgaben

„Dogmatische Überbetonung der Dämmung. Willkürliche Festschreibung des Grenzwerts von 15 kWh/(m²a) fürs Heizen."
Nullenergiehaus?
„Wissenschaftlich unsinnig."
Bemerkenswert seine Weitsicht: Norbert Fisch plädiert von Anfang an für ganzheitliche Lösungsansätze à la „Cradle to Cradle", von der Wiege bis zur Bahre.
Ganzheitlich in den Zielsetzungen.
Ganzheitlich in den Bewertungskriterien (Primär- beziehungsweise Endenergie und auch 2010 schon: CO_2-Emissionen).
Ganzheitlich in den Bilanzgrenzen: Gebäude beziehungsweise Grundstück, noch besser: das Quartier.
Ganzheitlich in seinem Bilanzierungszeitraum: sowohl das Kalenderjahr als auch der ganze Lebenszyklus des Gebäudes, von der Errichtung bis zum Nutzungsende und Abriss.
Wie viele große Ideen kommt EnergiePlus sympathisch einfach daher: Ein Gebäude produziert übers Jahr mehr Energie, als seine Nutzer/Bewohner verbrauchen. Punkt.
Dass dafür im ersten Schritt der Energiebedarf schon von der Planung an so radikal und wirtschaftlich sinnvoll wie möglich reduziert werden sollte, ist logisch. Und das Ganze macht auch wirklich nur Sinn, wenn das Plus an Energie mit sauberen Händen erzeugt wird, mit erneuerbaren Quellen.
Nach Lage der Dinge bekommen dabei die gebäudeintegrierten Photovoltaik-Anlagen die Poleposition. Die sind trotz stark schwankender Leistung im Tages- und a fortiori im Jahresverlauf die großen Bringer, erst recht kombiniert mit leistungsstarken Speicherbatterien. Die auf absehbare Zeit wirtschaftlichste Lösung.
Wie groß man sich die Schnittmenge zwischen dem Glück des tüchtig Vordenkenden und dem vieljährig erfahrenen Netzwerker Norbert Fisch auch vorstellen mag: Sein Projekt „Berghalde", zur richtigen Zeit bei den richtigen Leuten vom richtigen Mann präsentiert, passte termingerecht für die vom Bundesbauministerium seinerzeit ausgeschriebene „Forschungsinitiative Zukunft Bau".
Professor Fischs Neubau wird in den Rang eines Forschungs- und Entwicklungsvorhabens befördert. Intensive Begleitforschung, vor allem ein detailgenaues wissenschaftliches Monitoring für die Nutzungsjahre 2011 bis 2018 sind damit gesichert.
„In der Praxis erschweren oft schon zu Planungsbeginn genehmigungsrechtliche Festsetzungen eine energetische Optimierung des Baukörpers", resümiert Prof. Fisch. Die vorvorgestrigen baurechtlichen Vorgaben diktieren mit lustvoller Strenge Dachform und -ausrichtung ohne Rücksicht auf energetische Aspekte. Selbst beim Haus „Berghalde" war die nötige architektonische (Pult-)Dachgestaltung zur Maximierung der Photovoltaik-Fläche erst nach langwierigen Auseinandersetzungen des Professors mit dem Bauamt möglich.
Nächstes Problem: Für die Ausschreibung und Vergabe von Handwerkerleistungen bei Gebäuden auf EnergiePlus-Level fehlen standardisierte und gewerbeübergreifende Lastenhefte.
In der Regel haben Planer sowie Bauherren eines sich energetisch selbst versorgenden Einfamilienhauses mit sechs, sieben Herstellern bei den wichtigen technischen Systemkomponenten zu tun.
Ein irre wunder Punkt. Wenn der Handwerker am Ende der Innovationskette nicht mehr durchsieht, was er wie einstellen muss, um die Anlage in Gang zu bringen, ist mehr verloren als gewonnen. So einfach wie möglich ist und bleibt die goldene Regel. „Wenn sich selbst mein solider technischer Sachverstand in einem verästelten Steuerungsmenü gnadenlos verheddert, um das Duschwasser zwei Grad heißer zu machen, kann ich das System vergessen."
An dieser Stelle wird der Visionär Fisch ein Hausbewohner wie du und ich: Lieber klassisch praktikable Schalter und Drehknöpfe im Haus als eine unheimlich unverständliche digitale Wohnmaschine …
Noch gravierender: „Eine Überprüfung des Betriebs durch ein professionelles Monitoring ist höchst selten vorgesehen. Nach der Fertigstellung gibt es keine Kontrolle darüber, ob der angestrebte Standard tatsächlich erreicht wird. Oder eben nicht."

➔ Der **Jahresstromverbrauch** der 4-köpfigen Familie ist im „Berghalde" mit circa 10.700 kWh/a protokolliert. Bezogen auf die Wohnfläche sind das 42 kWh/(m²$_{Wfl}$a).

➔ Der durchschnittliche **Solarstromertrag** pro Jahr beträgt 1.040 kWh/kWp. Auf die Wohnfläche bezogen 60 kWh/(m²$_{Wfl}$a).

Kapitel 1

→ Der **solare Deckungsanteil** – der Anteil des PV-Stroms am Gesamtstromverbrauch – liegt im Durchschnitt der acht Jahre bei rund 41 Prozent. Im Mittel werden 71 Prozent des Solarertrags ins öffentliche Stromnetz eingespeist.

→ Die **Gebäudekonditionierung insgesamt** (Heizung, Kühlung, Lüftung, Trinkwarmwasserbereitung) hat etwa 35 Prozent Anteil am Gesamtstromverbrauch.

→ Die **Wärmepumpe** ist mit einem Anteil von etwa einem Drittel der mit Abstand größte Stromverbraucher im Gebäude. Ihr anfangs relativ niedriger Stromverbrauch für die Raumheizung und die Trinkwassererwärmung erklärt sich durch den geringen Heizwärmeverbrauch von etwa 34 kWh/(m^2_{Wfl}a) und den 2011 noch genutzten solarthermischen Deckungsbeitrag von 2.945 kWh/a.
Nach Umrüstung auf das „Nur-Stromhaus-Konzept" im März 2012 und dem Abbau der Solarthermieanlage steigt der Stromverbrauch der Wärmepumpe um 28 Prozent auf 3.520 kWh/a bzw. 13,5 kWh/(m^2_{Wfl}a).

→ **Betriebsoptimierungen** der Wärmepumpe erfolgen zunächst durch die Verdopplung ihrer Mindest-Stillstandszeiten auf 20 Minuten, um zu häufiges Takten des Wärmeerzeugers zu vermeiden. Dem dient auch die Erhöhung der Hysterese der Warmwasserbereitung von 2 K auf 4 K.

→ 2013 werden mit Austausch der Wärmepumpe deren **Regelstrategien** verändert:
■ Betrieb aller stromintensiven Haushaltsgeräte und der Wärmepumpe möglichst zeitgleich mit dem PV-Stromertrag;
■ Nutzung vergrößerter thermischer Speicher (Warmwasserspeicher/Pufferspeicher, Fußbodenheizung);
■ Absenkung des Wärmepumpenbetriebs von 21 bis 6 Uhr.

→ Die **Jahresarbeitszahlen** der Wärmepumpe steigen durch die Maßnahmen zur Betriebsoptimierung seit 2011 von 3 auf 4,5 bis 5 in den folgenden Betriebsjahren.
Während der Sommermonate wird die Wärmepumpe ausschließlich zur Trinkwarmwasserbereitung genutzt.

Das wichtigste Berghalde-Monitoring-Ergebnis:
EFH klimaneutral geht ...

Der wissenschaftliche Beweis ist hiermit erbracht, dass solche Gebäude CO_2-(klima-)neutral bewohnt werden können!
(…) Die CO_2-Jahres-Emissionen betragen im Mittel 25 kg/(m^2_{Wfl}a), wobei die Errichtung des Gebäudes – verteilt über 50 Jahre – etwa 56 Prozent davon ausmacht.
(…) Auf Herstellung, Nutzerstrom und thermische Konditionierung des Wohnhauses entfallen rund 6,5 Tonnen CO_2/Jahr. Dies entspricht jährlich rund 1,6 Tonnen CO_2 pro Person. Die Mengen durch Herstellung und Errichtung des Gebäudes sind dabei auf 50 Jahre gleichmäßig verteilt. Dem steht etwa die gleiche vermiedene CO_2-Menge durch den jährlich eingespeisten PV-Strom (rund 11.000 kWh/a) als Gutschrift gegenüber.
Ohne Berücksichtigung der fortschreitenden Dekarbonisierung und einer Degration (lineare Betrachtung) wäre nach 50 Jahren „der CO_2-Ausstoß aus der Errichtung des Hauses rechnerisch kompensiert".

Das Haus „Berghalde" und erste klimaneutrale Stadtquartiere wie die „Neue Weststadt" Esslingen werden für Professor Fisch der krönende Schluss seiner langen Laufbahn als Forscher und Hochschullehrer.
Gebäudeplanung neu denken bedeutet auch: „Für die Bewertung der Kosteneffizienz von Gebäuden ist eine reine Betrachtung von Kosten pro Quadratmeter Bruttogeschossfläche nicht aussagekräftig. Eine aufschlussreichere Bewertungsgröße (…) für Investitionen sind die Kosten pro eingesparter Tonne CO_2."
Unter Einbeziehung wirklich aller CO_2-Emissionen: von der Herstellung und Errichtung des Gebäudes über die Nutzung während der gesamten Lebensdauer inklusive E-Mobilität der Bewohner/Nutzer bis zum Abriss nebst Recycling- und Wiederverwendungspotenzialen.
Alles andere ist nun zu wenig.

Da hat er recht, der Prof. Fisch.

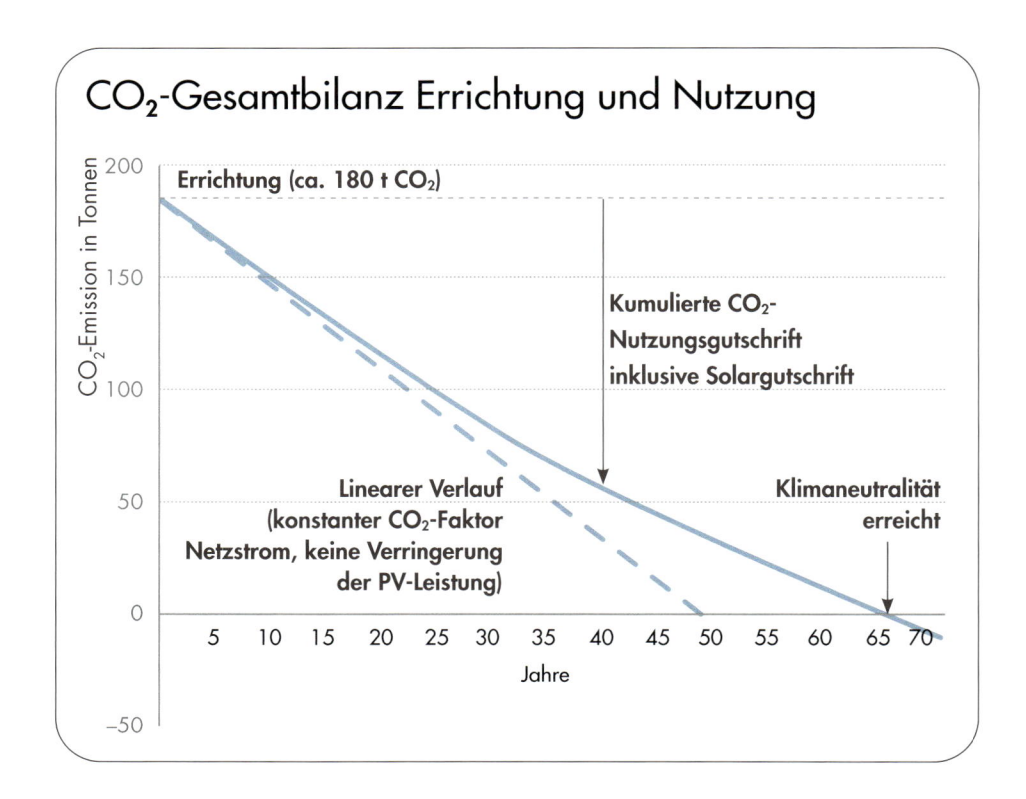

CO_2-Gesamtbilanz Errichtung und Nutzung

Die Vorgaben

Was tun? Zwölf Thesen und Handlungsempfehlungen von Prof. M. Norbert Fisch*

... auch im gesamten Gebäudesektor

Prof. Fisch fasst seine aktuellen Vorschläge, wie der Gebäudesektor klimaneutral gemacht werden kann, in **zwölf Thesen** zusammen:

1. Förderung schnell wirkender Maßnahmen
2. Vereinfachung und Umstellung der Regularien
3. Sanierung im Fokus
4. Fahrpläne für die Sanierung
5. Anforderung an Gebäudehülle nicht weiter verschärfen
6. Dekarbonisierung der Wärmeversorgung
7. Transparenz durch Digitalisierung der Betriebsdaten
8. Festlegung der CO_2-Bepreisung bis 2045
9. Einführung von THG-Emissionsbudgets
10. Förderbonus für tatsächlich erreichte Emissionsminderungen
11. Berücksichtigung von Fachkräftemangel und Ressourcenknappheit
12. Nationale Gebäudedatenbank

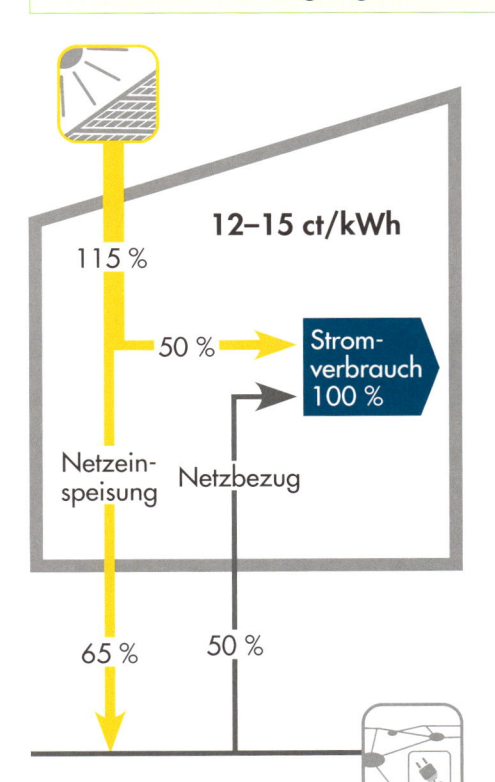

Schnell wirksame Maßnahmen:
- Betriebsoptimierung
- Solarisierung der Dachflächen
- Festlegen einer langfristigen Einspeisevergütung für Solarstrom
- Beseitigen regulatorischer Hürden bei der Solarisierung der Gebäude bis spätestens Ende 2022

Beispiel Mehrfamilienhaus:
- Maximale Eigenstromnutzung
- Solarer Deckungsanteil bis 50 Prozent
- Einspeisung Netz größer 50 Prozent

Im Koalitionsvertrag der neuen Bundesregierung steht als Ziel: 200 Gigawattpeak Solarleistung 2030. Ausgehend von den 2021 installierten etwa 60 Gigawattpeak erfordert das einen Zubau von 140 Gigawattpeak bzw. 16 Gigawattpeak pro Jahr.

Diese 16 Gigawattpeak bedeuten:
- 1 bis 1,5 Gigawattpeak davon müssten jeweils auf die Dächer neu errichteter Gebäude von geplant jährlich circa 55 Millionen Quadratmetern (70 Prozent Solarisierung).
- 3 bis 3,5 Gigawattpeak davon müssten jeweils auf die Dächer zu sanierender Bestandsgebäude (geplant etwa 5,2 Milliarden Quadratmeter jährlich und 4 Prozent Solarisierung).
- Mit 5 bis 6 Gigawattpeak müssten 65 bis 70 Prozent des jährlichen PV-Zuwachses auf Freiflächen erfolgen, also auf etwa 10.000 Hektar (insgesamt ca. 1,8 Prozent der Landwirtschaftsfläche).

Fokussierung auf Reduktion der Treibhausgas-Emissionen (THG) im Bestand:
- Abriss + Neubau bis Faktor 5 über grauen THG-Emissionen einer Sanierung
- Konkretisierung und Schärfung der Bundesförderung Effiziente Gebäude (BEG)
- Neubau-Förderquoten erheblich reduzieren
- Sanierung wesentlich stärker fördern »

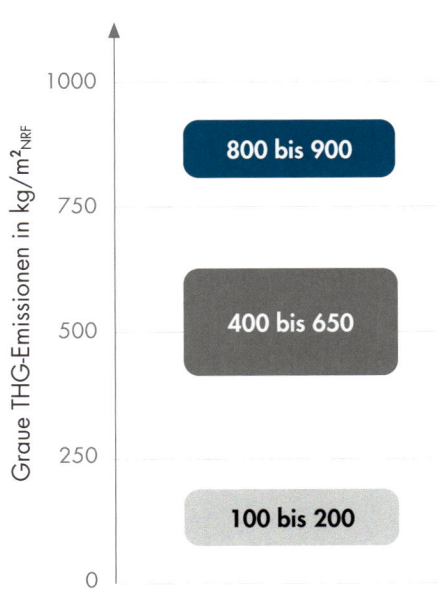

Mehrfamilienhaus, dreistöckig, 930 m²$_{NRF}$
- Neubau Massiv (EFH 55): 800 bis 900
- Neubau Holz-Beton-Hybrid: 400 bis 650
- Sanierung – Rohbau-Konstruktion erhalten: 100 bis 200

(Graue THG-Emissionen in kg/m²$_{NRF}$)

12–15 ct/kWh
115 % Netzeinspeisung
50 % → Stromverbrauch 100 %
65 % / 50 % Netzbezug

* Informationen und Grafiken sind dem Vortrag von Prof. Fisch im Klimabeirat in Ulm am 22. April 2022 entnommen.

Einführung CO₂-Label für Gebäude:

- **CO_2 (A):** Graue Emissionen bedingt durch Neubau oder Sanierung, zum Beispiel 750 kg/(m²$_{NRF}$), auf Basis der zum Zeitpunkt des Baus/der Sanierung verfügbaren CO_2-Materialkennwerte.
- **CO_2 (B):** Emissionen der Betriebsphase (mit/ohne Nutzerstrom), zum Beispiel 15 kg/(m²$_{NRF}$a), werden zu Beginn berechnet und dann zum Beispiel alle fünf Jahre aus den gemessenen importierten und exportierten Endenergieströmen auf Basis der aktuellen CO_2-Werte der fossilen und erneuerbaren Energien aktualisiert.

Anmerkung: Der CO_2-(B)-Wert wird entsprechend der Dekarbonisierung der Infrastruktur (Strom), den Effizienzmaßnahmen und der lokalen Nutzung erneuerbarer Energien (wie PV-Anlagen) in Zukunft abnehmen.

Fahrpläne für die Sanierung:

- Schaffung gesetzlicher Rahmenbedingungen, sodass Sanierungsfahrpläne vergleichbar und verifizierbar sind
- Verpflichtende Erarbeitung von Sanierungsfahrplänen als Teil der Energieausweise
- Festlegung verbindlicher THG-Emissionsfaktoren für die künftige Energieversorgung (unter anderem Strom, Fernwärme)

Sanierungsempfehlungen Gebäudebestand

- Gebäudehülle EH 100 (70 Wohngebäude), Fensterlüftung, Abluft-Anlage
- Maximale PV-Solarisierung der Dachfläche
- Elektrische Wärmepumpe oder „grüne" Fernwärme
- Batteriespeicher 1 Kilowattstunde pro Kilowattpeak

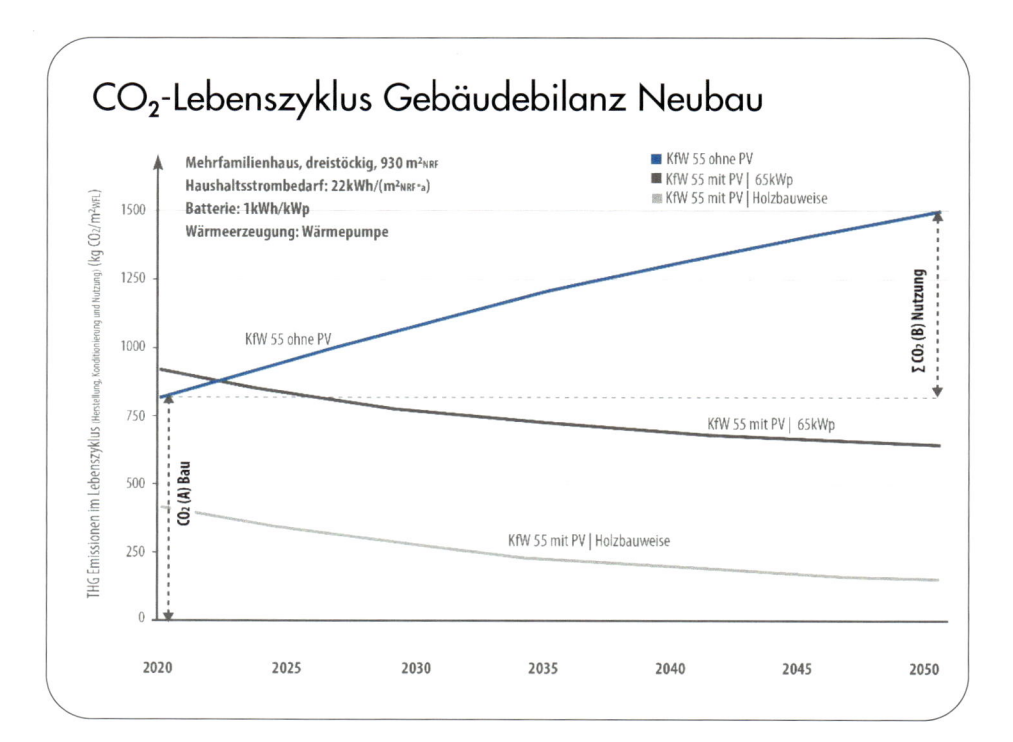

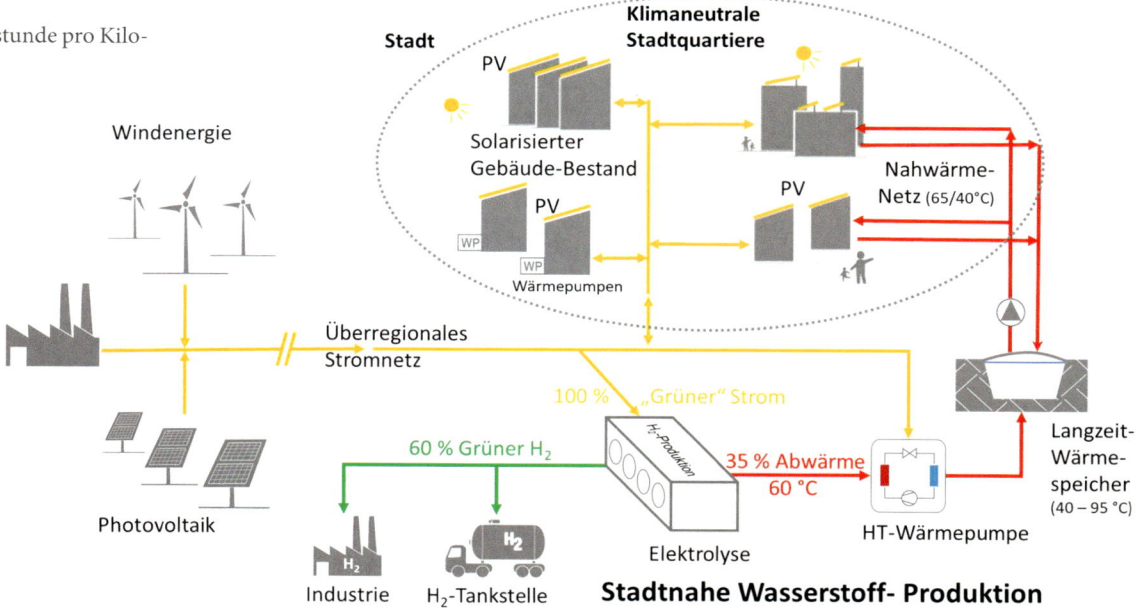

CO_2-Lebenszyklus Gebäudebilanz Neubau

Mehrfamilienhaus, dreistöckig, 930 m²$_{NRF}$
Haushaltsstrombedarf: 22kWh/(m²$_{NRF}$·a)
Batterie: 1kWh/kWp
Wärmeerzeugung: Wärmepumpe

- KfW 55 ohne PV
- KfW 55 mit PV | 65kWp
- KfW 55 mit PV | Holzbauweise

THG-Emissionen im Lebenszyklus (Herstellung, Konditionierung und Nutzung) [kg CO_2/m²$_{NRF}$]

Stadtnahe Wasserstoff-Produktion

Stadt — Klimaneutrale Stadtquartiere: PV, Solarisierter Gebäude-Bestand, Wärmepumpen, Nahwärme-Netz (65/40°C)

Windenergie · Photovoltaik · Überregionales Stromnetz · 100% „Grüner" Strom · 60% Grüner H_2 · Elektrolyse · 35% Abwärme 60°C · HT-Wärmepumpe · Langzeit-Wärmespeicher (40–95°C) · Industrie · H_2-Tankstelle

Die Vorgaben

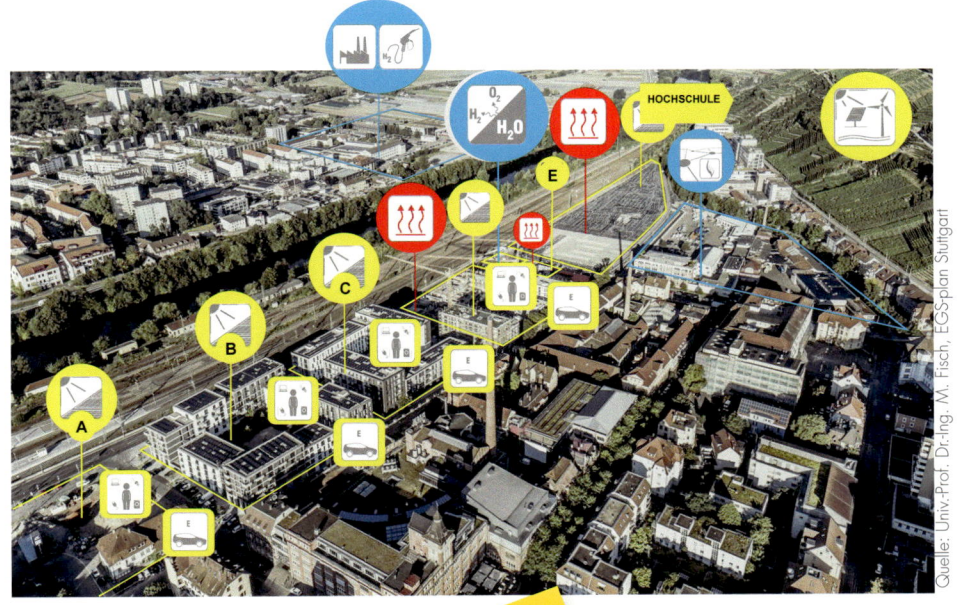

< 1 t CO$_2$
pro EW/Jahr
Gebäude und
Mobilität

- Maximale Solarisierung
- Mieterstrom & E-Mobilität
- Produktion grüner H$_2$-Sektorenkopplung
- Abwärmenutzung-Effizienzsteigerung

Leuchtturmprojekt Esslingen:

Im schwäbischen Esslingen am Neckar wird das Gelände des alten Güterbahnhofs zum Forschungsviertel: Bis 2024 entsteht auf 100.000 Quadratmetern das innovative und nachhaltige Stadtquartier „Neue Weststadt" – mit 450 Wohnungen, Büro- und Gewerbeflächen sowie einem Neubau der Hochschule Esslingen.

Das Quartier integriert städtebaulich die Nutzung von Wasserstoff mit dem Ziel, einen jährlichen CO$_2$-Ausstoß von unter einer Tonne pro Bewohner:in für Wohnen und Mobilität zu erreichen und das erste städtische Klimaziel zu unterstützen, die CO$_2$-Emissionen auf der Esslinger Stadtmarkung um ein Viertel zu reduzieren.

Erneuerbarer Strom (Power) – aus lokalen Photovoltaik-Anlagen und aus überregionaler Erzeugung – wird mittels Elektrolyse umgewandelt. Es entsteht grüner Wasserstoff (Gas). Dieser kann gespeichert und bedarfsgerecht verschiedensten Verwertungspfaden zur Substitution fossiler Energieträger zugeführt werden: der Mobilität, der Industrie sowie der Gasnetzeinspeisung. Die Abwärme des Elektrolyseprozesses wird für die Wärmeversorgung im Quartier genutzt und erhöht signifikant die Gesamteffizienz des Systems.

Die Abwärme der bis 2030 bundesweit geplanten zehn Gigawatt-Elektrolyse-Anlagen entspricht dem heutigen Fernwärme-Aufkommen. «

Quelle: Univ.-Prof. Dr.-Ing. M. Fisch, EGSplan Stuttgart

Klimaneutrale Gebäudenutzung und Mobilität beschäftigen Prof. Fisch in ganzer Bandbreite. Er ist als Planer und Investor auch am Forschungsschwerpunkt grüner Wasserstoff dran. Zu den Neulandprojekten gehört das Klimaquartier im Zentrum von Esslingen mit 450 Wohneinheiten. Im Raum Stuttgart arbeitet sein Team an weiteren sechs klimaneutralen Quartieren.

Kapitel 1

SELBST SCHULD!

Wäre die Erde ein Mensch, würde sie uns wegen Körperverletzung verklagen. Allein unsere CO_2-Einträge sind brutal.

Die Vorgaben

www.eMobilie.de **33**

I. Weltall, Erde, Mensch

Der gute Treibhauseffekt

150 Millionen Kilometer zwischen Sonne und Erde – sehr viel. Zu viel. Mit einer Leistung von aktuell 386 Quadrillionen Watt ist die Sonne zwar ein gigantisches Kraftwerk. Aber sie verteilt ihre Energie großzügig nach allen Seiten ins Weltall. Nur ein winziger Bruchteil landet auf der Erde. Ein Drittel davon reflektieren etwa helle Wolken oder Schneeflächen sofort wieder.

Auch nicht so gut für die Wärmebilanz: Die zwei ankommenden Drittel Sonnenenergie treffen auf den größten Teil der Erdoberfläche schräg statt senkrecht. Auf der jeweiligen Nachthälfte kommt gar nichts an. Letztlich erwärmt die Sonne mit ihren kurzwelligen Infrarotstrahlungen jeden Quadratmeter Erde mit einer Heizleistung von 235 Watt. Durchschnittlich. Was rein rechnerisch für eine globale Temperatur von gerade mal minus 18 Grad Celsius ausreichen würde.

Zu wenig für irdische Wohlfühltemperaturen. Dennoch liegt die globale Temperatur zurzeit bei circa 15 Grad Celsius. Und zwar aufgrund der modernen Zusatzheizung namens Treibhauseffekt. Dessen natürliche Akteure: Wasserdampf, Kohlendioxid, Methan, Lachgas, F-Gase – in Summe mickrige 0,1 Prozent der Atmosphäre.

Dieser Treibhausgasmantel bildet allerdings eine wirksame Barriere. Etwa 80 Prozent der Wärmestrahlen schickt er wieder auf die Erdoberfläche zurück und hindert sie daran, ins Weltall zu entschwinden.

Der schlechte Treibhauseffekt

Die Strahlungsbilanz der Atmosphäre wird vor allem durch die Emission von Treibhausgasen verändert. Das mit Abstand wichtigste anthropogene Treibhausgas ist Kohlendioxid. Aufgrund seiner speziellen molekularen Struktur – ein Kohlenstoffatom plus zwei Sauerstoffatome – kann es die infrarote Wärmestrahlung, die unser sonnengewärmter Planet abgibt, besonders gut aufnehmen. Die Hauptbestandteile der Atmosphäre – also Stickstoff (N_2) und Sauerstoff (O_2) – lassen die Wärmestrahlung dagegen ungehindert passieren.

Etwa die Hälfte dieser Wärmeenergie schicken die CO_2-Moleküle wieder nach oben ins Weltall, die andere Hälfte nach unten auf die Erdoberfläche. Atmosphärisches CO_2 verwandelt die irdische Lufthülle gewissermaßen in eine zweite Sonne.

Seit Beginn der Industrialisierung und durch damit einhergehende menschliche Aktivitäten erhöht sich der atmosphärische Gehalt der bereits vorhandenen Treibhausgase. Allen voran der von Kohlendioxid, das bei der Verbrennung von Kohle, Erdöl und Erdgas entsteht. Die Folge: Das Gleichgewicht zwischen einfallender Sonnenstrahlung und von der Erde abgestrahlter Infrarotstrahlung wird gestört. Unterm Strich verbleibt ein Energieüberschuss auf der Erde, den sie speichern muss. Diese unausgeglichene Bilanz verändert Temperaturen und Klima. Der anthropogene Treibhauseffekt.

> Die globale Kohlendioxid-Konzentration ist seit Beginn der Industrialisierung um gut 44 Prozent gestiegen. In den vorangegangenen 10.000 Jahren war sie annähernd konstant.

Beitrag zum Treibhauseffekt durch Kohlendioxid und langlebige Treibhausgase 2020

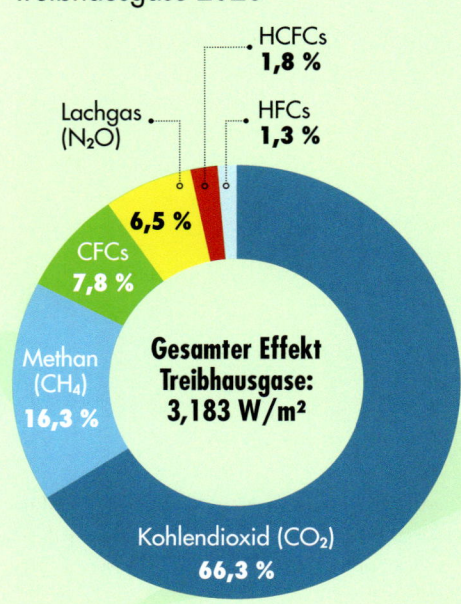

- HCFCs: 1,8 %
- HFCs: 1,3 %
- Lachgas (N_2O): 6,5 %
- CFCs: 7,8 %
- Methan (CH_4): 16,3 %
- Kohlendioxid (CO_2): 66,3 %

Gesamter Effekt Treibhausgase: 3,183 W/m²

> Vor der Industrialisierung lag die CO_2-Konzentration in der Atmosphäre bei etwa 280 ppm (parts per million, Anzahl Teilchen pro Million). Heute liegt sie bei 416 ppm. Im März 2021 hat sie mit 417 ppm einen neuen Rekordwert erreicht. Es ist der höchste Stand seit mindestens 800.000 Jahren.

Drei Weitsichtige

Jean Baptiste Joseph Fourier (1768–1830), französischer Physiker und Mathematiker

Wie ist die Erde nach der Eiszeit wieder warm geworden? Die Frage trieb um 1800 diverse Wissenschaftler um. So auch Jean Baptiste Joseph Fourier. In den 1820er-Jahren berechnete er, dass ein Objekt von der Größe der Erde wegen ihrer Entfernung von der Sonne beträchtlich kälter sein müsste, als sie es tatsächlich ist.

In einem Artikel von 1824 beschrieb er erstmals die wesentlichen Mechanismen eines hypothetisch modellhaften Treibhauseffekts, ohne jedoch den Begriff zu verwenden. Die interstellare Strahlung könnte für einen großen Teil der zusätzlichen Wärme verantwortlich sein, so seine Überlegung. Eine andere: Die Erdatmosphäre könnte als ein Isolator zum extraterrestrischen Raum fungieren.

Eunice Foote (1819–1888), US-amerikanische Erfinderin und Forscherin auf dem Gebiet der Atmosphärenchemie

Sie fand als Erste heraus: Verändert sich der Gehalt von Kohlendioxid in der Atmosphäre, verändert sich auch die Temperatur der Erde. Den Mechanismus des Treibhauseffekts erkannte Eunice Foote noch nicht. Aber Kohlendioxid als einen Hauptakteur.

Eine schlichte Versuchsanordnung brachte die Erkenntnis. Die Forscherin füllte luftdichte Glaszylinder mit verschiedenen Gasen und stellte sie ins Licht: Der Glaskolben mit dem Kohlendioxid erwärmte sich am stärksten.

Am 23. August 1856 wurde Kohlendioxid erstmals öffentlich als Klimagas vorgestellt. Auf einer Jahrestagung der American Association for the Advancement Science in Albany, Bundesstaat New York. Allerdings durfte Eunice Foote ihren Forschungsbericht nicht selbst verlesen, Professor Joseph Henry übernahm für sie. Wissenschaft galt als Männersache. Ihre Leistungen spielten in Fachkreisen lange keine Rolle. Bis der Geologe Raymond Sorensen ihre Publikationen entdeckte und 2010 veröffentlichte.

Roger Revelle (1909–1991), US-amerikanischer Ozeanograf und Klimatologe

Seine Forschungsergebnisse brachten den Professor für Ozeanografie an der Scripps Institution of Oceanography im Jahr 1956 zu der Vorhersage: Die Freisetzung von Kohlenstoffdioxid durch den Menschen wird in etwa 50 Jahren tiefgreifende Auswirkungen auf das Weltklima haben. Roger Revelle gab dieser Gefahr ihren bis heute gängigen Namen: Global Warming.

1957 wies er gemeinsam mit dem österreichischen physikalischen Chemiker Hans E. Suess erstmals nach, dass ein Teil des Kohlendioxids aus der menschlichen Nutzung fossiler Brennstoffe in der Atmosphäre angereichert wird, weil die Ozeane nicht alle Mengen aufnehmen können.

Anteile an historischen Gesamtemissionen 1850 bis 2018

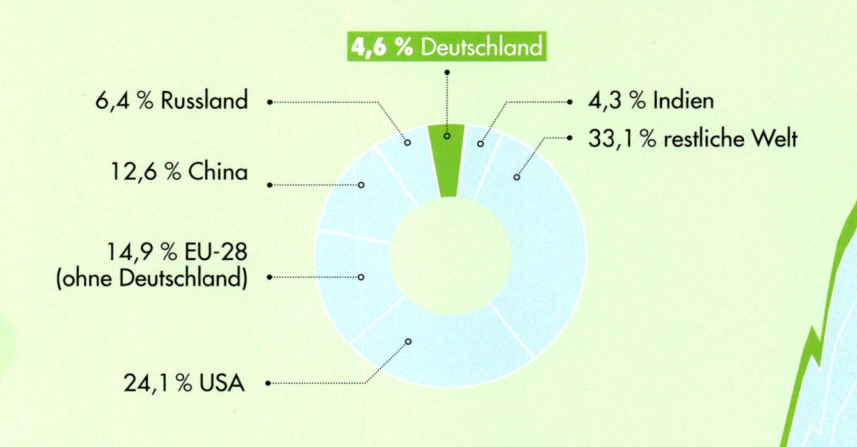

- 4,6 % Deutschland
- 6,4 % Russland
- 4,3 % Indien
- 33,1 % restliche Welt
- 12,6 % China
- 14,9 % EU-28 (ohne Deutschland)
- 24,1 % USA

Anteile an Treibhausgas-Emissionen 2018
in Gigatonnen CO_2-Äquivalente

- 1,8 % Deutschland
- 4,8 % Russland
- 6,4 % Indien
- 7,0 % EU-28 (ohne Deutschland)
- 13,9 % USA
- 27,5 % China
- 38,6 % restliche Welt

Quelle: PIK (2021)

Der naturwissenschaftliche Beweis: Klimaerwärmung ist menschengemacht

Kohlenstoff ist einer der grundlegenden Bestandteile aller Organismen. Pausenlos werden gigantische Mengen in riesengroßen Kreisläufen bewegt. Pflanzen nutzen es in Form von Kohlenstoffdioxid für die Photosynthese. Tiere und Menschen nehmen es über die Nahrungskette auf. Gleichzeitig entweicht Kohlenstoff zurück in die Atmosphäre, etwa wenn Lebewesen atmen, Gas aus den Meeren freigesetzt wird oder Mikroorganismen Abfallprodukte zersetzen.

Dort oben in der Atmosphäre findet sich Kohlenstoff in Form der stabilen Isotope C12 und C13 und eines radioaktiven Isotops C14.

Kleiner Ausflug in die Physik. Atome, Grundbausteine aller uns bekannten Materie, bestehen aus noch kleineren Teilchen: den Protonen und Neutronen im Kern und den Elektronen, die diesen umkreisen.

Die Isotope eines chemischen Elements besitzen stets die gleiche Anzahl von Protonen. Aber unterschiedlich viele elektrisch neutrale Neutronen im Kern. Das stabile Kohlenstoff-Isotop mit sechs Neutronen und sechs Protonen, also zwölf Kernbausteinen, heißt folgerichtig Kohlenstoff-12. Das ebenfalls stabile Kohlenstoff-13-Isotop hat neben seinen sechs Protonen sieben Neutronen. Kohlenstoff-14 definiert sich durch noch ein Neutron mehr.

Dieses C14 ist im Gegensatz zu den beiden anderen instabil, es zerfällt im Laufe der Zeit. Stirbt ein Organismus, wird ab sofort kein Kohlenstoff mehr aufgenommen. Die Konzentration der stabilen Isotope C12 und C13 bleibt dagegen gleich. Das C14 wiederum lässt sich gehörig Zeit mit seinem Zerfall. Seine Halbwertszeit liegt bei 5.730 Jahren.

Das Erdöl und die Kohle, die wir verbrauchen, sind kohlenstoffhaltige tote Biomasse, über Jahrtausende gebildet. Dem Kohlendioxid, das beim Verbrennen dieser fossilen Stoffe entsteht, fehlt deshalb genau das C14-Isotop. Es ist längst entschwunden. Auch das CO_2 aus ihrer Verbrennung ist C14-frei. Der Anstieg der CO_2-Konzentration lässt sich also fast ausschließlich auf menschliche Aktivitäten zurückführen.

Übrigens ist der Gehalt von C14 in der Erdatmosphäre sehr gering. Das Verhältnis zu den zwei anderen natürlich vorkommenden, stabilen Kohlenstoffisotopen beträgt ungefähr eins zu einer Billion.

> Die G-20-Staaten verursachen rund 80 Prozent der globalen CO_2-Emissionen.

> Der weltweite CO_2-Ausstoß hat 2021 einen Rekordwert von 36,3 Milliarden Tonnen erreicht.

> Kohlenstoffdioxid ist zwar nur mit 0,04 Prozent in der Atmosphäre enthalten, hat aber bis zu 26 Prozent Anteil am natürlichen Treibhauseffekt.

CO_2-Emissionen weltweit in den Jahren 1960 bis 2020

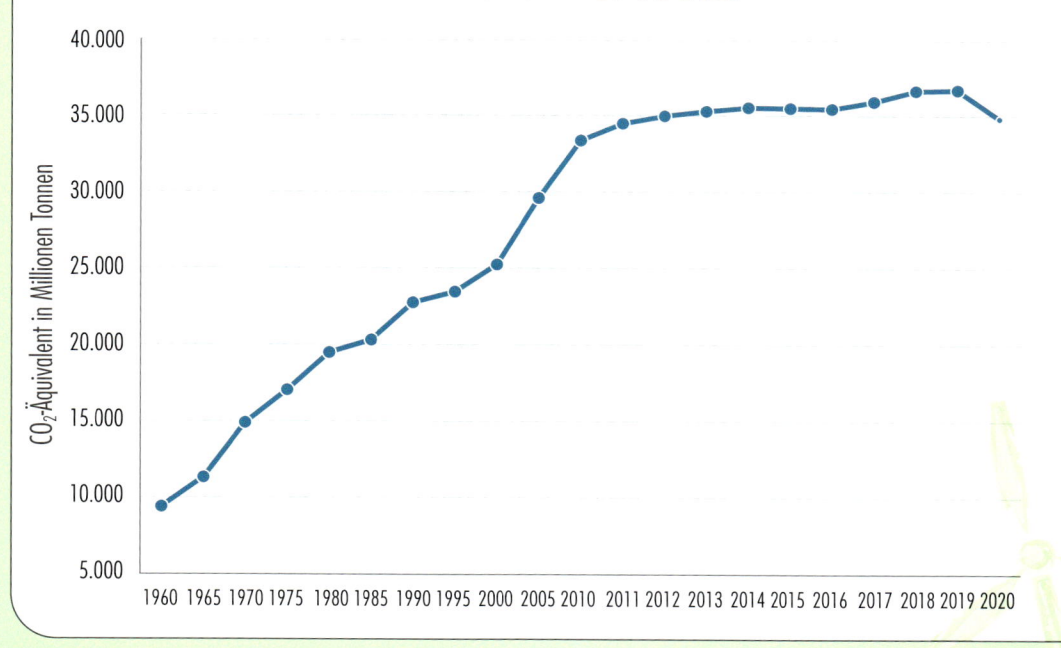

Quelle: Statista

Atmosphärische Kohlendioxidkonzentration und globale Temperaturabweichung seit 1850

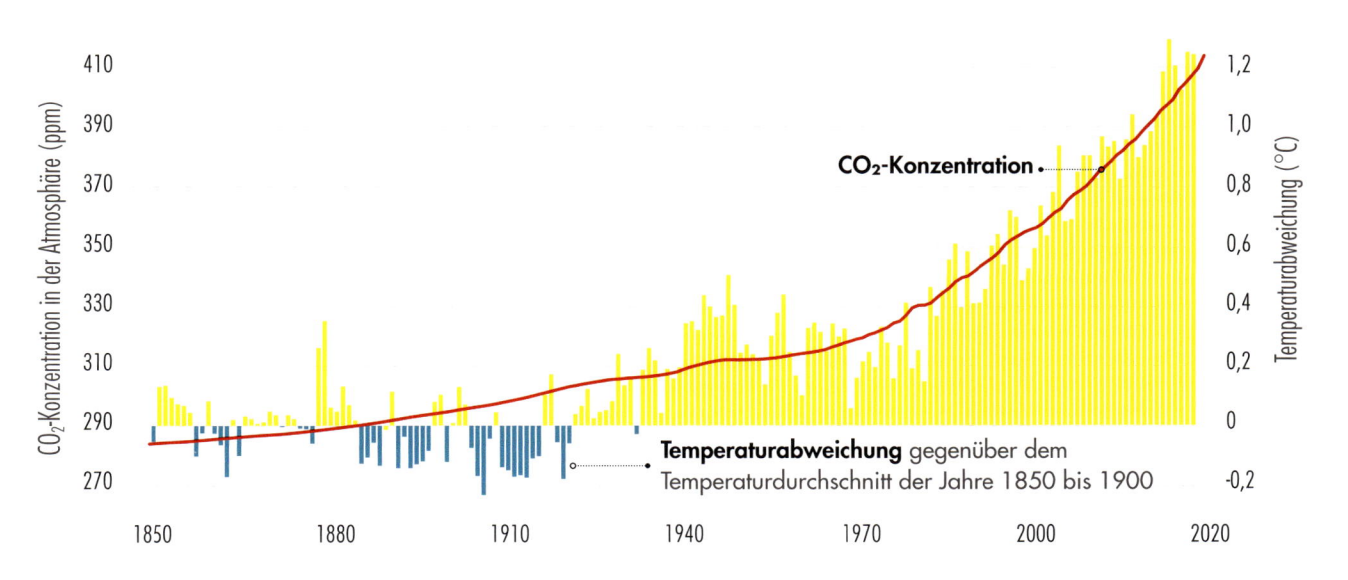

Quelle: Bundesministerium für Umwelt, Naturschutz und nukleare Sicherheit

Kann CO_2 wieder aus der Atmosphäre verschwinden?

Ja. Aber das dauert extrem lange. Von den derzeit menschengemachten 36 Gigatonnen pro Jahr sind nach 1.000 Jahren noch etwa 15 bis 40 Prozent in der Atmosphäre übrig. Der gesamte Abbau zieht sich jedoch mehrere Hunderttausend Jahre hin.

Erschwerend kommt hinzu, dass Ozeane, Wälder und Böden bei steigenden CO_2-Emissionen in der Atmosphäre ebendiese weniger wirksam mindern. Eigentlich speichern sie einen großen Teil der Treibhausgase ab. Dieser Kreislauf gerät dem Weltklimarat zufolge aber durch die Erwärmung ins Wanken.

Um das 1,5-°C-Ziel zu erreichen, ist laut Weltklimarat globale Treibhausgasneutralität zwischen 2070 und 2100 erforderlich. Damit das gelingt, müssen wir Verursacher wesentlich früher aktiv werden und einen Teil des ausgestoßenen Kohlendioxids wieder aus der Atmosphäre entfernen. Diese CO_2-Entnahme wird auch als „negative Emissionen" bezeichnet.

Aufforstung ist eine erprobte Methode. Allerdings kann der dabei aufgenommene Kohlenstoff durch Waldbrände oder Schädlinge wieder freigesetzt werden. Dieses Risiko steigt mit dem fortschreitenden Klimawandel. Ein weiterer Nachteil ist der große Landbedarf.

Einige CO_2-Entnahmeverfahren sind teilweise noch sehr teuer, andere erfordern weitere Forschung. Für die direkte Entnahme von CO_2 aus der Luft gibt es bereits erste kommerzielle Anlagen. Sie benötigen nur wenig Platz, dafür aber viel Energie. Das CO_2 kann dann unterirdisch eingelagert werden.

Wie viel CO_2 mit den verschiedenen Verfahren dauerhaft aus der Atmosphäre entfernt werden kann und zu welchen Kosten, ist noch unklar. Klimamodelle zeigen: Negative Emissionen sind eine notwendige Ergänzung, aber kein Ersatz für ambitionierte CO_2-Einsparmaßnahmen.

> **Bei vergangenen Erderwärmungen war CO_2 nicht deren Auslöser, aber ein Verstärker. Heute ist es beides.**

> **Das Treibhauspotenzial ist eine Einheit zur Messung des relativen Strahlungsantriebs eines Treibhausgases im Vergleich zu anderen Treibhausgasen. Sie gibt an, wie viel eine bestimmte Menge eines Treibhausgases im Vergleich zur gleichen Menge Kohlendioxid (CO_2) über einen bestimmten Zeithorizont von 20 bis 500 Jahren zum Treibhauseffekt beiträgt. Sie wird daher auch als Kohlendioxid-Äquivalent bzw. CO_2-Äquivalent (CO_{2eq}) bezeichnet.**

> **Warmes Wasser kann CO_2 schlechter binden als kaltes. Aus erwärmten Ozeanen gast es also stärker aus – was den Treibhauseffekt ankurbelt.**

II. Im Dispo

Knappes Budget

▶ Laut aktuellstem Bericht des Weltklimarats IPCC (2022) kann die Menschheit ab Anfang 2020 noch rund 500 Milliarden Tonnen CO_2 ausstoßen, um mit 50 Prozent Wahrscheinlichkeit unter dem 1,5-Grad-Celsius-Limit zu bleiben.

▶ Bis 2020 war das Budget bereits mit 2.400 Milliarden Tonnen belastet (plus oder minus zehn Prozent).

▶ Aktuell werden jährlich fast 40 Milliarden Tonnen CO_2 emittiert. Das Budget wäre folglich bei konstant hohen Emissionen in zehn Jahren ab heute aufgebraucht, bei einer linearen Abnahme in 20 Jahren. Die Forderung des Weltklimarats IPCC: Bis 2030 sollten die Emissionen weltweit halbiert werden (siehe Grafik rechts).

Wie sieht's mit Deutschland aus?

▶ Der Sachverständigenrat für Umweltfragen (SRU) hat im Juni 2022 ein aktualisiertes nationales CO_2-Budget für Deutschland vorgelegt.

▶ Für einen fairen, angemessenen deutschen Beitrag zu den internationalen Klimazielen verbleibe aktuell noch ein Budget von 6,1 Milliarden Tonnen CO_2, um die Erhitzung der Erde auf 1,75 Grad Celsius zu begrenzen (mit einer Wahrscheinlichkeit von 67 Prozent).

▶ Für das 1,5-Grad-Celsius-Ziel (bei einer Wahrscheinlichkeit von 50 Prozent) wären nur noch 3,1 Milliarden Tonnen CO_2 übrig.

▶ Würden die Emissionen von jetzt an linear auf null reduziert, müsste Deutschland demnach bereits 2040 (1,75 °C) beziehungsweise 2031 (1,5 °C) CO_2-neutral sein (siehe Grafik rechts).

Globaler Ausstoß von Klimagasen in Milliarden Tonnen pro Jahr

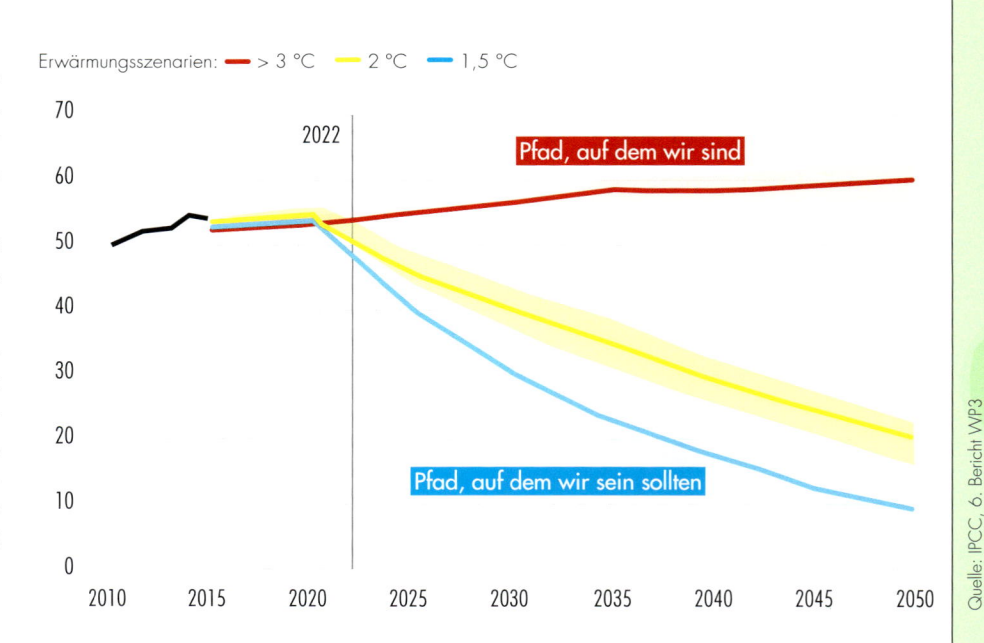

Erwärmungsszenarien: > 3 °C — 2 °C — 1,5 °C

Pfad, auf dem wir sind
Pfad, auf dem wir sein sollten

Die Grafik des Weltklimarats IPCC zeigt, wo die Klimapolitik der Weltgemeinschaft aktuell steht und auf welche Pfade eine 1,5- oder 2-Grad-Celsius-Erwärmung führt.

Quelle: IPCC, 6. Bericht WP3

Vergleich bisheriger Treibhausgas- und CO_2-Emissionen

THG-Pfade gemäß KSG und Projektionsbericht sowie CO_2-Budget nach SRU-Berechnung

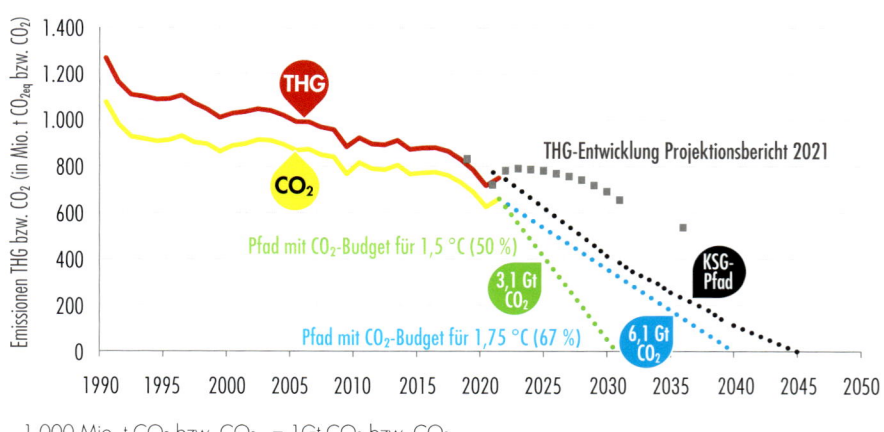

Emissionen THG bzw. CO_2 (in Mio. t CO_{2eq} bzw. CO_2)

THG
CO_2
THG-Entwicklung Projektionsbericht 2021
Pfad mit CO_2-Budget für 1,5 °C (50 %)
3,1 Gt CO_2
Pfad mit CO_2-Budget für 1,75 °C (67 %)
6,1 Gt CO_2
KSG-Pfad

1.000 Mio. t CO_2 bzw. CO_{2eq} = 1 Gt CO_2 bzw. CO_{2eq}

Quelle: SRU 2022, Datenquellen: Repenning et al. 2021, Tab. 126; UBA 2022b; KSF 2021 3a sowie Anlage 2 und 3

Ziel verfehlt

Deutschlands Treibhausgas-Emissionen sollten schon bis 2020 um mindestens 40 Prozent gegenüber denen im Referenzjahr 1990 sinken. Was nicht gelang. Im Gegenteil: 2021 wurden rund 762 Millionen Tonnen Treibhausgase freigesetzt – nochmals gut 33 Millionen Tonnen oder 4,5 Prozent mehr als 2020. Bezogen auf 1990 bedeutet das: Die hiesigen Emissionen haben sich nur um 38,7 Prozent verringert.

Bis 2030 stehen mindestens 65 Prozent im Plan. Bis 2045 soll die vollständige Treibhausgasneutralität erreicht werden.

Die verfügbaren Daten zeigen, dass seit 2010 vor allem die Energiewende zur Reduktion der Emissionen beigetragen hat. Alle anderen bedeutenden Sektoren stagnieren seitdem mehr oder weniger.

Der Sektor Energiewirtschaft ...

... verursacht mit rund 27 Millionen Tonnen die größten Emissionssteigerungen in absoluten Zahlen – 12,4 Prozent mehr als 2020. Mit rund 247 Millionen Tonnen CO_2-Äquivalenten lagen sie aber noch gut 11 Millionen Tonnen unter denen des Jahres 2019. Besonders deutlich stiegen die Emissionen aus der Stein- und Braunkohleverstromung. Schuld daran hatte die geringere Nachfrage nach teurem Erdgas. Außerdem die im Vergleich zum Vorjahr um 17,5 Terawattstunden deutlich verringerte Stromerzeugung aus erneuerbaren Energien, insbesondere die geringere Windstromerzeugung, und ein um 13,5 Terawattstunden gestiegener Bruttostromverbrauch.

Im Verkehr ...

... wurden im Jahr 2021 rund 148 Millionen Tonnen CO_2-Äquivalente ausgestoßen. Damit liegen sie rund 3 Millionen Tonnen über der im Bundes-Klimaschutzgesetz (KSG) für 2021 zulässigen Jahresemissionsmenge von 145 Millionen Tonnen CO_2-Äquivalenten. Ein Verursacher ist der Straßengüterverkehr. Der Pkw-Verkehr dagegen ist weiter niedriger als vor der Corona-Pandemie (2019).

Entwicklung der Treibhausgas-Emissionen in Deutschland nach Sektoren

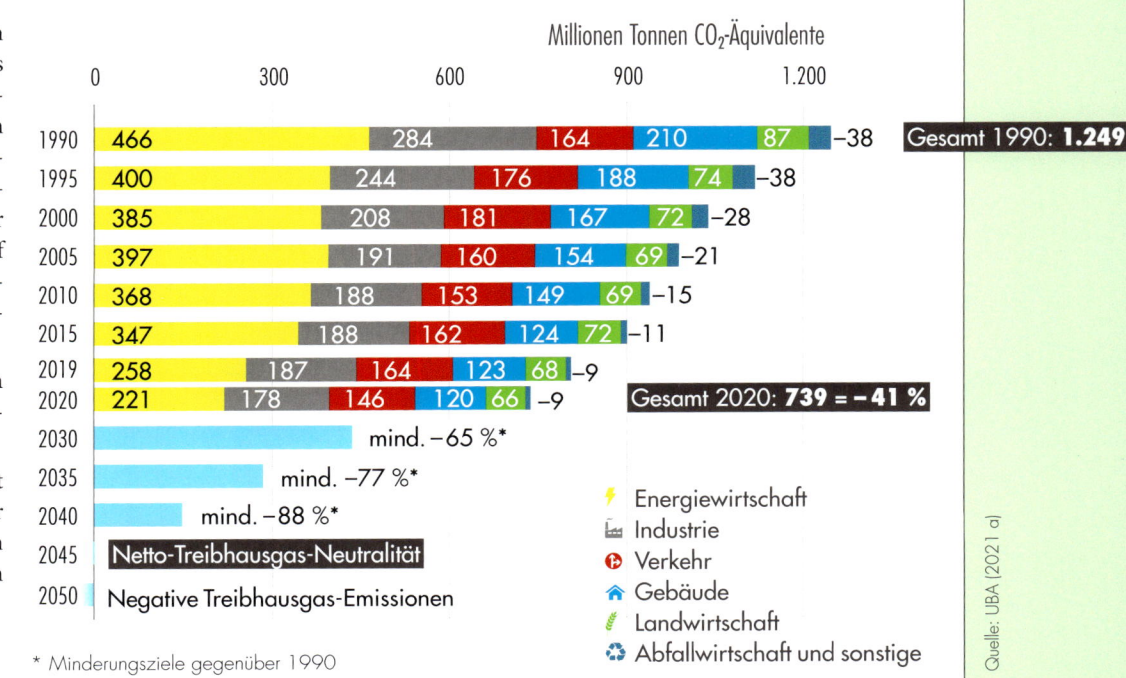

Millionen Tonnen CO_2-Äquivalente

Jahr	Energiewirtschaft	Industrie	Verkehr	Gebäude	Landwirtschaft	Abfallwirtschaft und sonstige
1990	466	284	164	210	87	–38
1995	400	244	176	188	74	–38
2000	385	208	181	167	72	–28
2005	397	191	160	154	69	–21
2010	368	188	153	149	69	–15
2015	347	188	162	124	72	–11
2019	258	187	164	123	68	–9
2020	221	178	146	120	66	–9
2030	mind. –65 %*					
2035	mind. –77 %*					
2040	mind. –88 %*					
2045	Netto-Treibhausgas-Neutralität					
2050	Negative Treibhausgas-Emissionen					

Gesamt 1990: **1.249**
Gesamt 2020: **739 = –41 %**

* Minderungsziele gegenüber 1990

Quelle: UBA (2021 a)

Im Sektor Industrie ...

... lagen die Emissionen mit rund 181 Millionen Tonnen CO_2-Äquivalenten knapp unter der im Bundes-Klimaschutzgesetz festgeschriebenen Jahresemissionsmenge von 182 Millionen Tonnen. Aufholende Konjunktureffekte nach der Corona-Krise und ein vermehrter Einsatz fossiler Brennstoffe begründen diese Bilanz. Besonders auffällig ist die Stahlindustrie, wo die Rohstahlerzeugung um rund 12 Prozent anstieg. Im produzierenden Gewerbe (energiebezogener Anteil) erhöhten sich die Emissionen um rund 7 Millionen Tonnen CO_2-Äquivalente, gleich 6,4 Prozent.

Der Gebäudebereich ...

... schaffte 2021 mit rund 115 Millionen Tonnen CO_2-Äquivalenten eine Emissionsminderung von knapp 4 Millionen Tonnen (minus 3,3 Prozent). Trotzdem überschreitet der Gebäudesektor die avisierten 113 Millionen Tonnen gemäß Bundes-Klimaschutzgesetz. Die Emissionsreduzierung basiert im Wesentlichen auf deutlich verringerten Heizölkäufen. Der Erdgasverbrauch stieg dagegen witterungsbedingt an.

Im Sektor Landwirtschaft ...

... reduzierten sich die Treibhausgas-Emissionen um gut 1,2 Millionen Tonnen CO_2-Äquivalente (minus 2,0 Prozent) auf 61 Millionen Tonnen. Der Sektor bleibt damit deutlich unter der für 2021 im Bundes-Klimaschutzgesetz festgelegten Jahresemissionsmenge von 68 Millionen Tonnen CO_2-Äquivalenten. Der Rückgang der Tierzahlen setzte sich fort, es gab weniger Gülle, weshalb die mit Düngung verbundenen Emissionen ebenfalls sanken (minus 4,0 Prozent gegenüber 2020). Die deutliche Unterschreitung der festgesetzten Jahresemissionsmenge resultiert jedoch vor allem aus der methodischen Verbesserung der Emissionenberechnung.

Der Abfallsektor ...

... drosselte seine Emissionen gegenüber dem Vorjahr auf gut 8 Millionen Tonnen CO_2-Äquivalente, also um 4,3 Prozent. Damit bleibt er erneut unter der festgelegten Jahresemissionsmenge von 9 Millionen Tonnen. Das gelang vor allem wegen des Deponierungsverbots organischer Abfälle.

Deutschland schon lange Übeltäter

Deutschland hat seit 1850 immerhin 4,6 Prozent der globalen Treibhausgas-Emissionen zu verantworten. Seine Pro-Kopf-CO_2-Emissionen liegen deutlich über dem weltweiten Durchschnitt. Es trägt somit eine besondere Verantwortung bei der Bekämpfung des Klimawandels.

Die Bundesregierung verfolgt deshalb das Ziel, bis 2045 treibhausgasneutral zu werden. Erst wenn global treibhausgasneutral gelebt und gewirtschaftet wird, kann sich die Kohlendioxidkonzentration in der Atmosphäre stabilisieren.

Energiebedingte CO_2-Emissionen in ausgewählten Regionen und Ländern 2020

Emissionen in Millionen Tonnen

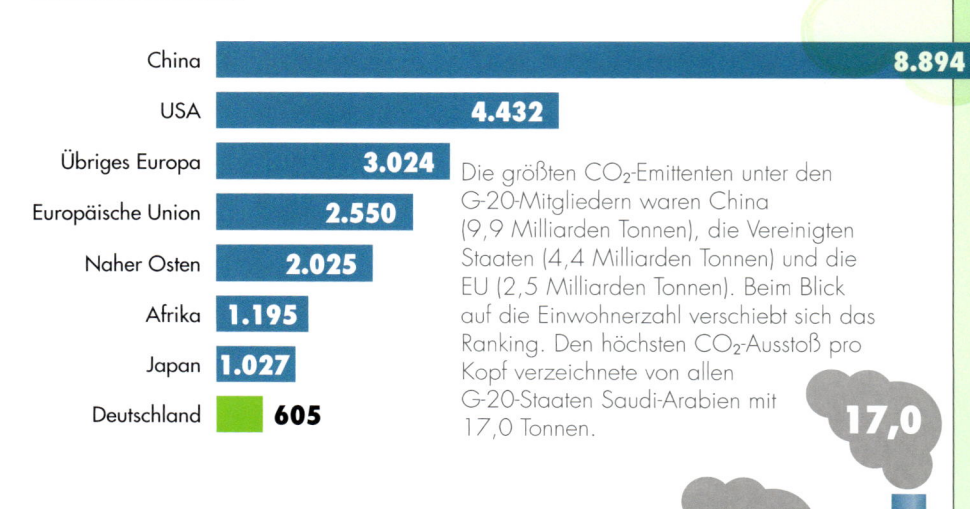

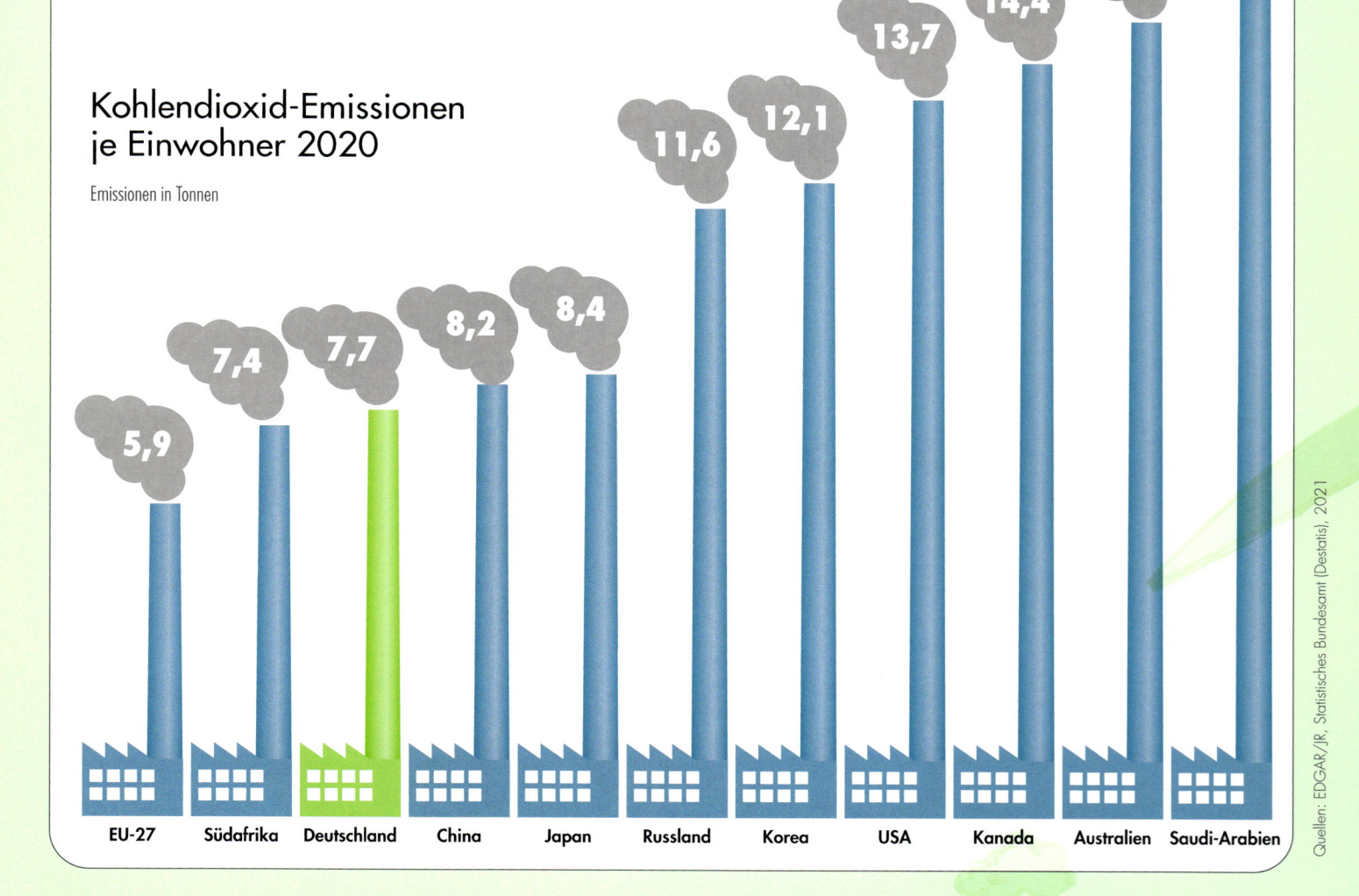

Region/Land	Emissionen
China	8.894
USA	4.432
Übriges Europa	3.024
Europäische Union	2.550
Naher Osten	2.025
Afrika	1.195
Japan	1.027
Deutschland	605

Die größten CO_2-Emittenten unter den G-20-Mitgliedern waren China (9,9 Milliarden Tonnen), die Vereinigten Staaten (4,4 Milliarden Tonnen) und die EU (2,5 Milliarden Tonnen). Beim Blick auf die Einwohnerzahl verschiebt sich das Ranking. Den höchsten CO_2-Ausstoß pro Kopf verzeichnete von allen G-20-Staaten Saudi-Arabien mit 17,0 Tonnen.

Kohlendioxid-Emissionen je Einwohner 2020

Emissionen in Tonnen

Land	Emissionen
EU-27	5,9
Südafrika	7,4
Deutschland	7,7
China	8,2
Japan	8,4
Russland	11,6
Korea	12,1
USA	13,7
Kanada	14,4
Australien	15,2
Saudi-Arabien	17,0

Quellen: EDGAR/JR, Statistisches Bundesamt (Destatis), 2021

Die Vorgaben

Speichervermögen von Kohlenstoff nach Nutzungsarten des Bodens

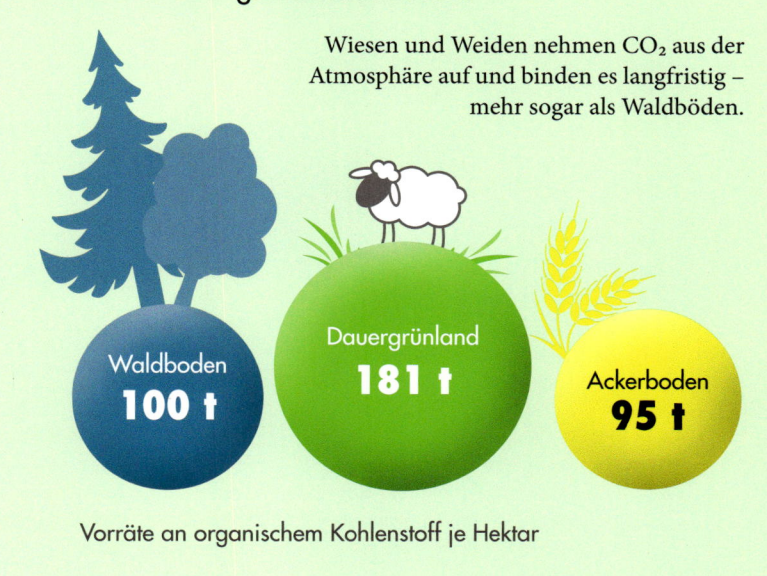

Wiesen und Weiden nehmen CO₂ aus der Atmosphäre auf und binden es langfristig – mehr sogar als Waldböden.

Waldboden **100 t** — Dauergrünland **181 t** — Ackerboden **95 t**

Vorräte an organischem Kohlenstoff je Hektar

Quelle: BMEL, BZL (2018)

Die Treibhausgas-Emissionen stiegen 2021 in Deutschland um 4,5 Prozent. Es wurden rund 762 Millionen Tonnen freigesetzt – gut 33 Millionen Tonnen oder 4,5 Prozent mehr als 2020.

Die wichtigsten To-dos des Weltklimarats bis 2030

1. Ausbau Solar- und Windenergie
Einsparpotenzial (CO₂-Äquivalente pro Jahr): 8 Gigatonnen
Kosten (pro Tonne CO₂-Äquivalente): sehr niedrig

Erneuerbare Energien sind die Lösung Nummer eins, um Emissionen einzusparen. Was Solar- und Windenergie zum No-Brainer macht: Die Kosten liegen fast gänzlich bei unter 20 US-Dollar pro eingesparter Tonne CO₂-Äquivalent.

2. Erhalt von Wäldern und Ökosystemen
Einsparpotenzial: 7 Gigatonnen
Kosten: niedrig bis mittel

55 Prozent der menschengemachten CO₂-Emissionen werden vom natürlichen Ökosystem abgefangen. Mit 25 Prozent sind die Ozeane dabei, Wälder und andere Landflächen absorbieren sogar 30 Prozent. Sie schlicht in Ruhe zu lassen oder sogar wiederherzustellen ist die Maßnahme mit dem zweitgrößten Einsparpotenzial.

3. Klimaverträgliche Herstellung von Lebensmitteln
Einsparpotenzial: rund 2,7 Gigatonnen
Kosten: mittel

Die Methoden, wie Nahrungsmittel angebaut werden, können zwischen 1,8 und 4,1 Gigatonnen Treibhausgase einsparen. Wichtig ist unter anderem Agroforstwirtschaft, also die Kombination aus Ackerkulturen sowie Bäumen und Sträuchern, oder die Lagerung von CO₂ in Böden durch das Düngen mit Biokohle.

Um die globale Erwärmung unter 1,5 Grad Celsius zu halten, müssten die globalen Treibhausgas-Emissionen spätestens vor 2025 ihren Höhepunkt erreichen und bis 2030 um 43 Prozent gesenkt werden.

4. Ausstieg aus Kohle und Gas
Einsparpotenzial: rund 2,1 Gigatonnen
Kosten: mittel bis hoch

Industrielle Produktionsprozesse müssen, wenn möglich, elektrifiziert werden und auf klimafreundliche Kraftstoffe wie grünen Wasserstoff oder Biogas umgestellt werden. Es ist im Bereich Industrie allerdings relativ teuer, CO₂ zu vermindern – pro eingesparte Tonne rund 50 US-Dollar.

5. Reduzierung Fleischkonsum
Einsparpotenzial: rund 1,8 Gigatonnen
Kosten: unbekannt

Die Maßnahme mit dem größten Einsparpotenzial aufseiten der Endverbraucher ist die Umstellung auf eine pflanzenbasierte Ernährung. Vor allem der Rindfleisch- und Lammfleisch-Konsum muss drastisch reduziert werden.

So lassen sich Emissionen mindern

Potential contribution to net emission reduction (2030) GtCO$_2$-eq yr^{-1}

Mitigation options

Energy
- Wind energy
- Solar energy
- Bioelectricity
- Hydropower
- Geothermal energy
- Nuclear energy
- Carbon capture and storage (CCS)
- Bioelectricity with CCS
- Reduce CH$_4$ emission from coal mining
- Reduce CH$_4$ emission from oil and gas

AFOLU
- Carbon sequestration in agriculture
- Reduce CH$_4$ and N$_2$O emission in agriculture
- Reduced conversion of forests and other ecosystems
- Ecosystem restoration, afforestation, reforestation
- Improved sustainable forest management
- Reduce food loss and food waste
- Shift to balanced, sustainable healthy diets

Buildings
- Avoid demand for energy services
- Efficient lighting, appliances and equipment
- New buildings with high energy performance
- Onsite renewable production and use
- Improvement of existing building stock
- Enhanced use of wood products

Transport
- Fuel efficient light duty vehicles
- Electric light duty vehicles
- Shift to public transportation
- Shift to bikes and e-bikes
- Fuel efficient heavy duty vehicles
- Electric heavy duty vehicles, incl. buses
- Shipping – efficiency and optimization
- Aviation – energy efficiency
- Biofuels

Industry
- Energy efficiency
- Material efficiency
- Enhanced recycling
- Fuel switching (electr, nat. gas, bio-energy, H$_2$)
- Feedstock decarbonisation, process change
- Carbon capture with utilisation (CCU) and CCS
- Cementitious material substitution
- Reduction of non-CO$_2$ emissions

Other
- Reduce emission of fluorinated gas
- Reduce CH$_4$ emissions from solid waste
- Reduce CH$_4$ emissions from wastewater

Net lifetime cost of options:
- Costs are lower than the reference
- 0–20 (USD tCO$_2$-eq^{-1})
- 20–50 (USD tCO$_2$-eq^{-1})
- 50–100 (USD tCO$_2$-eq^{-1})
- 100–200 (USD tCO$_2$-eq^{-1})
- Cost not allocated due to high variability or lack of data

Uncertainty range applies to the total potential contribution to emission reduction. The individual cost ranges are also associated with uncertainty

Quelle: IPCC

Die To-do-Liste des Weltklimarats IPCC: Minderungsoptionen für Netto-Emissionen und deren geschätzte Kosten und Potenziale im Jahr 2030. Je größer der Balken, desto mehr Einsparpotenzial. Blau bedeutet günstig, rot teuer.

Die Vorgaben

Die ausgewiesenen Kosten sind die Netto-Lebenszeitkosten der vermiedenen Treibhausgas-Emissionen. Die Kosten werden relativ zu einer Referenztechnologie berechnet. Die Bewertungen pro Sektor wurden mit einer gemeinsamen Methodik durchgeführt, einschließlich Definition von Potenzialen, Zieljahr, Referenzszenarien und Kostendefinitionen.

Das Minderungspotenzial (dargestellt auf der horizontalen Achse) ist die Menge an Netto-Treibhausgasemissionsminderungen, die durch eine bestimmte Minderungsoption relativ zu einer bestimmten Emissionsbasis erreicht werden kann.

Netto-Treibhausgasemissions-reduktionen sind die Summe aus reduzierten Emissionen und/oder verbesserten Senken. Die verwendete Baseline besteht aus Referenzszenarien der aktuellen Politik (~ 2019) aus der AR6-Szenariendatenbank (25/75-Perzentilwerte).

Die Bewertung stützt sich auf ungefähr 175 zugrunde liegende Quellen, die zusammen eine faire Darstellung der Emissionsminderungspotenziale in allen Regionen geben.

Die Minderungspotenziale werden für jede Option unabhängig bewertet und sind nicht notwendigerweise additiv. Die Länge der durchgezogenen Balken repräsentiert das Minderungspotenzial einer Option. Die Fehlerbalken zeigen die vollen Bandbreiten der Schätzungen für die gesamten Minderungspotenziale. Unsicherheitsquellen für die Kostenschätzungen sind unter anderem Annahmen über die Geschwindigkeit des technologischen Fortschritts, regionale Unterschiede und Skaleneffekte. Diese Unsicherheiten sind in der Abbildung nicht dargestellt.

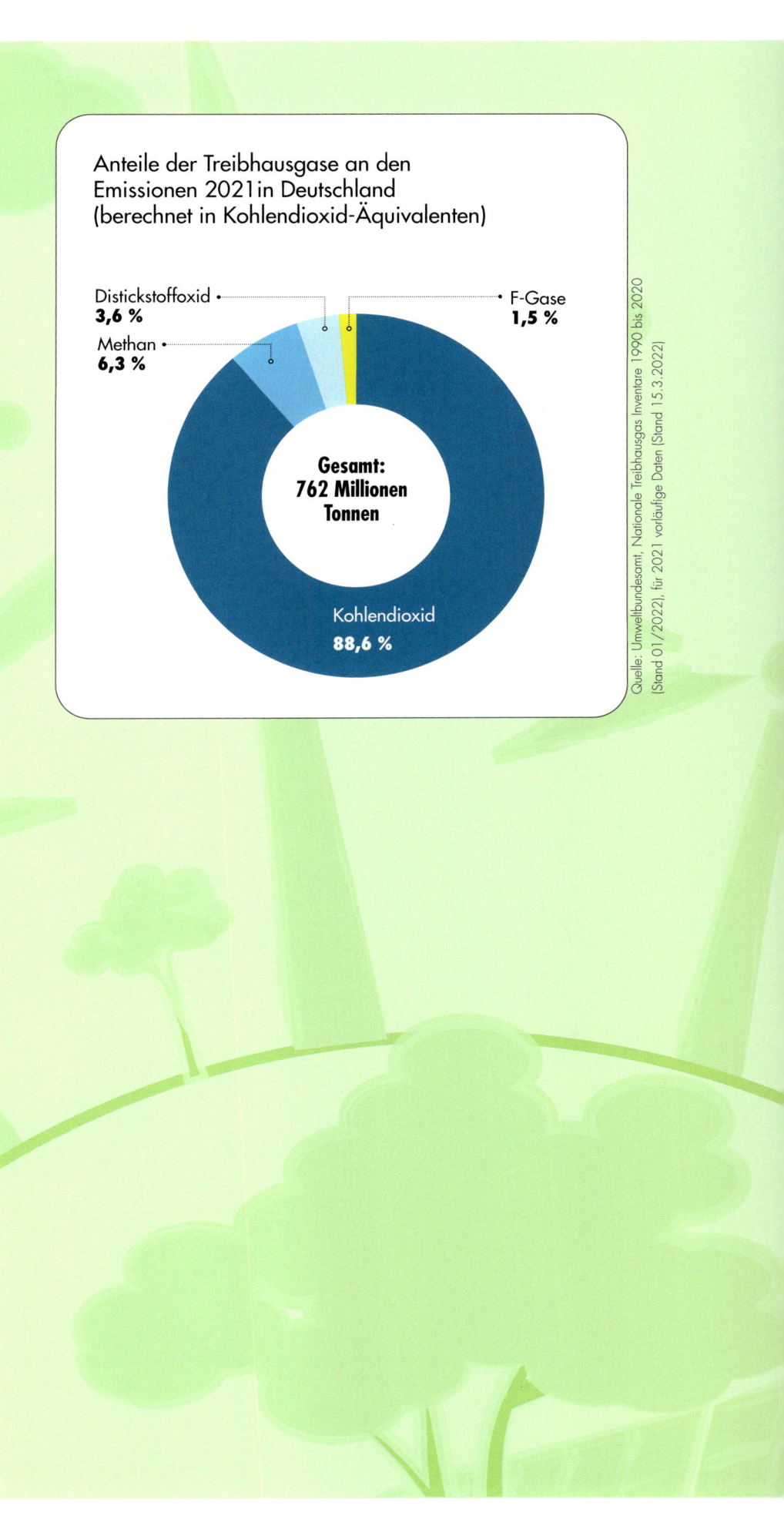

Anteile der Treibhausgase an den Emissionen 2021 in Deutschland (berechnet in Kohlendioxid-Äquivalenten)

- Distickstoffoxid: **3,6 %**
- Methan: **6,3 %**
- F-Gase: **1,5 %**
- Kohlendioxid: **88,6 %**

Gesamt: 762 Millionen Tonnen

Quelle: Umweltbundesamt, Nationale Treibhausgas Inventare 1990 bis 2020 (Stand 01/2022), für 2021 vorläufige Daten (Stand 15.3.2022)

www.eMobilie.de

III. Alltagsbilanzen

Gut zu wissen

▶ Luft- und Schifffahrt machen derzeit etwa 8 Prozent der vom Menschen verursachten CO_2-Emissionen aus. Alle Flugzeuge der Welt zusammen verbrauchen 414 Milliarden Liter Kerosin pro Jahr. Das setzt ungefähr 1,3 Milliarden Tonnen CO_2 frei.

▶ Mit einem Tempolimit – Tempo 100 auf Autobahnen, außerorts Tempo 80, innerorts Tempo 30 – würden sich bis zu 10 Millionen Liter Benzin und Diesel einsparen lassen. Ergebnis: 9,2 Millionen Tonnen CO_2 pro Jahr weniger.

▶ Ein täglicher Arbeitsweg von 10 Kilometern verursacht mit einem Verbrennerauto 416 Kilo CO_2 im Jahr. Das E-Auto, betankt mit dem deutschen Strommix – landet bei 274 Kilo. Bus und Bahn emittieren 140 Kilo. Ein E-Bike gerade mal knapp 9 Kilo. Wer Rad fährt statt Auto, kann also jedes Jahr mehrere Hundert Kilo CO_2 sparen.

▶ Einer Untersuchung der britischen Ellen-MacArthur-Stiftung nach könnte die gesamte Textilindustrie bis 2050 für ein Viertel des klimaschädlichen CO_2-Ausstoßes verantwortlich sein. Mit jährlich 1,7 Milliarden Tonnen CO_2 trägt die Branche signifikant zu den globalen Treibhausgas-Emissionen bei. Die Textilbranche ist stark von der Globalisierung der Märkte geprägt. So stammen circa 90 Prozent der in Deutschland gekauften Bekleidung aus dem Import, zum größten Teil aus China, der Türkei und Bangladesch.

▶ Die CO_2-Emissionen, die beim Grillen mit Holzkohle entstehen, sind etwa dreimal höher als bei Gas. Holzkohlegrills setzen bis zu 6,7 Kilogramm CO_2 frei, ein Gasgrill nur 2,3 Kilogramm. Bedeutend wichtiger ist allerdings, was auf den Grill kommt.

Beispiel CO_2-Kosten: In einer Tonne Flachstahl stecken derzeit rund 160 Euro CO_2-Kosten. Die Herstellung einer Tonne Stahl nach herkömmlichem Verfahren emittiert etwa zwei Tonnen Kohlendioxid. Jede ist derzeit mit 80 Euro bepreist.*

*Quelle: Gunnar Groebler, Vorstandschef der Salzgitter AG

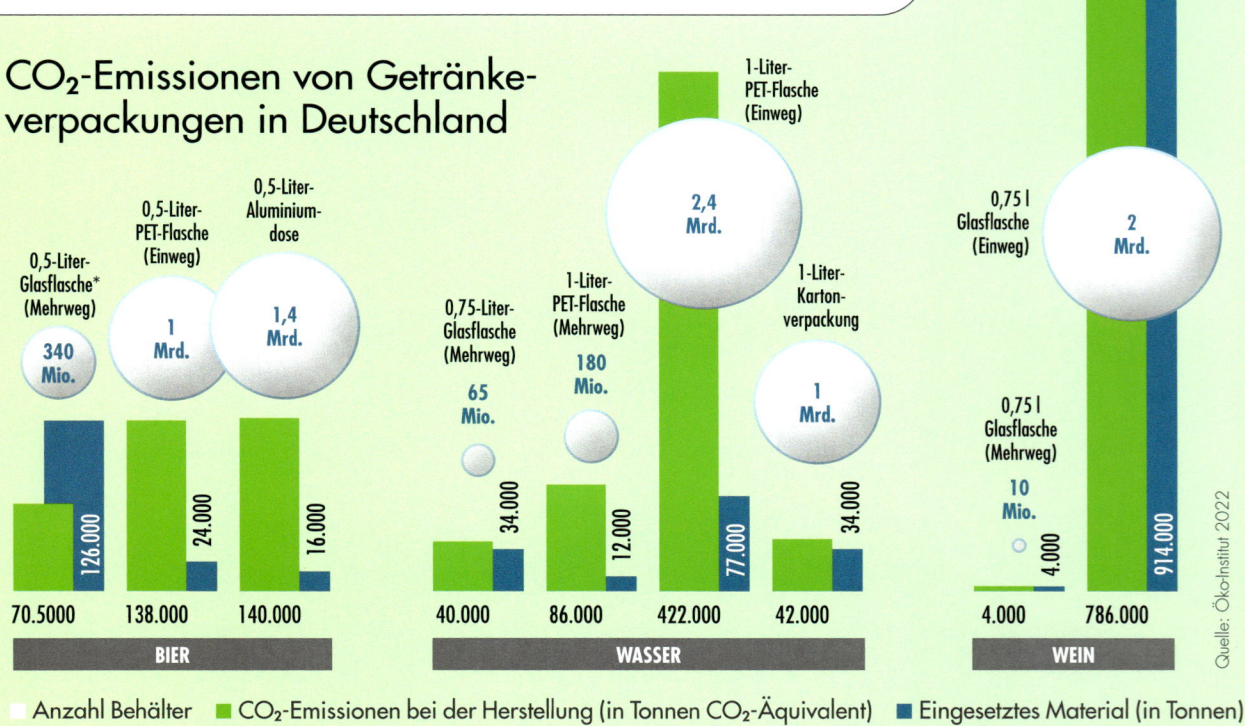

CO_2-Emissionen von Getränkeverpackungen in Deutschland

BIER
- 0,5-Liter-Glasflasche* (Mehrweg): 340 Mio. Behälter; 70.500 Tonnen CO_2; 126.000 Tonnen Material
- 0,5-Liter-PET-Flasche (Einweg): 1 Mrd. Behälter; 138.000 Tonnen CO_2; 24.000 Tonnen Material
- 0,5-Liter-Aluminiumdose: 1,4 Mrd. Behälter; 140.000 Tonnen CO_2; 16.000 Tonnen Material

WASSER
- 0,75-Liter-Glasflasche (Mehrweg): 65 Mio. Behälter; 40.000 Tonnen CO_2; 34.000 Tonnen Material
- 1-Liter-PET-Flasche (Mehrweg): 180 Mio. Behälter; 86.000 Tonnen CO_2; 12.000 Tonnen Material
- 1-Liter-PET-Flasche (Einweg): 2,4 Mrd. Behälter; 422.000 Tonnen CO_2; 77.000 Tonnen Material
- 1-Liter-Kartonverpackung: 1 Mrd. Behälter; 42.000 Tonnen CO_2; 34.000 Tonnen Material

WEIN
- 0,75 l Glasflasche (Mehrweg): 10 Mio. Behälter; 4.000 Tonnen CO_2; 4.000 Tonnen Material
- 0,75 l Glasflasche (Einweg): 2 Mrd. Behälter; 786.000 Tonnen CO_2; 914.000 Tonnen Material

■ Anzahl Behälter   ■ CO_2-Emissionen bei der Herstellung (in Tonnen CO_2-Äquivalent)   ■ Eingesetztes Material (in Tonnen)

Quelle: Öko-Institut 2022

Die Krux der Lieferkette

Her mit grünen Fabriken hierzulande. Aber was nützt es der CO_2-Bilanz, wenn die zugelieferten Teile mit Braunkohlestrom in China gefertigt werden? Laut einer Studie des Bundesumweltamts fällt in der vorgelagerten Wertschöpfungskette der deutschen Automobilindustrie etwa ein Viertel der Treibhausgas-Emissionen auf der Stufe der direkten Lieferanten an. Der Großteil geht dagegen auf indirekte Lieferanten, das heißt Vorleistungsprozesse auf den tieferen Wertschöpfungsstufen, zurück.

Nebeneffekt: Wer Produktion auslagert, lagert auch CO_2-Emissionen aus. Ein Teil der sinkenden Treibhausgas-Emissionen in Europa hat denn auch damit zu tun, dass Produktionen in die Schwellenländer gewandert sind.

Aktuell ist jeder Deutsche rein rechnerisch an 11 Tonnen CO_2 schuld und liegt damit mehr als 60 Prozent über dem globalen Durchschnitt. Laut Weltklimarat dürften es maximal 2 Tonnen sein.

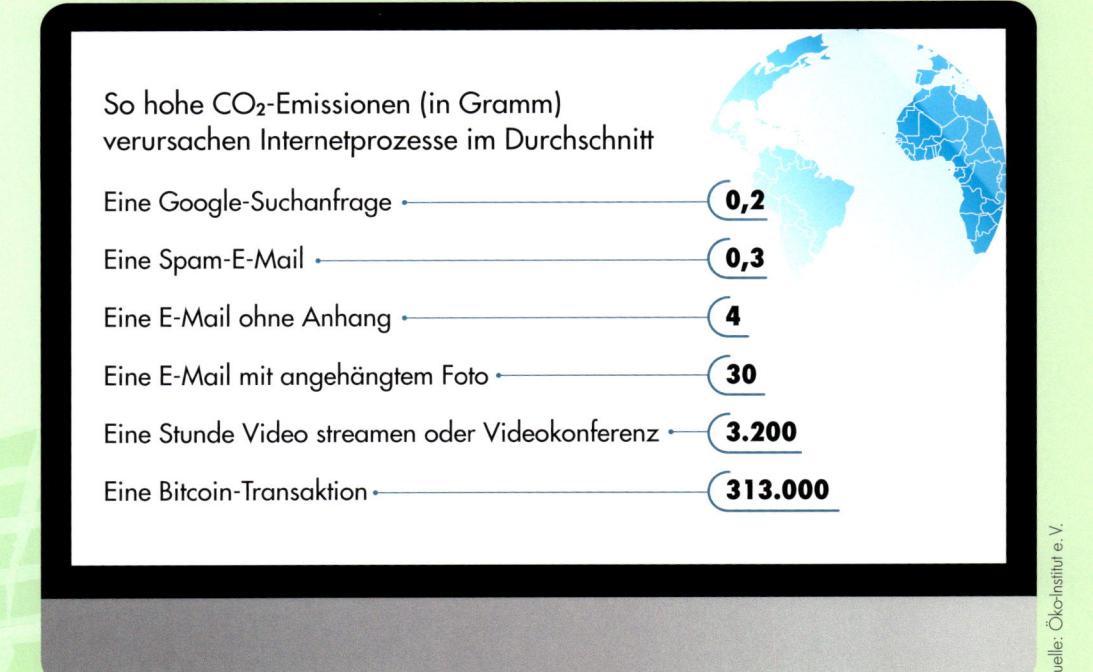

Flugreisen 0,49 t
Strom 0,70 t
Öffentliche Emissionen* 0,86 t
Mobilität ohne Flugreisen 1,60 t
Ernährung 1,69 t
Wohnen 2,04 t
Sonstiger Konsum** 3,79 t

Insgesamt 11,17 t
Durchschnittliche jährliche Treibhausgasbilanz pro Person in Deutschland in CO_2-Äquivalenten

*z. B. Wasserver- und -entsorgung, Abfallbeseitigung
**z. B. Bekleidung, Haushaltsgeräte und Freizeitaktivitäten

Quelle: UBA (2021 f)

So hohe CO_2-Emissionen (in Gramm) verursachen Internetprozesse im Durchschnitt

Eine Google-Suchanfrage	0,2
Eine Spam-E-Mail	0,3
Eine E-Mail ohne Anhang	4
Eine E-Mail mit angehängtem Foto	30
Eine Stunde Video streamen oder Videokonferenz	3.200
Eine Bitcoin-Transaktion	313.000

Quelle: Öko-Institut e. V.

Mehr Pkw-Verkehr hebt den Fortschritt auf

Pkw und Lkw emittieren heute im Durchschnitt weniger Treibhausgase und Luftschadstoffe als 1995. Das Mehr an Verkehr hebt jedoch diese Verbesserungen zum Teil wieder auf. So hat die Pkw-Fahrleistung zwischen 1995 und 2019 um etwa 20,5 Prozent zugenommen.

Die absoluten CO_2-Emissionen im Betrieb des Pkw-Verkehrs sind zwischen 1995 und 2019 um 5,1 Prozent angestiegen, die Emissionen pro Verkehrsleistung allerdings um rund 5 Prozent gesunken.

Im Lkw-Verkehr verminderten sich die CO_2-Emissionen um 32,6 Prozent. Die gestiegene Verkehrsleistung machte technisch bedingte Verbesserungen bei den CO_2-Emissionen leider wieder zunichte. Die absoluten CO_2-Emissionen des Straßengüterverkehrs erhöhten sich zwischen 1995 und 2020 von 39,3 auf 45,9 Millionen Tonnen, also um 17 Prozent.

CO_2-Emissionen bei der Herstellung von Bekleidung für Europa im Jahr 2019 und eine Prognose für das Jahr 2030

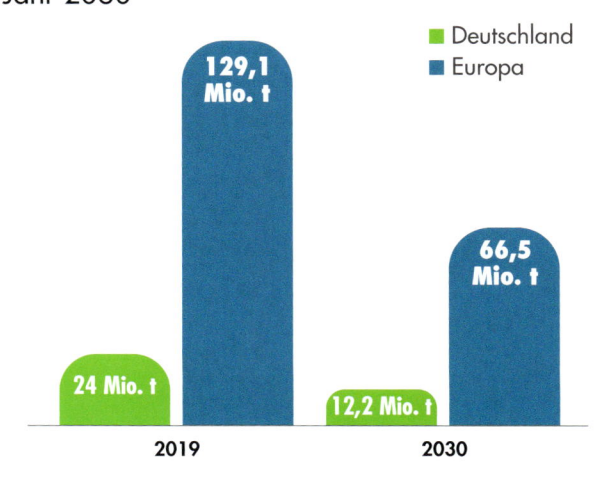

- Deutschland
- Europa

2019: 24 Mio. t (Deutschland), 129,1 Mio. t (Europa)
2030: 12,2 Mio. t (Deutschland), 66,5 Mio. t (Europa)

Die CO_2-Emissionen der deutschen und europäischen Modeindustrie könnten durch eine zirkuläre Wirtschaft bis 2030 um fast 50 Prozent reduziert werden. Während 2019 die CO_2-Emissionen der deutschen Bekleidungsindustrie noch bei rund 24 Millionen Tonnen lagen, wird eine Reduktion auf 12,2 Millionen Tonnen im Jahr 2030 prognostiziert.

Durchschnittliche CO_2-Emissionen neu zugelassener Pkw von 1998 bis 2021

Im Jahr 2021 lagen die CO_2-Emissionen aller neu zugelassenen Pkw in Deutschland bei durchschnittlich 118,7 Gramm pro Kilometer. Die erhöhte Zahl an Neuzulassungen mit alternativem Antrieb im Jahr 2021 führte zu einem Rückgang der CO_2-Emissionen gegenüber 2020.

* Seit 2019 werden nur noch die Daten aus dem neuen Messverfahren (WLTP) verwendet. Das führte zu einer Steigerung des Ausstoßes im Vergleich zum Jahr 2018.

Jahr	Emissionen in Gramm CO_2/km
1998	188,6
2002	177,5
2006	172,5
2009	154,2
2010	151,7
2011	146,1
2012	141,8
2013	136,4
2014	132,8
2015	128,8
2016	127,4
2017	127,9
2018	130,3
2019*	157,0
2020	139,8
2021	118,7

Quelle: Umwelt-Bundesamt

Die Vorgaben

Die sechs größten Lebensmittel-Klimasünder

Der Bereich Ernährung ist mit über 10 Prozent an unserem CO_2-Fußabdruck beteiligt.

23,8 kg*

Butter
Für ein Kilogramm Butter braucht man 21 bis 25 Liter Milch. Die Kühe stoßen im Verdauungsprozess Methangas aus, das für das Klima 23-mal schädlicher ist als CO_2.

13,3 kg*

Rindfleisch
Knapp viermal mehr CO_2-Emissionen als die gleiche Menge Geflügel oder Schweinefleisch verursacht ein Kilogramm Rindfleisch.

Über die gesamte Wertschöpfungskette verursacht unser Essen ein Drittel aller globalen Emissionen.

Käse und Sahne
Für die Produktion von Käse und Sahne werden ebenfalls große Mengen Milch benötigt. Umso mehr, je höher der Fettanteil – desto höher die Klimabelastung.

Käse 8,5 kg*

Sahne 7,6 kg*

Rollende Klimasünder

Treibhausgas-Emissionen in Gramm pro Person und Kilometer (inklusive Herstellung, Infrastruktur, Nutzung und Energie)

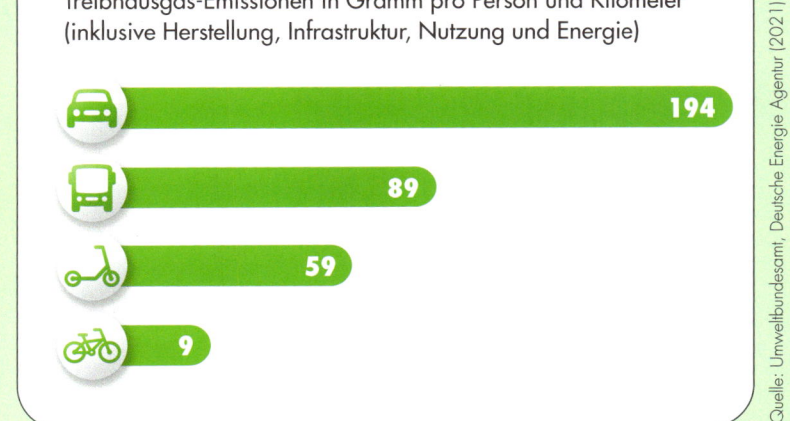

- 🚗 194
- 🚌 89
- 🛴 59
- 🚲 9

Quelle: Umweltbundesamt, Deutsche Energie Agentur (2021)

Tiefkühlpommes
Eigentlich gehört Gemüse zu den klimafreundlichsten Lebensmitteln. Die Trocknung, das Frittieren und das Tiefkühlen von Pommes schlucken allerdings viel Energie.

5,7 kg*

Schokolade
In der Süßigkeit steckt ein hoher Anteil Milch. Bei der Herstellung wird oft Palmöl verwendet, für dessen Anbau umfänglich wertvolle Regenwälder gerodet werden.

3,5 kg*

Aus 1 Liter Benzin aus der Zapfsäule entstehen bei vollständiger Verbrennung 2.370 Gramm CO_2. Ein Auto mit einem durchschnittlichen Verbrauch von 5,5 Liter/100 Kilometer ist somit bei 100 Kilometer Fahrstrecke für 13.035 Gramm Kohlendioxid verantwortlich.

Schweinefleisch und Geflügel
Anders als Rinder stoßen diese Tiere kein klimaschädliches Methangas aus. Für Haltung und Fütterung sind jedoch große Flächen nötig. Außerdem wird das Futter meist importiert.

3,4 kg*

* CO_2-Äquivalente

IV. Gebäude + Energie

Die Deutschen leben auf immer größerem Raum

▶ Die Wohnfläche pro Kopf legt hierzulande ständig zu. 2011 zeigt die Statistik 46,1 Quadratmeter, 2020 bereits 47,7 Quadratmeter. 2020 war eine Wohnung im Durchschnitt 92 Quadratmeter groß, 1,1 Prozent größer als im Jahr 2011.

▶ Jedem sei ausreichend Wohnraum gegönnt. Aber gerade der Gebäudesektor verschuldet hierzulande einen erheblichen Teil an CO_2-Emissionen. Das rückt Wohnraumzuwachs pro Person in ein kritisches Licht.

▶ Heizen, Warmwasser, Strom – im eigenen Zuhause verbrauchen private Haushalte die meiste Energie. Und setzen so immer auch Unmengen Kohlendioxid frei. Im Jahr 2019 kamen 219 Millionen Tonnen zusammen. 14 Prozent weniger als im Jahr 2000, in dem noch 256 Millionen Tonnen CO_2 verbucht wurden.

▶ Die CO_2-Emissionen unterscheiden sich nach direkten und indirekten. Zu den direkten gehört etwa die Verbrennung von Energie in einer Gasheizung im Haushalt. Indirekte Emissionen entstehen bei der Erzeugung der in den Haushalten verbrauchten Energie, beispielsweise bei der Stromproduktion in Kraftwerken. Gut zwei Drittel des CO_2-Ausstoßes der Haushalte im Bereich Wohnen sind auf das Heizen zurückzuführen. Die Unterschiede zwischen Öl, Kohle, Erdgas und erneuerbaren Energien sind dabei enorm (siehe Tabelle unten).

Die Emissionen der deutschen Energiewirtschaft sanken von 1990 bis 2020 um 53 Prozent.

Kumulierter Energieverbrauch verschiedener Energieträger und Energieversorgungen

Ergebnisse berechnet mit GEMIS Version 5.0 (September 2019)

Energieart	Prozess [1]	Kumulierter Energieverbrauch (kWh_{Prim}/kWh_{End})			Treibhausgase
		gesamt	nicht regenerativer Anteil	regenerativer Anteil [3]	CO_2-Äquivalent (g/kWh_{End})
Brennstoffe [2]	Heizöl EL	1,15	1,15	0,01	310
	Erdgas H	1,11	1,10	0,00	231
	Flüssiggas	1,09	1,08	0,01	295
	Steinkohle	1,06	1,06	0,00	438
	Braunkohle	1,20	1,19	0,01	446
	Holzhackschnitzel	1,05	0,03	1,01	15
	Brennholz	1,01	0,01	1,00	13
	Holzpellets	1,08	0,06	1,02	17
Fernwärme Mix	Deutschland (gemäß GEMIS)	1,14	0,80	0,33	243
Nahwärme Mix	Beispielnetz 74 WE	0,98	0,98	0,00	221
Solarwärme am Gebäude	Flachkollektor	1,09	0,07	1,02	24
	Vakuumröhrenkollektor	1,12	0,10	1,03	34
Strom	Strommix 2018	2,40	1,71	0,69	505
	PV-Strom (amorph)	1,15	0,14	1,01	43
	PV-Strom (monokristallin)	1,24	0,20	1,03	60
	PV-Strom (multikristallin)	1,16	0,13	1,03	40
	Wind (Park Mittelwert 2015)	1,03	0,02	1,00	10

[1] Vorgelagerte Kette für Endenergie bis Übergabe im Gebäude inklusive Materialaufwand für Wärme-/Stromerzeuger und ohne Hilfsenergie im Haus
[2] Bezugsgröße: unterer Heizwert H_u
[3] Der regenerative Anteil beinhaltet auch sekundäre Ressourcen, z. B. Restholz und Müll

Grundsätzlich wurde bei der Bilanzierung immer die gesamte Prozesskette von der Gewinnung des Energieträgers bis zu dessen Lieferung ins Gebäude berücksichtigt. Auch der Materialeinsatz im Gebäude für die Umwandlungsanlage (beispielsweise Heizkessel) ist enthalten.

Quelle: IWU, 2020

Die Vorgaben

Netto-Bilanz der vermiedenen Treibhausgas-Emissionen durch den Einsatz erneuerbarer Energien in Deutschland 2021

Millionen Tonnen CO_2-Äquivalente

Strom: 166,7 Mio. Tonnen	30,9	15,4	86,5	34,4	0,2
Wärme: 44,9 Mio. Tonnen	39,1	2,4	3,4		
Verkehr: 9,8 Mio. Tonnen	9,8				

Gesamte THG-Vermeidung: 221,4 Mio. Tonnen CO_2-Äquivalente

- 2,4 Mio. t – 1,1 %
- 3,6 Mio. t – 1,6 %
- 15,4 Mio. t – 7,0 %
- 34,4 Mio. t – 15,5 %
- 86,5 Mio. t – 39,1 %
- 79,1 Mio. t – 35,8 %

■ Biomasse ■ Wasserkraft ■ Windenergie ■ Photovoltaik ■ Solarthermie ■ Geothermie

Quelle: BMWK / Umweltbundesamt

Erneuerbare versus Fossile

Immer mehr erneuerbare Energien verdrängen nach und nach ihre fossilen Vorfahren. Im Jahr 2021 haben sie dadurch Treibhausgas-Emissionen von rund 221 Millionen Tonnen CO_2-Äquivalenten vermieden.

Die Stromerzeugung durch erneuerbare Quellen mit 167 Millionen Tonnen CO_2-Äquivalenten, etwa 75 Prozent der Gesamtmenge, ist der größte Emissionsvermeider. Der Wärmesektor ist mit 45 Millionen Tonnen, etwa 20 Prozent, dabei. Biokraftstoffe haben die Einsparung mit etwa 10 Millionen Tonnen CO_2-Äquivalenten, etwa 5 Prozent, vorangetrieben.

Die Berechnungen des Umweltbundesamts zeigen, dass erneuerbare Energien insbesondere Steinkohle und Erdgas aus dem deutschen Energiemix verdrängen. Im Bereich der Wärmeversorgung wird vor allem Heizöl ersetzt, im Verkehrsbereich Diesel- und Ottokraftstoff.

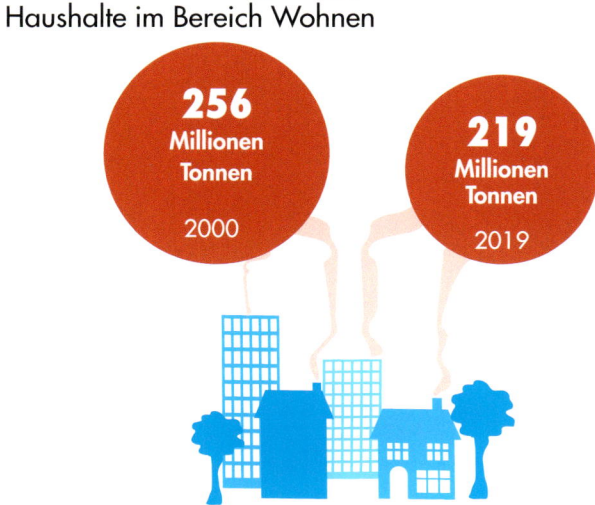

CO₂-Emissionsverringerung privater Haushalte im Bereich Wohnen

256 Millionen Tonnen 2000

219 Millionen Tonnen 2019

Quelle: Statistisches Bundesamt (Destatis), 2021

Zu viele fossile Heizungen

Neben energetischem Gebäudezustand, Technik und Witterung beeinflusst auch das Nutzerverhalten – gemeint sind etwa Raumtemperaturniveau, Warmwasserverbrauch, Lüftungsgewohnheiten – den Energieverbrauch und damit die Emissionen.

68 Prozent des CO_2-Ausstoßes sind aufs Heizen zurückzuführen. Nachdem der Energieverbrauch 2012 auf den niedrigsten Wert seit 2000 gefallen war, steigt er seit einigen Jahren tendenziell wieder an. Das tun auch die Emissionen. Denn immer noch wird jede zweite Heizung in Deutschland mit Gas betrieben. Und immer noch ein Viertel der Heizungen ist vom Energieträger Öl abhängig. Rund 14 Prozent der Wohnungen werden mit Fernwärme geheizt.

> Die Emissionen des deutschen Gebäudesektors sanken zwischen 1990 und 2020 um 43 Prozent.

www.eMobilie.de

Kapitel 1

Fördereffizienz in der Sanierung und im Neubau

Die Wirkung der Förderung auf die Minderung von Treibhausgas-Emissionen ist in der Sanierung um ein Vielfaches höher als im Neubau. Und zwar um den Faktor 10. Pro eingesetztem Fördereuro werden in der Sanierungsförderung zehnmal mehr Treibhausgase eingespart als in der Neubauförderung.

- 350 kg CO_2/EUR — Sanierung
- 35 kg CO_2/EUR — Neubau

Quelle: Öko-Institut, basierend auf Kurzgutachten zur Bewertung der investiven Förderprogramme 2021

Die CO_2-Emissionen pro Kilowattstunde Strom stiegen 2021 hierzulande wieder an. Die Erzeugung einer Kilowattstunde Strom verursachte durchschnittlich 420 Gramm CO_2. 2020 lag dieser Wert bei 375 Gramm pro Kilowattstunde.

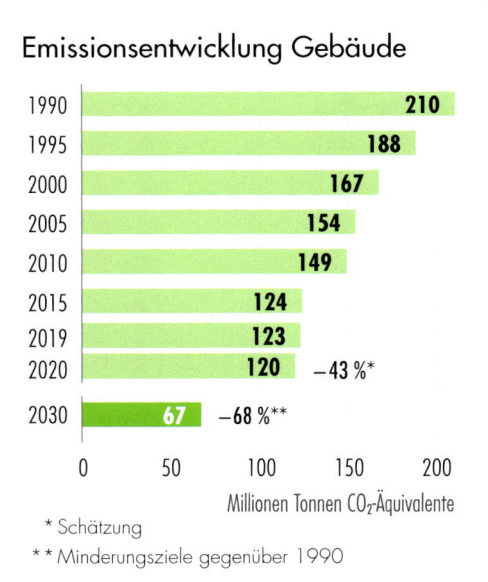

Emissionsentwicklung Gebäude

Jahr	Millionen Tonnen CO_2-Äquivalente
1990	210
1995	188
2000	167
2005	154
2010	149
2015	124
2019	123
2020	120 (−43 %*)
2030	67 (−68 %**)

* Schätzung
** Minderungsziele gegenüber 1990

Energetischer Zustand von Wohngebäuden und CO_2-Emissionen stehen in einem sehr engen Zusammenhang. Deshalb sollte man wissen: 52 Prozent des hiesigen Gebäudebestands sind teilsaniert, 36 Prozent unsaniert, vier Prozent vollständig saniert. Die restlichen acht Prozent sind neu gebaute Häuser.

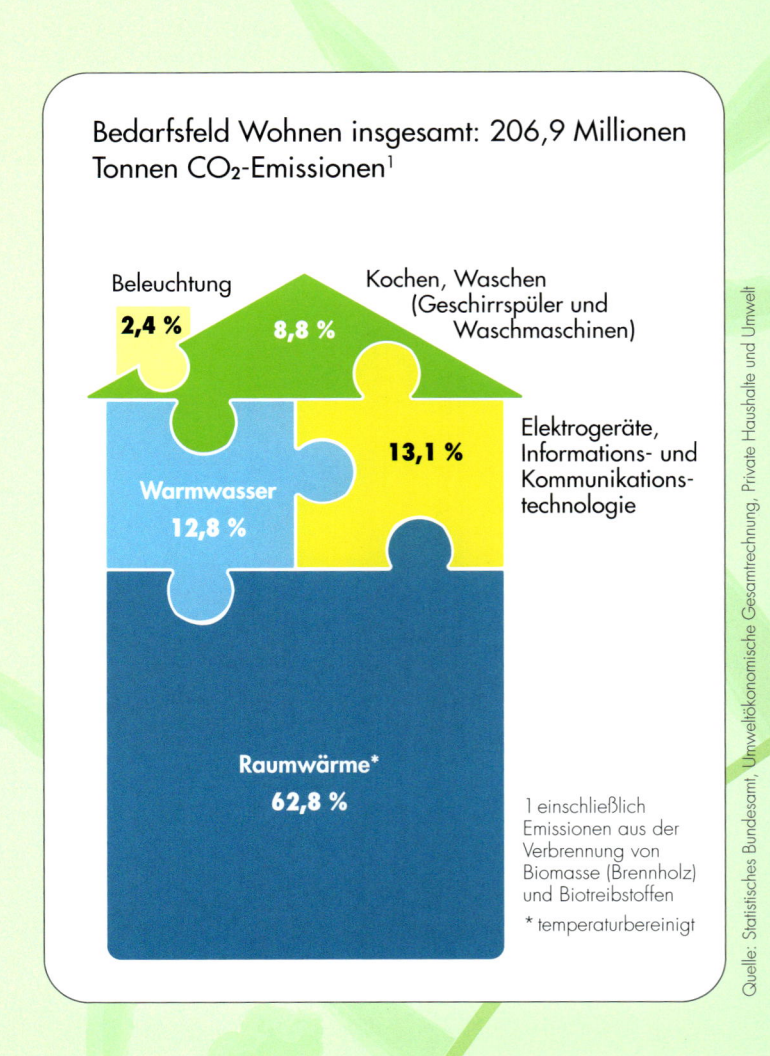

Quelle: UBA (2021 a), Bundesregierung (2021)

Bedarfsfeld Wohnen insgesamt: 206,9 Millionen Tonnen CO_2-Emissionen[1]

- Beleuchtung: 2,4 %
- Kochen, Waschen (Geschirrspüler und Waschmaschinen): 8,8 %
- Elektrogeräte, Informations- und Kommunikationstechnologie: 13,1 %
- Warmwasser: 12,8 %
- Raumwärme*: 62,8 %

[1] einschließlich Emissionen aus der Verbrennung von Biomasse (Brennholz) und Biotreibstoffen
* temperaturbereinigt

Quelle: Statistisches Bundesamt, Umweltökonomische Gesamtrechnung, Private Haushalte und Umwelt

Die Vorgaben

Bisheriger und bisher geplanter Ausbau erneuerbarer Energien in Deutschland

Installierte Leistung Stand: Ende 2020 | Ausbauziele 2030

- 54,4 GW Windenergie an Land | 71 GW
- 53,8 GW Photovoltaik | 100 GW
- 9,3 GW Biomasse | 8,4 GW
- 7,7 GW Windenergie auf See | 20 GW

Legende: Windenergie an Land, Photovoltaik, Windenergie auf See, Biomasse
— Bisheriger Ausbau ···· Ausbauziele

Quellen: BMWi (2021 b), Bundesregierung (2020 a), Bundesregierung (2020 b)

Emissionsentwicklung Energiewirtschaft

Jahr	Millionen Tonnen CO_2-Äquivalente	
1990	466	
1995	400	
2000	385	
2005	397	
2010	368	
2015	347	
2019	258	
2020	221	−53 %*
2030	108	−77 %**

* Schätzung
** Minderungsziele gegenüber 1990

Quelle: UBA (2021 a), Bundesregierung (2021)

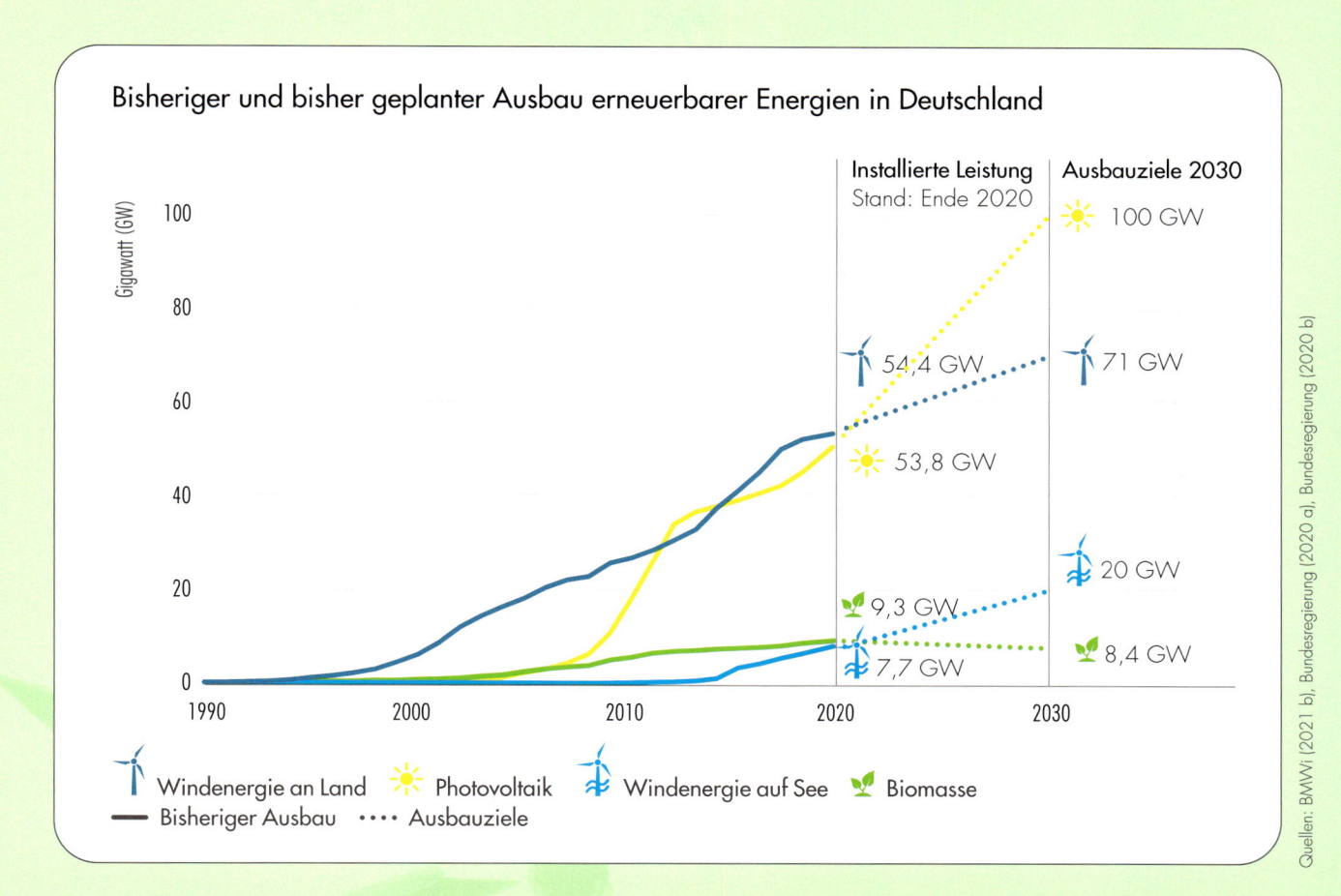

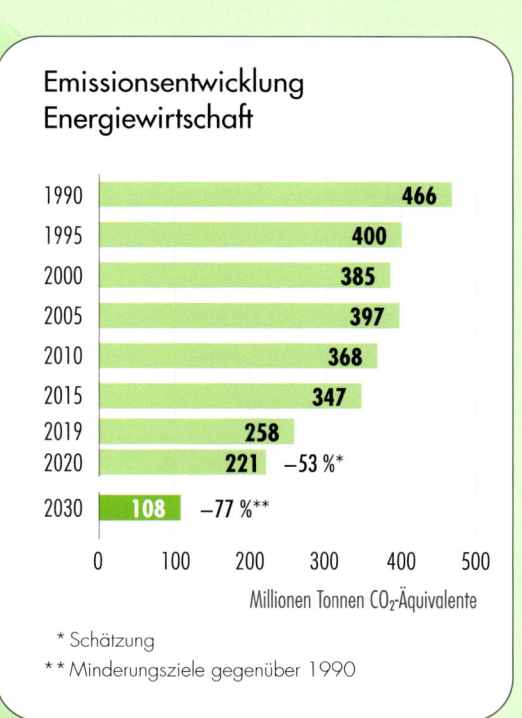

2

eMobilie

www.eMobilie.de

DIE ENERGIE- SYSTEME

Kapitel 2

CO_2-Wende
Yes, we can?

Schneller und brutaler, als uns lieb ist,
zeigt die Energiewende ihr wahres Gesicht:
Unser Problem ist die CO_2-Wende!
Die bisher radikalste und weitreichendste
Umkrempelung allen Wirtschaftens und Tuns.
Unbestritten: Wir müssen es tun! Die Frage ist nicht
mehr, ob wir das können. Sondern nur noch: Wie?
Erfahrungen von Prof. Dr. Werner Brinker.

> **Private Haushalte können durch effiziente Elektrifizierung so viel Endenergie sparen, dass die in Deutschland machbaren 1.770 Terawattstunden Erneuerbarer ausreichen.** «

PROF. DR. WERNER BRINKER

Prof. Brinker, unser Gespräch findet in widrigen Zeiten statt. Wir könnten schlimmstenfalls nur spekulieren, welche Folgen der russische Überfall auf die Ukraine in welcher Zeit auf unsere deutsche Energiesituation haben würde.
Abwarten ist diesmal keine Option. Lassen Sie uns anhand feststehender Fakten und Zahlen (Stand Ende 1. Halbjahr 2022) überlegen, was unabdingbar zu tun ist, um die gnadenlos anstehende deutsche Energiewende zu einem halbwegs akzeptablen (Klima-)Ziel zu führen. Sie haben als EWE-Vorstand die vergangenen 20 Jahre deutsche Energiewirtschaft aktiv mitgestaltet und mitverantwortet. Was ist jetzt passiert, dass es hier-zulande plötzlich an nahezu allen energetischen Ecken und Enden so dramatisch eng wird, für einige sogar existenzbedrohend?

Prof. Brinker: Dramatische Umbrüche gab es früher auch schon. Fangen wir an mit der ersten Ölpreiskrise Anfang der 70er-Jahre. Die Reaktion darauf war der massive Einstieg in die Kernenergie. Raus aus der Abhängigkeit von arabischem Öl. Die Idee war: 50 Gigawatt installierter Kernenergieleistung.
Tatsächlich wurden es dann 27 Gigawatt. Vor allem wegen zunehmender Proteste der Bevölkerung.

Die unendlichen Gesamtkosten für den Bau von Kernkraftwerken spielten keine Rolle?
Doch. Aber die Kosten waren damals spürbar geringer als heute. Heutige Sicherheitskonzepte sind deutlich umfangreicher.

Die Endlagerung des Atommülls war damals noch gar nicht eingepreist, oder?
Das ist ein zweites Thema. Zunächst war die Frage zu beantworten, wie Deutschland seine Energieversorgung faktisch ohne eigene Rohstoffvorkommen sichern kann. Steinkohle war damals schon wegen abnehmender Mengen und rasant steigender Kosten ein absehbares Auslaufmodell. Dass wir die Kohleförderung überhaupt so lange noch aufrechterhalten konnten, war exzellenter Ingenieurskunst zu verdanken. Selbst die nur 80 Zentimeter starken Flöze in mehr als 1.000 Meter Tiefe konntnen maschinell abgebaut werden. Allerdings angesichts der deutlich billigeren Weltmarktpreise nur mit massiven Subventionen. Ich glaube nicht, dass dabei die Versorgungssicherheit im Vordergrund stand; eher die sozialen Folgen für Hunderttausende Bergarbeiterfamilien hierzulande.
Man musste die heimische Kohle ab Anfang der 60er-Jahre auch vor dem billigen

Die Energiesysteme

arabischen Erdöl schützen. Ich kenne noch Preise von 8 Pfennigen pro Liter für leichtes Heizöl.

Wann kam Erdgas ins Spiel?

Nachdem in Groningen 1957 das größte europäische Erdgasfeld entdeckt wurde. Mit 2.800 Milliarden Kubikmetern. Das ermöglichte in den Folgejahren den Start der westeuropäischen Erdgasversorgung. Seinen wirklichen Boom erlebte Erdgas dann nach der ersten und zweiten Ölpreiskrise in den 70er-Jahren: Die Ölpreise stiegen damals erheblich schneller als die für Erdgas.

1980/81 drohte übrigens Holland mit einem Erdgaslieferstopp, um bessere Preise am Markt durchzusetzen – auch das ist also nichts Neues.

Die Reaktionen waren ja damals ähnlich denen, die wir jetzt durchleben: Unabhängig machen! Autarkie, so schnell und so radikal es geht!

Das war und ist naheliegend.

Sprung ins Heute: Bei der Energiewende reden wir meist von Strom. Einerseits ist das mit Blick auf mögliche Lösungsperspektiven gut und logisch, andererseits wird aber die meiste Energie hierzulande für Wärme verbraucht, oder?

Der Endenergiebedarf[1] in Deutschland betrug 2019 circa 2.400 Terawattstunden.[2] Daran sind die Bereiche Industrie, Verkehr und private Haushalte mit jeweils 25 bis 30 Prozent beteiligt. »

ZUR PERSON

Prof. Dr.-Ing. Werner Brinker (Jhrg. 1952) fing nach einem Bauingenieurstudium 1978 bei der EWE AG an.
1990 Promotion zu einem bauhistorischen Thema an der TU Braunschweig.
Seit 1996 Technikvorstand, von 1998 bis 2015 Vorstandsvorsitzender der EWE AG. Danach in zahlreichen Aufsichtsräten von Energieunternehmen und -organisationen in Deutschland, Luxemburg und Schweden sowie bei der SV Werder Bremen GmbH & Co. KGaA. Aktuell berät er die international tätige Private-Equity-Beteiligungsgesellschaft ARDIAN.
Aufsichtsrat bzw. Hochschulrat der Jacobs University Bremen und der Carl von Ossietzky Universität Oldenburg, deren Universitätsgesellschaft er vorsitzt. Seit 2015 Honorarprofessor der Universität Oldenburg.
Im Jahr 2010 nahm EWE den ersten deutschen Offshore-Windpark in Betrieb. Als Vorstandsvorsitzender war er vom Weg zu einer klimaneutralen Energieversorgung überzeugt.
Aber es bedurfte auch der Überzeugung seiner Mitarbeiter, die teilweise 30 bis 40 Jahre in einem monopolistischen System gearbeitet hatten, das durch Kohle- und Kernkraftwerke bestimmt war.
Als hilfreich hebt Prof. Brinker die Gründung einer Akademie für Führungskräfte hervor, in der nicht nur über Strategien und Führungskonzepte diskutiert, sondern auch über ethische Wertegerüste und moralisches Handeln philosophiert wurde – getreu dem Motto: „Was das Gesetz nicht verbietet, verbietet der Anstand."
(SENECA, 1. Jh. n. Chr.)

© Hans-Rudolf Schulz

„Tatsächlich werden 70 bis 80 Prozent des Gesamtenergiebedarfs aktuell für Heiz- und Prozesswärme benötigt."

„Schon durch vollständige Gebäudedämmung können rund 76 Prozent der für Raumwärme benötigten Endenergie eingespart werden."

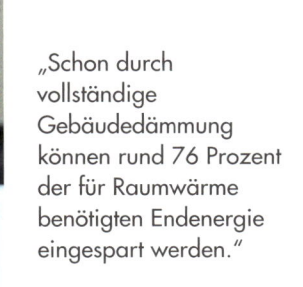

© Hans-Rudolf Schulz

Tatsächlich werden 70 bis 80 Prozent des Gesamtenergiebedarfs aktuell für Heiz- und Prozesswärme benötigt.

Was heißt das für den Sektor private Haushalte hierzulande?

Der private Endenergiebedarf lag 2019 bei etwa 645 Terawattstunden. Davon etwa 450 Terawattstunden für Raumwärme und Warmwasser.

Als Sie bei der EWE anfingen, wurde in Privathäusern ganz anders geheizt als heute. Vor allem weniger.

Abseits der Städte heizte man ein Zimmer. Meist die Wohnküche. Das Wohnzimmer wurde nur an den Wochenenden geheizt, die Schlafzimmer gar nicht.
Dazu kam die deutlich geringere Wohnfläche. In den 60er-Jahren war die nicht halb so groß wie heute. Gerade mal etwa 20 Quadratmeter pro Person.

2021 zählten die deutschen Statistiker stattliche 48 Quadratmeter Wohnfläche pro Einwohner.

Dieser Komfortzuwachs machte in den letzten Jahren die Effekte des Energiesparens in privaten deutschen Wohngebäuden zunichte: 50 Prozent eingespart, zugleich aber die Wohnfläche pro Person verdoppelt.

Unser großes Problem ist und bleibt der schlechte energetische Zustand der Bestandsgebäude.

Zwei Drittel der Wohngebäude sind älter als 35 Jahre. Lediglich 10 Prozent davon haben voll gedämmte Außenhüllen.
9 Millionen Wohngebäude sind unzureichend gedämmt, weitere 7 Millionen sogar nur teilgedämmt[3].

Wie hoch beziffern Sie das hier zu erschließende Energiepotenzial?

Allein durch vollständige Gebäudedämmung können rund 76 Prozent der für Raumwärme benötigten Endenergie eingespart werden[4].
Weitere Einsparungen sind möglich, wenn die Heizungsanlage nach der Gebäudesanierung dem neuen Raumwärmebedarf angepasst wird. Das gelingt vor allem durch den Einbau elektrischer Wärmepumpen kombiniert mit großflächigen Niedertemperatur-Heizkörpern.

Wie sieht denn die Heizstruktur im deutschen Wohngebäudebestand aus?

In Zahlen für 2019:

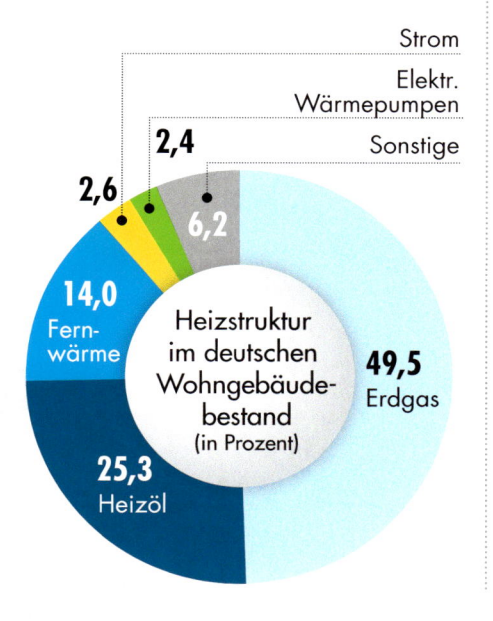

Heizstruktur im deutschen Wohngebäudebestand (in Prozent)

- Erdgas: 49,5
- Heizöl: 25,3
- Fernwärme: 14,0
- Sonstige: 6,2
- Elektr. Wärmepumpen: 2,4
- Strom: 2,6

Wir streiten gelegentlich unter Kollegen, ob sich ein Unternehmen wie E3/DC als technischer Ausrüster derart intensiv für bessere CO_2-Bilanzen von Gebäuden engagieren soll – ob das nicht eher Aufgabe der Baubranche selbst sein muss.

Besser als alle theoretischen Dispute sind praktisch wirksame Lösungen. Wir brauchen jetzt, so schnell wie nur möglich, deutliche CO_2-Reduzierungen.

Da ist E3/DC für die bessere Gebäudebilanz seiner Kunden sowohl beim Bau als auch bei der Nutzung völlig richtig unterwegs.

Der zuvor besprochene aktuelle Anteil fossiler Brennstoffe von 75 Prozent für die Raumwärme in Wohngebäuden schuldet übrigens 130 Millionen Tonnen CO_2-Emissionen. Pro Jahr! Die vollständige Dämmung des deutschen Wohngebäudebestands und die Elektrifizierung der Wärmeerzeugung könnten 342 Terawattstunden fossiler Energie einsparen – und so auch die damit verbundenen jährlichen 130 Millionen Tonnen CO_2 dauerhaft gegen null senken.

Das Spannende an der Umstellung privater Wohnhäuser auf selbst produzierte und selbst genutzte CO_2-neutrale Energie ist, dass die intelligente Kombination von PV-Dach, Stromspeicher und Ladebox für Elektro-Auto auch den privaten Verkehr weitgehend dekarbonisieren kann.

Das Statistische Bundesamt beziffert für das Jahr 2018 den Energieverbrauch deutscher Benzin- und Diesel-Pkw mit 1.545 Petajoule[5].

Das entspricht einer Energiemenge von 429 Terawattstunden.

Bei einem Fahrzeugbestand von 48 Millionen Pkw zum 1. Januar 2021 und gleichem Verbrauch wie 2018 errechnet sich eine durchschnittliche Energiemenge von 8.950 Kilowattstunden pro fossil angetriebenem Pkw und Jahr.

Ein Elektro-Pkw dagegen braucht für dieselbe Jahresfahrleistung von durchschnittlich 13.400 Kilometern[6] nur 2.700 Kilowattstunden (rund 20 Kilowattstunden/100 km).

Bei 48 Millionen Pkw hierzulande kann also der Umstieg auf E-Antrieb die Energiemenge für dieselbe Fahrleistung auf etwa 130 Terawattstunden senken, also ein Drittel der Verbrenner.

Ich erlebe den direkten Vergleich jeden Tag selbst: Meine Frau und ich fahren beide einen BMW X3. Sie mit Elektro-, ich mit konventionellem Benzin-Antrieb.

Der Grund für den großen Unterschied im Energieverbrauch zwischen Elektro- und Verbrennungsmotor liegt in der wesentlich geringeren Energieeffizienz des Letzteren. Er gibt eine große Menge Energie als Wärme an die Umwelt ab.

Was folgt daraus für die deutsche Energiebilanz?

Für die derzeit 48 Millionen Pkw würden bei gleicher Fahrleistung mit E-Antrieb nur etwa 130 Terawattstunden Strom pro Jahr benötigt. Das sind etwa 22 Prozent der heutigen Stromproduktion von rund 582 Terawattstunden.

Aus meiner Sicht kann dieser Energiebedarf für private Mobilität in den nächsten 30 Jahren ohne Probleme aus erneuerbaren Quellen gedeckt werden. Die dafür zu installierende Leistung beträgt bei einer Volllast-Struktur von 2.000 Stunden etwa 65 Gigawatt. Das entspricht einem Zubau von jährlich gut 2,1 Gigawatt. Das ist machbar. Dieser Wert wurde selbst in den schwächsten Jahren des letzten Jahrzehnts übertroffen. »

Allein mit der Elektrifizierung des Pkw-Verkehrs könnten wir jährlich etwa 300 Terawattstunden Energie aus fossilen Quellen einsparen, entsprechend etwa 70 Tonnen CO_2.

Ein gängiges Angst-„Argument" gegen zu viele E-Pkw lautet: Was passiert, wenn alle gleichzeitig Strom laden?

Das ließe sich durch ein intelligentes Last-, Batterie- und Netzmanagement verhindern.
Mal angenommen, 20 Prozent der 48 Millionen deutschen Pkw würden tatsächlich zeitgleich eine Ladeleistung von 20 Kilowattstunden beanspruchen, dann müsste das Stromnetz 192 Gigawattstunden mehr liefern. Das wäre etwa das Doppelte der aktuell hierzulande installierten Leistung konventioneller Kraftwerke. Das ist aber extrem unwahrscheinlich.

Warum?

Weil die absehbare Entwicklung der E-Autos eher früher als später zum bidirektionalen Laden führt. Das heißt, deren Batterien wirken eher netzdienlich als netzschädlich.

Obwohl Entscheidungsfreiheiten und Handlungsmöglichkeiten des Einzelnen dort meist sehr bescheiden sind – den dritten großen Energieverbraucher neben Wohnen und Verkehr, die Industrie, können wir hier nicht außen vor lassen.
Grundsätzlich gilt doch: Die Zeiten stets verfügbarer relativ billiger Energie sind unwiderruflich vorbei. Die Ära des Ignorierens jeglicher selbst verursachter CO_2-Emissionen und der Folgekosten auch.

Das größte Energieproblem der Industrie ist nicht deren Strom-, sondern deren Wärmebedarf.

Ist grüner Wasserstoff dafür die Top-Lösung?

Aktuell eher nicht. Für die Produktion von 1 Kilowattstunde Wasserstoff durch Spaltung von Wasser in Wasserstoff und

Auto	Werksangabe	tatsächlich	kWh
BMW iX3	19,9–20,5 kWh/100 km/h	25 kWh/100 km/h	25/100 km
BMW X3 3.0i	8,7–11,4 l/100 km	10 l/100 km	87/100 km

(1 Liter Benzin = 8,67 kWh)

Selbst erfahren: protokollierte Energieverbräuche von Prof. Dr. Werner Brinker und seiner Frau im 3er BMW Benziner und im Stromer. Der elektrische braucht weniger als ein Drittel des Verbrenners.

Sauerstoff über einen Elektrolyse-Prozess werden 1,6 bis 1,8 Kilowattstunden Strom benötigt.[7]
Der Wirkungsgrad eines Elektrolyseurs beträgt also lediglich 55 bis 60 Prozent. Damit stellt sich die Frage: Ist es sinnvoll, mittels grünen Stroms mit einem schlechten Wirkungsgrad grünen Wasserstoff zu produzieren und diesen zum Beispiel für Wärmeprozesse in der Industrie einzusetzen? Oder wäre es nicht sinnvoller, bestimmte Wärmeprozesse in der Industrie zu elektrifizieren, um dadurch unter anderem den Zubau von Erzeugungskapazitäten bei Onshore-Wind und PV-Anlagen zu verringern?
In einigen Bereichen der Kunststoff-, der Papier-, der Ernährungs- oder der Druckindustrie beträgt die benötigte Temperatur für Prozesswärme weniger als 400 °C. Diese Prozesse eignen sich grundsätzlich sehr gut für eine Elektrifizierung.
Die Technologien dafür stehen in industriellem Maßstab schon zur Verfügung[8]:
– Wärmepumpen bis 100 °C;
– Elektrodenkessel bis 160 °C;
– Elektrodenkessel bis 240 °C;
– elektrochemische Verfahren 250 bis 2.000 °C.
Das mithilfe dieser Technologien ermittelte Elektrifizierungspotenzial der brennstoffbasierten Prozesswärmeerzeugung wurde in früheren Studien mit etwa 180 Terawattstunden pro Jahr von insgesamt 460 Terawattstunden und einer mittleren Leistung an einem Werktag von 29 Gigawattstunden ermittelt. Für die industrielle Raumheizung und Warmwasserbereitung kommen potenziell weitere 53 Terawattstunden pro Jahr mit einem Leistungsbedarf von 5 bis 15 Gigawattstunden hinzu[8].
Für den Bereich Prozesswärme wird eine Endenergiemenge von 476 Terawattstunden pro Jahr und für Raumwärme und Warmwasser insgesamt 49 Terawattstunden pro Jahr angegeben. Daraus ergibt sich ein Elektrifizierungspotenzial für industrielle Prozesswärme, Raumwärme und Warmwasser mit geschätzt etwa 230 bis 240 Terawattstunden.

Was hindert deutsche Industriebetriebe daran, den Weg zu weniger CO_2-Emissionen und höherer Energieeffizienz durch Elektrifizierung zu beschreiten?

Der große Preisunterschied zwischen einer Kilowattstunde Öl oder Gas und einer Kilowattstunde Strom. Der Preis für Erdgas betrug in der Zeit von Januar bis Juni 2021 etwa 3 Cent pro Kilowattstunde. Der Preis für Strom lag in der Zeit von Januar bis Dezember 2020 bei 8 bis 9 Cent pro Kilowattstunde.
Der Strompreis für Industriekunden war also im Jahr 2020/21 pro Kilowattstunde etwa dreimal so hoch wie der Gaspreis. Daran ändert auch die Situation an der Strom- bzw. Gasbörse Anfang dieses Jahres nichts. Vor Beginn des Ukraine-Kriegs, am 8. Februar 2022, wurden der Strompreis für das Jahr 2023 mit 14,3 Cent pro Kilowattstunde und der Gaspreis mit 5,3 Cent pro Kilowattstunde notiert.

Die Energiesysteme

Da an der Strom- und Gasbörse das Merit-Order-Prinzip gilt, wonach die Grenzkosten der letzten zur Deckung des Bedarfs benötigten Kilowattstunde den Preis für die gesamte zu dem Zeitpunkt gehandelte Energiemenge bestimmen, werden sich die Verhältnisse nicht grundlegend ändern. Bei einem Erdgaspreis von 5,3 Cent pro Kilowattstunde und einem Wirkungsgrad von 55 Prozent eines modernen Gas- und Dampfturbinen-Kraftwerks ergibt sich ein Strompreis allein auf der Basis des Brennstoffs Erdgas von 9,6 Cent pro Kilowattstunde; die entsprechenden Grenzkosten liegen noch darüber.

Ende Juli 2022 betrugen der Strompreis für 2023 an der Börse 32,4 Cent pro Kilowattstunde und der Gaspreis 13 Cent pro Kilowattstunde.

Der vermehrte Einsatz von Strom aus erneuerbaren Energiequellen für industrielle Prozesswärme am Standort Deutschland ist meines Erachtens nur möglich, wenn kostenbasierter Strom über entsprechende Verträge zwischen Anlagenbetreibern und Industriebetrieben zur Anwendung kommt. Die durchschnittlichen Produktionskosten für Strom aus Onshore-Windanlagen betrugen beispielsweise im März 2018 »

Prof. Werner Brinker, anderthalb Jahrzehnte Vorstandsvorsitzender der EWE Oldenburg, begründet seinen Ruf nicht nur als Vor-Denker, sondern vor allem als Vor-Macher bei erneuerbaren Energien.

© Hans-Rudolf Schulz

Industrieller Wärmebedarf nach Wirtschaftszweigen

- <100°C
- 100 bis 500 °C
- 500 bis 1.00 °C
- > 1.000 °C

Gummi- und Kunststoffwaren
Maschinenbau
Verlags- und Druckgewerbe
Herstellung Metallerzeugnisse
Fahrzeugbau/-herstellung
Papiergewerbe
Ernährungsgewerbe
Glas- und Keramikgewerbe
Chemische Industrie
Metallerzeugung und -bearbeitung

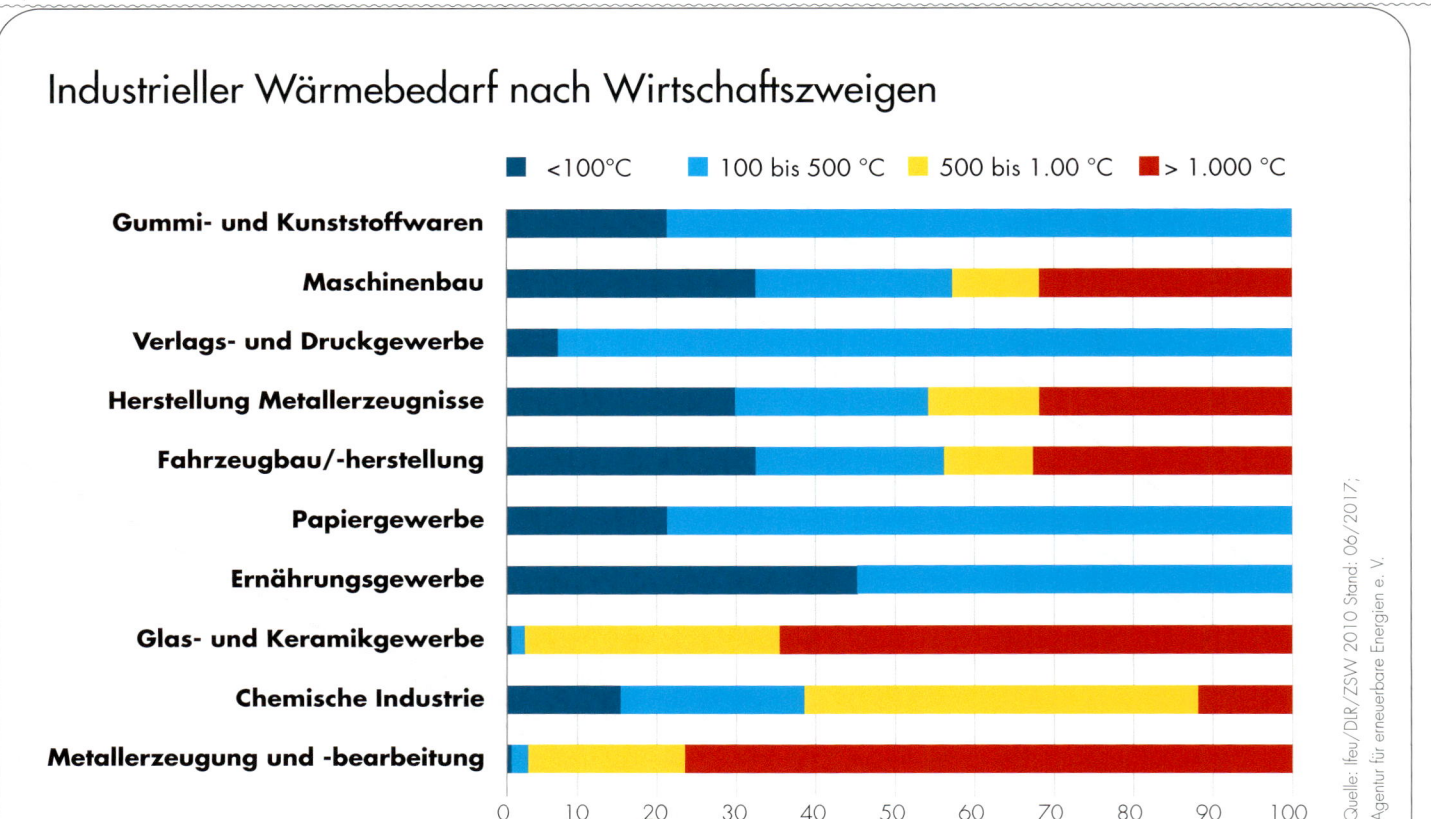

Prozente

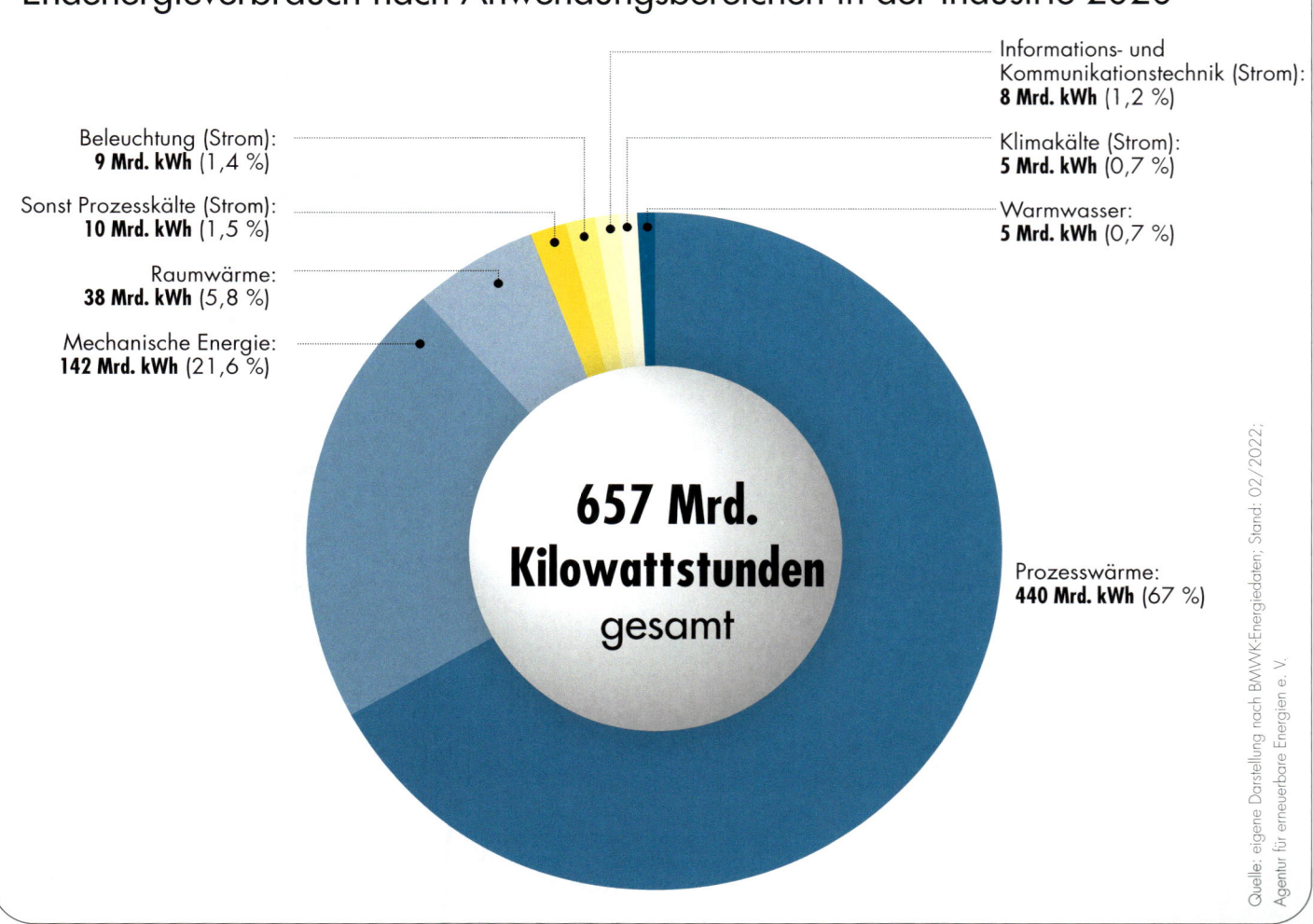

Quelle: Ifeu/DLR/ZSW 2010 Stand: 06/2017; Agentur für erneuerbare Energien e. V.

Endenergieverbrauch nach Anwendungsbereichen in der Industrie 2020

Beleuchtung (Strom): **9 Mrd. kWh** (1,4 %)
Sonst Prozesskälte (Strom): **10 Mrd. kWh** (1,5 %)
Raumwärme: **38 Mrd. kWh** (5,8 %)
Mechanische Energie: **142 Mrd. kWh** (21,6 %)

Informations- und Kommunikationstechnik (Strom): **8 Mrd. kWh** (1,2 %)
Klimakälte (Strom): **5 Mrd. kWh** (0,7 %)
Warmwasser: **5 Mrd. kWh** (0,7 %)
Prozesswärme: **440 Mrd. kWh** (67 %)

657 Mrd. Kilowattstunden gesamt

Quelle: eigene Darstellung nach BMWK-Energiedaten; Stand: 02/2022; Agentur für erneuerbare Energien e. V.

> **Grüner Wasserstoff?** Solange für 1 Kilowattstunde davon 1,6 bis 1,8 Kilowattstunden Grünstrom nötig sind, macht er wenig Sinn. «

PROF. DR. WERNER BRINKER

zwischen 4 und 8 Cent pro Kilowattstunde, für Strom aus PV-Anlagen zwischen 4 und 6 Cent pro Kilowattstunde [6].

Ist das erklärte Ziel der Bundesregierung, die Vorgaben des Pariser Klimaabkommens einzuhalten, aus heutiger Sicht überhaupt erreichbar? Und wenn ja, wie?

Die dafür notwendigen Eckpunkte, wie der Ausbau der Erneuerbaren, die Energieeinsparung im Gebäudesektor, die Elektrifizierung des Verkehrs etc., sind formuliert. Die in verschiedenen Studien aufgezeigten Wege dorthin, unter anderem Fraunhofer ISE/November 2021, sind derzeit jedoch nicht ausreichend, um den aktuellen Energieverbrauch in Deutschland in Höhe von 2.400 Terawattstunden komplett aus Erneuerbaren zu decken. Mögliche, mit hohen Investitionen verbundene Maßnahmen lassen eine Energieeinsparung von lediglich 642 Terawattstunden absehen. Aus diesem Grund setzt die Politik verstärkt auf den Einsatz von grünem Wasserstoff. Da seine Produktion derzeit sehr unwirtschaftlich ist, macht es unter energetischen Aspekten wegen noch fehlender Mengen grünen Stroms in Deutschland wenig Sinn, bereits heute grünen Wasserstoff in den verschiedenen Sektoren einzusetzen.

Bis zur Erreichung der Ausbauziele für erneuerbare Energien ist es unter energetischen Aspekten sinnvoller, den grünen Strom zur weiteren Elektrifizierung beispielsweise im Bereich der Prozesswärme in der Industrie, der Beheizung von Gebäuden und des Verkehrs einzusetzen. Der in der Schwerindustrie oder in der chemischen Industrie als Rohstoff benötigte Wasserstoff könnte als sogenannter blauer Wasserstoff, nach Abscheidung und unterirdischer Speicherung in den Erdgaslagerstätten, importiert werden. Die CO_2-Speicherung in Erdgaslagerstätten ist seit vielen Jahren erprobte Praxis in norwegischen Offshore-Feldern.

Oberstes Ziel in Deutschland muss also sein, den heimischen Energiebedarf durch verstärkte Nutzung der Einsparpotenziale, durch die Erhöhung des Grades der Elektrifizierung mit grünem Strom und durch einen beschleunigten Ausbau der erneuerbaren Energien zu decken.

Noch ein Wort zur Methan-Pyrolose.

Für sie sind deutlich größere Anstrengungen im Bereich Forschung und Entwicklung nötig. Diese Technologie hat den Vorteil, dass lediglich 20 Prozent des für eine Elektrolyse erforderlichen Stroms benötigt werden. Der bei der Methan-Pyrolyse entstehende feste Kohlenstoff könnte zum Beispiel in alten Kohlebergwerken endgelagert, vielleicht aber auch zu Kohlefasern verarbeitet und bei der Herstellung von Faserbeton verwendet werden.

Deutschland wird die klimapolitischen Ziele von Paris mit den bislang eingeleiteten Maßnahmen bei gleichbleibendem Endenergieverbrauch nicht erreichen können. Es muss

- deutlich mehr Wert auf die Förderung und den Anreiz von Energiesparmaßnahmen gelegt,
- die Elektrifizierung einzelner Bereiche vorangetrieben,
- der Ausbau der erneuerbaren Energien inklusive der dafür notwendigen Netz-Infrastruktur beschleunigt sowie
- die Ausbildung von Fachkräften verstärkt werden. «

---

[1] Anteil der Primärenergie, die dem Verbraucher nach Abzug von Transport- und Umwandlungsverlusten zur Verfügung steht. Deutschland aktuell: etwa 70 Prozent.

[2] https://www.umweltbundesamt.de/daten/energie/energieverbrauch-nach-energietraegern-sektoren

[3] https://www.zdb.de/zdb-cms.nsf/id/50-jahre-durchschnittsalter-eines-deutschen-wohngebaeudes-de?open&ccm=900040

[4] https://www.nachhaltiges-bauen.jetzt/waermeverlust-vor-und-nach-der-sanierung/

[5] Statistisches Bundesamt, Transportleistungen und Energieverbrauch im Straßenverkehr 2005–2016

[6] https://de.statista.com/statistik/daten/studie/246069/umfrage/laufleistung-privater-pkw-in-deutschland

[7] Wasserelektrolyse – Wikipedia

[8] Ulrich Wagner, Anna Gruber: Lastverschiebepotenzial im Wärme-/Kältemarkt nutzen, in: „Jede Menge Ökostrom, was tun?"; Hrsg.: Werner Brinker, Oktober 2015, S. 31

3

eMobilie

www.eMobilie.de

DIE
E-MOBILIE

Kapitel 3

Revolution mit Ansage. Die E3/DC-Story.

Mission: Possible

Kein Einfamilienhaus ist zu klein, um nicht zur Planetenrettung beizutragen. Jeder sehe seine eigene CO_2-Bilanz an: Wie können wir die Emissionen für Wohnen und Mobilität radikal senken? Durch deutlich höhere Eigenversorgung mit selbst produzierter regenerativer Energie – das ist der Königsweg zur CO_2-neutralen Gebäudenutzung, E-Mobilität inklusive. Sagt CEO Dr. Andreas Piepenbrink. Intelligente E3/DC-Technik ist von Kopf bis Fuß auf Zero CO_2 programmiert.

Dr.-Ing. Andreas Piepenbrink, E3/DC-Gründungs-Geschäftsführer und Miterfinder des Hauskraftwerks. Seit Anfang 2021 ist er Vice President der Hager Group und CEO der HagerEnergy GmbH (vormals E3/DC GmbH).

© Hans-Rudolf Schulz

Die E-Mobilie

Kapitel 3

> » Eine E-Mobilie ist eine Immobilie, die ihre erforderliche Energie maximal selbst regenerativ produziert, speichert und nutzt: Komfortstrom, Heizstrom, Fahrstrom. CO_2-frei. Sie versorgt nicht nur E-Autos, sie kann diese auch bidirektional intelligent in ihr Energiesystem integrieren. «

DR. ANDREAS PIEPENBRINK

1 Blick zurück nach vorn:
Warum klein denken, wenn's auch groß geht?

Die E3/DC-Story beginnt 2010 mit Dr. Andreas Piepenbrink. Ob er nicht Lust habe, einen Energiespeicher für Häuser zu entwickeln, hatte ihn der Vorstand der EWE in Oldenburg gefragt. Um ein Haar hätte der eine Dr. Piepenbrink in ihm, der kaufmännische Controller, abgelehnt: Zu früh für den Markt! Aber der andere Dr. Piepenbrink, der Ingenieur, tourt sofort auf maximaler Drehzahl. Schließlich ist der auf „verrückte" Sachen konditioniert. Hinter das eigene Maximallevel zurückfallen? Ist nicht vorgesehen. Weshalb er und der neue Gesellschafter Hager, saarländisches Familienunternehmen, so gut harmonieren.

Der Regelbruch, der Bruder von Risikobereitschaft, macht gemeinhin eher einsam. Wer beliebt sein will, sollte also die Finger davon lassen. Zu Risiken und Nebenwirkungen fragen Sie … wen denn?

Mut kann gegen etwas sein und für etwas. Für Andreas Piepenbrink ist Mut in sicherheitsbedachten Zeiten wie unseren ein Werkzeug für Veränderungen. Nichts geht voran, wenn keiner ausschert und Neues probiert.

Die längste Zeit seines Vor-E3/DC-Berufslebens hat der studierte Elektrotechniker mit Doktortitel, Jahrgang 1965, in der deutschen Automobilindustrie verbracht. Bei Zulieferern wie Leopold Kostal, ZF Friedrichshafen, dem Auto- und Karosseriebauer Karmann in Osnabrück. Er hat Automatikgetriebe entwickelt, Energiespeichersysteme, viel elektrische Antriebstechnik – eine Menge neuer Technologien. Sogar ein erstes E-Auto mit bidirektionaler Ladetechnik findet sich unter den Erfindungen, mittlerweile im Eingangsbereich der HagerEnergy in Osnabrück zu besichtigen. Das kam wirklich zu früh.

Jede Wissenschaft hat ihren Godfather. Andreas Piepenbrink trifft an der Uni Kassel auf die Koryphäe im Maschinenbau, Prof. Dr. Hubert Hahn, später sein Doktorvater. Einer von der alten Denkerschule. Knorrig, arrogant, extrem leistungsfordernd. Eher die Regel denn die Ausnahme, dass er eine Arbeit von zehn Wochen nach einem kurzen Draufblick als „untauglich" bewertet. Während solch gnadenlose Kritik bei den meisten Jungakademikern Verzweiflung auslöst, motiviert sie Andreas Piepenbrink extrem. Bingo, Herr Professor. So zieht man die nächste Ingenieurselite groß.

Für die Promotion über nichtlineare Antriebsregelung gibt es denn auch prompt ein summa cum laude. Was hart errungen ist, fühlt sich doppelt schön an.

E3/DC nennt sich die Firma, die 2010 als Ausgründung der Wilhelm Karmann GmbH antritt, Energiegeschäfte, Denkmuster, Ökobilanzen zu verändern. Zunächst als Kleinstteam von Entwicklern und Produzenten, allesamt, O-Ton Geschäftsführer Dr. Piepenbrink, „zielmarkenbewusste Hochleister". Gut ausgestattet mit Neugier, Instinkt, Schlauheit – und radikaler Team-Querdenkerei. Zwölf Jahre später sind bei E3/DC fast 300 Leute an Bord.

Eine Prise Größenwahn kann solch einem Unternehmertum nicht schaden: Wir werden Wechselrichterhersteller. Wir machen, was andere nicht machen! In Steve-Jobs-Art: Warum klein denken, wenn's auch groß geht? Warum die Welt nehmen, wie sie ist, statt sie zu formen, wie sie sein sollte? Das „iPhone" aus dem Osnabrücker Energy Valley heißt S10 und ist – ein Hauskraftwerk.

Der kryptische Code E3/DC versinnbildlicht die Poesie von Technikfirmennamen. Der löst sich beim Hinterfragen allerdings schnurstracks logisch auf: Die drei E bedeuten einsparend, erneuerbar, effektiv. Das DC direct current, Gleichstrom.

# # #

> **Das 20. Jahrhundert war eines der großen technischen Innovationen. Das 21. muss eines der Versöhnung neuer Technik mit sozialen und ökologischen Innovationen werden.**

DR. ANDREAS PIEPENBRINK

Dr. Piepenbrink, was bieten Ihre Hauskraftwerke dem Markt, was andere so nicht haben?

ANDREAS PIEPENBRINK: Wir haben viel Intellekt in die Leistungselektronik gesteckt. Wir sind in der Lage, den lokal erzeugten Strom zu wandeln, zu verteilen und zu speichern. Unser S10-Hauskraftwerk ist weltweit das erste integrierte, echt dreiphasige DC-Stromspeichersystem. Im Herbst 2013 haben wir die TriLINK-Technologie mit dreiphasiger DC-Technologie eingeführt.

Die Notstromversorgung mit Schwarzstartfähigkeit ist bis dato nicht kopiert und ihrer Zeit immer noch voraus. Sie ermöglicht, das S10-Kraftwerk als echten Ersatz für die klassische Energieversorgung im Haus elektrisch zu betreiben und den N-Leiter des Stromnetzes für dreiphasige Wechselrichter direkt mit der Batterietechnik zu verbinden. Wir können die TriLINK-Technologie auch für Elektroautos integrieren.

Sie bewegen sich im Energiesektor, einem stark von Lobbyisten-Interessen der Strommonopolisten und wankelmütigen Politikentscheidungen kontaminierten Feld. Schwer vorstellbar, dass Speichertechnologie für Sie lediglich ein reines Geschäftsmodell ist.

Pathetisch könnte ich sagen: Es ist auch die Idee von einer besseren Welt. Das 20. Jahrhundert war eines der großen technischen Innovationen, die vielen Wohlstand gebracht haben. Aber dabei die Schöpfung bisweilen erschöpft hat. Das 21. Jahrhundert muss eines der Versöhnung von sozialen, technischen und ökologischen Innovationen werden. Es lässt sich endlos darüber debattieren, dass das politische Regelwerk den Klimawandel bislang eher halbherzig behandelt, dass vitale Nachhaltigkeitsdebatten jenseits aller Erregungsroutine wünschenswert wären. Aber da Optimismus empirisch gesehen valider ist als Pessimismus, folgen wir als E3/DC unbeirrbar unserem grünen Ego.

Sie sind die Guten bei der Transformation zu einer klimafreundlicheren Gesellschaft?

Ich zähle uns dazu, ja. Es ist nicht vergessen, wie lange wir warten mussten, bis der angedrohte 52-Gigawatt-Deckel für den Photovoltaik-Zubau abgeschafft wurde. Die alten Energieversorger wollten ernsthaft verhindern, dass dezentrale Heimnetze, die ihnen nicht gehören, Energie speichern und Elektroautos netzdienlich als Flexibilität für Wind und Sonne fungieren.

Wir haben nicht die moralische Lufthoheit, als Mutterunternehmen will Hager Energy mit E3/DC Geld verdienen und wir stehen seit zwei Jahren unter hohem Wachstumsdruck, zudem gegen die asiatische Konkurrenz in der Leistungselektronik. Aber der Wettbewerb am Markt setzt Innovationskräfte frei, von denen die Allgemeinheit profitiert. Auch wenn unsere kognitiven Verzerrungen es ungern zur Kenntnis nehmen: Klimakrise und Artensterben sind für die Menschheit auf längere Sicht bedrohlicher als eine Viruserkrankung.

Erinnern Sie sich, wer die erste E3/DC-Speicherbatterie geordert hat?

2012 der Bruder des Solargroßhändlers Gerd Pommerin aus Lengerich. Er bekam eine Speicherbatterie mit 4,05 Kilowattstunden. Die funktioniert bis heute einwandfrei, zudem weist selbst die erste Generation kaum Qualitätsprobleme auf.

Wie viele E3/DC-Hauskraftwerke haben Sie mittlerweile verkauft?

Wir laufen auf fast 100.000 Ende des Jahres zu und planen, in 2023 fast 500 Megawattstunden Speicher in den Verkehr zu bringen.

Im Markt Deutschland, Österreich, Schweiz sind insgesamt wie viele Batteriespeicher in Betrieb?

Durch den großen Zubau der vergangenen zwei Jahre mittlerweile über 500.000. Allein 2021 wurden über 200.000 neu installiert. »

Bestellungen für E3/DC-Hauskraftwerke nahmen allein 2021 um 50 Prozent zu und 2022 um nochmals 50 Prozent.

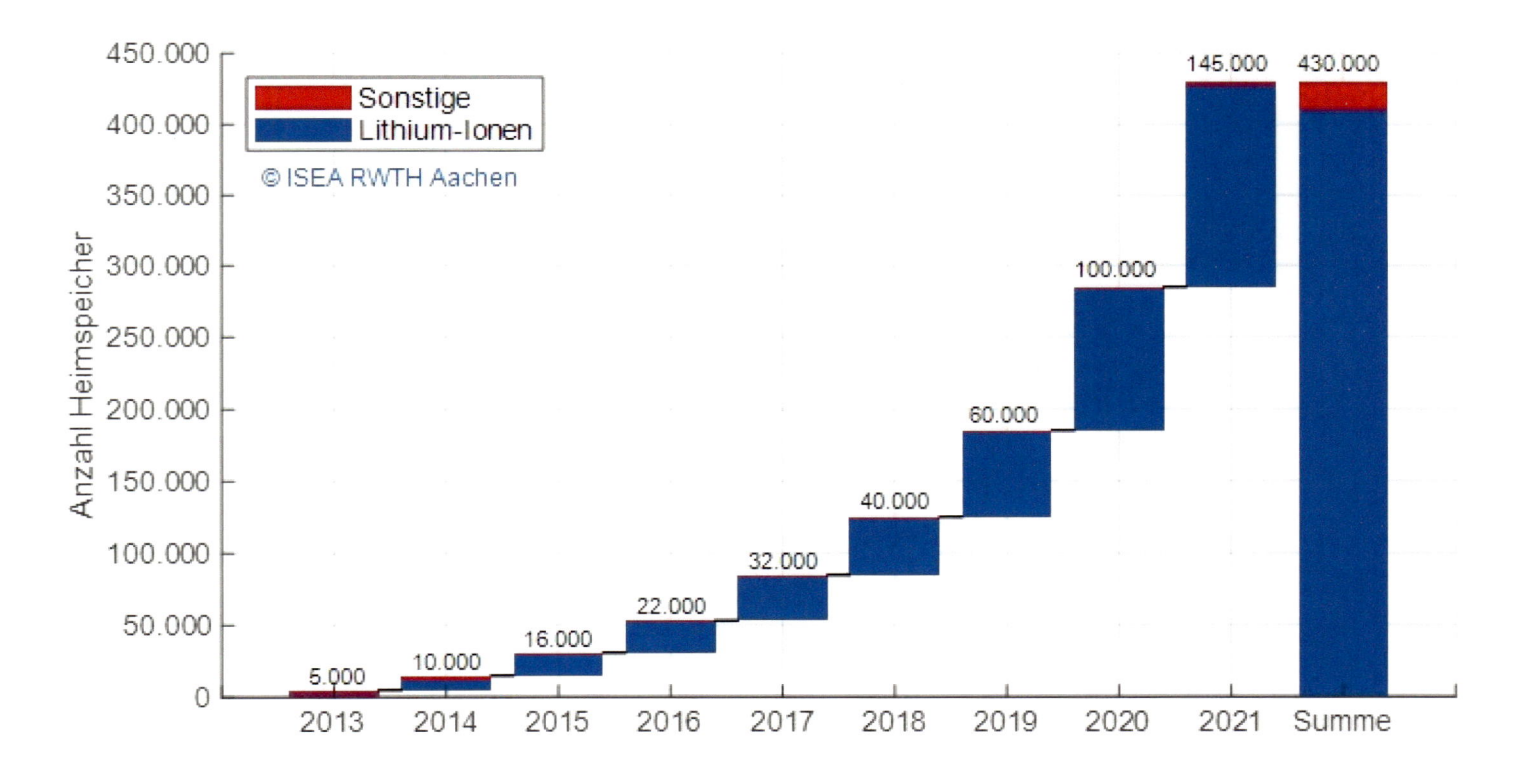

Der Heimspeicher wird Standard in der Eigenenergieversorgung. Über 200.000 werden in 2022 in Deutschland installiert.

Quelle: https://www.pv-magazine.de/2022/03/15/rekordjahr-im-speichermarkt-privathaushalte-tragen-2021-gesamtzubau-von-rund-14-gigawattstunden/

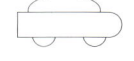

> » Sobald eine Flut von Stromern unterwegs ist, die sich folgerichtig mit einem Zero-CO_2-Powerpaket aus Photovoltaik, Hauskraftwerk, Wärmepumpe und Wallbox vernetzt, bedeutet das aktiven Klimaschutz durch maximale Eigenstromversorgung. «
>
> DR. ANDREAS PIEPENBRINK

2 Eigene Art, eigener Anspruch: Wir sind das Licht am Ende des Tunnels.

Dann hat E3/DC einen Marktanteil von mehr als zwölf Prozent?

Mir sind die Zubauzahlen im Markt wichtiger, die Akzeptanz. Da liegen wir mit zwölf Prozent auf Platz 3. Noch zufriedener ist unser Ego, weil wir inzwischen mit über 2.000 Auslieferungen (Ziel 2023: bis 3.000) pro Monat die Qualität und das Leistungsversprechen an die Kunden halten.

Was sind Ihre großen Bringer?

Vier Fünftel unseres Geschäfts machen wir im Residential-Segment, in Ein- und Zweifamilienhäusern. Wir bieten Hauskraftwerke für unterschiedliche Gebäudegrößen und Anforderungen in drei Leistungsstufen an. Das kleinste Gerät ist das S10 SE. Unsere Brot- und Butterprodukte sind die S10 X-Serie mit einem und die S10 PRO-Serie mit zwei komplett getrennten Batteriesystemen.

Aufgesplittet: Von 1.000 Einheiten im Monat zählen 500 zur X-Serie, 200 sind PRO- und 300 SE-Geräte.

Dazu noch X20, unsere Spezialserie für Gewerbeobjekte mit 30 Kilowatt DC-Leistung pro Gerät. Das Gewerbesegment hat nun auch verstanden, welches Potenzial im Lastmanagement der Elektroautos steckt. Selbst Wärmepumpen werden hier Standard. Für Retrofit, das Nachrüsten von Bestandsobjekten und im Kleingewerbe, eignen sich mittlerweile alle Geräte. Und alle Geräte können mittlerweile über unser Batterieservicecenter auch über Jahre nachgerüstet werden. Sie lassen sich beliebig kombinieren, wir nennen das Farming. Speichern ist in jeder Größenordnung denkbar – als modulare Energiearchitektur. Der Kunde muss vorher nicht mal wissen, wie groß er irgendwann werden will oder soll.

Wir investieren viel in intelligente Software-Konzepte, damit die Speichermodule untereinander kommunizieren können. Beispielsweise, um die sogenannte Nulleinspeisung abzusichern und die Netzeinspeisung zu umgehen.

# # #

Ein Steve-Jobs-Prinzip handhabt E3/DC von Beginn an auch an anderer Stelle: Man muss detailverliebt denken. Und dabei das große Ganze im Blick behalten. Schon die ersten Hauskraftwerke kommen als Designerstücke.

In stattlichen 39 Zentimeter Tiefe, 1 Meter Breite und 1 Meter Höhe finden beim S10 E diverse Batteriemodule, der Wechselrichter, ein Batteriewandler und die Notstromeinrichtung allesamt ihren Platz.

Nachhaltigkeit kann so cool sein – smart und schick. Fanden auch seit 2017 durchgängig die Juroren beim German Design Award und zeichneten den S10 E als „Excellent Product Design – Energy" aus.

Andreas Piepenbrinks Sicht auf die ihn umgebende Welt artikuliert sich in eigenwilligen Wortgebilden. Er sagt „der VW". In seiner Werteskala: sympathisch. Hoffnungsträger. Bringt deutsche E-Mobilität in Größenordnungen in die Gänge.

„Der Tesla" meint bei ihm stets: Elon Musk. Dieser Elon Musk wird die komplette Transformation für eine fossilfreie Mobilität aller Bodentransportmittel durchziehen. Der lässt sich von nichts und niemandem, von keinem Lobbyisten, wie groß auch immer, aufhalten.

Welche Autos brauchen wir, welche wollen wir wirklich? Auf jeden Fall: ohne Auspuff. Der endgültige Abgesang auf den Verbrennungsmotor. E-Autos ohne Wenn und Aber. Mit akzeptabler Reichweite. 400 Kilometer aufwärts. Und solar zu Hause aufgeladen mit null Gramm CO_2.

Unbedingt: intelligent vernetzt. Digitaler Vollkomfort des 21. Jahrhunderts. Selbstfahrend. Die alten Navisysteme taugen dafür nicht? Dann schießen wir selbst Geo-Satelliten der neuen Generation Starlink in die Umlaufbahn. Let's go!

Was haben sich die Verbrennersaurier die Schenkel geklopft. Dieser Musk kapiert nicht, dass es beim Auto nicht um Software geht, sondern um ingenieurtechnische Gipfel großseriengestählter Ingenieurskunst?! Kann der nicht. Schafft der nie. »

Die Akteure (1)

Oben: Joe Köpfer, Köpfer Gebäudetechnik, Tannhausen
Mitte: Karl-Heinz Simmet (rechts), solar-pur, Saldenburg-Preying, mit einem Kunden
Unten: Manfred Eglseder und Andreas Hartl, S-Tech Energie GmbH, Winhöring

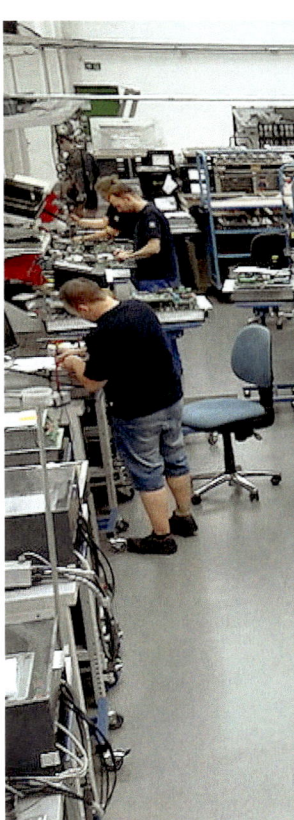

4055.26 [kWh]	3929.96 [kWh]	15078.31 [kWh]	3684.64 [kWh]	27325.95 [kWh]
Batterie (Laden)	Batterie (Entladen)	Netzeinspeisung	Netzbezug	Σ Produktion
7755.61 [kWh]	6838.9 [kWh]	4507.25 [kWh]		
Hausverbrauch	Wallbox (ID 0) Gesamtladeleistung	Wallbox (ID 0) Solarladeleistung		

Praxisbeispiel eines E3/DC-Kunden
- 30-Kilowattpeak-Photovoltaikanlage
- 17,5-Kilowattstunden-Hauskraftwerk S10 PRO
- Wärmepumpe, Wallbox zur Elektromobilität
- In der Jahresbilanz 2021 hat dieses Gebäude mit 27.325 Kilowattstunden deutlich mehr Solarenergie produziert, als es inklusive E-Mobilität Strom verbrauchte (14.593 Kilowattstunden).
- CO_2-Jahresbilanz (ohne anteilige „graue Energie" für die Errichtung des Gebäudes): durch 2021 selbst produzierten Solarstrom, vermiedenen Netzstrombezug durch Eigenstromnutzung und Einspeisung ins Netz (bei 0,35 Kilogramm CO_2 pro Kilowattstunde) 9,4 Tonnen CO_2 vermieden.

Montage der E3/DC-Hauskraftwerke in Wetter/Ruhr. Jeden Monat werden mehr als 2.000 Geräte ausgeliefert.

Der Wahrheit die Ehre: Auch Andreas Piepenbrink befielen unterwegs Zweifel, als Elon Musk allein für die Tesla-Ladeinfrastruktur eine Dollar-Milliarde nach der anderen verbrannte, das Licht am Ende des Tunnels zwar enthusiastisch beschwor, es zu sehen aber viel Fantasie erforderte.

Dabei wünschte sich der E3/DC-CEO von Anfang an nichts sehnlicher, als dass ein Elon Musk die Fesseln wirklich sprengen und es allen Gestrigen so richtig zeigen würde. Das hat er dann auch. Da Investoren nicht auf die Vergangenheit eines Marktes setzen, sondern auf dessen Zukunft, ist „der Tesla" heute an der Börse mehr wert als alle deutschen Autokonzerne zusammen. Vergleiche mögen manchmal ein bisserl bemüht wirken: Andreas Piepenbrinks Geschäftsidee jedenfalls ist – im Finanzvolumen um x-stellige Summen kleiner – dem Marktumsturzpotenzial eines Elon Musk auffallend seelenverwandt.

Hier geht es um „Gebäude ohne Auspuff". Ohne dreckige Emissionen. Um schlaue Systeme zur Eigenproduktion regenerativer Energie, zur optimierten Selbstversorgung gespeichert und gemanagt.

Andreas Piepenbrink hat als CEO den Wert des Unternehmens und die Profitabilität für seinen Familieneigentümer Daniel Hager über dessen eigene Benchmark gesteigert. Dabei tut sich der Markt für E3/DC-Hauskraftwerke jetzt erst so richtig auf. Das Einfamilienhaus und das Mehrfamilienhaus werden in fast allen Ländern zum Standard für Photovoltaik und Speicher, für die Wärmepumpe und das Elektroauto im solaren Eigenverbrauch.

Dr. Piepenbrink und seine Mitverschworenen hatten in ihren Start-up-Zeiten das Glück der Weitsichtigen: Die Photovoltaik auf deutschen Dächern setzt zur selben Zeit zum Höhenflug an. Ihre E3/DC-Hauskraftwerke erweisen sich stante pede als kongeniale Speicherpartner, um die kostbare Solarenergie nicht gnadenlos ins Netznirwana schießen zu müssen, sondern selbst nutzen zu können. Was bisher als Fantasterei grün colorierter Fortschrittsdenker galt, eröffnet plötzlich Hausbesitzern die Chance, sich ein für alle Mal aus den Liefer- und Preisdiktaten der alten Energiewirtschaft zu befreien. Sympathisch einfache Kommunikation und Bedienbarkeit gehören zu den obersten Tugenden der E3/DC-Hauskraftwerke. Vom ersten Gerät an protokollieren sie wie Flugschreiber in Echtzeit jedem Kunden digital

- seinen produzierten Solarstrom,
- seinen Haus-Energieverbrauch,
- die Netzeinspeisung der Solarenergie-Überschüsse sowie
- den Netzbezug in bedürftigen Zeiten,
- den Eigenstromanteil und
- den Grad der Eigenversorgung – als Maß der tatsächlich erreichten Autarkie.

Befriedigung technischer Neugier ist dabei nicht das Ziel. Wichtiger ist der Service eines digitalen Echtzeit-Monitorings aller energetischen Abläufe im Haus: Liefert die teuer angeschaffte Haustechnik, was sie versprochen hat an Leistung und Energieverbrauch? Läuft eine Komponente womöglich unrund? Die Zahlen und Diagramme signalisieren dann sofort: Fehlersuche starten. Dass Kommunikation und Verbraucherverhalten enge Verwandte sind, ist längst erwiesen. »

# # #

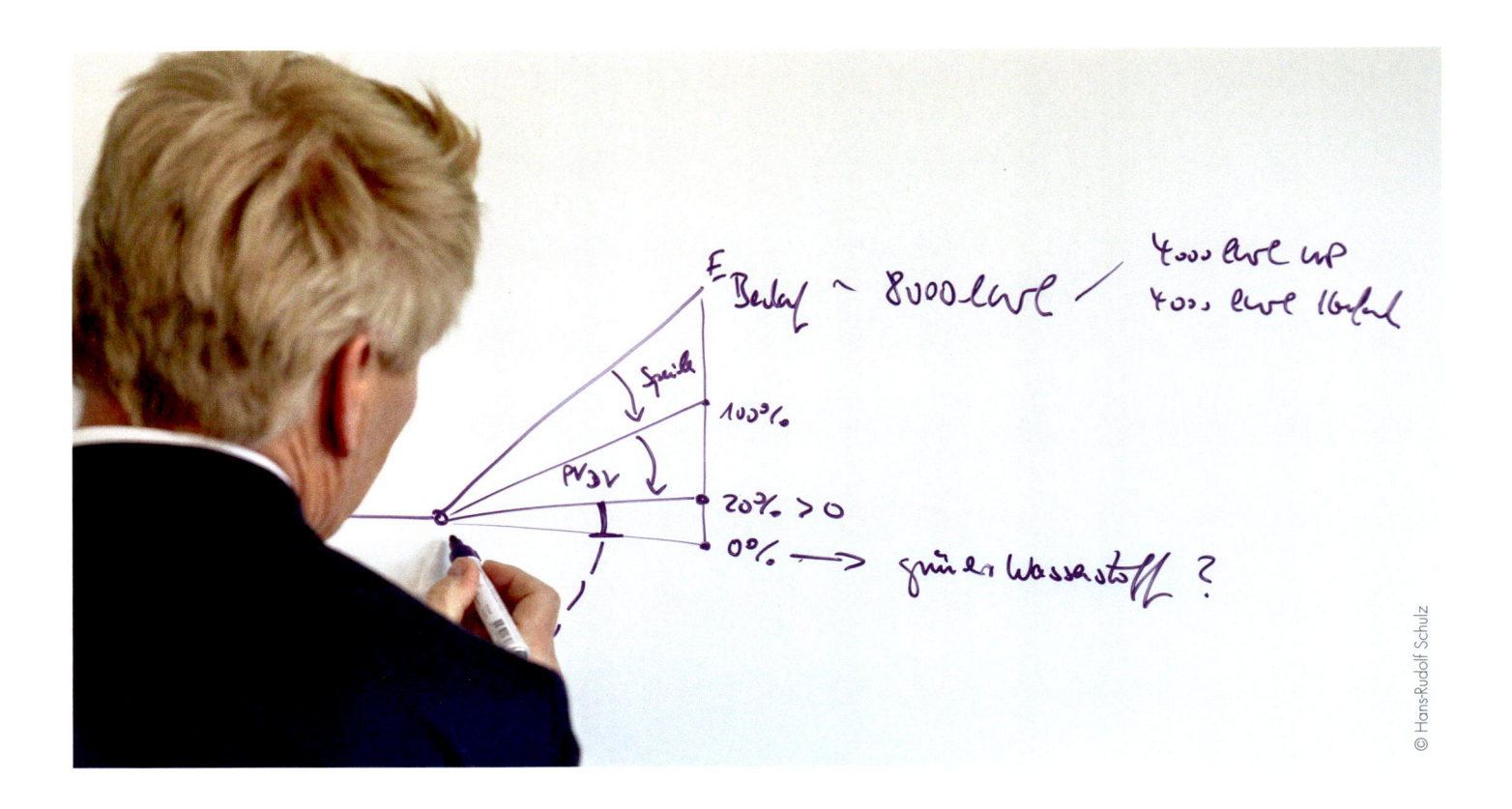

3 Kraftpaket allein reicht nicht: Was macht Batterien intelligent?

Dr. Piepenbrink, das Herz Ihrer Hauskraftwerke sind die Batterien. In den ersten Jahren haben Sie die von Panasonic bezogen. Damals ein Ritterschlag: Kleine E3/DC-Firma aus Osnabrück wird von börsennotiertem Globetrotter für lieferwürdig befunden.

Das empfanden wir damals wirklich als einen Glücksfall. Leider hat Panasonic in diesem Segment einiges verschlafen. Wir sind deshalb zu LG Chemical gewechselt. Mittlerweile auch zu Samsung und Amperex Technology mit ihrer Eisenphosphattechnologie.
Wertige Garantien, Service, Haltbarkeit und automobile Qualitätssicherung liefert bestmöglich die intrinsische Sicherheit.

„Intrinsisch" …?

… von innen her, ausgelöst aus eigenem Antrieb, bedingt durch innenliegende Vorgänge. Diese Batterie sichert sich sogar selbst ab. Sie kann auch nicht durch einen Einfachfehler gestört werden. Kein anderes Unternehmen in der Branche besitzt wie E3/DC eine eigene Batterieanalytik, die es erlaubt, das gesamte Feld auch auf Zellebene zu überwachen und über Modelle sowie Diagnoseverfahren zu optimieren – Qualität und Überwachung sind essenziell. Die Lebensdauer der E3/DC-Systeme wird dadurch maximiert. Und: Kundenfokus als lebenslange Aufgabe.

Qualität wird wichtiger – das heißt was?

Genau genommen reichen die Sicherheitsnormen für Sekundärbatterien nicht mehr aus, da durch die massenhaften neuen weltweiten Produktionen auch immer mehr Zelldefekte in der Produktion eingebaut sind. Unsere wichtigsten Auswahlkriterien sind eine minimale Fehlerquote durch statistische Qualitätskontrolle in der Produktion und die Rückverfolgbarkeit auf Bauteilebene.
Die Flexibilität bezieht sich auf die Fähigkeit, Batteriesysteme in der Kapazität und Leistung zu erweitern und die Lebensdauer zu maximieren, um das Recycling so weit wie möglich nach hinten zu schieben.
Die maximalen Batteriekapazitäten, die große Haltbarkeit bringen, fordert das Elektroauto ein. Dort liegt die höchste Wirtschaftlichkeit. Bis zu 100 Kilowattstunden Energie liefert eine PV-Anlage am Tag.
Flexible Batteriesysteme sind auch eine überzeugende Geschichte, um vor allem das Kleingewerbe an Bord zu holen. Die Batteriemodule in den Hauskraftwerken für Einfamilienhäuser lassen sich parallel wie auch seriell hochschalten. In der PRO-Serie können Sie praktisch zwei Batteriesysteme im Standard betreiben und deren Vorteile beim Notstrom und in der Nachrüstung nutzen.
Für Gewerbenutzung schalten wir bis zu 14 Module seriell zusammen, aber zusätzlich noch parallel, um flexibel zu erweitern. Die Fähigkeit, diese Systeme auf „zukünftig" nachzurüsten, macht uns aus. »

Die Akteure (2)

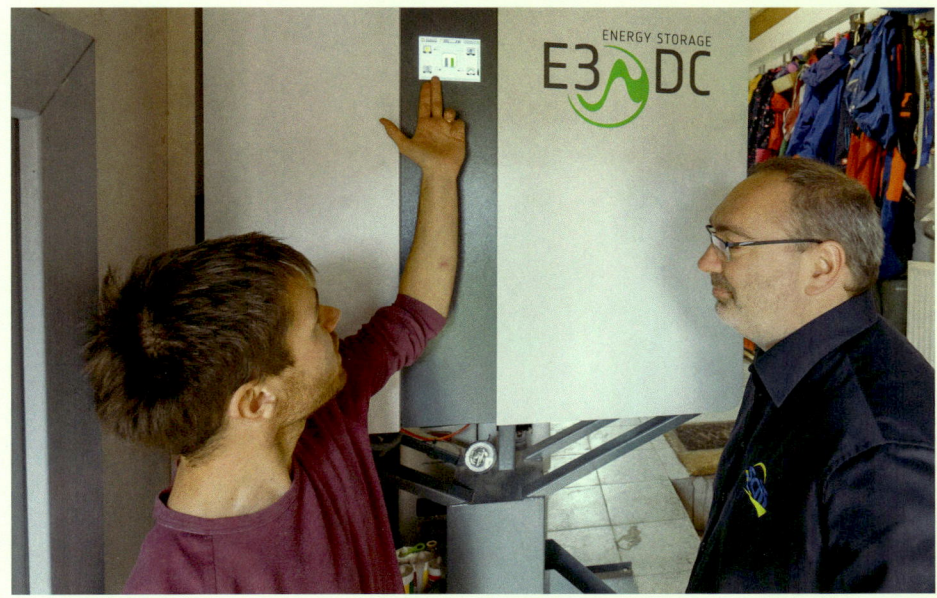

Oben: Dr. Tanja Lippmann (links), Schrameyer GmbH, mit Kunden in Nordhorn
Mitte: Stefan Korneck (rechts), SCM energy, Salzwedel, bei einem Kunden
Unten: Holger Laudeley, Laudeley Betriebstechnik, Ritterhude

Kapitel 3

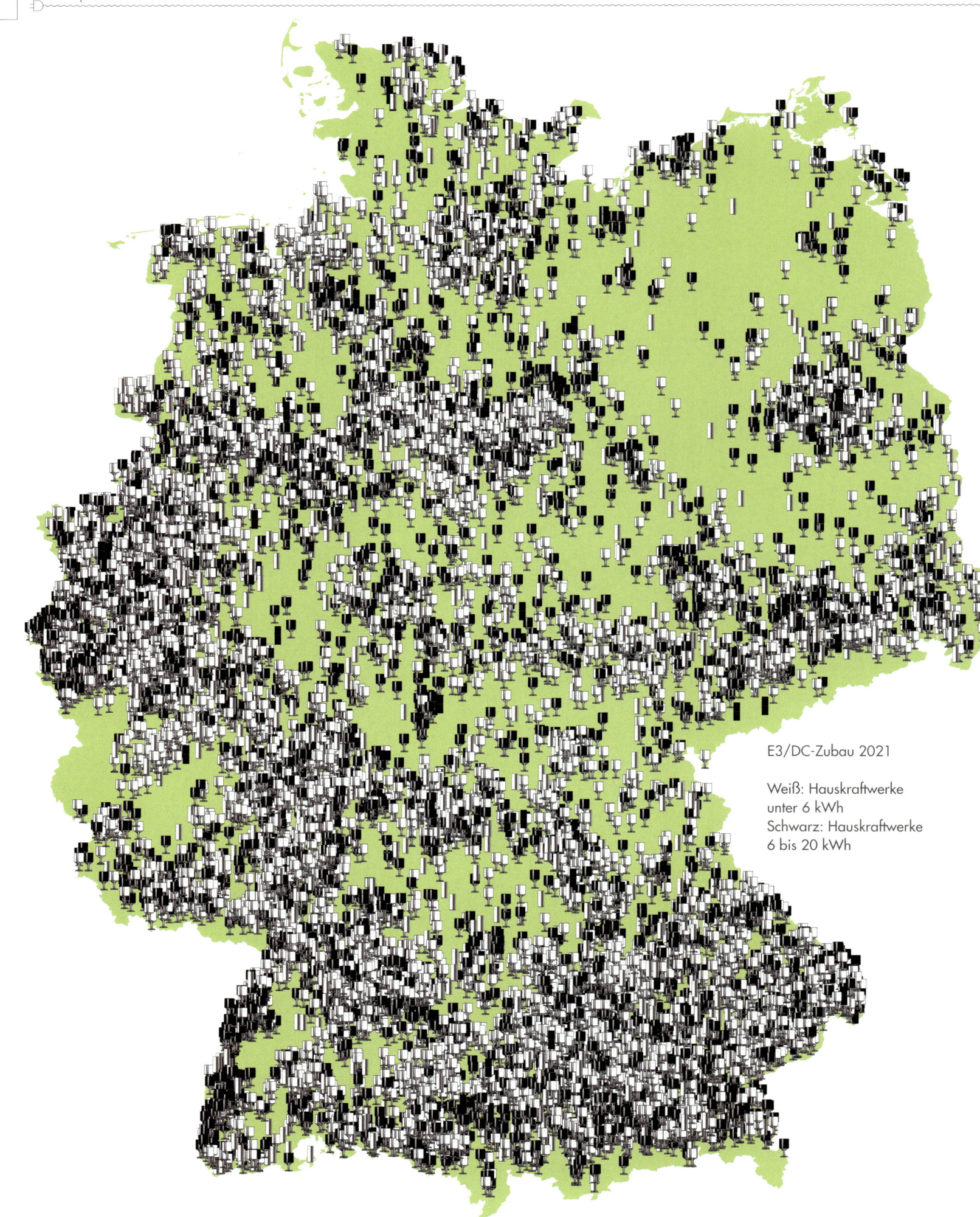

E3/DC-Zubau 2021

Weiß: Hauskraftwerke
unter 6 kWh
Schwarz: Hauskraftwerke
6 bis 20 kWh

> **» Ich kenne keinen anderen, der mit intelligenter Systemtechnik seine Kunden effizienter und wirtschaftlicher einen CO_2-neutralen Hausbetrieb ermöglicht als wir. «**
>
> DR. ANDREAS PIEPENBRINK

E3/DC unterstützt alle Spannungsbereiche, insbesondere die von 200 bis 1.000 Volt. Auch alle Arten der Notstromversorgung und die dafür notwendige Versorgung der Batterie ohne Netztechnik. Die Spannungslagen im Gewerbe sind dem Elektrofahrzeug ähnlich.

Muss man sich Ihr Verhältnis zu den drei Batterielieferanten als Windhundrennen vorstellen?

Um auf dem Markt beachtet zu werden, braucht man ein gewisses Volumen und absolut gute Prognosen für künftige Bestellmengen. Beispiel: In 2020 haben wir fast 200 Megawattstunden verkauft, aber gleichzeitig drei Batterietechnologien hochgefahren. Das sind bei steigenden Batteriepreisen und fallendem Euro fast 500 Megawattstunden oder allein 150 Millionen Euro Batterieumsatz in 2023. Wir kämpfen aktuell mit den Unterschieden der Technologien. Außerdem damit, wie wir die 30 Kilowatt Leistungsgrenze ins Einfamilienhaus verschieben. Und wir arbeiten daran, das Auto als Speicher zu integrieren.

Haben Sie keine Furcht, dass ein Wettbewerber Ihr Know-how klaut?

Da bin ich mittlerweile etwas angstfreier. Siemens, Mercedes, auch Batteriehersteller selbst kommen und gehen. Die meisten Firmen, die länger im Markt sind, verdienen kein Geld und das bedeutet grundsätzlich: ein schwieriger Markt. Wir konzentrieren uns auf vollständiges Energiemanagement, lückenlosen Werkskundendienst und die mobile Fahrzeugbatterie.

Ist E3/DC eine Softwarefirma?

Letztlich ja. Die meisten Wettbewerber sind nicht in der Lage, den Chinesen gut zu trotzen, weil sie keinen echten Mehrwert anbieten. Wir sind wirklich die Einzigen, die wie Tesla die Updates für alle Komponenten seit zehn Jahren online machen. Die ein eigenes Operating System haben, das durch die Struktur des S10 tatsächlich erweiterbar ist. Wir sind die Einzigen, die von Anfang an jede Wallbox intelligent fahren. Der Kunde kann ohne Kohlestrom sein Elektroauto betanken, wann immer er will. Funktioniert etwas nicht, sehen wir das über unsere Service-Cloud-Software. 80 Prozent aller Fehler werden vom Team ohne manuellen Serviceeinsatz vor Ort beseitigt. Das verstehen wir unter hohem Qualitätsstandard. Was uns übrigens außerordentlich gut gefällt: Derzeit nehmen wir jeden Monat so viele Hauskraftwerke in Betrieb wie im Jahr 2014 insgesamt.

Im Venture-Capital-Jargon formuliert: Wir müssen skalieren und wir kennen unsere Wertetreiber.

Was wiederum einer der wesentlichen Gründe für die Sympathie ist, die wir bei unserer Kundschaft genießen. Sie hat sich für E3/DC entschieden, obwohl oder gerade weil wir im Hochpreissegment unterwegs sind. Sie bezahlt dafür, dass sie von uns jederzeit Leistungssicherheit, Kontrolle und aktuellste Updates erhält.

Folglich sind auch die E3/DC-Hauskraftwerke der ersten Stunde stets auf dem neuesten Software-Stand?

Das ist so. Kaum ein anderes Batteriesystem am Markt lässt sich so nachverfolgen und weiter ausbauen – wir pflegen Hard- und Software ganz spezifisch. Was glauben Sie, wie viele Heizungen bei anderen online am Internet sind?

Sagen Sie es uns.

Fast keine. In Deutschland herrscht, keine neue Erkenntnis, digitale Steinzeit. Wie viele Heizungen können Sie fernwarten? Von 100.000 Neubauten mit Wärmepumpen sind wie viele von anderen Anbietern online am Netz? 50? Auf keinen Fall mehr.

E3/DC dagegen verfügt über Leistungs- und Lastprofile von etlichen tausend Wärmepumpen in Einfamilienhäusern mit PV-Speicher. Die meisten mit ModBus TCP, seit einiger Zeit die neueren mit Wärmepumpensensoren für die Datentransparenz. »

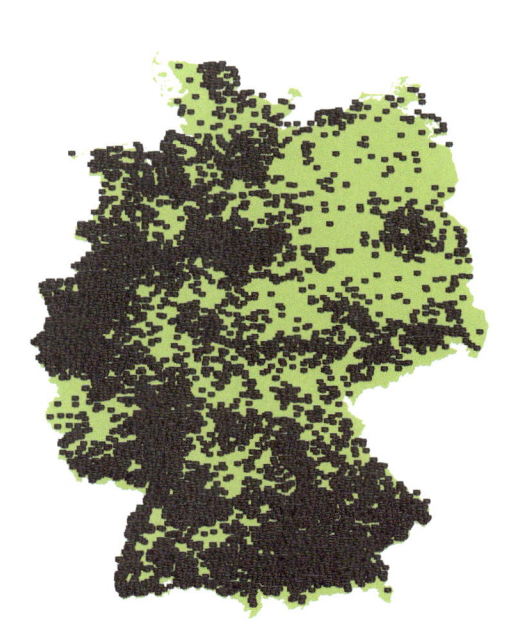

Installierte E3/DC-Wallboxen für E-Autos

4 E-Auto mit Eigenstrom beladen: Was rollt da alles auf uns zu?

In unserem ersten Interview vor sieben Jahren erzählten Sie, wie Ihre Karmann-Herkunft Ihre Ingenieursdenke geprägt hat. Genauer gesagt, Ihre elektrogetriebene Zukunftsvision. Ist die Autobatterie für Sie immer noch der Hauptdarsteller künftigen häuslichen Energieglücks?

Autobatterien sind groß und haltbar, supergünstig, vollständig recycelbar, energetisch wesentlich besser als Wasserstoff. Solange die einzeln vor sich hin rollen und als E-Autos in überschaubarer Zahl an technisch veralteten Ladesäulen das deutsche Stromnetz weitgehend verschonen, herrscht Friede, Freude, Eierkuchen.

Was ändert sich jetzt?

Alles. Sobald eine Flut von Stromern unterwegs ist, die sich folgerichtig mit dem Zero-CO_2-Powerpaket Photovoltaik, Hauskraftwerk, intelligenter Wallbox zusammenschließen, müssen sich die alten Energieversorger überlegen, wogegen sie kämpfen. Zum Beispiel gegen neue Energieversorger, die eine eigene Infrastruktur mitbringen. Die heißen BP und Shell, auch Tesla und Volkswagen. Diese Entwicklung lässt sich nicht verhindern, indem Speicherbatterien zugunsten konventioneller Kraftwerke gesetzlich benachteiligt werden. Klimaschutz verlangt: regenerative Eigenversorgung statt schmutzigen Kohlestroms aus dem Netz.

Woher nehmen Sie Ihre Gewissheit?

E-Autos haben das energetische Potenzial, in kürzester Zeit die benötigten Flexibilitäten von Deutschland mehrfach redundant und kostengünstig zu übernehmen. Eine Grundlast, wie wir sie kennen, stellen diese Fahrzeuge nicht dar. Aber: Ein Auto kann zwei Einfamilienhäuser mit voller Stromleistung versorgen. Eine volle Autobatterie reicht für eine Woche aus, selbst wenn sie nicht nachgeladen wird.

Ein intelligentes E-Auto-Netz und ein entsprechendes Heimspeichernetz können das gesamte Land in weiten Bereichen erneuerbar versorgen. Auch Wärmepumpen im Winter Tag und Nacht mit Windenergie. Wasserstoff macht für mich nur in Ausnahmesituationen Sinn, etwa für Brennstoffprozesse in der Metallindustrie. Auch dort nur, wenn es genug erneuerbaren Strom gibt. Was in Deutschland nicht der Fall ist.

Bewegen wir uns jetzt im Reich des Wunschdenkens oder gibt es dafür valide Zahlen?

Wir haben in Deutschland einen Fahrzeugbestand von acht bis zehn Millionen Pkw. Werden die alle gegen Elektroautos ausgetauscht, kann ein erneuerbarer Anteil von 90 Prozent und mehr erreicht werden, da Photovoltaik speicherbar für weite Bereiche möglich wird und Wind ebenfalls nicht abgeregelt werden muss. Schon die erste Million E-Pkw würde locker die deutsche Flexibilität im Netz merklich durch bidirektionalen Betrieb stützen können.

Die neuen E-Autos sind der Hammer. Jedes bringt eine starke Gleichstrombatterie mit, die schon von Weitem ruft: Bitte schließt mich an ein Gebäude mit Hauskraftwerk an, bitte nutzt mich als Zusatzspeicher! Die Integration ins Stromnetz ist daher wichtig.

Das Ende des fossilen Netzstroms. Schon wieder?

Die These der alten Energiewirtschaft lautet: Kleinanlagen gefährden die Netzstabilität. Physikalisch und netztechnisch ist das blanker Unsinn. Was mir schon Aloys Wobben, er gilt weltweit als Pionier der Windenergie, in meinem Karmann-Büro 2008 erklärt hat. Die Kleinanlagen stützen das Netz. Am Beispiel des Hauskraftwerks kann man das sehr schön sehen, denn es ist aus Netzsicht bis auf die sogenannte Einspeisung überhaupt nicht existent. Es arbeitet bereits, wenn es muss, als Kraftwerk, es kann die Frequenzstützung (Blindleistung) sogar gratis nach Netznorm erbringen und die Frequenz im Netz automatisch in Grenzen halten. Mit Wechselrichtern und Speichern bewegen wir uns auf Verteilnetzebene, aber auch in der Mittelspannung lassen sich die Dinge anwenden.

Was manche einfach nicht glauben wollen: Das System besteht zukünftig aus millionenfachen Einzelerzeugern und -speichern. Wenn sie auch noch gekoppelt wären – über virtuelle Kraftwerke möglich –, können sie gemeinsam mit den Elektroautos schlicht und ergreifend das komplett erneuerbare Versorgungsnetz übernehmen und in weiten Teilen mit Wind im Winter die gesamten Gebäudebedarfe decken. Die Autos sollten bis zu zwölf Stunden, mindestens in der Nacht, bedarfsgerecht eingeschaltet und aktiv werden können.

Im Wesentlichen ist damit die große Frage der Energiewende – die der Speicherung der Volatilität – gelöst. Photovoltaik kann die nicht garantieren, aber beliefern. Windkraft besser, aber die Abregelung verschwendet wertvolle Energie. Die vernetzten Batteriespeichersysteme im Haus wie im E-Auto dagegen sind No-Brainer, absolute Selbstläufer.

Die neuen E-Pkw schaffen 100 Kilowatt Leistung mit links. Auch 100 Kilowatt Ladeleistung. Auf diese Weise könnten sie jeden Tag 20 Einfamilienhäuser versorgen. Mit einem einzigen E-Auto! Und die Kiste ist schon genormt und hat eine DC-Schnittstelle (CCS-Stecker), je nach Batteriemanagement künftig auch bidirektional. Anschlussfertig mit neuem Batteriemanagement der Hersteller!

Die brutale Intensität, mit der die Strommonopolisten hinter den Kulissen um fast jeden Preis verhindern wollen, unsere Batteriespeicher und die E-Autos überhaupt in künftige Netzstrategien aufzunehmen, beweist: Sie wissen genau, was ihnen blüht. Nämlich neue systemrelevante Wettbewerber, die auch noch die Normen erfüllen. Und zwar besser und schneller.

Die Netzbetreiber versuchen nun, über die Diskussion der Personenidentität den Verbrauch von Dritten energierechtlich zu erschweren, und möchten zukünftig über weitere Hürden, angefangen von Eichrechtsforderungen bis hin zum Anschlusszwang von Elektrotankstellen an das Smart Meter Gateway, die Eigenstromwende torpedieren.

Kann man eigentlich direkt von der eigenen PV-Anlage sein E-Auto aufladen?

Eine Solaranlage ohne Umweg an die Autobatterie DC-seitig zu koppeln, erfordert eine standardisierte Fahrzeugschnittstelle. Eine aufwendige Sache. Zwei Gleichspannungssysteme zu koppeln, ist nicht ohne. Dafür brauche ich Gleichspannungssteller und Wechselrichter, aus Sicherheitsgründen galvanisch getrennt. Fehlt diese Trennung, könnte ein Fehler im System lebensgefährlich werden, wenn jemand das Gerät berührt. Man muss auch sicherstellen, dass der Fahrer im Auto vom Spannungspotenzial komplett getrennt ist. Das wird bis dato über Ladegeräte im Auto und Solarwechselrichter im Haus mit AC-Wechselstrom erledigt.

Erwarten die neuen E-Pkw auch neue Ladesäulen?

Es sollten rückspeisefähige DC-Ladesäulen sein. Das revolutionär Neue ist schließlich die energetische Verheiratung von Haus und E-Auto: Das Haus muss mit seinem Solarstrom aus dem Speicher die Autobatterie sowohl beladen als auch den Strom entladen können, den der Pkw tagsüber beispielsweise beim Arbeitgeber getankt hat und der nun zu Hause genutzt werden kann.

Was ist an bidirektionalen Speichersystemen so kompliziert, dass sie wie eine Verheißung über uns kreisen, aber immer noch nicht verfügbar sind?

Erste Bedingung: Die Autos müssen sprechen, kommunizieren. Das tun sie über ein Powerline-Modem, das vorhandene elektrische Niederspannungsleitungen im Auto zur Datenübertragung nutzt. Man braucht eine hochintelligente Kommunikation mit vielen sogenannten Use-Cases, fast wie bei einem Betriebssystem. Das Auto muss sich quasi wie ein Smartphone handhaben lassen. Um mit ihm intelligent reden zu können, werden Softwarestacks benötigt, aufeinander aufbauende Softwarekomponenten, die gemeinsam eine Plattform bilden. Genau genommen ist das Auto der Zukunft ein Mobiltelefon mit eingebauter Transportmöglichkeit, angetrieben durch Strom.

Wenn es so schlau ist, dass es das alles kann, fehlt nur noch das Pendant in einem Wechselrichter im Haus. Daran arbeiten wir derzeit in der Vorserie mit einem größeren Automobilhersteller. Dann funktioniert bidirektionales Speichermanagement.

Unsere neueste Hauskraftwerksgeneration ist für Vehicle2Home (V2H) vorbereitet und wartet auf Fahrzeuge, deren Hersteller das auch wollen. Das Zusammenspiel kostet zwar Fahrleistung, aber ein konsequent für das Eigenheim energetisch mitgenutztes Elektroauto gibt dafür maximal die Hälfte seiner Fahrleistung ab. Na und? Jeder Kunde entscheidet das selbst – nach seinen Prioritäten. »

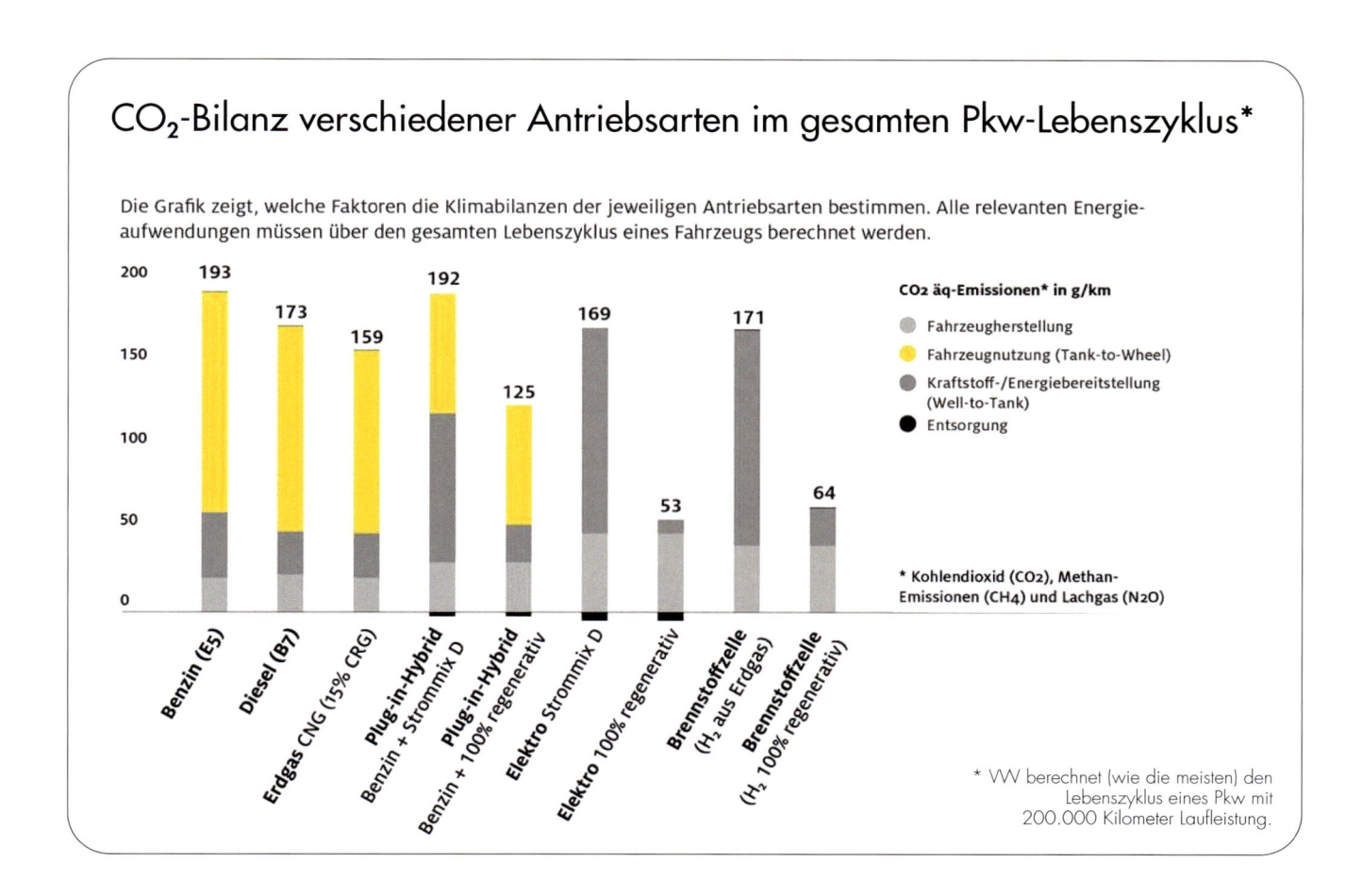

CO_2-Bilanz verschiedener Antriebsarten im gesamten Pkw-Lebenszyklus*

Die Grafik zeigt, welche Faktoren die Klimabilanzen der jeweiligen Antriebsarten bestimmen. Alle relevanten Energieaufwendungen müssen über den gesamten Lebenszyklus eines Fahrzeugs berechnet werden.

Antriebsart	CO_2 äq-Emissionen* in g/km
Benzin (E5)	193
Diesel (B7)	173
Erdgas CNG (15% CRG)	159
Plug-in-Hybrid Benzin + Strommix D	192
Plug-in-Hybrid Benzin + 100% regenerativ	125
Elektro Strommix D	169
Elektro 100% regenerativ	53
Brennstoffzelle (H_2 aus Erdgas)	171
Brennstoffzelle (H_2 100% regenerativ)	64

Legende:
- Fahrzeugherstellung
- Fahrzeugnutzung (Tank-to-Wheel)
- Kraftstoff-/Energiebereitstellung (Well-to-Tank)
- Entsorgung

* Kohlendioxid (CO_2), Methan-Emissionen (CH_4) und Lachgas (N_2O)

* VW berechnet (wie die meisten) den Lebenszyklus eines Pkw mit 200.000 Kilometer Laufleistung.

5 CO_2: Bleibt die „graue Gebäudeenergie" XY ... ungelöst?

Wo sehen Sie für echte CO_2-Neutralität von Einfamilienhäusern die größten Defizite?

Üblich ist, die im Gebäudebetrieb durch selbst produzierte regenerative Energie im Vergleich zu fossiler aus konventionellen Kraftwerken eingesparte Menge CO_2 zu betrachten. Tieferen Sinn macht das in meinen Augen aber erst, wenn wir die graue Energie für die Herstellung sowohl der Gebäude als auch der Technik in die CO_2-Bilanz einbeziehen.

Haben Sie denn selbst eine CO_2-Bilanz für ein E3/DC-Hauskraftwerk?

Ja. So schwierig und unperfekt das bei der aktuellen Datenlage ist: Wir haben die Mengen aller konventionellen Energien und fossilen Kraftstoffe aus vorliegenden Teile- und Lieferlisten für das gesamte Hauskraftwerk mit CO_2-Datenbanken ermittelt oder geschätzt.

Demnach entfallen
- 1.755 kg CO_2 auf die Batteriemodule (bei einer Kapazität von 11,7 kWh);
- 500 kg CO_2 auf Leistungselektronik, Elektrik, Kabel (ca. 20 kg);
- 104 kg CO_2 auf Blechteile (ca. 20 kg);
- 92 kg CO_2 auf Transporte zu den Privatkunden sowie
- 49 kg CO_2 auf Kleinpositionen (etwa Kartonagen).

In der Summe ergibt das für die Herstellung eines Hauskraftwerks eine „Anfangsverschuldung" von 2,5 Tonnen CO_2.

Wie erfolgt das Abtragen dieser CO_2-Schulden? Wie viel Emissionen spart ein Hauskraftwerk im Betrieb wofür ein?

In einem vollelektrischen Durchschnitts-Einfamilienhaus pro Jahr 4.000 Kilowattstunden Haushaltsstrom, rund 1.000 Liter Heizöl oder 1.000 Kubikmeter Erdgas für die Heizung und den Dieselkraftstoff für 10.000 Pkw-Kilometer (Verbrauch 7 Liter/100 Kilometer).

Über zehn Jahre summieren sich die CO_2-Einsparungen gegenüber Netzstrom und fossilen Techniken wie folgt:
- 40.000 kWh Strom = 20 t CO_2 (2 t/a);
- 10.000 l Heizöl = 26 t CO_2 (2,6 t/a);
- 7.000 l Diesel = 18 t CO_2 (1,8 t/a).

Ergibt 64 Tonnen CO_2-Einsparung allein innerhalb unseres Garantiezeitraums von zehn Jahren. Dem stehen als ökologischer Fußabdruck 3 Tonnen CO_2 für die Herstellung und den Transport des Hauskraftwerks gegenüber.

Mit dem Betrieb mehr CO_2-Emissionen zu vermeiden oder einzusparen, als die Herstellung der technischen Mittel dazu erforderte, leuchtet ein. Was macht es so schwierig, diese Denkweise auf Gebäude anzuwenden?

Die simple Tatsache, dass selbst für die progressivsten Neubauten so gut wie keine CO_2-Bilanzen vorliegen. Das müssen und werden wir ändern. »

» Wird nur der Komfortstrom über das Hauskraftwerk erzeugt und gespeichert, sind 15 Monate nötig, bis der CO_2-Aufwand für dessen Herstellung neutralisiert ist. Wird eine Wärmepumpe eingebunden, sind es nur 8 Monate. Wird zudem ein E-Auto mit Eigenstrom für 10.000 Kilometer beladen, sind nur noch 5 Monate dafür nötig. «

DR. ANDREAS PIEPENBRINK

ONLINE

Herausragend kosten- und CO_2-sparend:
https://youtu.be/FzASd9g4kww

6 Nächste Weltneuheit: Next Generation eMobilisator von E3/DC

E3/DC versteht sich wie Sie selbst alles andere als selbstgenügsam. Sie fragen sich latent: Was können wir ab sofort völlig anders machen, grundlegend besser? Haben Sie keine Angst vor innovativen Großprojekten, für die Ihnen am Ende die Handwerker fehlen?

Entgegen früherer Prognosen ist das in unserer Branche nicht passiert. Mit den neuen Rahmenbedingungen ist eher eine neue Industrie im Aufbau.

Stattdessen haben wir ein extremes, nie erlebtes Material-, Produktivitäts- und Perspektivproblem. Die bisherigen, gleichwohl erfolgreich am Markt etablierten E3/DC-Hauskraftwerke zielten auf die besser Betuchten unter den Einfamilienhaus-Besitzern: als deren netzunabhängig eigener, CO_2-neutraler Eigenstromversorger.

Aber?

Die bisherige Gerätegeneration ist vergleichsweise aufwendig in der Produktion. Im Markt nicht wirklich volumenfähig. Zu groß. Zu schwer. Zu teuer. Konzeptionell 15 Jahre alt. Inzwischen nicht mehr flexibel genug für die neuen, individuellen Erwartungen. Kurzum: Wir brauchen jetzt intelligentere Lösungen für jedermann: besser, flexibler, preiswerter. Eine konzeptionelle Innovation – bitte gleich für die ganze nächste Dekade!

Wir haben uns dafür vor allem zwei Fragen gestellt: Wie kommen wir künftig näher ans Auto ran? Und wie können wir internationaler werden, Kunden breitbeiniger bedienen, auch die ohne Keller?

So sieht die Lösung aus: die komplette Leistungselektronik miniaturisiert auf einer Platine!

Hochgradig kompakt. Mit allem fürs Energiemanagement von Haus und Auto. Speicher optional, PV optional.

Die Kunden können mit der neuen Gerätegeneration sowohl AC* als auch DC* oder nur AC oder nur DC laden.

Was bringt mir DC?

Flexiblen Komfort. Sie können damit kontinuierlicher laden. Oder bei kleineren Leistungen laden. Oder mit mehr Solarstrom.

Optional. Als Möglichkeit.

Als Option für jede Zukunft. Sie sichern sich mit dem neuen eMobilisator zugleich Vehicle to Home und bidirektionales Laden. Die neue Gerätegeneration beherrscht beides. Diese zentrale Leistungselektronik kann 10 Kilowatt Photovoltaik. Und auch 10 Kilowatt Auto.

Wir sind damit auf zwei Märkten gleichzeitig vorneweg unterwegs: Unsere Kunden erhalten mit diesem neuen Gerät einen hochintelligenten Charger: einen Doppellader, der netzdienlich ist. Wenn Sie den in der Garage haben, können Sie zwei Fahrzeuge beladen. Sie können damit sogar von einem Fahrzeug ins andere laden.

---

*AC

AC ist Wechselstrom (Alternating Current), der seine Polung in regelmäßiger Wiederholung ändert. Und zwar immer gleich lang. Bei dem Gleichgewicht aus negativer und positiver Richtung hat folglich keine Polung Vorrang. Der Richtungswechsel passiert 50-mal in der Sekunde (gleich 50 Hertz). Im Haushaltsbereich kommt in Europa AC-Strom aus der Steckdose. Es steht ein 3-Phasen-Netzwerk zur Verfügung.

*DC

Gleichstrom (Direct Current) ändert weder seine Stärke noch seine Richtung. Aus der Steckdose fließt er nicht, er wird meist durch Wechselrichter aus AC-Strom erzeugt.
Außerdem gibt es diverse elektrische Energiequellen, die an eine angeschlossene Last unmittelbar Gleichstrom liefern. Beispielsweise Solarzellen, elektrochemische Akkumulatoren, Batterien oder Gleichstromgeneratoren. Umgekehrt kann aus Gleichstrom mithilfe eines Wechselrichters Wechselstrom erzeugt werden. Die Batterie von Elektroautos wird ausschließlich mit Gleichstrom versorgt. Beladen lässt es sich sowohl mit Gleich- als auch mit Wechselstrom.

Das patentgeschützte Innenleben des eMobilisators

Die Connection zur eigenen PV-Anlage und zum Haus-Batteriespeicher ist, wie gesagt, als Option inbegriffen.

Gibt es denn die E-Autos fürs bidirektionale Laden schon?
Noch nicht. Aber alle großen Hersteller arbeiten intensiv daran. Absehbar gehört das zum neuen Standard.

Fassen wir die weltweit innovative Konzeptidee für Ihren neuen eMobilisator in einem Satz zusammen: Alle feinstempfindliche wird mit der gröber agierenden Leistungselektronik nicht mehr mit Gewalt in einem Gehäuse zusammengezwungen, sondern als Herz und Hirn des Ganzen separat miniaturisiert. Um damit optional alle anderen Komponenten für Haus und Auto intelligent ansteuern und energetisch optimiert betreiben zu können. Richtig?
Genau das können wir jetzt.

Wie gelingt Ihnen plötzlich, was bisher nicht möglich war? Haben Sie das Wärmeproblem im Kompaktgerät gelöst?
Auch das. Die neue Platine ist der Heilige Gral des Ganzen. Dichter, komprimierter bepackt als alles, was ich bisher gesehen habe. Mit innovativen elektronischen Elementen, die tatsächlich ein neues Kühlmanagement innerhalb des Gehäuses bewirken. Vor allem aber sind diese Platinen in der Lötstraße in einem Zug beidseitig maschinell zu bestücken. Was extreme Leistungssteigerung mit extremen Kostenvorteilen verbindet.

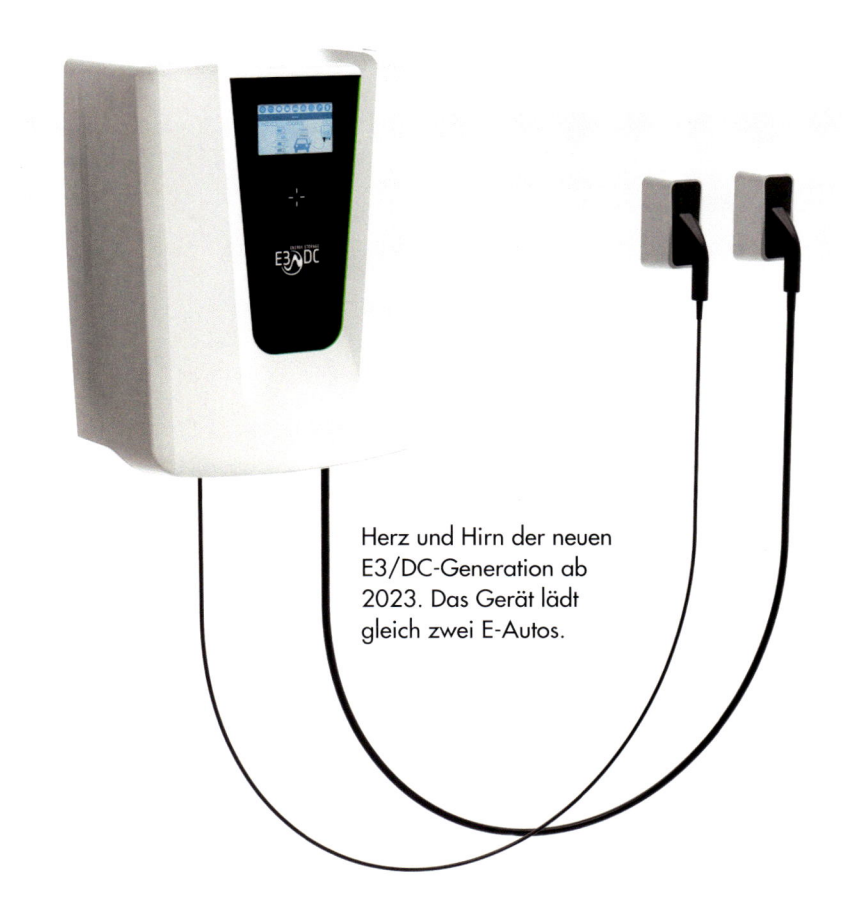

Herz und Hirn der neuen E3/DC-Generation ab 2023. Das Gerät lädt gleich zwei E-Autos.

Haben Sie schon einen Kunden-Endpreis eines eMobilisators im Kopf?
4.500 Euro maximal. Zwei sofort funktionsfähige Ladeanschlüsse für E-Autos inklusive.

Wie viele Geräte dieser Weltpremiere wollen Sie jährlich verkaufen?
Ab 2023 mindestens 100.000. Die 2022 verkauften rund 60.000 E3/DC-Wallboxen zeigen, dass diese Menge keine Traumtänzerei ist. «

Kapitel 3

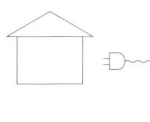

POWER
to the People

Lebensdauer und Performance der Batterien sind wichtige Parameter für Wirtschaftlichkeit und Nachhaltigkeit der Stromspeicher-Technologie. E3/DC arbeitet nur mit den weltweit besten und erfahrensten Herstellern. Und bestätigt aus eigener Feldforschung: Der Nutzer kann selbst viel für seine Batterie tun – Aufstellort, Nutzungsverhalten und Dimensionierung beeinflussen die Lebensdauer spürbar.

E3/DC-Hausbatterie-Portfolio für 2023

Wenn man sich die Zubauzahlen anschaut, sind Sie als neuer Batterie-Chef von E3/DC vom Start an auf der Überholspur.

DR. BEUSE: Der Ruhm für exzellente Vorarbeiten gebührt anderen. Aber ja, sowohl die Zahl der Batteriespeicher als auch deren Kapazität als auch die installierten PV-Module nehmen bei unseren Kunden überproportional zu. Das ist wegen der neuen Lastprofile – Wärmepumpe und Ladesäulen für E-Autos – nur folgerichtig.

Es sind bei den Hausbatteriespeichern derzeit vor allem zwei Systeme im Rennen: NMC und LFP. Worin unterscheiden die sich? Was ist die bessere Variante?

Beides sind Lithium-Ionen-Batterien. Beide werden inzwischen von den Top-Herstellern angeboten. Sie unterscheiden sich in der Zellchemie der Kathode: LFP verwendet kein Kobalt mehr, sondern Eisenphosphat.
NMC hat in unserem Portfolio aktuell etwa ein Drittel, zwei Drittel sind LFP.
Wir haben bei E3/DC den großen Vorteil, die Herstellerangaben zu Leistung und Lebensdauer in einem seit zehn Jahren laufenden Online-Monitoring von inzwischen fast 100.000 Kundensystemen validieren zu können.

Und?

Unsere Analysen zeigen: Die NMC-Batterien unterscheiden sich nur marginal von den LFP. Einen deutlich größeren Einfluss hat das tatsächliche Nutzungsverhalten. Wichtiger ist daher für uns, dass hochwertigste Verarbeitung sichergestellt und im laufenden Betrieb überwacht wird.

Was beschäftigt Sie denn so sehr beim Thema Lebensdauer?

Batterien verlieren im Laufe der Zeit einen Teil ihrer nutzbaren Kapazität. Durch kalendarische Alterung und in Abhängigkeit von ihrer Nutzung. Eine Verringerung der Kapazität beeinflusst nicht nur die Wirtschaftlichkeit eines Speichersystems, sondern auch dessen Nachhaltigkeit.

Was können E3/DC-Kunden erwarten?

Wir garantieren allen mindestens 80 Prozent der nutzbaren Kapazität für zehn Jahre, unabhängig vom Nutzungsverhalten.
Unsere statistischen Analysen und Batteriesimulationsmodelle, validiert mit tatsächlichen Batteriedaten aus dem Feld, zeigen, dass für einen Großteil der Kunden die 80-Prozent-Grenze erst nach etwa 15 Jahren erreicht wird. Für viele »

ZUR PERSON

Dr. Martin Beuse (Jahrgang 1988) hält einen M. Sc. in Maschinenbau von der TU Braunschweig, arbeitete im Anschluss mehrere Jahre in der Energiebranche, promovierte 2019 an der Eidgenössischen Technischen Hochschule Zürich zum Thema Rolle von Batterien in der Energiewende. Seit 2020 ist er Director Battery Business bei E3/DC.

Kapitel 3

Statistische Prozesskontrolle im Aftersales der E3/DC
All-in-One Kombination aus BMS – EMS – Cloud Analytik ist der Schlüssel

1. E3/DC Battery Data Cloud (~100k customers, 350k batteries=1GWh capacity)
2. E3/DC Energy Management System (EMS)
3. E3/DC Top - Battery Partner incl. BMS & IEC62619 Safety

1.
1. Langfristige **Trendanalysen**
2. **Komparative** Analysen zwischen Systemen, Batterietypen, etc.
3. Testing & **Validierung** von Algorithmen für EMS Implementierung

2.
1. **Doppelte Absicherung** sämtlicher BMS Grenzwerte
2. Intelligentes Temperatur- und Lademanagement
3. **Live-Monitoring** Algorithmen

3.
1. **Zertifizierte Sicherheit** nach IEC
2. Sensorik und Algorithmen zur Zustandsüberwachung
3. Ausschließlich Hersteller mit automobiler **Produktionsqualität**

---

auch erst deutlich später. Diese Grenze von 80 Prozent hat keine technische Bewandtnis. Die Hersteller spezifizieren das Lebensdauerende erst, wenn 50 bis 60 Prozent der nutzbaren Kapazität erreicht sind.

Was sind die wichtigsten Einflussfaktoren auf die Batterie-Lebensdauer?

Die Temperatur, der Energiedurchsatz – oft gemessen in Vollzyklen –, der durchschnittliche Ladezustand sowie die C-Rate. Hier hat auch der Kunde die Möglichkeit, die Langlebigkeit seines Systems zu beeinflussen. Wir lassen ihn damit natürlich nicht allein: Unser Temperaturmanagement sorgt unabhängig vom Aufstellort dafür, dass der Strom rechtzeitig begrenzt wird, sollten zu hohe Temperaturen erreicht werden.

Der maximale Ladezustand wird vom Batteriemanagementsystem bereits so eingestellt, dass schädliche Zellspannungen vermieden werden.

Zudem erlauben wir über die sogenannten Smart-Funktionen ein prognosebasiertes Laden des Speichers, sodass die vollständige Ladung auf einen möglichst späten Zeitpunkt am Tag verschoben wird. Außerdem kann die Ladeleistung begrenzt und können Zeiten definiert werden, in denen die Batterie nicht geladen werden soll. Die Zyklenzahl ist im Wesentlichen von der korrekten Dimensionierung des Speichers im Verhältnis zur PV-Anlage und dem kundenspezifischen Lastprofil abhängig.

Nimmt man alle Faktoren zusammen, sieht man in Einzelfällen eine Schwankungsbreite in der Batteriealterung von drei bis fünf Jahren im typischen Fall, der für etwa 75 Prozent unserer Kunden gilt.

Was bedeutet das für E3/DC?

Dass unserem Batterie-Monitoring, unserem Qualitätsmanagement und auch unserem Reparaturcenter eine herausragende Bedeutung zukommt. Wir müssen sicherstellen, dass auch weit jenseits der

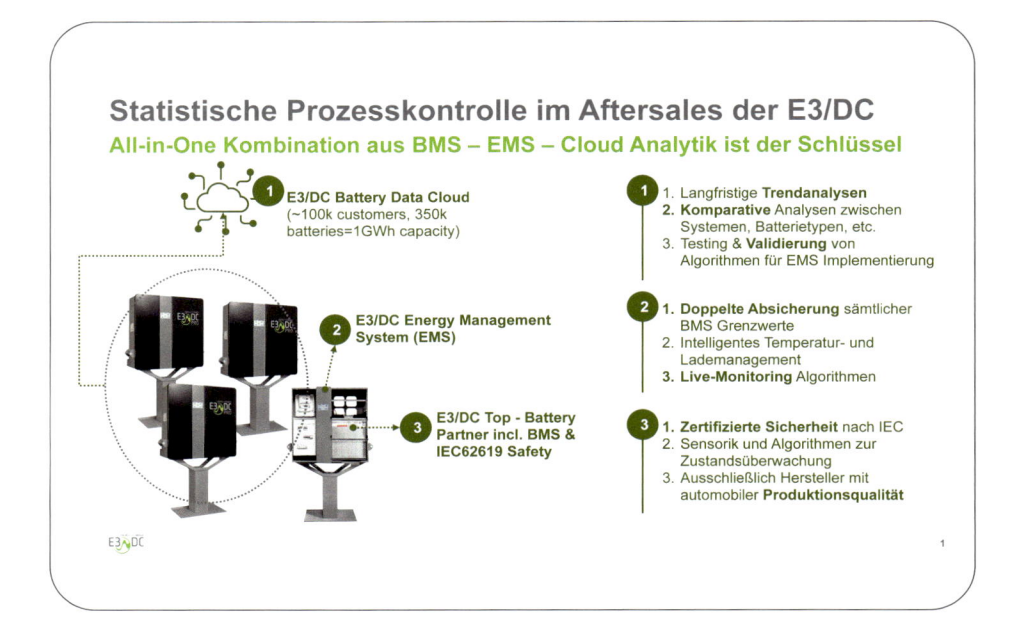

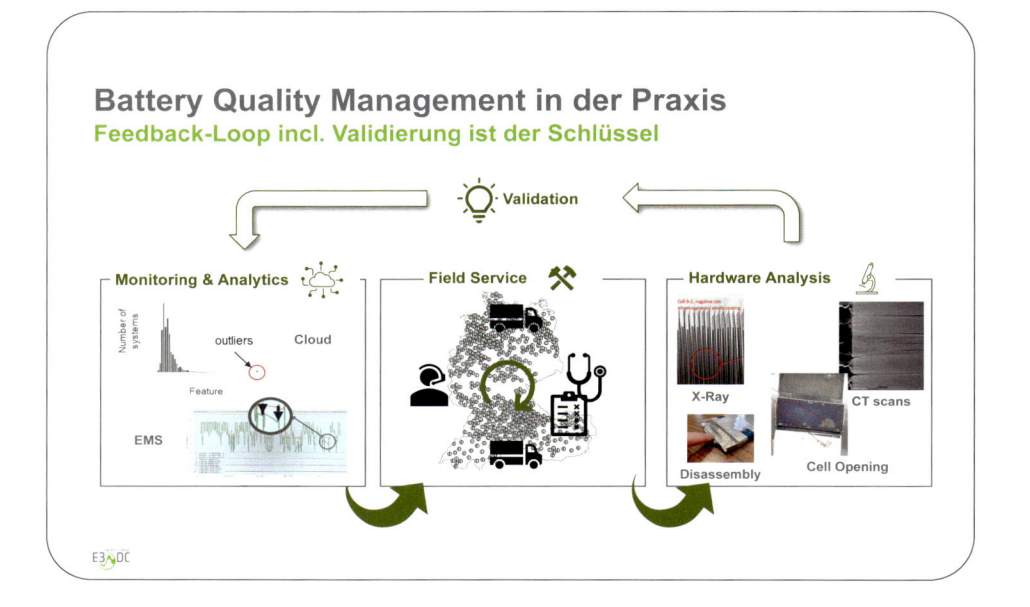

Battery Quality Management in der Praxis
Feedback-Loop incl. Validierung ist der Schlüssel

Validation

Monitoring & Analytics (Cloud, EMS, outliers, Feature)
Field Service
Hardware Analysis (X-Ray, CT scans, Disassembly, Cell Opening)

garantierten zehn Jahre mit zunehmender Batteriealterung die Gesamtanlage reibungslos betrieben werden kann.

Darum investieren Sie so viel in Monitoring und Qualitätsmanagement?

Wir haben hier ein dezidiertes Team, das die Batteriedaten aus zehn Jahren E3/DC-Geschichte nutzt und das Thema Batteriequalität von der Produktion bis zum End-of-Life im Auge behält.

Unser Monitoring-Konzept hat drei Ebenen: Die erste Ebene ist die Batterie selbst. Hier werden vom Batteriemanagement unzulässige Betriebszustände vermieden und die Sicherheit nach der internationalen Norm IEC 62619 gewährleistet.

Auf der zweiten Ebene steht unser Energiemanagementsystem: Es sichert sämtliche BMS-Grenzwerte doppelt ab und implementiert zusätzliche Algorithmen zum Monitoring der Batterie auf Basis hochauflösender Echtzeitdaten.

Die dritte Ebene ist die Daten-Cloud: Hier haben wir die Chance, langfristige Trends und unterschiedliche Verhaltensweisen zwischen Systemen anhand von Big-Data-Algorithmen zu untersuchen. All diese Algorithmen werden mithilfe unseres strikten Qualitätsmanagementprozesses validiert. Ein Beispiel hierfür sind CT-Analysen, Röntgen, und Zellanalysen, die wir regelmäßig durchführen.

Wie sehr belastet die gebräuchliche Batterietechnik die CO_2-Bilanz? Gibt es dafür Zahlen?

Bislang lag der globale Durchschnitt bei 100 Kilogramm CO_2 pro Kilowattstunde Batteriekapazität. Eine Reduktion ist möglich, wenn für energieintensive Prozessschritte stärker Erneuerbare genutzt werden. Das schwedische Unternehmen Northvolt hat das Ziel, bis 2030 auf zehn Kilogramm CO_2 pro Kilowattstunde herunterzukommen.[1] Die Transparenz im Markt ist zu diesem Thema derzeit gering, wird aber durch die neue EU-Batterie-Regulierung in den kommenden Jahren verbessert.[2]

Wie real ist die Bedrohung neuer Abhängigkeiten im Batteriesektor, insbesondere von China?

Sie ist sehr real, vor allem bei Schlüsselmaterialien, die zu 80 Prozent in China weiterverarbeitet werden. Beispiel Nickel: China 68 Prozent des Weltmarkts, USA 1 Prozent, EU 10 Prozent. Beispiel Kobalt: China 73 Prozent, USA 0, EU 15 Prozent.[3]

Diese Liste ließe sich fortführen. Derzeit werden aber in der EU, insbesondere auch in Deutschland, große Zellfertigungskapazitäten aufgebaut, die in den nächsten Jahren wirksam werden.

Kann zunehmendes Batterie-Recycling aus dieser Klemme helfen?

Das ist nicht nur meine größte Erwartung, wie sich Rohstoffabhängigkeiten und CO_2-Bilanzen gravierend abbauen lassen. Ich habe als Wissenschaftler an der ETH Zürich an einer Studie des Weltwirtschaftsforums mitgearbeitet, die auch die immensen ökonomischen und Nachhaltigkeitspotenzen für das Batterie-Recycling schon bis 2030 beschrieben hat.[4]

Darin sind auch Potenzen und Klimawirkungen der Batterietechnik formuliert.

Verwendet E3/DC Batterien aus China?

Wir arbeiten mit führenden Herstellern aus China, Korea und Japan. Hauptgrund: Sie haben über 20 Jahre Erfahrung – und verlässliche Produktionsqualität ist für uns das A und O. «

> Batterien sind eine Schlüsseltechnologie zur Dekarbonisierung des Verkehrs und zur Unterstützung der Dekarbonisierung des Stromsektors (…). Um das 2-°C-Ziel des Pariser Abkommens zu erreichen, haben der Verkehrs- und der Energiesektor bis 2050 ein gemeinsames Kohlenstoffbudget von 430 Gigatonnen CO_2-Äquivalenten zur Verfügung. Ohne Batterien wird dieses Budget bis 2035 aufgebraucht sein, mit Batterien im Basisfall bis 2040.

(…) Batterien tragen – direkt und indirekt – zu Emissionsminderungen von 2,6 Gigatonnen CO_2-Äquivalenten im Verkehrs- und Energiesektor bei. Dies entspricht in etwa den derzeitigen Gesamtemissionen Japans."[4]

„A Vision for a Sustainable Battery Value Chain in 2030 – Studie für das Weltwirtschaftsforum"
Davos (2019)

ONLINE

• Autark-Video:
Wie lange halten Batteriespeicher?

https://youtu.be/GsWnoaxhQII

---

1 https://www.datocms-assets.com/38709/1655449087-northvolt-sustainability-report-2021.pdf

2 https://eur-lex.europa.eu/legal-content/EN/TXT/?uri=CELEX%3A52020PC0798)

3 „The Times" und „The Sunday Times"

4 https://www3.weforum.org/docs/WEF_A_Vision_for_a_Sustainable_Battery_Value_Chain_in_2030_Report.pdf

Überwintern in

Bringen wir mal Härten ins Spiel, Dr. Piepenbrink. Das Heizen mit solarbasierten Wärmepumpen mag eine tolle Idee sein, hierzulande wird sie jeden Winter aufs Neue an ihre Grenzen stoßen: Ausgerechnet in den Monaten mit dem größten Heizstrombedarf liefert die PV-Anlage auf dem Dach die geringste Ausbeute.

Lassen Sie uns das seriös angehen. Wir müssen im Neubau die Eigenenergieerzeugung auf den Heizbedarf der Wärmepumpe auslegen, um die E-Mobilie maximal klimaneutral zu dimensionieren.

Die meisten E3/DC-Kunden bewohnen Einfamilienhäuser mit modernen Energiestandards. In Deutschland KfW 55 aufwärts bis KfW 40 plus, in der Schweiz auf Minergie-Plus-Level. Das hat den Vorteil, relativ geringe Heizenergiebedarfe ansetzen zu können. Basierend auf den Tages- und Jahresdaten von E3/DC-Kunden – oder nach DIN 4655 – lässt sich der Wärmeverbrauch eines modernen Einfamilienhauses pro Tag mit einer ziemlich einfachen Formel herleiten.

Wärmebedarf eines Einfamilienhauses an einem Wintertag:

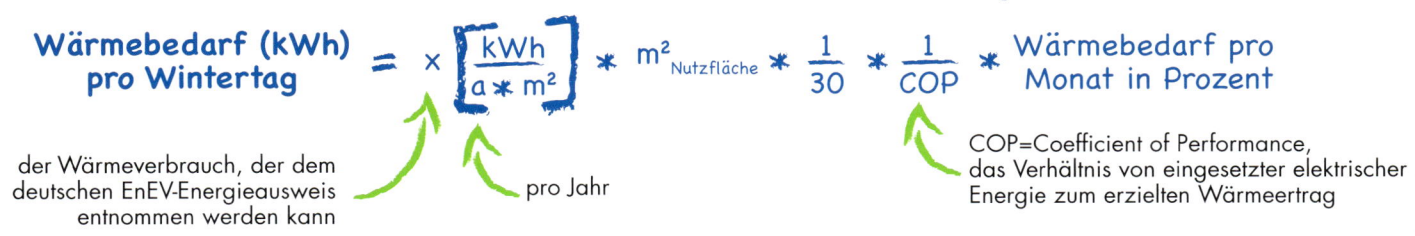

$$\text{Wärmebedarf (kWh) pro Wintertag} = x \left[\frac{kWh}{a * m^2}\right] * m^2_{\text{Nutzfläche}} * \frac{1}{30} * \frac{1}{COP} * \text{Wärmebedarf pro Monat in Prozent}$$

- x: der Wärmeverbrauch, der dem deutschen EnEV-Energieausweis entnommen werden kann
- $\frac{kWh}{a*m^2}$: pro Jahr
- COP = Coefficient of Performance, das Verhältnis von eingesetzter elektrischer Energie zum erzielten Wärmeertrag

Wie sieht Ihre einfache Ausgangsformel für CO_2-neutrales Heizen aus?

Der **COP** der Wärmepumpe ist hier als konstant angenommen.

Was bedeutet …?

COP ist der Coefficient of Performance. Er drückt das Verhältnis von eingesetzter elektrischer Energie zur erzielten Wärmeproduktion aus. COP 5 besagt, dass mit 1 Kilowattstunde Strom 5 Kilowattstunden Wärme erzeugt werden. Korrekt wäre, die COP-Veränderung abhängig von der Temperaturdifferenz und Leistung einzubeziehen. Für unseren Zielwert ist das marginal.

x steht für den Wärmebedarf, der dem deutschen Energieausweis entnommen werden kann. Für ein KfW-55-Haus sind derzeit 25 kWh/m² inklusive Brauchwasser typische Werte.

Das E3/DC-Datenportal misst die reale monatliche Heizleistung der Kunden-Wärmepumpen inklusive Warmwasseraufbereitung. Dividiert durch 30 erhält man den Wärmebedarf in Kilowattstunden pro Wintertag. Der für den Wintermonat benötigte Wärmebedarf bezogen auf den Wärmejahresbedarf liegt bei 16 bis 20 Prozent.

Für die erforderliche Solarproduktion pro Wintertag haben Sie sicher auch eine „einfache" Formel?

Solarproduktion eines Einfamilienhauses an einem Wintertag:

$$\text{Solarproduktion (kWh) pro Tag} = y(kWp) * s\left(\frac{kWh}{kWp}\right) * \frac{1}{30} * \text{Solarproduktion pro Monat in Prozent}$$

- y: installierte PV-Leistung in kWp, typischerweise 10 oder 15 bis 20 kWp
- s: regionaler Solarertrag pro kWp, abhängig vom Standort, typischerweise 950 bis 1100 Watt

Wofür stehen in dieser Rechnung y und s?

y ist die installierte PV-Leistung in Kilowattpeak, typischerweise 10 oder 15 bis 20 Kilowattpeak.

s ist der regionale Solarertrag pro Kilowattpeak, natürlich abhängig vom Standort. In Deutschland sind das typischerweise 950 bis 1.100 Watt. Diese beiden Faktoren – Prozent der Wärmeproduktion (pro Monat/ hier bezogen auf Januar) und Prozent der Solarproduktion (pro Monat/hier bezogen auf Januar) – entscheiden alles.

der E-Mobilie

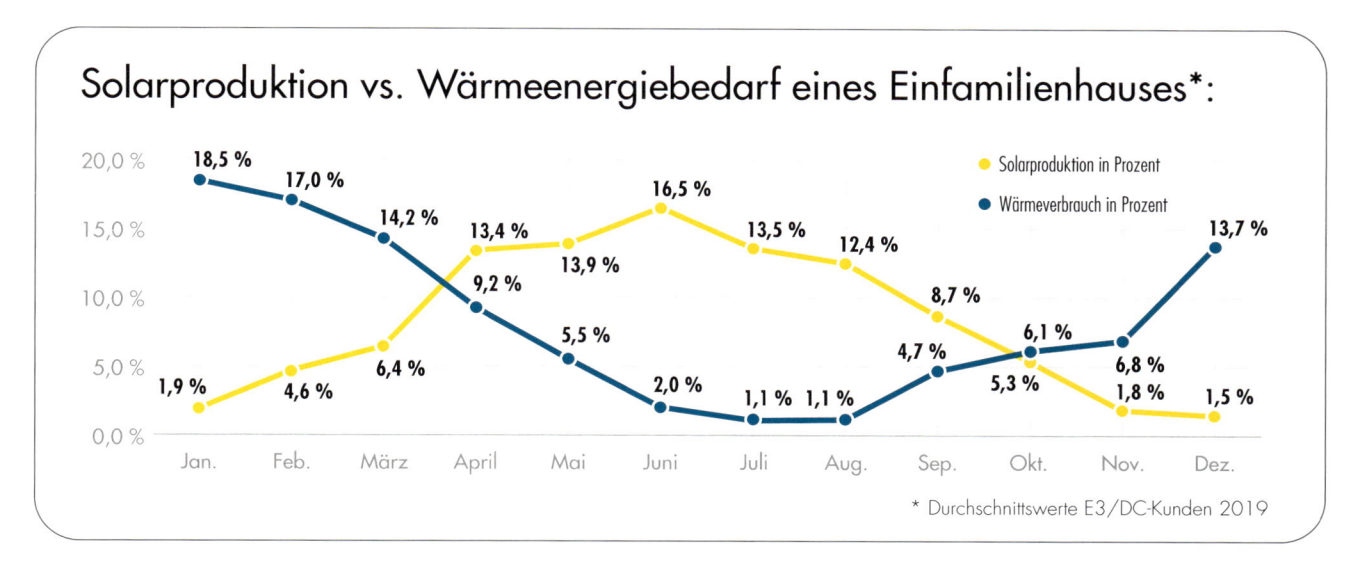

Solarproduktion vs. Wärmeenergiebedarf eines Einfamilienhauses*:

- Solarproduktion in Prozent
- Wärmeverbrauch in Prozent

Monat	Wärmeverbrauch	Solarproduktion
Jan.	18,5 %	1,9 %
Feb.	17,0 %	4,6 %
März	14,2 %	6,4 %
April	9,2 %	13,4 %
Mai	5,5 %	13,9 %
Juni	2,0 %	16,5 %
Juli	1,1 %	13,5 %
Aug.	1,1 %	12,4 %
Sep.	4,7 %	8,7 %
Okt.	6,1 %	5,3 %
Nov.	6,8 %	1,8 %
Dez.	13,7 %	1,5 %

*Durchschnittswerte E3/DC-Kunden 2019

Der Februar verbraucht demnach im Schnitt 17 Prozent der jährlichen Wärmeenergie, produziert aber nur 4,6 Prozent der jährlichen PV-Energie vom Dach. Was sagt uns Ihre Monatsübersicht mehr, als dass die Wintermonate für solarbasierte Heizungen problematisch sind?

Nimmt man die absoluten Zahlen dazu, stellt sich heraus: In einem neuen Einfamilienhaus auf KfW-55-Niveau mit großzügigen 200 Quadratmetern energetisch zu versorgender Nutzfläche kann tatsächlich ein CO_2-neutraler Betriebsmodus mit einer PV-Anlage von 15 Kilowattpeak nachweislich auch im Winter erreicht werden. In diesem Gebäude brauchen wir dafür in unseren klimaweichen Winterzeiten pro Tag 10 Kilowattstunden. Die leistet eine 15 Kilowattpeak-Solaranlage in sonnigen Regionen (950 kWh/kWp/a).

Ist denn der Strom aus dem deutschen Netz immer noch so brutal CO_2-belastet?

Sehen Sie sich die deutschen Netzenergie-Charts vom Fraunhofer-Institut für Solare Energiesysteme für die letzten zwei Jahre im Internet an.

Was fällt auf?

Erstens schwankt der monatliche Anteil erneuerbarer Energien nicht wirklich stark. Zweitens ist die CO_2-Bilanz des deutschen Netzstroms im Sommer nicht viel besser als im Winter. Im Mittel 0,42 Kilogramm CO_2 pro Kilowattstunde. »

Größe der PV-Anlage für CO_2-neutrale Eigenstromnutzung:

$$kWp > \frac{\text{Wärmeproduktion in Prozent} * m^2 * \times \left(\frac{kWh}{a * m^2}\right)}{COP * \text{Solarproduktion in Prozent} * 950 \left(\frac{kWh}{kWp * a}\right)}$$

Einfamilienhaus-Beispielrechnung für Januar (Deutschland):

$$kWp > \frac{18,5\% * 200 * 25 \left(\frac{kWh}{a * m^2}\right)}{3 * 1,9\% * 950 \left(\frac{kWh}{kWp * a}\right)} = 17,04$$

Beispiel Mehrfamilienhaus in Seeon mit 780 Quadratmeter Wohnfläche. Altbau mit fünf Wohnungen im KfW-85-Standard. Anbau, ein Neubau, mit drei Wohnungen im KfW-55-Standard. Mit 45 Kilowattpeak verschiedener Ausrichtungen und 36.000 Kilowattstunden Strombedarf, davon 20.000 Kilowattstunden für Wärme, sind 60 Prozent Autarkiequote möglich *(siehe rechte Seite)*.

Was folgt daraus?

Die Realität zur Kenntnis zu nehmen. Die totale Umstellung von Heizung und Mobilität auf elektrischen Betrieb ist richtig – aber nicht auf Netzstrom. Nur Eigenerzeugung, und zwar erneuerbar, kann den Mehrbedarf kompensieren.

Sofort wirksam für den Klimawandel ist lokale erneuerbare Energieproduktion. Je mehr, desto besser. Umso höher ist der Energieanteil, der mit sauberem Zero-CO_2-Eigenstrom gedeckt werden kann. Umso geringer der Restbezug von immer noch dreckigem CO_2-Strom aus dem Netz. Zumal sich der Strombedarf deutlich erhöht.

Abzuwarten, bis das öffentliche Stromnetz irgendwie und irgendwann mal grün und sauber genug wird, ist keine Option: Der Zubau von Wind wird blockiert und der PV-Zubau kann das Problem nicht stemmen. Der kategorische Imperativ lautet aktuell: Eigenstrom befreit von Netzproblemen und bringt den Zusatzstrom, den das Netz nicht haben wird.

Das Ideal echter Autarkie? Also nicht nur rechnerisch als Jahresbilanz von eingespeisten Stromüberschüssen und Bezügen aus dem Netz, sondern physikalisch real?

Das ist Autarkie 2.0. Die Möglichkeit, seine CO_2-Mitschuld durch maximale und echte Netzbezugsunabhängigkeit auf null herunterzufahren, erweist sich bei Einfamilienhausbesitzern als ganz starkes Entscheidungsmotiv.

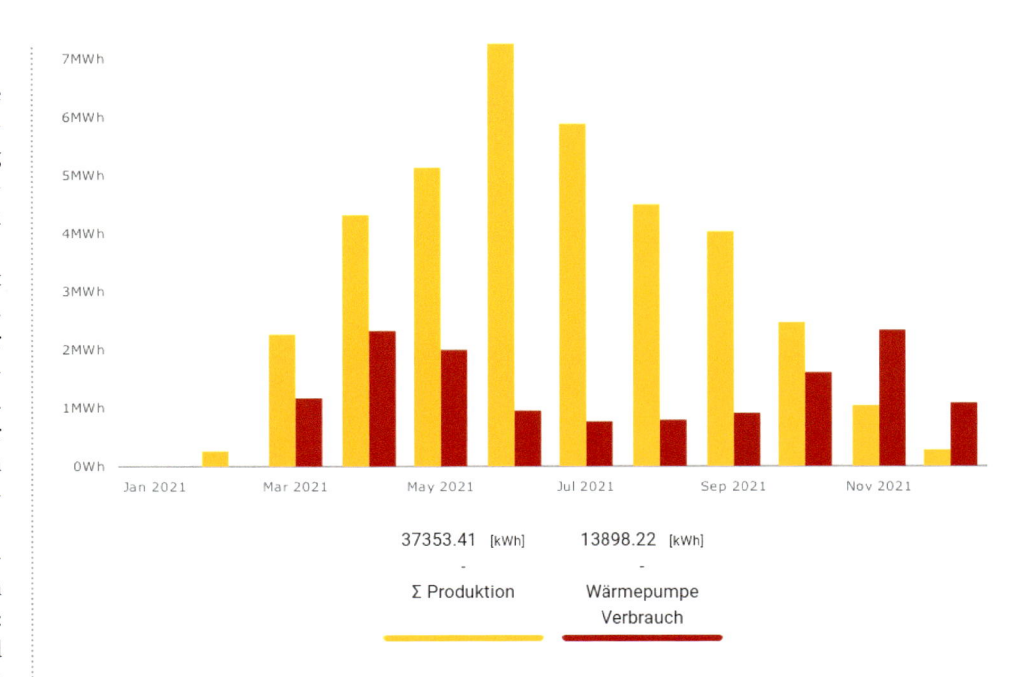

Haben Mehrfamilienhäuser eigene CO_2-Logiken?

Die Voraussetzungen unterscheiden sich. Mehrfamilienhäuser haben weniger Dachfläche pro Wohnfläche und deutlich mehr Personen auf die Erzeugungsfläche bezogen. Ich kenne viele Objekte, in denen mit großen PV-Anlagen – auf dem Dach, an der Fassade – gute Eigenerzeugung auch im Wärmebereich erreicht wird. Sprechen wir von 400 bis 600 Quadratmeter Wohnfläche und PV-Anlagen von 30 bis 45 Kilowattpeak, sind Verhältnisse wie im Einfamilienhaus möglich. «

Σ Produktion: 37353.41 [kWh]
Wärmepumpe Verbrauch: 13898.22 [kWh]

Die E-Mobilie

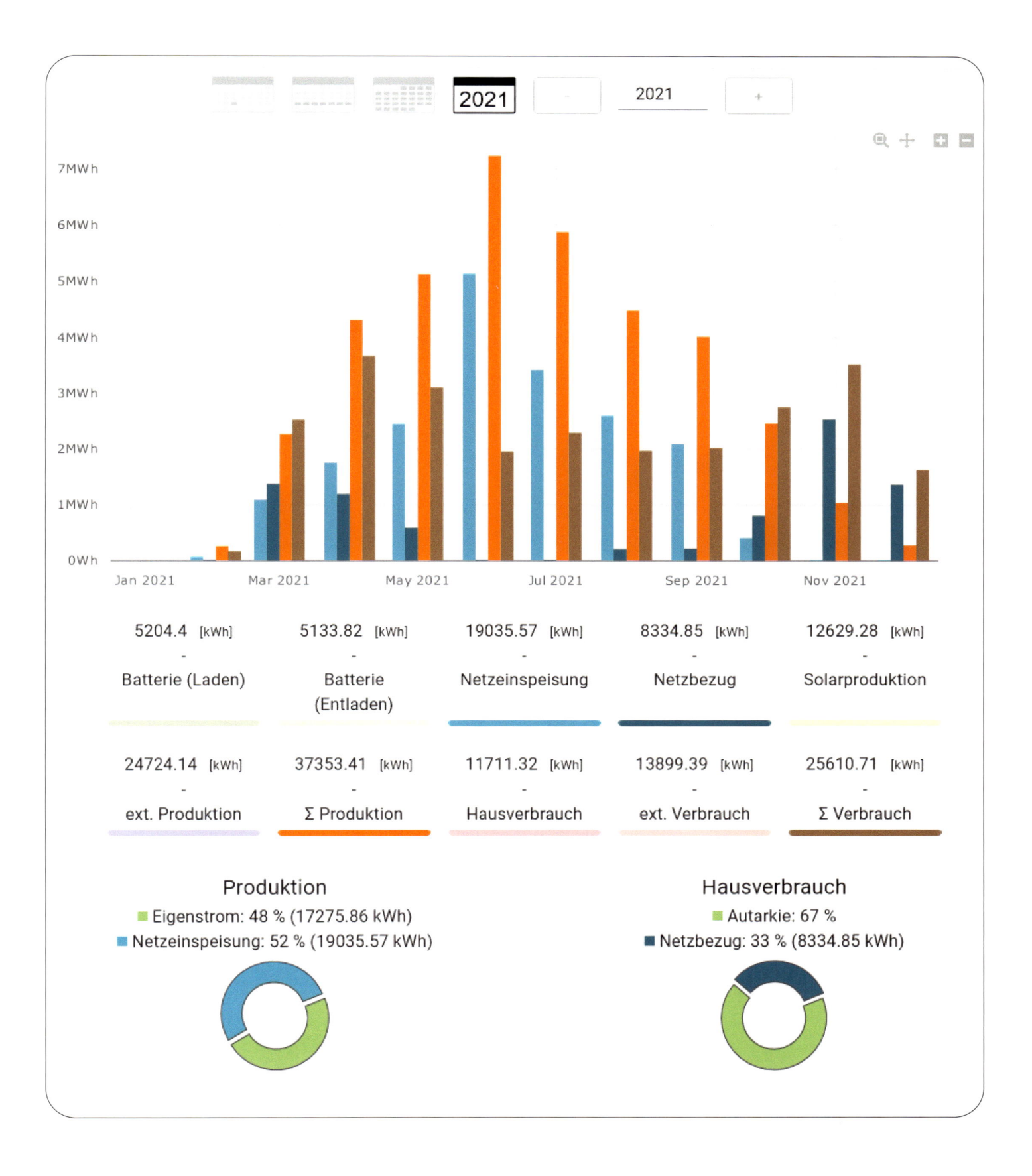

| | | | 2021 | − | 2021 | + |

2021 Energieübersicht

5204.4 [kWh]	5133.82 [kWh]	19035.57 [kWh]	8334.85 [kWh]	12629.28 [kWh]
Batterie (Laden)	Batterie (Entladen)	Netzeinspeisung	Netzbezug	Solarproduktion

24724.14 [kWh]	37353.41 [kWh]	11711.32 [kWh]	13899.39 [kWh]	25610.71 [kWh]
ext. Produktion	Σ Produktion	Hausverbrauch	ext. Verbrauch	Σ Verbrauch

Produktion
- Eigenstrom: 48 % (17275.86 kWh)
- Netzeinspeisung: 52 % (19035.57 kWh)

Hausverbrauch
- Autarkie: 67 %
- Netzbezug: 33 % (8334.85 kWh)

Kapitel 3

E-Mobilien-Besitzer Typ Maximalist

Mit vollem Technikpaket durchs solare Wintertal

1
Moderne Architektur: 273 Quadratmeter
komfortable Wohnfläche in (Holz-)Fertigbauweise

2
Trotz exzellenter Dämmwerte der Gebäudehülle
bleiben die offenen, hohen Räume im Winter eine
energetische Herausforderung.

Kundenhaus – Zahlen & Fakten

Länge x Breite 19,8 m x 8,6 m
Bebaute Fläche 273 m², davon
Fläche EG 137 m²
Fläche OG 105 m²
Fläche KG 61 m²
Fläche Garage 48 m² (3 Stellplätze)
Bauweise CO_2-optimiertes (Holz-)Fertighaus
Hersteller GUSSEK Haus
Baujahr 2021

Haustechnik

PV-Dach 58 Hochleistungsmodule (36 Südost; 22 Nordwest)
PV-Leistung 23,2 kWp
Wechselrichter E3/DC PRO mit 12 kW 3ph Anschlussleistung plus S10 SE Wechselrichter mit 8 kW 3ph Anschlussleistung
Batteriespeicher 5x 6-kWh-Lithiumspeicher Panasonic 21700
E-Ladestationen 2 E3/DC mit 11 kW solarem Laden (IEC 61851)
Notstrom-Automatikfunktion 12 kW 3-phasig inklusive Wärmepumpe
Heizung Luft-Wasser-Wärmepumpe Vaillant aroTHERM plus VWL 125/6; SCOP* 4,7 (4,6 kW plus elektrischer Zusatzheizung); separate Pool-Luft-Wasser-Wärmepumpe; Ermittlung des elektrischen Wärmebedarfs mit E3/DC-Sensorik
Kühlung Kaltwasser-Fußbodenkühlung in allen Wohnräumen
Lüftung Kontrollierte Be-/Entlüftung Vaillant recoVAIR VAR 360/4 E
Hausautomation System Rademacher für sämtliche Fenster mit Lamellen; Licht; Video; Wettersensorik; Poolheizung

Energiebedarf

Warmwasser 1.719 kWh pro Jahr (= 4,43 kWh/m²/a)
Heizwärme 1.970 kWh pro Jahr (= 4,43 kWh/m²/a)
Strombedarf 5.266 kWh/a für Heizung/Warmwasser/Lüftung
sonstiger Komfortstrom 3.582 kWh/a
Ladestrom E-Pkw 3.650 kWh/a (ca. 10 kWh/Tag)
Jahresstrombedarf Wohnen+Mobilität: 12.498 kWh
Selbst produzierter Solarstrom: 19.813 kWh/Jahr

1
Technikkeller mit E3/DC-Speicherbatterie PRO und Vaillant-Lüftung

2
Außengerät der Wärmepumpe

3
Zwei E3/DC-Wallboxen für E-Autos mit innovativer Zuführung von der Decke als hängende Zapfstellen

4
PV-Anlage auf dem Dach: 23,2 Kilowattpeak

5
Rohbau fertig

Dr. Piepenbrink, unter den E3/DC-Kunden gibt es einerseits viele, die sich mit einer positiven Strom- und CO_2-Jahresbilanz glücklich machen. Unterm Strich ist ihre Technik so konfiguriert, dass sie damit übers Jahr mehr CO_2-neutralen Eigenstrom produzieren, als sie für Wohnen und E-Auto verbrauchen. Dann aber gibt es auch immer wieder die ganz harten Jungs: technikaffine Typen, die ihre klimabedingten Solardefizite im Winter nicht nur bilanziell, sondern mit aller Energietechnik-Power unbedingt auch real an jedem Tag des Jahres auszugleichen versuchen.

ANDREAS PIEPENBRINK: Solche Kunden gibt es. Aktuellstes Beispiel dafür ist ein Objekt in der norddeutschen Tiefebene. 2021 gebaut, ein Fertighaus in moderner Holzständerbauweise, mit exzellenter Gebäudedämmung prädestiniert zur energie- und CO_2-sparenden Nutzung.

Was den Ehrgeiz dieses Hausbesitzers leidenschaftlich hochjazzen kann, seinen Endenergiebedarf mit entsprechendem innovativen technischen Equipment ganzjährig komplett mit Eigenstrom zu decken. Eine Frage der Dimensionierung der Komponenten?

Auch. Aber nicht nur. Ausgangspunkt solcher Projekte ist immer eine reale Einschätzung des Endenergiebedarfs. E3/DC ist dabei ein guter Partner: Wir verfügen im Laufe der Jahre über wissenschaftlich belastbare Erfahrungen etlicher tausend Kundenfamilien, wie viel Endenergie wie viele Personen auf wie viel Quadratmeter Wohnfläche bei welchem Nutzerverhalten für welche Zwecke als Minimum brauchen.

Von wie viel Bewohnern reden wir bei diesem Kundenhaus?
Von einer 3-köpfigen Familie.

Üblicherweise bremsen anschwellende Kosten die meisten Träume von mehr innovativer Top-Technik aus.

In diesem Fall nicht. Für diesen erfolggewohnten Unternehmer steht nicht die Preis-, sondern die Leistungsoptimierung an erster Stelle.

Das heißt was für dieses Energieprojekt?

Als Erstes bedeutet das maximale Solarleistung: Ausnutzung der gesamten Dachfläche. Auf der ist Platz für 58 REC-Hochleistungsmodule. Zur Ertragsoptimierung sind 36 davon in Südost-Ausrichtung und 22 Richtung Nordwesten installiert. Gesamtertrag: 23,2 Kilowattpeak. Das führt zu 19.813 Kilowattstunden solarem Eigenstrom im Jahr. »

---

* Die Seasonal Energy Efficiency Ratio, abgekürzt SEER (engl. für jahreszeitliches Energieeffizienzverhältnis) gibt die Energieeffizienz von Kälteanlagen, Wärmepumpen und Klimaanlagen in Bezug auf die Kühlfunktion im Ganzjahresbetrieb an. Eng verwandt ist der **SCOP-Wert**, Seasonal Coefficient of Performance (engl. für jahreszeitlicher Wirkungskoeffizient), der für die Heizfunktion gilt.
Quelle: Wikipedia

Der zweite Faktor ist die Integration einer innovativen Hochleistungswärmepumpe. Dieser Kunde entschied sich für eine der aktuell besten Luft-Wasser-Geräte am Markt: aroTHERM plus VWL 125/6 von Vaillant. Raumheizungs-Energieeffizienzklasse A^{+++}; SCOP-Wert 4,7*, beim Kühlen noch effektiver.

Drittens gehört die Integration einer kontrollierten Be- und Entlüftung der Wohnräume in ein Projekt wie dieses dazu. In diesem Fall haben unsere Planer zu einem zentralen Lüftungsgerät recoVAIR VAR 360/4 E von Vaillant geraten. Vor allem aus Gründen der Energieeffizienz. Die Entscheidung für ein Vaillant-Gerät fiel aber auch, um die Zahl der am Projekt beteiligten Techniklieferanten so klein und so kompatibel wie möglich zu halten.

Damit deren Programmiersprachen und -steuerungen möglichst reibungslos miteinander „spielen"?

Genau. Die Feinabstimmung miteinander ist bei so einem ambitionierten Vorhaben ein nie zu unterschätzender Punkt.

Wie hat Ihr Kunde das Problem gelöst?

Er hat seine Technikbasis mit einem Hausautomationssystem von Rademacher vernetzt. Das übernimmt auch Komfortfunktionen wie die automatische Lamellensteuerung aller Fenster, die Beleuchtungsoptimierung und Video. Es verfügt über eine Online-Wettersensorik und steuert die Poolheizung, ebenso die gesamte Bewässerung des immerhin fast 150 Meter langen Gartens, der das Haus in unterschiedlichen Materialien umrundet. Deren Funktaktorik hat auch eine Repeaterfunktion.

Die Konfigurationsprogrammierung erfolgt über das System selbst. Es wird komplett über das E3/DC-Energiemanagement geregelt, inklusive der beiden Ladestationen für E-Pkw.

Die Wärmepumpen, auch die am Swimmingpool, sind so gesteuert, dass der solare Überschuss die Filter- und Heizzeiten bestimmt. Eine maximale Eigenstromnutzung mit circa 12 Kilowattstunden pro Tag zusätzlich genutztem Solarstrom.

Nachdem Ihr anspruchsvoller Kunde und seine Familie das erste Jahr, also auch den ersten Winter, in ihrer E-Mobilie erlebt

Auch wenn diese Villa von vorn bis hinten energetisch optimiert ist: Die totale Winterversorgung mit Eigenstrom bleibt mit den derzeit verfügbaren technischen Komponenten ein schöner Traum.

ONLINE

• CO_2-Bilanz für die Errichtung und die Nutzung eines baugleichen Hauses; Technikkonfiguration bis zur bilanziellen Klimaneutralität per E3/DC-Hauskonfigurator

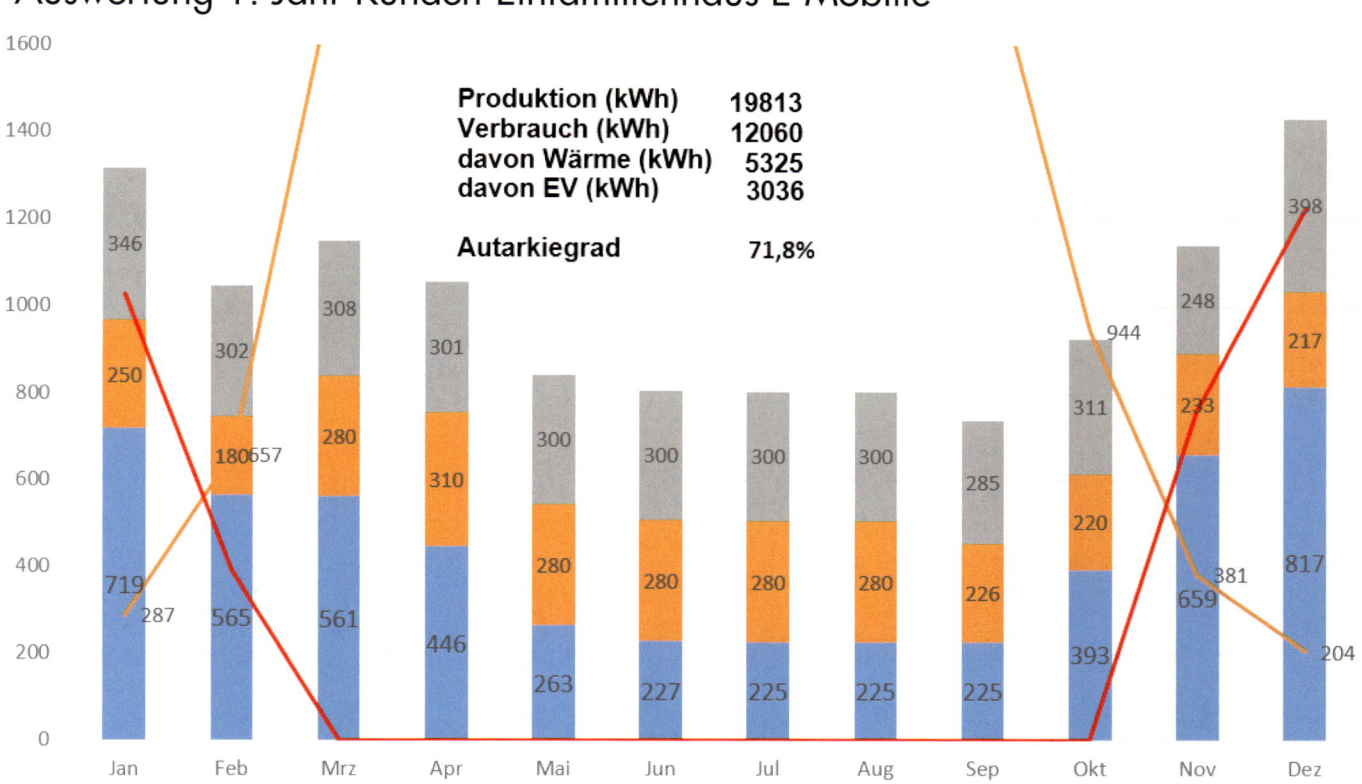

Auswertung 1. Jahr Kunden-Einfamilienhaus E-Mobilie

Produktion (kWh)	19813
Verbrauch (kWh)	12060
davon Wärme (kWh)	5325
davon EV (kWh)	3036
Autarkiegrad	**71,8%**

haben – hat denn die Top-Technik geliefert, was sie an Leistung versprochen hatte?

Zum größten Teil schon. Übers Jahr 19.813 Kilowattstunden solarer Eigenstromertrag bei 12.060 Kilowattstunden eigenem Endenergieverbrauch fürs Wohnen inklusive Ladestrom für rund 36.000 Fahrkilometer mit zwei E-Autos – das sind schon mehr als ordentliche Ergebnisse für solch ein Komforthaus.

Aber?

Der Autarkiegrad, also der Deckungsanteil des Eigenbedarfs durch selbst produzierten Solarstrom, lag in der ersten Jahresbilanz dieses Hauses bei „nur" 71,8 Prozent. Im zweiten Jahr ist das Haus besser durchgetrocknet und der Wärmebedarf geringer.

71,8 Prozent statt der erhofften 100 oder wenigstens nahe 100 Prozent. Waren die Komfortansprüche und damit die Energieverbräuche höher als gedacht?

Nein. Wenn man sich die Verbrauchsdaten im ersten Jahr anschaut, sind die für 387,8 Quadratmeter Wohnfläche und drei Personen in Ordnung: 1.719 Kilowattstunden für Warmwasser – je Quadratmeter Wohnfläche also 4,43 Kilowattstunden im Jahr. Weitere 1.719 Kilowattstunden, gleich 5,08 Kilowattstunden pro Quadratmeter, für Heizwärme. Der Endenergiebedarf für Heizung, Lüftung und Warmwasser zusammen beläuft sich im ersten Jahr auf 5.266 Kilowattstunden.

Dazu kommen in diesem Fall weitere, in der Tat beachtliche 3.600 Kilowattstunden an Komfortstrom.

Alle anderen Verbrauchswerte bewegen sich im unteren Bereich des für eine dreiköpfige Familie Üblichen. Im Übrigen investiert keiner in so ein Haus, um am Komfort zu sparen.

Liegt es an der Haustechnik? Sind bei diesem Objekt alle Potenziale für eine wirklich autarke Überwinterung ausgereizt? Oder haben wir es auch hier mit einem technisch bedingten Sättigungseffekt zu tun – ähnlich der Außenwanddämmung von Gebäuden.

Da bringen erfahrungsgemäß die ersten zehn Zentimeter Dämmmaterial spürbare Energiespar-Erfolge, weitere zehn Zentimeter Dämmung drauf nochmals leichte Verbesserungen. Aber ab den dritten zehn Zentimetern ist der immense Aufwand für den dann gerade noch messbaren Effekt unvertretbar hoch.

Man kann bei dem Haus sicher die Wechselrichterleistung erhöhen, den PV-Eigenstrom auf zwei Batteriespeicher verteilen und durch weitere Feineinstellungen den Eigenversorgungsgrad auf 75 bis 80 Prozent steigern. Ansonsten müssen wir ehrlich konstatieren: Mit der gegenwärtig zur Verfügung stehenden Technik ist eine energetische 100-Prozent-Autarkie in deutschen Wintern bestenfalls in klimatisch begünstigten Extremlagen im Süden erreichbar. «

Kapitel 3

E-Mobilien-Besitzer Typ Optimierer

Mit filigraner Feineinstellung durchs solare Wintertal

Es ist extrem vorteilhaft, von Haus aus Spezialist für die Erfüllung seiner technischen Träume und Wünsche zu sein.
Bei Christian Opolka ist das der Fall: Als Sanitär- und Heizungsbaumeister kann ihm kaum einer etwas vormachen. Er weiß, was er will. Was bezahlbare Haustechnik kann. Wie sich mit ihr Winter für Winter ein Optimum an Leistung rauskitzeln lässt.
Insbesondere in den Wochen zwischen November und Februar. Solarstrom, wo bist du? Chef Peter Burkhard behauptet: Christian Opolka ist mit der Technikkonfiguration in seinem eigenen Haus unter all den vielen SonnenPlan-Kunden der aktuell Beste im jährlichen Fight Eigenstrom gegen Solarwinter.
Der Wechsel des jungen Installationsmeisters von einer großen Wohnungsgesellschaft 2013 zu Peter Burkhards Innovativfirma lässt sich als direkter Aufstieg von der Vergangenheit in die Zukunft, von der Gasheizung zur Wärmepumpe beschreiben.

„Ich finde gut, dass sich diese Geräte die meiste Energie aus der Umgebungsluft oder aus dem Boden holen und nur den geringsten Teil elektrisch ergänzen", begründet der 38-Jährige seine technische Zuneigung.
In seinem Haus hat er eine Ochsner AIR 7 installiert. Eine hocheffiziente Luft-Wasser-Wärmepumpe mit (fast) 7 Kilowatt Leistung bei einem elektrischen Eigenverbrauch von unter 140 Wattstunden/Kilowatt Heizleistung.
Das energetische Konzept für die Sanierung

und Modernisierung seines Bauernhauses, Baujahr 1951, hat er gemeinsam mit seinem Chef Peter Burkhard geplant. Natürlich. Der gilt als ausgewiesener Spezi für solche Objekte.

„Ziel war, das alte Haus kosteneffizient auf das förderfähige KfW-55-Level zu heben", beschreibt Christian Opolka seine Ambitionen.

Die Außenwände erhielten eine Mineralwolldämmung, 16 Zentimeter dick. Zur Straße sogar 18 Zentimeter, damit die Rollläden und Rollladenkästen komplett darin verschwinden. Alle Fenster wurden erneuert. Gleichfalls mit zeitgemäß niedrigen Wärmedurchgangswerten. Genauso ordentlich gedämmt wurden die Kellerdecke und das Dach. „Muss sein", sagt Christian Opolka.

Unterm Strich waren die Kosten für die Dämmung des alten Hauses in dem 100.000-Euro-Förderdarlehen der KfW fast identisch mit denen für die neue Energietechnik.

Um die unter alten Teppichfliesen entdeckten rustikal-schicken, richtig dicken Holzdielen erhalten zu können, eine Wärmepumpe aber nun mal für Flächenheizungen konzipiert ist, entschieden der Hausherr und seine Frau Christina: die Fußbodenheizung nur unter den Keramik-Bodenfliesen im Erdgeschoss, ansonsten eine Deckenheizung. Technisch folgerichtig auch im Obergeschoss.

Weil die Wärmepumpe mit ihrem Wasserkreislauf nicht nur heizen, sondern in heißen Sommern auch kühlen kann, müssen sich die Schlafräume der jungen Familie vor keinerlei Wetterlagen fürchten. Komfort gesichert.

Der rustikale Holzkaminofen im sanierungsvergrößerten, zur Küche wie zur Treppe offenen Wohnzimmer, dient keineswegs nur romantischen Zwecken. Er ist Teil des optimierten Energiekonzepts. Interessanterweise nicht vorrangig für die tagsüber noch halbwegs temperaturerträgliche Übergangszeit. „Da schafft die Wärmepumpe ganz ordentlich. Sie hat ja auch noch ausreichend Eigenstrom vom PV-Dach." Seine wirklich große Stunde schlägt für den Kaminofen an richtig kalten Wintertagen, wenn der Solarertrag vom Dach gegen null geht. »

1 Das baulich und energetisch sanierte Haus der Familie Opolka. 160 Quadratmeter Wohnfläche plus Ausbaureserve in der früheren Scheune

2 Der E3/DC-Batteriespeicher ermöglicht eine hohe Eigenstromnutzung.

3 Effizientes Extra für extrem solararme Winter: wassergeführter Holz-Kaminofen

Saniertes Kundenhaus Opolka – Zahlen & Fakten

Länge x Breite 12,0 m x 10,0 m
Bebaute Fläche 270 m², davon
Wohnfläche 160 m² (+ Ausbaureserve)
Bauweise massive Ziegelwände
Baujahr 1951, saniert 2020/21

Haustechnik

PV-Dach 50 Hochleistungsmodule à 360 Wp (Nordost-/Südwest-Ausrichtung)
PV-Leistung 18 kWp
Wechselrichter E3/DC mit 12 kW 3ph Anschlussleistung
Batteriespeicher E3/DC S10 mit 18 kWh
Notstrom-Automatikfunktion 12 kW 3-phasig inklusive Wärmepumpe
Heizung Luft-Wasser-Wärmepumpe Ochsner AIR 7; Deckenheizung
Kühlung Kaltwasser-Deckenkühlung
Kontrollierte Lüftung Viessmann Vitovent 200-C
Wallbox installiert/E-Pkw geplant

Energiebedarf

Warmwasser 1.004 kWh/a (= 6,27 kWh/m²/a)
Raumheizung 1.450 kWh/a (= 9,06 kWh/m²/a)
Komfortstrom 3.050 kWh/a (= 19,06 kWh/m²/a)
Jahresstrombedarf gesamt 5.504 kWh (inklusive Wärmepumpe, exklusive E-Mobilität)
Selbst produzierter Solarstrom 15.932 kWh/Jahr
Eigenbedarfsdeckung (Autarkie) 87 %

1 Batteriespeicher und Wärmepumpe im Technikraum

2 Außengerät der Luft-Wasser-Wärmepumpe

„Unser ist wassergeführt, direkt mit dem Warmwasserspeicher des Hauses verbunden. Das erspart eine winterlich große Menge Stromzukauf aus dem Netz für die Wärmepumpe", erläutert der Heizungsexperte. Folge: In der Jahresbilanz nimmt die Deckung des Energiebedarfs mit Eigenstrom zu.

Weitere Vorteile: Es wird fast sofort warm, ohne große Vorlaufverluste. Andererseits bleibt die Wärme des Holzfeuers im Wasserspeicher lange nutzbar.

Energie-Verbrauchswerte sind aus vielen Gründen schwer vergleichbar: verschiedene Gebäude- und Raumqualitäten, unterschiedliche Technik-Konfiguration, differenzierte Bewohnerzahl und -struktur pro Quadratmeter Wohnfläche, altersbedingt anderes Nutzerverhalten. Und so weiter.

Der von den E3/DC-Gründern bevorzugte Autarkiegrad als Grad der Deckung des eigenen Energiebedarfs durch selbst produzierten Solarstrom ist als Leistungsmaßstab okay. Christian Opolka gelingen in dieser Königsdisziplin Jahreswerte von 87 Prozent.

Die Frage sei erlaubt: Sind diese Werte im Haus Opolka direkte Folge asketisch abgesenkter Raumtemperaturen im Winter? Neuerdings ist ja die Wiederentdeckung vorväterlicher Raumtemperaturen als Wunderwaffe zur radikalen Senkung der Heiz(gas)energie-Verbräuche allenthalben angesagt …

Heizungsbaumeister Opolka bezeichnet die winterliche Raumtemperaturstrategie sei-

Die E-Mobilie

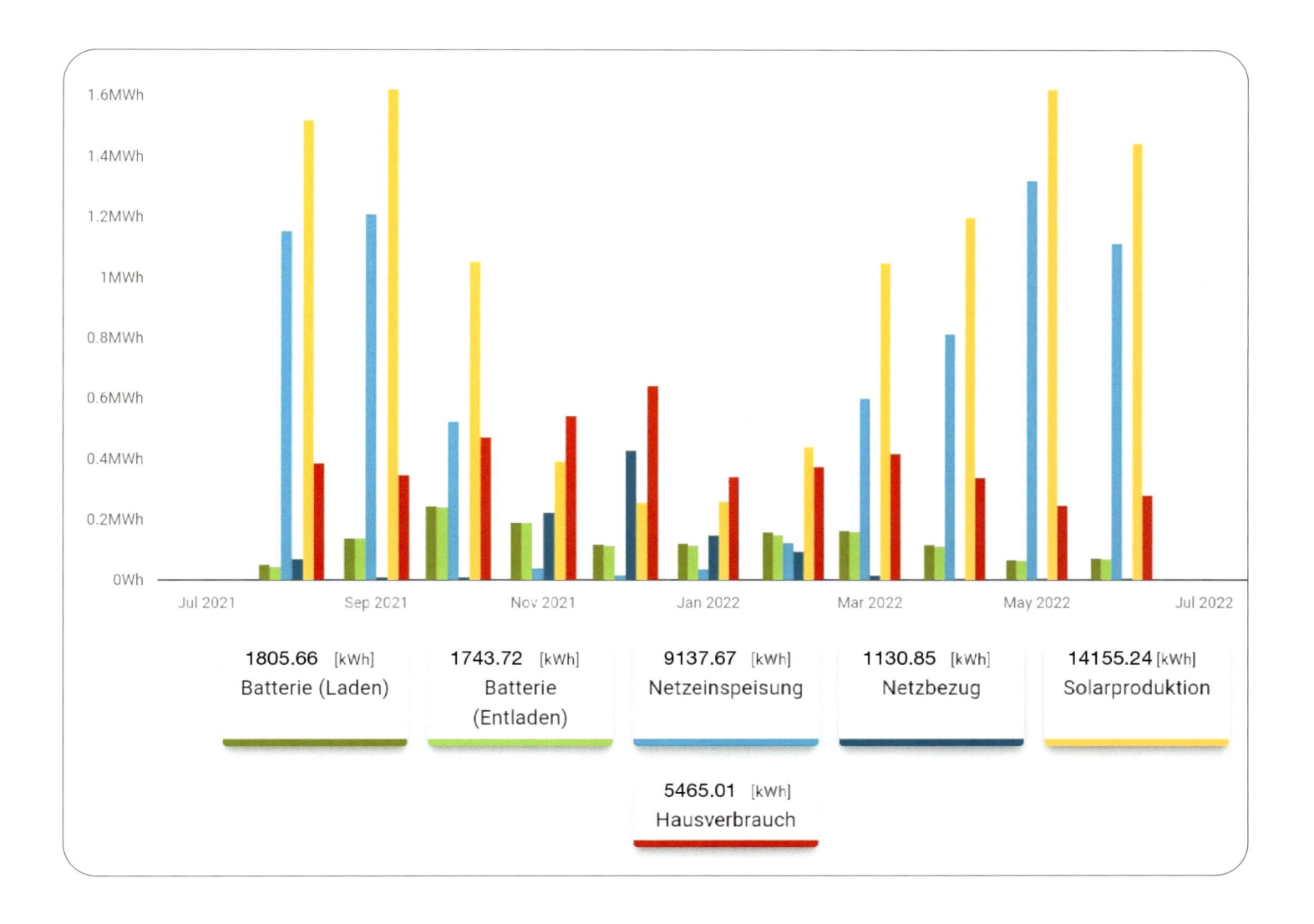

1805.66 [kWh] Batterie (Laden)	1743.72 [kWh] Batterie (Entladen)	9137.67 [kWh] Netzeinspeisung	1130.85 [kWh] Netzbezug	14155.24 [kWh] Solarproduktion	
		5465.01 [kWh] Hausverbrauch			

ner Familie nicht als kaltherzig, sondern als „unverschwenderisch". Heißt: Wo es der Eltern wie der Kinder wegen in der kalten Zeit warm sein sollte, nämlich in Bad, Küche, Wohnzimmer, wird für gemütliche 20 bis 21 Grad Celsius gesorgt. Die Schlafräume dagegen werden nur bei arktischen Außentemperaturen beheizt.

Diese Besinnung auf Bauernhausbewohnertugenden funktioniert ohne Komfortverzicht: Dank der exzellenten Wärmedämmung behalten die Schlafräume im Obergeschoss auch ohne Heizung den Winter über die gewünschten 18 Grad Celsius.

Restlos zufrieden mit sich ist der ehrgeizige Heizungsbaumeister dennoch nicht: „Im Dezember, dem schlechtesten Solarmonat, haben wir nur 33 Prozent Strom selbst gemacht."

Da das Dach noch ausreichend Platzreserven bietet, baut er demnächst Solarpaneele für weitere 7 Kilowattpeak dazu, erweitert seine PV-Kapazität also auf dann 25 Kilowattpeak. Damit würde die Jahresbilanz vermutlich auf 90 Prozent Deckung des Eigenstrom-Energiebedarfs hochschnellen. Ohne E-Auto. Noch, schränkt Christian Opolka ein.

So resultiert der wichtigste Rat, den der Heizungsexperte anderen Hausbesitzern vermittelt, aus eigenem Erleben: Macht euch so viel Solarpower aufs Dach, wie ihr Platz habt! Gerade im Winter zählt jedes Modul. In jedem Winter.

Noch ein Wort zur kontrollierten, automatischen Raumlüftung. In Neubauten (fast) normal. Bei Altbausanierungen eher selten. „Der energetische Vorteil liegt auf der Hand: An den meisten Wintertagen tauscht die Lüftung 21 Grad Celsius warme Innenluft gegen 16 bis 17 Grad Celsius über den Wärmetauscher zugeführte. Was bedeutet: Die Wärmepumpe muss gerade mal 4 Grad Celsius dazuheizen."

Die Opolka'schen Halbjahreszahlen ergeben eine Prognose für den Reststrombezug 2022 aus dem Netz von 1.230 Kilowattstunden. Bei 0,30 Euro pro Kilowattstunde kosten die 340 Euro. Die erwartete Einspeisung von Solarstromüberschüssen von 9.133 Kilowattstunden ins Netz wird mit 0,07 Euro je Kilowattstunde vergütet. Macht 639 Euro im Jahr.

Familie Opolka lebt in ihrem Haus mehr als energiekostenfrei – sie erwirtschaftet sogar ein Energieguthaben von 300 Euro im Jahr. In diesen Zeiten! Beneidenswert. «

Kapitel 3

Roadmap 2023

Komfortstrom ⟶ Wärme & E-Mobilität

Einfamilienhaus ⟶ Große Wohngebäude

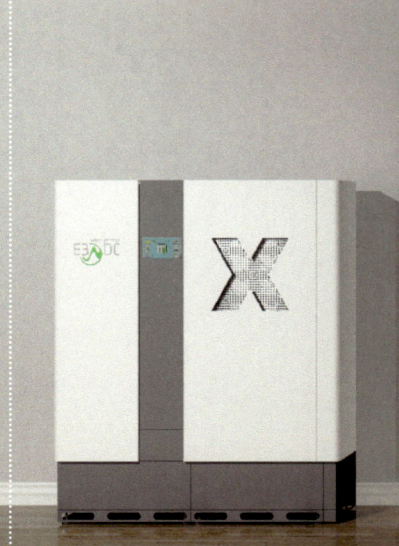

S10 SE	S10 X COMPACT	S10 X	S10 E PRO COMPACT
Einsteiger	Allround-Hauskraftwerk COMPACT	Allround-Hauskraftwerk	Profi-Hauskraftwerk
bis 12,5 kW PV	bis 18 kW PV	bis 18 kW PV	bis 20/35 kW PV
8 kW-Hybrid-wechselrichter	12 kW-Solarwechselrichter	12 kW-Solarwechselrichter (optional Zusatzsolarwechselrichter)	12 kW-Solarwechselrichter (optional Zusatzsolarwechselrichter)
Separates und neuartiges Batteriesystem	Ladeleistung: 4,5 bis 6 kW	Ladeleistung: 9 bis 11 kW	Ladeleistung: 6 bis 9 kW
Ladeleistung: 4,5 kW	max. C-Rate: 0,5	max. C-Rate: 0,5	max. C-Rate: 0,5
max. C-Rate: 0,5	Nutzbare Kapazität: bis 11,2 kWh	Nutzbare Kapazität: bis 20,6 kWh	Nutzbare Kapazität: bis 35 kWh
Nutzbare Kapazität: bis 11,2 kWh	3-phasiger Notstrom gesamtes Hausnetz	3-phasiger Notstrom gesamtes Hausnetz	3-phasiger Notstrom gesamtes Hausnetz

ENERGY STORAGE E3/DC

DC-Leistungsspeicher
Mehrfamilienhäuser und Gewerbe
S20 X PRO

Intelligentes Laden
PV2V und V2H
Wallbox multi connect · EDISON connect

S20 X PRO
- Maximale Sektorenkopplung im Gebäude
- bis 45 kW PV
- 30 kW-Solarwechselrichter
- Ladeleistung: 23 bis 30 kW
- max. C-Rate: 1
- Nutzbare Kapazität: bis 81 kWh
- 3-phasiger Notstrom Gebäudenetze bis 100 A

Wallbox multi connect
- Flexibles solares Laden
- Ladeleistung: 11/22 kW
- Prognosebasiertes Laden
- Automatische Phasenumschaltung
- RFID-Funktion

EDISON connect
- V2H DC-Lösung
- DC-Ladeleistung: 11 kW
- Bidirektionales Laden
- DC-Ladesystem-Erweiterung des Hauskraftwerks
- Kleinserie für selektive freigegebene Fahrzeuge
- RFID-Funktion

Der Klassiker: S10 X

Für wen ist es gedacht?

→ Wer sich den S10 X ins Haus holt, hat sich für einen Klassiker und Trendsetter entschieden: Mit dieser Hauskraftwerk-Technologie begann die Erfolgsgeschichte von E3/DC. Wie schon das S10 E setzt dieses Produkt den Standard für eine hohe Eigenversorgung im Einfamilienhaus bis zu einem Jahresstrombedarf von etwa 8.000 Kilowattstunden. Die reichen fürs Haus, für die Wärmepumpe oder für ein Elektroauto aus.

→ Als Lieferanten des CO_2-freien Stroms kommen Photovoltaik-Anlagen mit einem Leistungsspektrum ab 8 Kilowatt bis hin zu 18 Kilowatt infrage.

Was sind seine Stärken?

→ In überschaubaren 44 Zentimetern x 113 Zentimetern x 141 Zentimetern finden gemäß dem E3/DC-All-in-one-Prinzip Solarwechselrichter, Energiemanagement und Photovoltaik-Speicher Platz.

→ Der Wechselrichter ist für PV-Leistungen bis maximal 18 Kilowattpeak ausgelegt.

→ Die nutzbare Batteriekapazität, vorgesehen für die Sektorenkopplung mit Wärme oder Mobilität, beträgt 17,4 bis 20,6 Kilowattstunden. Bei Bedarf kann der Batterieschrank getrennt aufgestellt werden.

→ Das Energiemanagement sorgt dafür, dass alle Verbräuche im Haushalt so umfassend wie möglich aus der PV-Anlage oder aus dem Photovoltaik-Speicher gedeckt werden.

→ Das Hauskraftwerk kann noch mehr: Es steuert automatisch und gezielt Wärmeerzeuger und E3/DC-Wallbox an. Wärmepumpe oder Elektroauto unterstützen ideal den Ehrgeiz, den Solarstrom vom Dach so umfänglich wie möglich direkt zu verbrauchen und fossile Brennstoffe zu verbannen.

→ Ein weiterer Job des S10 X: Es übernimmt die Ersatzstromversorgung für das gesamte Hausnetz. Sobald es einen Netzausfall erkennt, baut es automatisch ein eigenes Inselnetz auf. Der dafür erforderliche Motorschalter wird auf Kundenwunsch schon im Werk eingebaut.

→ Die dreiphasige Ersatzstromversorgung bedient das gesamte Haus mit bis zu 11 Kilowatt Leistung aus der Batterie, bei Tageslicht mit einer PV-Leistung von maximal 12 Kilowatt. Der Photovoltaik-Speicher kann während des Ersatzstrombetriebs solar nachgeladen werden. Ist das Netz wieder verfügbar, wechselt das Hauskraftwerk in den Normalbetrieb.

Wofür wird es geliebt?

→ Das Hauskraftwerk S10 X ist die aktuelle Ausführung des weltweit ersten integrierten, echt dreiphasigen DC-Strom-Speichersystems. Und das einzige mit einer Technologie für echte Ersatzstromversorgung.

→ Das integrierte Energiemanagement für die Steuerung aller Energieflüsse im Haus und die Ersatzstromversorgung für das gesamte Hausnetz haben es zum Premiumprodukt in Deutschland, Österreich und in der Schweiz gemacht.

→ Weil es übers Jahr die Eigenversorgung zu 70 bis 75 Prozent sichert, gewinnt man erfreulich viel Freiheit vom öffentlichen Netz.

→ Die Detaildaten wie Ladestatus der Batterie oder aktuelle Verbräuche lassen sich jederzeit auf dem Touch-Display beziehungsweise auf der mobilen App verfolgen.

→ Für das S10 X gilt die volle Systemgarantie über einen Zeitraum von zehn Jahren. Und zwar für alle Teile des Systems, also auch für Solarwechselrichter und Batterien. Das gibt es bei keinem anderen Anbieter.

→ Das Gerät wird kostenfrei ferngewartet und erhält automatisch Software-Updates. Übrigens unterliegen die Batteriemodule während der Garantiezeit keiner Zyklenbegrenzung.

→ Eine Nachrüstung der Batteriekapazität ist innerhalb eines Jahres nach Inbetriebnahme möglich.

→ Die INFINITY-Option (mit Umbau des Systems) erlaubt sogar fünf Jahre lang die Nachrüstung eines zweiten Batteriesatzes.

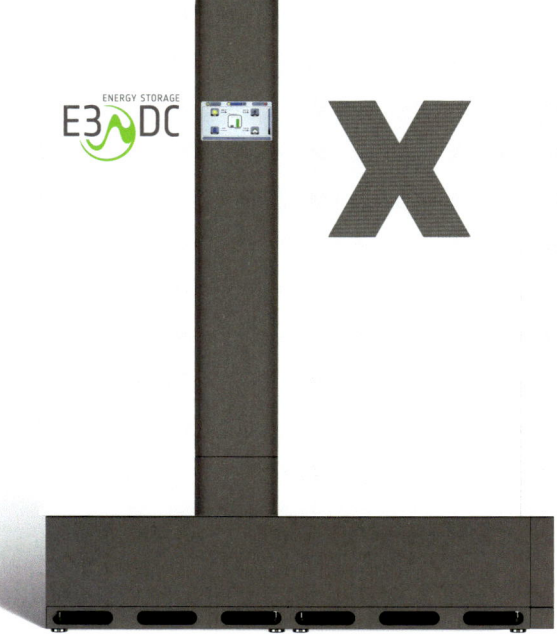

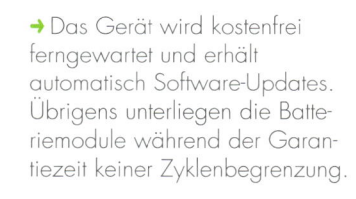

© E3/DC

Das Schlanke: S10 X COMPACT

Für wen ist es gedacht?

→ Mit dem neuen S10 X COMPACT bekommt die Produktfamilie von E3/DC weiteren Zuwachs: Durch die bereits beim S10 E COMPACT bewährte Bauform mit einer Breite von 60 Zentimetern, einer Tiefe von etwa 50 Zentimetern und einer maximalen Höhe von 1,70 Metern ähnelt das kompakte Hauskraftwerk äußerlich einem Küchengerät. Sein schlankes Gehäuse beansprucht überraschend wenig Platz im Hauswirtschaftsraum oder in engen Kellerräumen. Bei Bedarf kann der trennbare Batteriefuß des Geräts separat aufgestellt werden.

Was sind seine Stärken?

→ Das neu entwickelte Gerät hat als notstromfähiges intelligentes Speichersystem mit integriertem Wechselrichter und Energiemanagement die gleiche umfassende Funktionalität wie das klassische Hauskraftwerk S10 E und das aktuelle S10 X.

→ In der Anschlusstechnik sind die Produkte identisch, die Batteriekonfiguration ist allerdings verschieden.

→ Die nutzbaren Batteriekapazitäten betragen 8,25 oder 11,2 Kilowattstunden. Bei Bedarf kann der Batterieschrank getrennt aufgestellt werden.

→ Die Lade- und Entladeleistung liegt bei 4,5 bis 6 Kilowatt.

→ Das All-in-one-Prinzip wird auch hier gepflegt: Solarwechselrichter, Energiemanagement und Batterien – alles in einem Gehäuse.

→ Die dreiphasige Notstromfähigkeit und die INFINITY-Option zur Nachrüstung weiterer Batteriemodule sind wie bei den anderen E3/DC-Mitakteuren über einen Zeitraum von fünf Jahren enthalten.

Wofür wird es geliebt?

→ Alle bewährten Features wie der flexible Wechselrichter oder das detaillierte Monitoring finden sich auch beim S10 X COMPACT.

→ Der Transport an den Einsatzort und die Installation wurden vereinfacht.

→ Beim S10 X COMPACT ist wie bei den anderen Hauskraftwerken die komplette Sektorenkopplung vorbereitet: Zur Grundausstattung gehören die SG-Ready-Schnittstelle zur intelligenten Ansteuerung von Wärmepumpen, die Kommunikation mit der E3/DC-Wallbox easy connect sowie die V2H-Schnittstelle als Vorbereitung für das in Entwicklung befindliche bidirektionale Laden im Zusammenspiel mit dem Elektroauto.

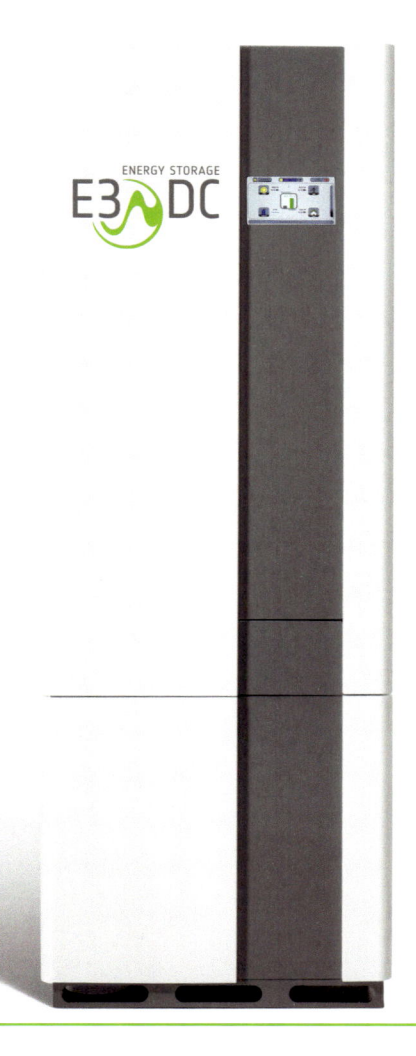

Clever kombinierter Einsteiger: S10 SE

Für wen ist es gedacht?

→ Der Name deutet es an: Das S10 SE ist eine Art Basis-Gerät in der E3/DC-Produktfamilie und wird kombiniert aus einem Hybrid-Wechselrichter und einem Batteriesystem — beides aus einer Hand, versteht sich!

→ Konzipiert wurde es für durchschnittliche Jahresstromverbräuche bis etwa 5.000 Kilowattstunden. Was ausreichend ist für ein Einfamilienhaus.

Was sind seine Stärken?

→ Das kompakte kombinierte Gerät ist E3/DC-typisch eine Systemlösung mit Solarwechselrichter, Energiemanagement und Batteriespeicher.

→ Das Batteriesystem wird vom Hybridwechselrichter getrennt aufgestellt. In der zweiten Generation wird das S10 SE über ein stapelbares Batteriesystem verfügen.

→ Die nutzbare Batteriekapazität ist auf kleine bis mittlere Bedarfe ausgelegt. Sie beträgt 8,2 Kilowattstunden und kann im ersten Jahr nach Installation noch auf 11,2 Kilowattstunden erweitert werden.

→ Der an der Wand montierte Hybrid-Wechselrichter ist für etwas kleinere PV-Anlagen mit Leistungen von 5 bis maximal 12,5 Kilowattpeak vorgesehen.

→ Das Hauskraftwerk stellt Energie für verschiedene Anwendungszwecke zur Verfügung. Es steuert auch kleine Wärmepumpen und die E3/DC-Wallbox an, um den selbst produzierten grünen Strom für Wärme und Mobilität zu nutzen. Die Batterien unterstützen mit einer Ladeleistung von 4,5 Kilowatt wirksam die Eigenversorgung mit Solarstrom.

Wofür wird es geliebt?

→ Mit dem Einsteiger S10 SE wird bereits ein hoher Eigenversorgungsgrad erreicht. Was bedeutet: erfreuliche Unabhängigkeit vom Netzversorger.

→ Services und Systemgarantie von E3/DC gelten auch bei diesem Gerät über einen Zeitraum von zehn Jahren.

→ Es wird kostenfrei ferngewartet und erhält automatisch Software-Updates. Es steht also kein Installateur mit dem Stick vor der Tür, sondern alles wird aus der Osnabrücker Zentrale digital aufgespielt.

→ E3/DC ist der einzige Anbieter am Markt, der die Kundenspeicher und ihren Alltagsbetrieb im Blick behält. Und der dadurch per Fernwartung auf jeden Störfaktor sofort reagiert.

→ Wer mehr möchte: Eine Nachrüstung der Speicherkapazität ist innerhalb eines Jahres nach Inbetriebnahme möglich.

→ Die Montage des S10 SE ist noch einfacher als bei den anderen Hauskraftwerken. Ein Installateur kann den leichten Wechselrichter mühelos allein an der Wand montieren. Bei Bedarf lassen sich Wechselrichter und Batteriesystem räumlich getrennt aufstellen.

Starker Selbstversorger: S10 E PRO COMPACT

Für wen ist es gedacht?

→ Das S10 E PRO ist seit Jahren der Kraftprotz unter den E3/DC-Hauskraftwerken. Es wird jetzt auch als S10 E PRO COMPACT angeboten. Mit schlanker Bauform und großen Kapazitäten im Gehäuse.

→ Konzipiert ist es für Haushalte mit einem sektorenübergreifenden Jahresstrombedarf ab 8.000 Kilowattstunden. Die den dringenden Wunsch haben, auch das Elektroauto oder die Wärmepumpe über die Solarspeicher-Batterie zu betreiben. Und dafür eine hinreichend große Leistung und Kapazität erwarten.

Was sind seine Stärken?

→ Die nutzbaren Batteriekapazitäten reichen von 17,5 bis 27 Kilowattstunden im System. Es sind sogar bis über 40 Kilowattstunden möglich. Dafür braucht es dann allerdings einen externen Batterieschrank.

→ Auch die anschließbare PV-Leistung lässt sich mit dem E3/DC-Zusatzsolarwechselrichter erheblich ausbauen. Damit sind Anlagen bis 35 Kilowattpeak für die Eigenversorgung nutzbar.

→ Bemerkenswert ist die Lade- und Entladeleistung, die je nach Batteriekonfiguration im Dauerbetrieb 6 bis 9 Kilowatt beträgt, im Peak sogar bis zu 12 Kilowatt. Große Wärmepumpen fühlen sich damit noch besser unterstützt. Außerdem wird ab sofort das regelmäßige nächtliche Laden des Elektroautos ausschließlich mit Strom aus dem Solarspeicher möglich.

→ Mit seiner hohen Leistung schraubt das S10 E PRO COMPACT auch die Notstromfunktion auf ein hohes Level: Die dreiphasige Ersatzstromversorgung kann mit 6 bis 9 Kilowatt Dauerleistung das gesamte Hausnetz versorgen und mehrere größere Lasten bedienen. Wozu gehört, auch die Wärmepumpen ohne Netz in die Gänge zu bringen.

Wofür wird es geliebt?

→ Das Hauskraftwerk S10 E PRO COMPACT bahnt den Weg zur vollständig solar-elektrischen Eigenversorgung ohne laufende Energiekosten.
Beweis: Bei einer passend ausgelegten PV-Anlage sind über das gesamte Jahr Autarkiegrade von bis zu 85 Prozent und volle Energiekostenfreiheit realistisch.

→ Maximale Unabhängigkeit bedeutet, dass der Bedarf für Haushalt, Wärmepumpe und E-Mobilität weitgehend selbst gedeckt wird, während die Erlöse aus der Überschusseinspeisung die Bezugskosten für den Reststrom mindestens kompensieren.

→ Außerdem verringert sich der eigene ökologische Fußabdruck deutlich.

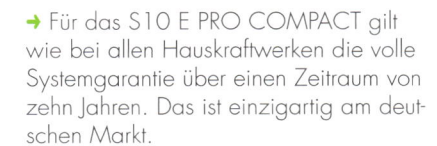

→ Für das S10 E PRO COMPACT gilt wie bei allen Hauskraftwerken die volle Systemgarantie über einen Zeitraum von zehn Jahren. Das ist einzigartig am deutschen Markt.

→ Das Gerät wird kostenfrei ferngewartet. Alle wichtigen Software-Updates werden automatisch und gleichfalls kostenfrei durchgeführt.

→ Seit 2020 ist sogar eine fünfjährige Nachrüstung der Batteriekapazität möglich – die INFINITY-Option. Das funktioniert bei diesem System ohne großen Aufwand: Batterien anschließen und fertig.

Stärkstes Hauskraftwerk: S20 X PRO

Für wen ist es gedacht?

→ Als komplette Neuentwicklung geht das S20 X PRO in seinen Möglichkeiten und Leistungswerten noch einmal weit über die S10 E PRO-Serie hinaus. Zugleich bleibt es dem All-in-one-Prinzip der Hauskraftwerke treu: Der Wechselrichter, das flexible und erweiterbare Batteriesystem sowie das Energiemanagement bilden echte Systemtechnik aus einer Hand – konzipiert für sehr umfängliche Energiebedarfe in großen Wohngebäuden, Mehrfamilienhäusern und Gewerbebetrieben.

→ Herzstück ist ein neuer leistungsstarker 30-kW-Wechselrichter, der auf den Dächern neue Eigenstrom-Dimensionen ermöglicht: Bis 45 Kilowatt installierte Leistung kann das Hauskraftwerk S20 X PRO verarbeiten und riesige Erträge zur Eigenversorgung beisteuern.

→ Im Bereich der Mehrfamilienhäuser und Gewerbebauten löst das S20 X PRO das AC-Speichersystem Quattroporte mit Blick auf die Speicherkapazitäten ab. Es bietet aber bei der Ladeleistung und in der Notstromversorgung sehr viel mehr.

Was sind seine Stärken?

→ Die größte Stärke ist seine Leistung. Unabhängig davon, ob Solarstrom direkt oder über die Batterie genutzt wird: Bis zu 30 Kilowatt können die Batterien zur Verfügung stellen. Und das sogar bei Netzausfall.

→ Bereits in der Grundausstattung mit einem Batterieschrank verfügt das S20 X PRO über eine nutzbare Kapazität von 20,6 Kilowattstunden. Mit dem Maximum von vier Batterieschränken wird eine Spitzenkapazität von 81,2 Kilowattstunden erreicht.

→ Die INFINITY-Option ermöglicht die Erweiterung des Systems problemlos über einen Zeitraum von fünf Jahren.

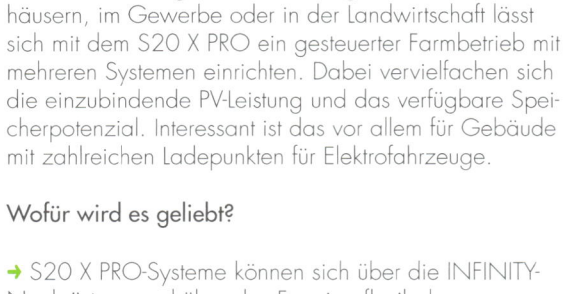

→ Für besonders große Anwendungen in Mehrfamilienhäusern, im Gewerbe oder in der Landwirtschaft lässt sich mit dem S20 X PRO ein gesteuerter Farmbetrieb mit mehreren Systemen einrichten. Dabei vervielfachen sich die einzubindende PV-Leistung und das verfügbare Speicherpotenzial. Interessant ist das vor allem für Gebäude mit zahlreichen Ladepunkten für Elektrofahrzeuge.

Wofür wird es geliebt?

→ S20 X PRO-Systeme können sich über die INFINITY-Nachrüstung und über das Farming flexibel an steigende Strombedarfe anpassen.

→ Auch für die oberste Leistungsklasse gilt: Während der Garantiezeit von zehn Jahren gibt es keine Zyklenbegrenzung.

→ Eine Tugend der Hauskraftwerke zahlt sich hier besonders aus: Bis zu sieben Ladestationen lassen sich über ein S20 X PRO intelligent vernetzen und betreiben. Eine echte Flottenlösung!

→ Vier MPP-Tracker erlauben flexible Konfigurationen. So stehen bei Bedarf drei MPP-Tracker für die PV-Leistung zur Verfügung. Bei der Nutzung von zwei MPP-Trackern für zwei gleich große Batteriesätze ist eine dauerhafte Notstromreserve über die Hardware möglich.

Autos Liebling: E3/DC-Wallbox multi connect

Wofür ist sie gedacht?

→ Wenn das Hauskraftwerk die E3/DC-Wallbox mit verfügbarer Solarenergie versorgt, kann das Elektroauto mit CO_2-freiem Grünstrom zu Hause geladen werden. Kostenfrei tanken! Die Sonne stellt keine Rechnung.

Was sind ihre Stärken?

→ Die Wallbox lädt das E-Auto so, wie der Anwender es wünscht: ausschließlich oder vorrangig mit Solarstrom oder, falls nötig, so schnell wie möglich auch mit Netzstrom. Der maximale Ladestrom der Wallbox sorgt mit 11 oder 22 Kilowatt für ein zügiges Tempo. Soll aber nur eigener Strom ins Fahrzeug, wird der Ladestrom auf die aktuell verfügbare PV-Leistung reduziert. Bei der neuen Wallbox multi connect funktioniert das flexibel ab 1.380 Watt bis hinauf zur Peakleistung der PV-Anlage beziehungsweise bis 11 oder 22 Kilowatt. Danke automatische Phasenumschaltung!

→ Das eingespielte Team – Hauskraftwerk und Wallbox multi connect – kann die Last am Netzanschlusspunkt nach den Vorgaben des VNB dynamisch regeln und begrenzen. Dieses Lastmanagement bedeutet: Bei Bedarf ist die Zulassung der 22-Kilowatt-Wallbox als 11-Kilowatt-Ladepunkt möglich. In Kombination mit der Solar- oder der Batterieleistung kann sie dann aber wie eine 22-Kilowatt-Wallbox genutzt werden.

→ Die Ladung lässt sich so organisieren, dass der sonstige Direktverbrauch im Haus und das Laden der Batterie miteinander harmonieren. Andererseits können Strommengen aus dem Speicher, die am nächsten sonnigen Tag nicht anderweitig benötigt werden, ins E-Auto fließen.

→ Das neue E3/DC-Hauskraftwerk S10 E PRO ist sogar darauf ausgelegt, regelmäßig über Nacht das Auto aus der Batterie zu versorgen – und die Wallbox unterstützt es dabei.

→ Bei der Elektroauto-Wahl gibt es praktisch keine Einschränkung: Die Wallbox ist in der Werksausstattung für die meisten Typ 2- und Typ 1-fähigen Elektroautos und viele Plug-in-Hybridfahrzeuge einsetzbar.

→ Für Fahrzeuge mit einem Typ 1-Ladeanschluss ist ein Ladekabel mit den beiden Steckern Typ 1 (für das Fahrzeug) und Typ 2 (für die Wallbox) vorgesehen.

→ Bereits bei der 2019 eingeführten Wallbox easy connect sind Installation und Vernetzung gegenüber der Vorgängerin von 2014 deutlich vereinfacht worden. Diesen Trend setzt die Wallbox multi connect fort.

→ Montiert wird die Wallbox, wie und wo es den Hausherren am günstigsten erscheint: an der Wand, mit einem Standfuß, in der Garage oder unter einem Carport.

Weshalb wird sie geliebt?

→ Die solare E-Mobilität macht das Fahren deutlich preiswerter. Mit der automatischen Umschaltung zwischen ein- und dreiphasigem Laden wird der solare Ladeanteil noch weiter verbessert.

→ Die zeitlich flexible Ladung des Autos zu Hause erhöht den Eigenverbrauch der selbst produzierten Solarenergie.

→ Auch künftige Elektroauto-Modelle können nach IEC 61851 über Software-Updates des Hauskraftwerks zu Hause geladen werden.

→ Das Tanken lässt sich bequem von mobilen Endgeräten zu Hause oder von unterwegs aus verfolgen.

→ Die integrierte Schuko-Steckdose zieht die Ladegeräte von E-Bikes magisch an.

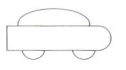

Kapitel 3

Das geht aufs Haus

Mit jedem Neubau lädt der Bauherr CO_2-Schulden auf sich. Unvermeidbar. Erstmals legen wir testierte Zahlen vor, wie groß sie für den Bau eines Einfamilienhauses wirklich sind. Und zeigen, was Sie mit

Zero-CO_2-Technik tun können, um diesen Schuldenberg im Laufe der Jahre abzutragen. Der Online-CO_2-Konfigurator für das E3/DC-Modellhaus ist tatsächlich eine Weltpremiere.

Kapitel 3

Die Hauptakteure

Dr.-Ing. Boris Mahler
Jahrgang 1967. Geschäftsführer der auf innovative Gebäudeenergie spezialisierten egs-Plan GmbH Stuttgart. Senior Auditor der Deutschen Gesellschaft für Nachhaltiges Bauen (DGNB). Leitete als Gründungsvorstand bis 2019 die Arbeitsgruppe Energie des AktivPlus e. V.

Dr.-Ing. Andreas Piepenbrink
Jahrgang 1965. Vice President der Hager Group. Gründungsgeschäftsführer der HagerEnergy GmbH (E3/DC). Miterfinder des inzwischen 120.000-mal installierten E3/DC-Hauskraftwerks für CO_2-neutrale Nutzung von Einfamilienhäusern.

Dipl.-Ing. (FH) Architekt Sven Propfen
Jahrgang 1974. Führt in Trier das KOKON Büro für Architekturlösungen und nachhaltiges Bauen. War als Chefarchitekt des deutschen Marktführers im Fertighausbau federführend am ersten Bewertungssystem der DGNB für nachhaltige Wohnbauten kleiner als sechs Wohneinheiten beteiligt.

Fotos: Hans-Rudolf Schulz

>> Bitten Sie Ihren Architekten/Bauunternehmer, eine CO_2-Bilanz vorzulegen für das Haus, das er Ihnen verkaufen will. Schwierig. Unmöglich!? «

DR. ANDREAS PIEPENBRINK

Dr. Andreas Piepenbrink, 2020/2021 selbst Bauherr eines Einfamilienhauses, kann es anfangs gar nicht glauben, wie unfassbar aufwendig es ist, an plausible Zahlen für eine wissenschaftlich korrekte CO_2-Bilanz eines Einfamilienneubaus zu kommen. Ergebnis seines aktuellen Marktchecks: Die Baubranche denkt (längst noch) nicht in CO_2-Dimensionen.

Ausgerechnet an dieser zentralen Schnittstelle in die Zukunft fehlt es den meisten Akteuren aktuell an fast allem: an Willen, an Wissen, an Können.
Wenn wir seriös CO_2-neutrale Gebäude angehen, sagt Dr. Piepenbrink, müssen wir wissen, wovon wir reden. Auf wissenschaftlich sauberer Zahlenbasis.
Mit dem Einfamilienhaus fangen wir an: Für dessen CO_2-neutralen Betrieb liegen Zahlen vor. Aber Emissionsschulden aus der grauen Energie des Neubaus? Fehlanzeige. Total unakzeptabel, sagt Dr. Piepenbrink. Bauherren brauchen exakte Zahlen, um qualifiziert über ihre Investitionen entscheiden zu können. Es geht immerhin um den Immobilienwert der nächsten 50 Jahre. Ein mit testierten Zahlen arbeitender, selbsterklärend einfacher CO_2-Hauskonfigurator für Bauherren – das wär's doch! »

Entwurf: KOKON/Sven Propfen

Modellhaus-Entwurf für eine moderne vierköpfige Familie

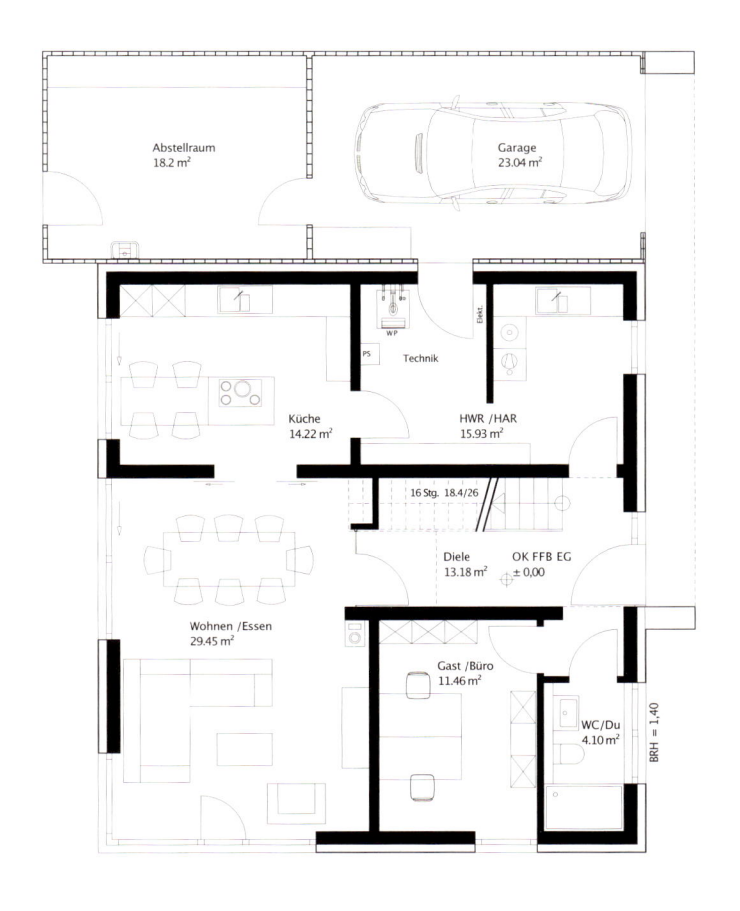

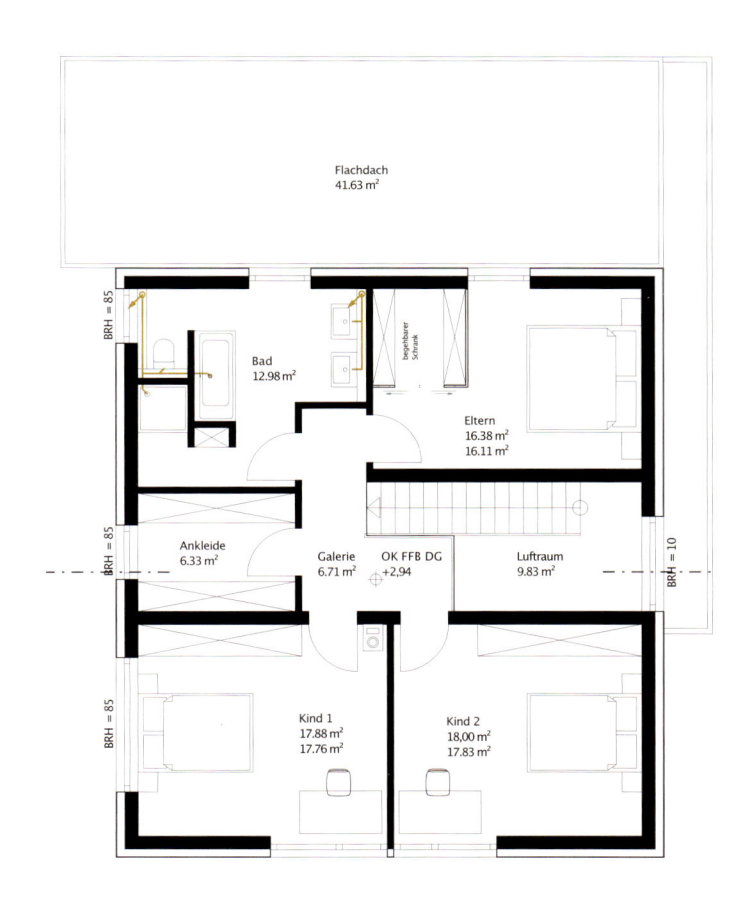

Grundriss EG

Grundriss DG

Entwurf: KOKON/Sven Propfen

Zahlen, bitte!

Außenmaße:	11,00 × 10,00 m
Anbau/Garage	11,00 × 4,00 m
Satteldach Ost-West-Ausrichtung	
Dachneigung	32°
Wohnfläche:	160 m²

davon **Erdgeschoss**

Wohnen/Essen	29,45 m²
Küche	14,22 m²
HWR/HAR	15,93 m²
Diele	13,18 m²
Gästezimmer/Büro	11,46 m²
Gäste-WC/-Dusche	4,10 m²

Dachgeschoss

Elternschlafzimmer	16,38 m²
Bad	12,98 m²
Ankleide	6,33 m²
Kinderzimmer 1	17,88 m²
Kinderzimmer 2	18,00 m²
Galerie	6,71 m²

Fläche Anbau:

Abstellraum	18,20 m²
Garage	23,04 m²

Nettogrundfläche:	218 m² (Bezugsgröße für CO_2-Emissionen)
A_N:	203 m² (Energiebezugsfläche nach EnEV)
Anzahl der Bewohner:	4
Nutzerstrombedarf:	2.720 kWh/a
Strombedarf Heizung:	2.496 kWh/a
Strombed. Warmwasser:	1.482 kWh/a
Strombed. E-Mobilität:	2.000 kWh/a (ca. 10.000 elektr. Fahrkilometer)
Strombedarf gesamt:	8.698 kWh/a
Stromertrag PV:	775 kWh/kWp/a (Modellvarianten für 0/5/10/15 kWp installierte Solarleistung)
E3/DC-Hauskraftwerk:	S10 (Modellvarianten 5/10/15 kWh Speicherkapazität)
Luft-Wasser-Wärmepumpe:	COP 3
E3/DC-Wallbox easy connect für E-Pkw:	11 kW Ladeleistung

Was wollen wir wissen?

1. Wie groß ist die CO_2-Startschuld für ein neu gebautes Einfamilienhaus wirklich?

2. Welche Rolle spielt dabei die Bauweise?

3. Wie muss die Zero-CO_2-Technik konfiguriert werden, um einen CO_2-neutralen Betrieb des Gebäudes zu sichern und mit ihren Überschüssen den CO_2-Schuldenberg aus der Errichtung in wie vielen Jahren abzutragen?

4. An welchen Stellschrauben kann der Bauherr seine CO_2-Hausbilanz wie stark beeinflussen?

Download der kompletten Studie*

- Sechs Typgebäude im Neubau und Bestand, Ein- und Mehrfamilienhäuser
- 400 Varianten in verschiedenen Kombinationen aus Gebäudehülle und Gebäudetechnik
- Mit Energie- und CO_2-Bilanz im Lebenszyklus dokumentiert
- Detaillierte Kosten-Nutzen-Analyse
- Empfehlungen für Planer, Bauherren, Investoren

https://www.emobilie.de/ #CO2-Gebaeudestudie

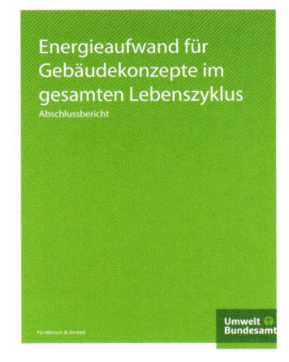

* TEXTE 132/2019 (Oktober)
Energieaufwand für Gebäudekonzepte im gesamten Lebenszyklus (Abschlussbericht) von Dr. Boris Mahler, Simone Idler, Tobias Nusser (Steinbeis-Transferzentrum für Energie-, Gebäude- und Solartechnik, Stuttgart); Dr. Johannes Gantner (Fraunhofer Institut für Bauphysik IBP, Stuttgart). Forschungskennzahl 3715 41 111 0 UBA-FB FB000049. Im Auftrag des Umweltbundesamtes

---

Zu den erschreckend wenigen Experten, von denen hierzulande theoretisch fundierte wie praktisch anwendbare Antworten zur Öko- und CO_2-Gebäudebilanz erhältlich sind, gehört Dr.-Ing. Boris Mahler.

Der Stuttgarter Spezialist für innovative Energieplanungen von Wohngebäuden hat in seinem Portfolio jede Menge eigener praktischer Projekterfahrungen mit regenerativen Energielösungen. Mit wissenschaftlichen Talenten begnadet, entwickelt und erprobt Dr. Mahler als Senior Auditor der Deutschen Gesellschaft für Nachhaltiges Bauen Methodik und Bewertungskriterien für nachhaltige Gebäudeplanungen mit.

Parallel dazu hat er sich als Gründungsvorstand des AktivPlus e.V. aktiv engagiert: ein Zusammenschluss von Hochbegabten, Meisterschülern der besten Köpfe deutscher Bauingenieurskunst, Ingenieuren und Architekten mit drängendem Weltverbesserungsanspruch. Dr. Boris Mahler leitet dort bis Ende 2019 die Arbeitsgruppe Energie. Deren wichtigste Arbeitsergebnisse in Stichpunkten:

• Wir brauchen einen neuen, ganzheitlichen Ansatz. Statt einzelner Energiebedarfe, wie Wärme/Heizen, muss die gesamte Gebäudeenergie einbezogen werden.

• Ganzheitlich meint auch: energetische Bilanzierung des gesamten Lebenszyklus des Gebäudes von der Errichtung über die Nutzung (Konsens: 50 Jahre) bis zum Nutzungsende (Abriss/Recycling/Entsorgung).

• Erstmals Einbeziehung des grauen Energieaufwands für die Produktion der Baustoffe/Bauteile und für die Errichtung des Gebäudes selbst.

Nächster Schritt: Beschreibung realistischer Szenarien, Gebäude technisch so zu „ertüchtigen" (Ingenieursprech), so zu aktivieren (AktivPlus-Methodik), dass sie ihren Energiebedarf so weit wie möglich regenerativ und selbst produziert decken.

Zum Glück ist die Ökobaudat, die große deutsche Datenbank mit den CO_2-Koeffizienten nahezu aller verwendeten Baustoffe und Bauteile, endlich so weit, wissenschaftlich basierte Einzelbilanzen zu ermöglichen. Überschrift „Ökobilanzierung". Auch das soll willkommen sein – sofern wir auf diesem Weg eine seriöse CO_2-Bilanz eines Gebäudes in die Hand bekommen.

Dr. Boris Mahler, federführender Autor einer CO_2-Studie für das Bundesumweltamt, ist genau der richtige Partner für das E3/DC-Onlineprojekt „CO_2-Hauskonfigurator für Bauherren". »

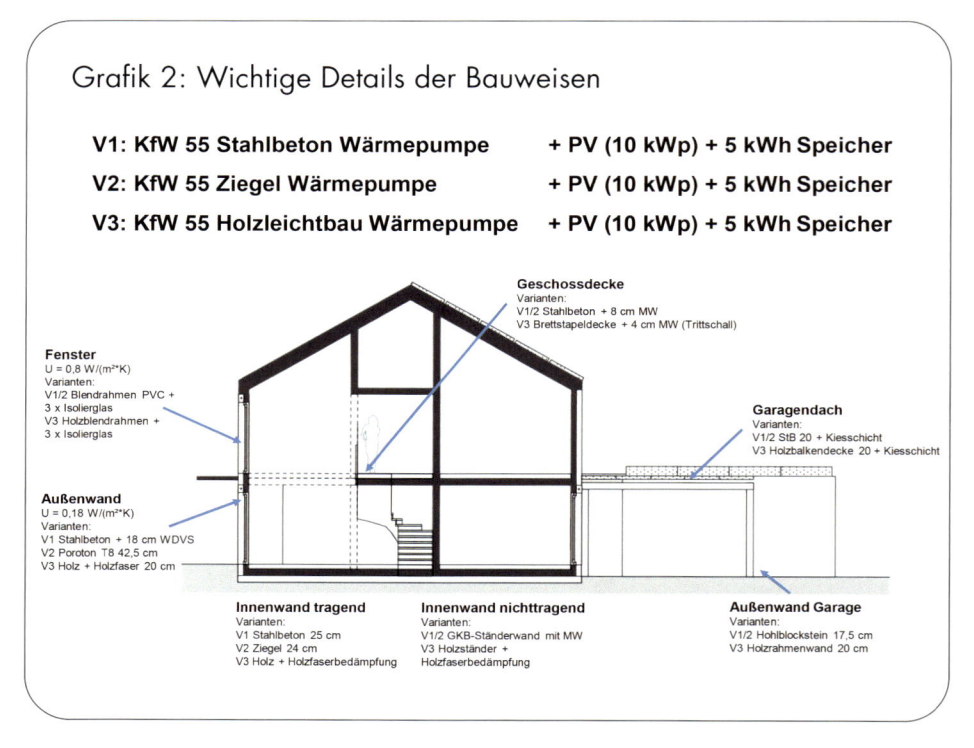

Den Entwurf des zu untersuchenden Einfamilienhausmodells für den CO_2-Konfigurator liefert Sven Propfen. Der sich innen wie außen bis ins Detail auskennt mit Einfamilienhausqualitäten. Als ehemaliger Chefarchitekt des deutschen Fertighausmarktführers entstanden nach seinen Entwürfen einige tausend Neubauten.

Der Trierer Architekt teilt aus Überzeugung die ambitionierten Zielvorstellungen der DGNB-Experten wie auch der AktivPlus-Aktivisten für nachhaltigere und (mindestens!) CO_2-neutrale Neubauten. Die von ihm hier vorgeschlagenen 160 Quadratmeter Wohnfläche für vier Personen entsprechen dem Ansatz der deutschen CO_2-Klimazielvorgaben Wohnen bis 2050.

Dr. Mahler holt den „Instrumentenkoffer" auf den Schirm. Die Rahmenbedingungen für alle zu untersuchenden Varianten sind gleich. Für alle drei Bauweisen gilt: KfW-55-Niveau nach GEG (inzwischen Baustandard und nicht mehr förderfähig), Wärmepumpe, PV-Dach in Ost-West-Ausrichtung, Speicherbatterie. (*Siehe Grafik 1*) Die Projektpartner sind sich einig: Als marktübliche Wandbauweisen kommen Stahlbeton und Ziegel (mit Wärmedämm-Verbundsystem) auf den Online-Prüfstand. Alternativ die vom Architekten Propfen präferierte ökooptimierte Holzleichtbau-Variante.

Rechnerisch unterstellter Bilanzzeitraum ist ein Lebenszyklus des Gebäudes von 50 Jahren. Wohl wissend, dass die meisten Einfamilienhäuser länger genutzt werden, ist das allgemeiner Konsens unter den Wissenschaftlern: eine sinnvolle Zeitgrenze. Die seriöserweise laufende Reparaturen, in unserem Fall nach 25 Jahren eine komplette Erneuerung der Energietechnik, mit einrechnet (Solarmodule, Speicherbatterie, Wärmepumpe und Wallbox für die E-Pkw). Nichtfachleute seien hiermit für das Nachvollziehen der Spezialistenrechnungen ausdrücklich darauf hingewiesen, penibel die jeweils angegebenen Bezugsgrößen zu beachten. Die Wohnfläche des Modellhauses (160 Quadratmeter) kommt dabei seltener vor als die Nettogrundfläche (218 Quadratmeter) als Bezugsgröße für die CO_2-Emissionen, mitunter ist auch A_N (203 Quadratmeter) als Energiebezugsfläche nach Gebäudeenergiegesetz (GEG) vorgeschrieben.

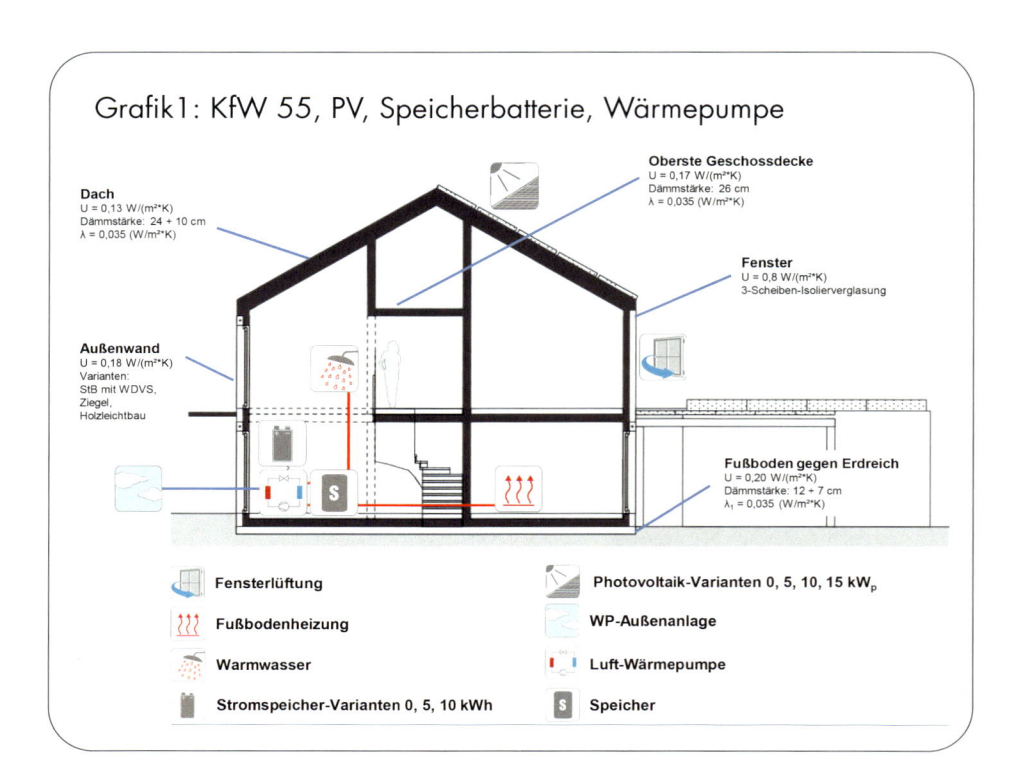

Noch ein Hinweis für Fachmenschen: Bei der Gebäudekonstruktion werden von Dr. Mahler in der CO_2-Modellhaus-Berechnung die Bauteile der Kostengruppen 300 und 400 nach DIN 276 berücksichtigt.

***

Die Bauweise **V1 Stahlbeton** mit Wärmedämmverbundsystem (lies: Mineralwolle als Außenwand- und Dachdämmung) bringt eine Materialmasse von 511,072 Tonnen auf die Waage. Deren Herstellung und Instandhaltung über 50 Jahre verursachen bei diesem Modellhaus **Emissionen von 118,7 Tonnen CO_2**; entspricht 10,89 Kilogramm $CO_2/(m^2_{NGF}a)$.

Dr. Mahler listet für jede analysierte Bauweise detaillierte 20 Einzelpositionen für die Bauteile und die Baustoffe mit den je-

Grafik 3: Einfluss der Bauweise auf die CO$_2$-Bilanz*

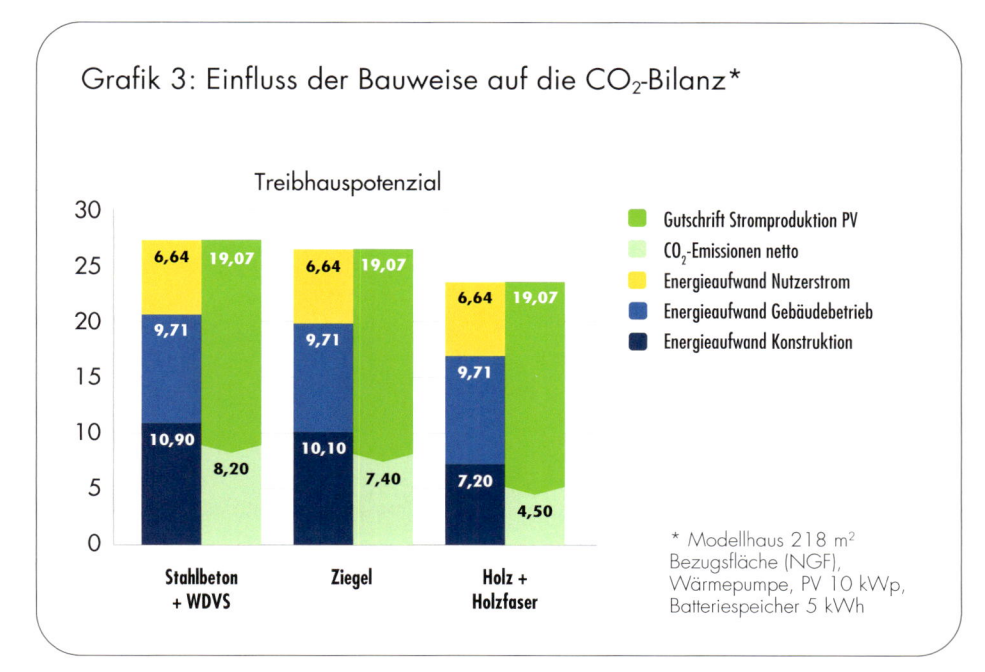

Treibhauspotenzial

Bauweise	Energieaufwand Konstruktion	Energieaufwand Gebäudebetrieb	Energieaufwand Nutzerstrom	CO$_2$-Emissionen netto
Stahlbeton + WDVS	10,90	9,71	6,64	8,20 / 19,07
Ziegel	10,10	9,71	6,64	7,40 / 19,07
Holz + Holzfaser	7,20	9,71	6,64	4,50 / 19,07

Legende:
- Gutschrift Stromproduktion PV
- CO$_2$-Emissionen netto
- Energieaufwand Nutzerstrom
- Energieaufwand Gebäudebetrieb
- Energieaufwand Konstruktion

* Modellhaus 218 m² Bezugsfläche (NGF), Wärmepumpe, PV 10 kWp, Batteriespeicher 5 kWh

---

weils höchsten Emissionsanteilen auf. Die hier gerechnete **PV-Anlage** von 10 Kilowattpeak trägt demnach aus Herstellung und Instandhaltung 29,104 Tonnen CO$_2$ zur Eröffnungsbilanz bei. Stromgutschriften für die PV-Anlage bleiben erst einmal außen vor.

Gefolgt von **Beton** (C25/30 und C20/25) mit 29,104 Tonnen CO$_2$, **Stahl** mit 16,188 Tonnen und **Glas** mit 2,237 Tonnen. **Holz** (Dachgeschossdecke/Dachstuhl) ist mit nur 0,665 Tonnen CO$_2$ vertreten.

***

Die CO$_2$-Bilanz der zweiten marktüblichen Bauweise **V2 Ziegel** unterscheidet sich nur marginal vom Betonhaus. Die Masse an Baumaterial sinkt zwar auf 375,674 Tonnen. Die Ziegelvariante verursacht aber fast genauso hohe **CO$_2$-Schulden für Herstellung und Bau mit 109,87 Tonnen CO$_2$**; entspricht 10,08 Kilogramm CO$_2$/(m²$_{NGF}$a).

Die 10-Kilowattpeak-PV-Anlage ist logischerweise auch in dieser Variante mit 29,104 Tonnen CO$_2$ der größte Einzelposten. **Mauerziegel** (der energetisch besten Sorte; in der Außenwand mit Dämmstoff gefüllt) verursachen 12,261 Tonnen CO$_2$; Mauerziegel der Innenwände weitere 3,891 Tonnen. **Beton** (C25/30 und C20/25) steht mit 14,900 Tonnen CO$_2$ in dieser Schuldenbilanz, **Stahl** mit 10,246 Tonnen, **Glas** wie gehabt mit 2,237 Tonnen. »

Die verschiedenen berechneten Bauweisen: oben Beton, Mitte Ziegel, unten Holz

ONLINE
- CO$_2$-Einzelaufstellung Baustoffe
V1 Stahlbeton, V2 Ziegel, V3 Holzleichtbau

www.emobilie.de/Baustoffe

Kapitel 3

Die Holzleichtbauweise tut beiden gut: Mensch und Umwelt.

» **Der Holzleichtbau geht schon mit 30 bis 40 Prozent weniger CO_2-Schulden an den Start.** «

SVEN PROPFEN, ARCHITEKT

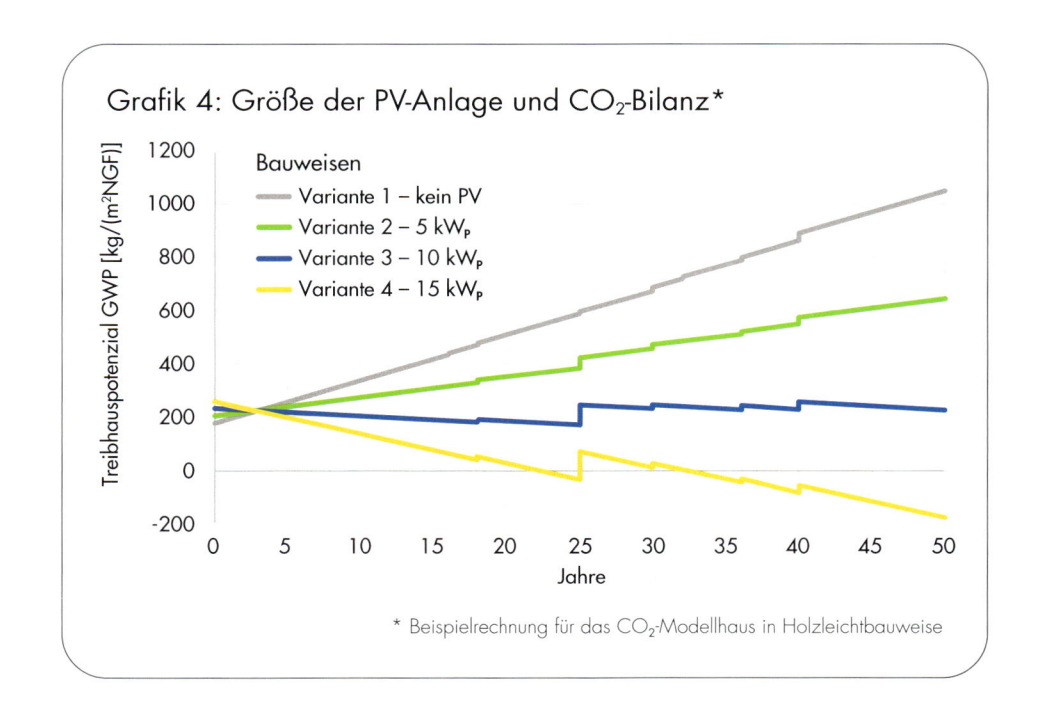

Grafik 4: Größe der PV-Anlage und CO_2-Bilanz*

Treibhauspotenzial GWP [kg/(m²NGF)]

Bauweisen:
- Variante 1 – kein PV
- Variante 2 – 5 kW$_P$
- Variante 3 – 10 kW$_P$
- Variante 4 – 15 kW$_P$

*Beispielrechnung für das CO_2-Modellhaus in Holzleichtbauweise

Nicht wirklich überraschend, dass auf die Frage nach der niedrigsten CO_2-Schuld für die Errichtung die Variante **V3 Holzbau mit Holzfaserdämmung** die besten Antworten liefert. Diese Bauweise senkt die Masse an Baumaterial auf für die anderen unerreichbare 295,275 Tonnen. Die **CO_2-Schulden für Herstellung, Bau und Instandhaltung über 50 Jahre auf 78,15 Tonnen CO_2** (= 7,17 Kilogramm CO_2/(m²$_{NGF}$a)) zu drücken, ist direkte Folge der öko- und emissionsoptimierten Materialwahl. Für den CO_2-Hauskonfigurator hat dieser Ausgangsparameter weitreichende Folgen: Je geringer die Emissionsschulden aus dem Bau, desto größer die Chance, diesen Schuldenberg mit effizienter CO_2-Spartechnik im Haus abtragen zu können.

Dr. Mahler: „Es stimmt, dass ein Kubikmeter Holz als Naturbaustoff etwa 1 Tonne CO_2 aus der Atmosphäre gebunden hat. Auf die Bilanzierung unseres Modellhauses wirkt sich das so aus: erstens als entscheidender Systemvorteil im Vergleich zur energie- und emissionsintensiven Massivbauweise. Zweitens schaffen es selbst in der Holzbauweise V3 die eingesetzten rund 55 Kubikmeter Holz mit ihrem vergleichsweise geringen Aufwand für Bearbeitung und Transport nicht einmal auf die V3-Liste der 20 größten CO_2-Verursacher."

Auch hier führt die 10-Kilowattpeak-**PV-Anlage** mit 29,104 Tonnen CO_2. **Beton** (C25/30) für die Bodenplatte folgt mit 9,810 Tonnen CO_2 in der Schuldenbilanz, **Stahl** mit nur noch 6,605 Tonnen, **Glas** wie bei den anderen Vergleichsvarianten mit 2,237 Tonnen.

Feststellung 1: Die Entscheidung über die Höhe des CO_2-Schuldenbergs für den Bau des Hauses fällt mit der Wahl der Bauweise.
Feststellung 2: Die Wahl der Energietechnik, ihre Leistung und Konfiguration bestimmen die CO_2-Bilanz der Nutzung des Hauses.

Wie hoch der **Energiebedarf einer vierköpfigen Familie** in unserem Modellhaus ist, steht statistisch (in etwa) fest:
Nutzerstrom: 2.720 kWh/a
Strombedarf **Heizung**: 2.496 kWh/a
Strombedarf **Warmwasser**: 1.482 kWh/a
Strombedarf **E-Mobilität:** ca. 2.000 kWh/a (= 10.000 elektrisch gefahrene Kilometer).
Jahresbedarf: 8.698 Kilowattstunden.
Diese Größenordnung deckt sich mit den gemessenen Jahresdurchschnitten der E3/DC-Kunden. „Der Trend ist ein Jahres-

energiebedarf von 10.000 Kilowattstunden", bestätigt Geschäftsführer Dr. Piepenbrink. Die Öko-Datenbanken von Dr. Mahler setzen als mittleren Solarstromertrag für jedes in Ost-West-Ausrichtung installierte Kilowattpeak 775 Kilowattstunden an. Daraus folgt: Wenn sich die Familie in unserem Modellhaus das Ziel setzt, ihren gesamten Energiebedarf übers Jahr bilanziell mit Eigenstrom zu decken, ist ein Solardach von 12 bis 15 Kilowattpeak Leistung die richtige Wahl.

Gebäudeenergetiker Dr. Mahler stellt in der Grafik 4 die Auswirkungen verschieden großer PV-Anlagen auf die CO_2-Bilanz des Modellhauses in Holzbauweise vor.

Brutal, aber klar: Ohne PV-Anlage verfünffacht sich im Laufe des 50-jährigen Lebenszyklus die CO_2-Schuld dieses Hauses auf dann mehr als 1 Tonne CO_2 pro Quadratmeter Nettogrundfläche. Ursache: emissionsbelasteter Strom aus dem Netz.

Ein leistungsstarkes 15-Kilowattpeak-Solardach liefert a) genügend sauberen Eigenstrom für CO_2-neutralen Betrieb, aber auch b) so hohe Solarstromüberschüsse, dass deren CO_2-Gutschriften aus der Netzeinspeisung den Emissionsschuldenberg vom Bau des Hauses im Laufe der Jahre abtragen können.

Rechnerisch ist das in der Holzbauvariante des Modellhauses nach etwa 33 Jahren der Fall. Das Best-Case-Szenario.

Dr. Mahlers methodisches Herangehen zeigt in Grafik 5 für unser Modellhaus mit 15-Kilowattpeak-Solardach in Ziegelbauweise: Der Austausch oder die Erneuerung der gesamten Energietechnik (PV-Module, Speicherbatterie, Wärmepumpe) erhöht nach 25 Jahren kurzfristig wieder den CO_2-Status, ermöglicht aber, dass selbst in der suboptimalen Version unseres Modellhauses mit gemauerten Ziegelwänden nach 47 Jahren die CO_2-Schulden aus dessen Errichtung abgetragen sind.

Fazit

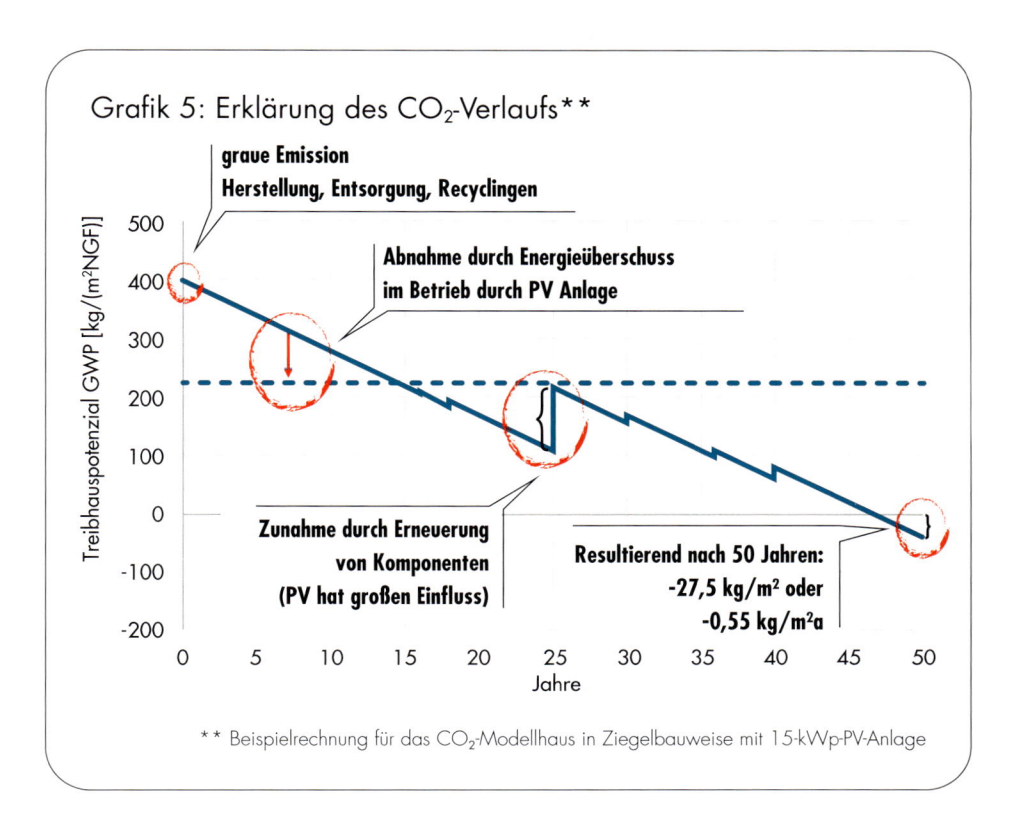

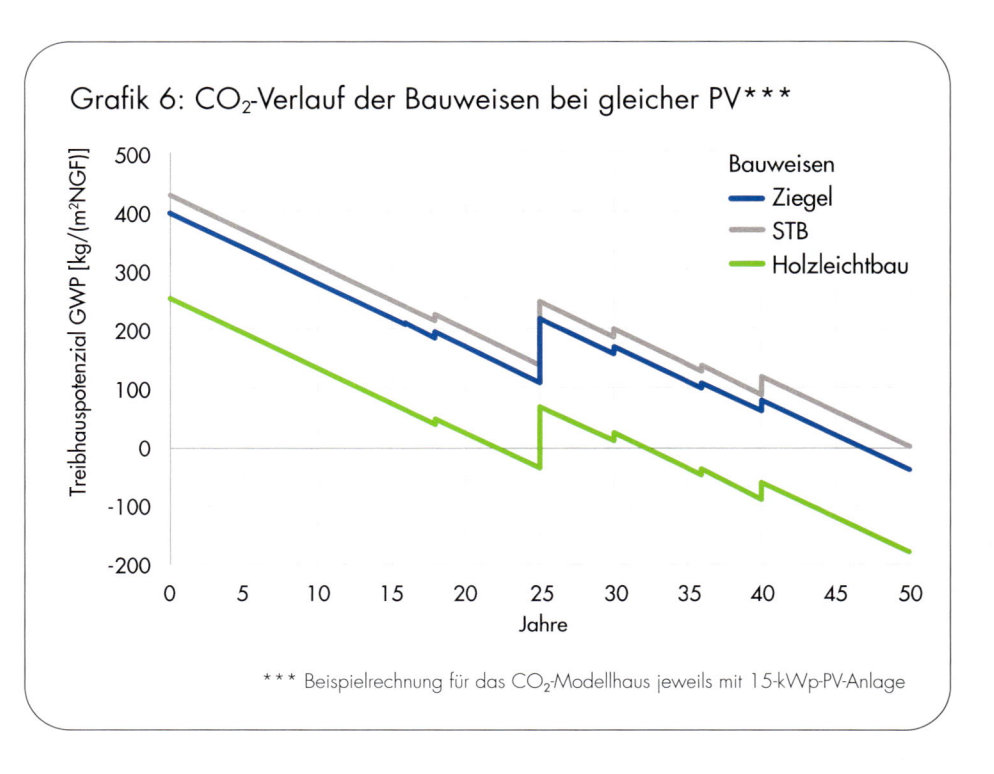

1. So hoch sind **die CO_2-Schulden für Baustoffe und Errichtung** eines Beispiel-Einfamilienhauses mit 160 Quadratmeter Wohnfläche (= 218 Quadratmeter Nettogrundfläche): in Stahlbetonbauweise 118,7 Tonnen CO_2. Mit Ziegelwänden 109,8 Tonnen. Mit CO_2-sparendem Holzleichtbau können Baufamilien von Anfang an 3 bis 4 Kilogramm $CO_2/(m^2_{NGF} a)$ einsparen – und ihre Startschuld auf 78,15 Tonnen CO_2 senken. »

Grafik 5: Erklärung des CO_2-Verlaufs**

** Beispielrechnung für das CO_2-Modellhaus in Ziegelbauweise mit 15-kWp-PV-Anlage

Grafik 6: CO_2-Verlauf der Bauweisen bei gleicher PV***

*** Beispielrechnung für das CO_2-Modellhaus jeweils mit 15-kWp-PV-Anlage

Kapitel 3

2. Die **richtige Dimensionierung der PV-Anlage** hat den größten Einfluss auf die CO_2-Bilanz für die Nutzung des Hauses. Auf die 218 Quadratmeter Nutzfläche und die 50 Jahre Lebenszyklus bezogen spart jedes installierte Kilowattpeak Solarleistung 1,6 Kilogramm $CO_2/(m^2_{NGF}a)$.
Praxisbezogen ausgedrückt: Um den Jahresenergiebedarf einer vierköpfigen Familie für Wohnen und E-Mobilität zu decken, sind 15 Kilowattpeak PV-Leistung ratsam. Wärmepumpe und E-Pkw inklusive.

3. Eine **CO_2-neutrale Nutzung** des Gebäudes erfordert die Kopplung der PV-Anlage mit einem starken Batteriespeicher. Die Beispielrechnungen für das Modellhaus halten etwa 10 Kilowattstunden Speicherleistung für optimal. Die Einbindung so eines Hauskraftwerks ist zugleich der wirtschaftlichste Weg zur maximalen Nutzung von **Eigenstrom**. Der führt am geradlinigsten zur CO_2-Neutralität: Jede mit 0,00 Gramm Emissionen selbst produzierte und genutzte Kilowattstunde erspart den mit 420 Gramm CO_2 pro Kilowattstunde belasteten Strombezug aus dem Netz.

4. Den CO_2-Mehraufwand für die Technik tilgt diese schnell: 1 Kilowattpeak Solarmodul ist schon nach 18 Monaten CO_2-schuldenfrei, 1 Kilowattstunde Batteriespeicher nach 21 Monaten.
Mit richtig dimensionierter PV-Anlage und Speicherbatterie kann in allen drei Bauweisen die CO_2-Anfangsschuld aus der Errichtung des Hauses innerhalb des 50-jährigen Nutzungszyklus abgetragen werden. Am schnellsten in Holzleichtbauweise in etwa 33 Jahren. Dann ist **das gesamte Gebäude nachweisbar klimaneutral**.

Nachschlag

Der CO_2-Hauskonfigurator für Baufamilien basiert auf den testierten Daten des hier vorgestellten Modellhauses.
Er ist eine Online-Entscheidungshilfe.
Veränderungen des Baukörpers (Länge, Breite, Kellergeschoss) werden mit ihrer Wirkung auf die CO_2-Bilanz angezeigt.
Wahl und Dimensionierung der Technik sind mit Sofort- und Langfristfolgen für die CO_2-neutrale Nutzung von Wohnen und Mobilität dargestellt.
Letzteres ist nicht nur für Baufamilien, sondern auch für Eigentümer von Bestandsobjekten spannend.
So ein CO_2-Tool ist neu. Hat sonst keiner. Eine Weltpremiere! Auf geht's! «

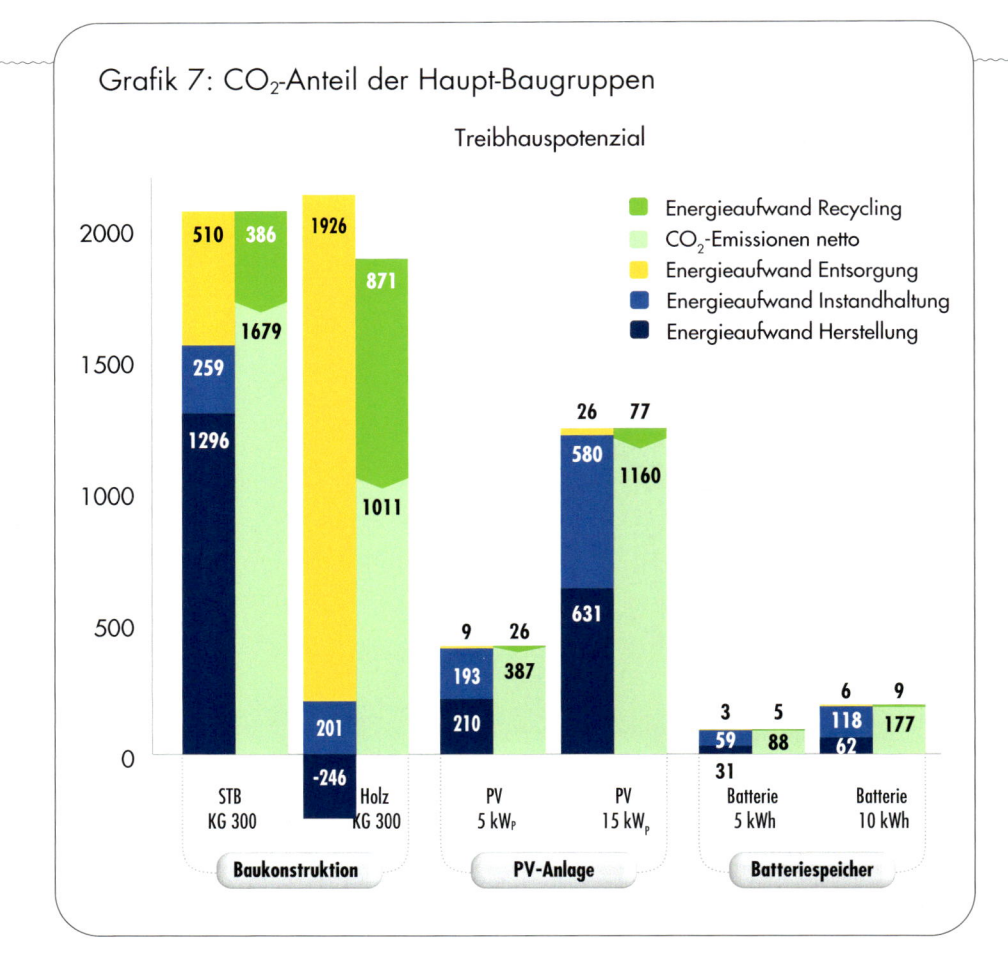

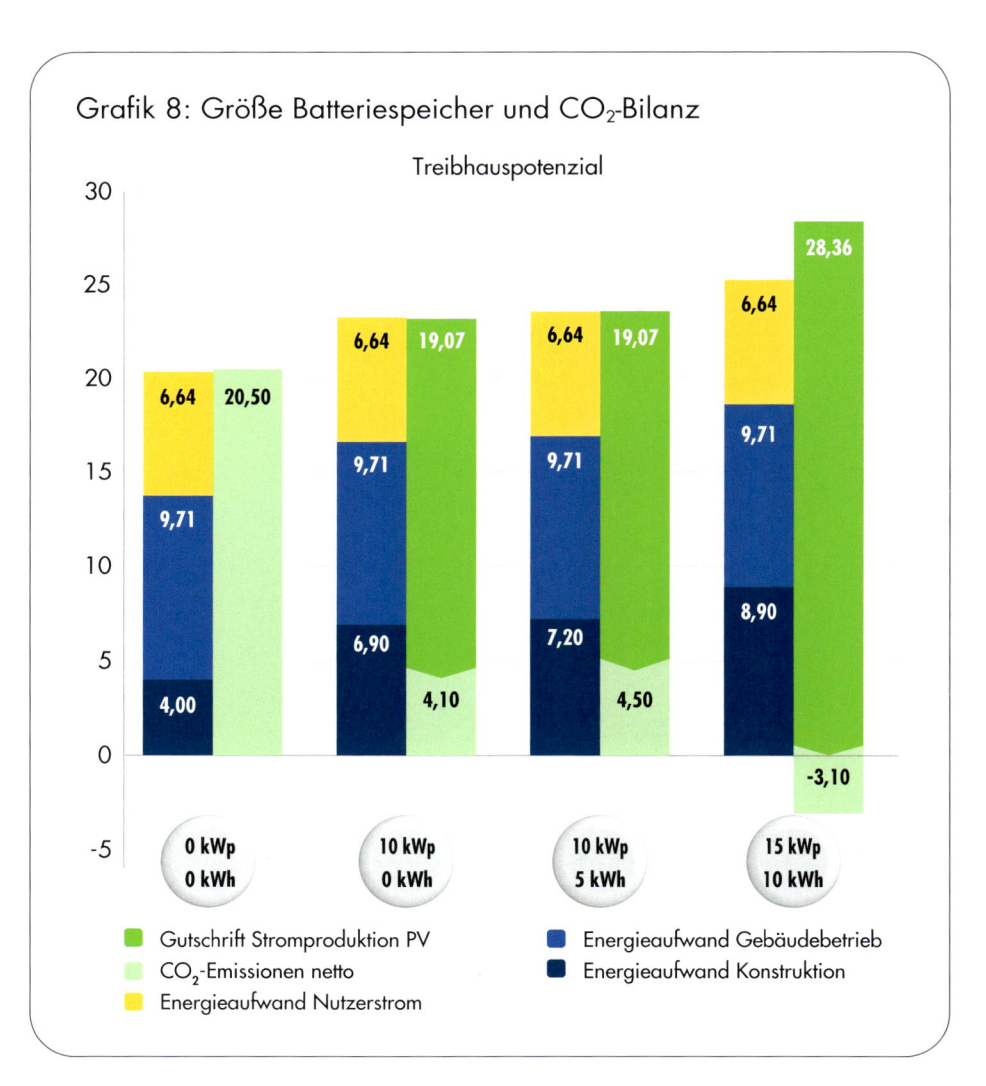

Grafik 7: CO_2-Anteil der Haupt-Baugruppen

Treibhauspotenzial

- Energieaufwand Recycling
- CO_2-Emissionen netto
- Energieaufwand Entsorgung
- Energieaufwand Instandhaltung
- Energieaufwand Herstellung

Baukonstruktion:
- STB KG 300: 1296 / 259 / 510 / 1679 / 386
- Holz KG 300: −246 / 201 / 1926 / 1011 / 871

PV-Anlage:
- PV 5 kW$_p$: 210 / 193 / 9 / 387 / 26
- PV 15 kW$_p$: 631 / 580 / 26 / 1160 / 77

Batteriespeicher:
- Batterie 5 kWh: 31 / 59 / 3 / 88 / 5
- Batterie 10 kWh: 62 / 118 / 6 / 177 / 9

Grafik 8: Größe Batteriespeicher und CO_2-Bilanz

Treibhauspotenzial

- 0 kWp / 0 kWh: 4,00 / 9,71 / 6,64 / 20,50
- 10 kWp / 0 kWh: 4,10 / 6,90 / 9,71 / 6,64 / 19,07
- 10 kWp / 5 kWh: 4,50 / 7,20 / 9,71 / 6,64 / 19,07
- 15 kWp / 10 kWh: −3,10 / 8,90 / 9,71 / 6,64 / 28,36

- Gutschrift Stromproduktion PV
- CO_2-Emissionen netto
- Energieaufwand Nutzerstrom
- Energieaufwand Gebäudebetrieb
- Energieaufwand Konstruktion

» Der effizienteste Weg zum CO_2-neutralen Haus ist Eigenstrom. «

DR. ANDREAS PIEPENBRINK, E3/DC

» Die CO_2-Bilanz eines Gebäudes bestimmt zunehmend dessen Wertsubstanz. «

DR. BORIS MAHLER, EGS-PLAN

» Gute Architektur heißt: bauen mit sauberen Händen. Nachhaltig und CO_2-neutral. «

SVEN PROPFEN, KOKON-ARCHITEKTUR

ONLINE
- CO_2-Hauskonfigurator für Bauherren

https://www.e3dc.com/konfigurator

4

eMobilie

www.eMobilie.de

DIE
AKTEURE

Kapitel 4

Die Akteure

arento ag, Hinwil (Schweiz)

Aufstieg zum Klimapositiven

Dieses 10-Familien-Haus in Wetzikon (Schweiz) ist klimaneutral: Alle Energie, die seine Bewohner brauchen, erzeugt es selbst, regenerativ und CO_2-frei. Über eine ganze Generation, im Laufe vieler Betriebsjahre, spart dieses Gebäude sogar mehr CO_2-Emissionen, als für seinen Bau nötig war. Das nennen wir klimapositiv. Eintrag ins Gipfelbuch. Hier ist die Geschichte dahinter.

Kapitel 4

Franz.

Franz Schnider, Jahrgang 1977, ist gemeinsam mit Matthias Sauter Geschäftsführer der arento ag, Hinwil, Architekt des klimapositiven Wetzikon-Hauses (oben).

Franz Schnider ist ein Mannsbild, das sich merkbar macht. Den (fast) jeder gern zum Freund haben möchte: so vogelwild diszipliniert, so überbordend ernsthaft, so frohgemut solide.

Dass er von einem Bauernhof in höherer Lage stammt, gerät ihm dann nicht unerwartet zum Vorteil beim Vorfühlen, Ausprobieren, Selbstgestalten von Lebensläufen. Lieber bergauf als bergab. Beides will gelernt sein.

Stets hilfreich: vorher zu ahnen (noch besser: zu wissen), wozu man fähig ist.

Und wozu eher nicht.

Einer wie Franz Schnider muss RESPEKT VOR DER SCHÖPFUNG nicht buchstabieren lernen. Er wächst damit auf.

Er ist zudem Familienmensch, durch und durch. So sehr, dass er auch die Architekturfirma, deren Mitinhaber und -chef er ist, als seine zweite Familie versteht. Über die Aufnahme neuer Mitarbeiter entscheidet das gesamte Team mit. Beispielsweise.

Harmonie macht mehr Spaß.

Und kreativer.

Dies alles gehört zu den Vorleben-Antworten auf die Frage, weshalb Franz Schnider Architektur anders denkt als andere.

Er hat das große Glück, zur richtigen Zeit den richtigen Beruf zu wählen: Mehr Aufbruch war selten, wahrscheinlich noch nie in der Architektur. »

Franz Schnider,
arento ag,
Hinwil

350.720 kg CO$_2$ vermieden 2012–2021 *

mit 2.740.000 Kilowattstunden Solarstrom aus Photovoltaik-Kundenanlagen

*Für den Zeitraum von 2012 bis 2021 ist für die Schweiz offiziell ein Emissionsfaktor von durchschnittlich 128 g CO$_2$/kWh anzusetzen.

Das nehmen wir persönlich: CO_2-Jahresemissionen Franz Schnider (& Familie) vs. Schweizer Durchschnitt*

SELBSTAUSKUNFT VON FRANZ SCHNIDER

Heizung
Anzahl Personen im Haushalt: 4
Einfamilien-Doppelhaus, Eigentum
Baujahr: 2008 als Holzrahmenbau
mit 30 cm Dämmung aus rezykliertem
Zeitungspapier.
U-Wert Wand: 0,12 W/m²K,
Minergie-Haus
Wohnfläche: 168 m² (42 m²/Person)
Heizung: Wärmepumpe kombiniert
mit Komfortlüftung und Wärmerückgewinnung; Photovoltaik und
Solarthermie auf dem Hausdach

Strom
Ökostrom von einer eigenen
PV-Anlage und (über ein Nachbarschaftsprojekt) von einer HochhausSolarfassade deckt 100 % des
Gesamtenergiebedarfs Heizen/
Haushaltsstrom/E-Mobilität der
Familie.
Haushaltsgeräte: mindestens A⁺⁺

Mobilität
Alter Diesel-Kombi: wenige Winter-
(Schnee-)fahrten, weil 4x4-Antrieb
E-Golf-Pkw: ca. 2.000 km/Jahr
E-Bike: 80 bis 240 km/Woche
Flugreisen: sehr selten; unter 2 h/Jahr
Kreuzfahrten: noch nie
Urlaub: Wandern in den Bergen

Ernährung
Tätigkeit: bewegungsarm
Sport: täglich Fahrrad; Wandern
Ernährungsform: Fleisch eher selten,
wenn, dann zum größten Teil auf dem
Hof meines Bruders gekauft;
Lebensmittel müssen das Bio-Siegel
haben oder erkennbar fair produziert
sein.

Konsumverhalten
Kaufverhalten: sparsam
Kaufkriterien: Qualität, langlebig,
nachhaltig
Monatliche Konsumausgaben für
Kleidung/Schuhe: unter 100 CHF
Restaurant/Hotel: unter 50 CHF
Freizeit/Kultur: unter 50 CHF
Klimafreundliche Geldanlage: ja

Legende:
- Heizung und Strom
- Mobilität
- Ernährung
- sonstiger Konsum
- Anteil an öffentlichen/allgemeinen Emissionen

Franz Schnider: 6,25 t
- 0,75 t (Heizung und Strom)
- 0,91 t (Mobilität)
- 1,02 t (Ernährung)
- 2,29 t (sonstiger Konsum)
- 1,28 t (Anteil öffentlich)

Schweizer Durchschnitt: 13,51 t
- 2,19 t (Heizung und Strom)
- 4,14 t (Mobilität)
- 2,11 t (Ernährung)
- 3,8 t (sonstiger Konsum)
- 1,28 t (Anteil öffentlich)

* Emissionen in Tonnen CO_2-Äquivalente laut WWF-Footprint-Calculator Schweiz

Franz, Nadya, Tochter Silja, Sohn Matteo Schnider

Wer nachschaut, womit sich Franz Schnider, sein Mitgeschäftsführer und Partner Matthias Sauter und ihre „arentojaner" in den vergangenen 17 Jahren im Schweizer Architekturmarkt hochgearbeitet haben, erlebt nichts weniger als einen wild entschlossenen Abschied von der überkommenen Art, Gebäude zu denken, zu errichten, zu nutzen.

Erst Natur. Ökologisch. Dann nachhaltig. Energieeffizient. Ab jetzt auch klimaneutral.

Der Aufstieg zu ihrem ersten klimapositiven 10-Familien-Haus in Wetzikon wurzelt zuerst in tiefsitzender Liebe der Architekten zum Naturbaustoff Holz.
Das Beste, was einem Haus passieren kann, sagt Franz aus Überzeugung und Erfahrung. Man kann das getrost als sein oberstes Architekturprinzip an die Wand nageln: Natur zuerst.

Holz ist bei ihm immer erste Wahl. Folgerichtig steht die Holzrahmenbauweise auf Nummer eins seiner Hitliste.
Die Außenwand ist mit Zellulose gedämmt, mit aufgearbeitetem Altpapier. Styropor und Co. verbieten sich: Pfui Deibel! Giftmüll.
Dass die Tiefgarage und die statisch tragenden Elemente im Wetzikon-Haus in Beton ausgeführt sind, gehört zum Kompromiss beim Bau eines fünfgeschossigen Hauses mit mehr als 1.700 Quadratmeter Wohnfläche nach geltenden Vorschriften.
Franz nennt das Hybridbauweise.

MESSERGEBNISSE RAUMKLIMA

- TESTO_1_Schlafzimmer (°C) = 23,1 • 22.7.2019, 18.15 Uhr
- TESTO_3_Außenluft (°C) = 34,7 • 22.7.2019, 18.15 Uhr
- TESTO_6_Holzverteiler VL (°C) = 20,5 • 22.7.2019, 18.15 Uhr
- TESTO_4_Zuluft Raum (°C) = 22,4 • 22.7.2019, 18.15 Uhr
- TESTO_10_Wohnraum (°C) = 23,9 • 22.7.2019, 18.15 Uhr

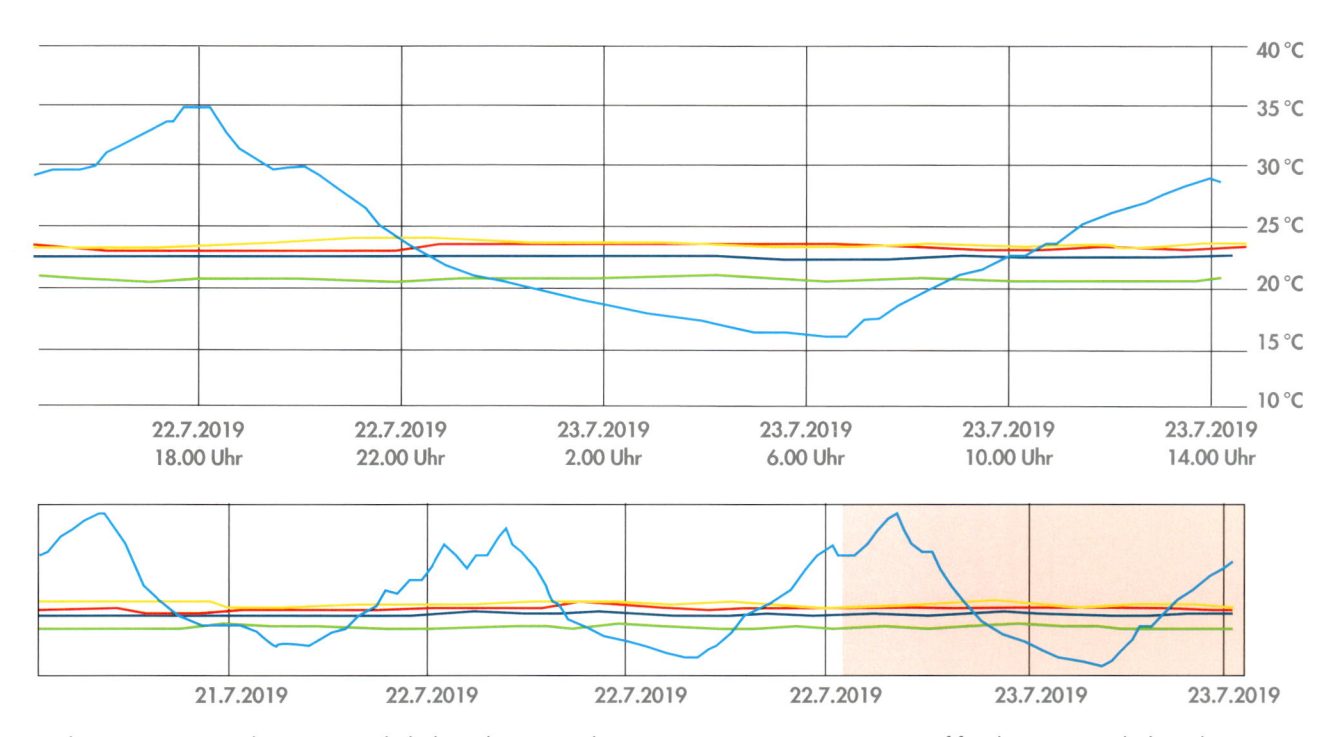

Da das gesamte Wetzikon-Haus verkabelt ist, können jede Menge Daten wie Temperatur, Luftfeuchte, CO_2-Gehalt in der Luft an vielen Messpunkten ausgemessen werden. Die Tabelle zeigt einen heißen Sommertag (22. Juli 2019, Messzeitpunkt 18.15 Uhr). Die Außentemperatur im Schatten betrug 34,7 Grad Celsius. Der Vorlauf der Heizung (kaltes Wasser aus der Erdsonde) kühlte mit 20,5 Grad die Lehmwände. So waren das Wohnzimmer mit 23,9 Grad und das Schlafzimmer mit 23,1 Grad angenehm temperiert. Zudem wurde die Zuluft der Komfortlüftung auf 22,4 Grad gekühlt (ebenfalls mit Wasser aus der Erdsonde). Kühle Luft ist trockener und macht das Raumklima noch einmal ein Stück weit angenehmer.

Die Akteure

Die Außenwände der Wohnungen haben nicht nur eine Zellulosedämmung, sondern auch eine satte Lehmschicht auf der Innenseite. 25 Tonnen.
Lehm ist wohl Franz Schniders zweitliebster Naturbaustoff: Er holt nahezu ideale baubiologische Qualitäten ins Haus.
Streiten wir uns jetzt nicht, ob Lehmwände tatsächlich „atmen" können, wie Franz sagt, oder nicht, fühl- und messbar sind die Wirkungen von Holz und Lehm für ein wohngesundes, natürlicheres Raumklima in jedem Fall.

Was auf ihrer naturgegebenen Fähigkeit zu hygroskopischen Reaktionen beruht. Mit der Luftfeuchte werden auch die Raumtemperaturen angenehm rauf- oder runtergeregelt, nebenbei sogar Gerüche neutralisiert. Die Dreifaltigkeit von Temperatur, Feuchtigkeit und erlebter Frische der Raumluft gilt immerhin als baubiologische Basis aller Wohlgefühle.

Natur und Hightech im Haus sind Geschwister. Im besten Fall lieben und helfen sie sich.

Franz Schnider und seine Mit-Gipfelstürmer haben genügend Bauerfahrung, um die Dialektik von Natur und Hightech in diesem Haus bewusst und effizient einzusetzen. »

Wohlgefühle sind gut. Selbst messen ist besser. Franz Schnider, der Penible, nutzt eine der Wohnungen im ersten Jahr als Messlabor.

23,1 °C Schlafzimmer
22,4 °C Zuluft
20,5 °C Vorlauf Heizung
72,1 °C Fassade
34,7 °C Außentemperatur

Franz Schnider:
„Die Temperaturen der Räume dieses Hauses liegen konstant zwischen 21 und 24 Grad Celsius. Heizung und Kühlsystem sind extrem sparsam und effizient – durch Rohre in den Wänden des Hauses strömt im Winter warmes, im Sommer kaltes Wasser aus Erdsonden unter dem Gebäude.
Zum Vergleich: Ein handelsübliches, mittleres Klimagerät mit einer Leistungsaufnahme von 2.310 Watt läuft rund 45 Tage im Jahr jeweils 8,5 Stunden. Pro Wohnung braucht es dafür rund 884 Kilowattstunden Strom.
Macht bei zehn Wohnungen 8.840 Kilowattstunden. Das wäre mehr, als wir im gesamten Haus das ganze Jahr über für Heizung und Kühlung benötigen."

Kapitel 4

Volle Power: Mit 37,08 Kilowattpeak Maximalleistung steuern die Module an der Fassade und den Balkonbrüstungen mehr als ein Drittel zur Energieeigenproduktion dieses Gebäudes bei.

Als Bauherren und Architekten in Personalunion sind die Chancen riesenhaft groß, für ihr bisher bestes, ambitioniertestes Projekt alles rauszuhauen, was sie wissen und können.

Interessante Beobachtung: Es ist NICHT, wie oft behauptet, das Budget, das dem Sinnvollen, Nötigen, Guten die Grenzen setzt. Nimmt man den Mietzins als Maßstab, liegt der nach Aussagen von Wohnimmobilien-Experten im SonnenparkPLUS nur 7 Prozent über dem Ortsüblichen.

Das Energiekonzept ist das A und O, an dem sich heutzutage gute von schlechten Gebäuden zuerst unterscheiden.

Minergie hin, PlusEnergie her – alles läuft auf möglichst geringen Energiebedarf hinaus. Und auf dessen maximale Deckung durch vom Gebäude selbst produzierte regenerative Energie.

Mindestens.

Häuser der neuen Klimaklasse leben von selbst produzierten Energieüberschüssen

Gebäude der neuen Klima-Klasse leben von ihren Energieüberschüssen. Ausdrücklich in Bezug auf wirklich alle Energiebedarfe, nicht nur die für Heizung und Warmwasser, wie früher üblich.

Haushalts- und allgemeiner Gebäudestrom sind hier inklusive. Auch ein Anteil für die E-Mobilität der Bewohner.

„The proof of the pudding is in the eating", sagen die Briten.

Nicht, dass Franz Schnider an seinen Prognosen gezweifelt hätte. Trotzdem ist er von Herzen froh, dass die Messwerte aus den ersten anderthalb Jahren nach Bezug der Wohnungen sogar besser sind als vorausberechnet. »

© arento / Aragon Frey + Peter Caminada

Die Akteure

Franz über seine Mit-arentojaner

Cornelia Weiss

Die ausgebildete Zeichnerin und Bauleiterin hat die totale Übersicht. Als Ansprechpartnerin für unsere Bauherren sorgt Cornelia für deren beste Betreuung und reibungslose Abläufe.

Manuela Eberhart

Manuela hat ein Auge für feine Details und kann mit ihrer fröhlichen Art jeden Handwerker zu Bestleistungen motivieren.

Jürg Rauser

Jürg ist wie ich gelernter Zimmermann und kümmert sich als Baubiologe und Architekt um die ausgewogene und naturnahe Materialwahl bei unseren Projekten.

Dominik Trütsch

Unser Energieingenieur für die komplexen Fälle. Dominik hat ein riesiges Fachwissen, was der energetischen Klasse unserer Gebäude zugutekommt.

Matthias Sauter

Der beste Architekt auf der Alpennordseite. Matthias hat die Gabe, architektonisch aus einer Handvoll Sand einen Diamanten zu machen. Zusammen mit ihm darf ich die arentojaner*innen auf dem Weg zu Nachhaltigkeit und Klimaneutralität anführen.

Kapitel 4

Alles richtig gemacht. Die Gebäudehülle mit ihrer exzellenten, nachhaltigen „Isolation", wie die Schweizer sagen. Die extrem niedrigen Wärmedurchgangswerte in allen wichtigen Bauteilen – Wände, Dach, Fenster – sind die bauliche Basis für minimierten Energiebedarf.

Zudem ist das Gebäude optimal ausgerichtet. Die Balkone bieten neben tollen Ausblicken im Sommer reichlich Schatten und im Winter maximal Sonne. Hier bestätigt sich einmal mehr: Je besser die Vorarbeit der Gebäudehülle ist, desto weniger Last muss die Technik übernehmen.

Die gemessenen Verbrauchszahlen für Heizen/Kühlen beispielsweise betragen in diesem Haus nur 8,8 Kilowattstunden pro Quadratmeter Energiebezugsfläche.

Wie groß dieser Sprung zu anderen Wohngebäuden ist, zeigt Franz Schniders Vergleich mit einem erst 2016 gebauten Einfamilienhaus. Das braucht mehr als das Sechsfache: 55 Kilowattstunden jährlich pro Quadratmeter. Allein fürs Heizen; Kühltechnik hat es gar nicht.

Als Zielvorgabe für so ein Energieprojekt wäre die totale Autarkie, die vollständige Unabhängigkeit von allen Netzbetreibern und Stromversorgern vielleicht süßer Sirenenklang – unter den gegenwärtigen Marktregularien aber teurer Unfug. Maximale Eigenversorgung ist das richtige Ziel.

Von April bis Oktober hat das Haus mit seinen in Ost-West-Ausrichtung auf dem Dach installierten 44,55-Kilowattstunden-Solarmodulen plus den 37,08 Kilowattstunden in West- und Südausrichtung auf der Fassade sowie auf den Balkonen installierten Spezial-PV-Modulen jeden Tag erfreulichste Energieüberschüsse. Weit über den Eigenbedarf hinaus. Von November bis März folgt das solare Tal der Tränen. In diesen Monaten sind die Bezüge aus dem Netz in der Regel nicht selten größer als die Eigenstromproduktion.

Die finstere Rechnung: 20,5 Rappen pro Kilowattstunde Bezug aus dem Netz stehen in 2019 nur 5 bis 9 Rappen für jede ins Netz eingespeiste Kilowattstunde gegenüber. »

© arento / Aragom Frey + Peter Caminada

Zahlen, bitte!

Projektname: ....10-Familien-Wohnhaus, SonnenparkPLUS, Wetzikon, Schweiz

Wärmedämmung:

Wand: ....40 cm

U-Wert: .... 0,10 W/m²K

Dach: ....30 cm

U-Wert: .... 0,12 W/m²K

Boden: ....16 cm

U-Wert: .... 0,18 W/m²K

Fenster: 3-fach

U-Wert: .... 0,60 W/m²K

Energiebezugsfläche: ....1.705 m²

Energiebedarf:

Warmwasser: .... 3,81 kWh/m²a = 6.500 kWh/a

Heizen/Kühlen: .... 4,98 kWh/m²a = 8.500 kWh/a

Haushaltsstrom: .... 11,14 kWh/m²a = 19.000 kWh/a

Allgemeinstrom: ...... 7,04 kWh/m²a = 12.000 kWh/a

Energiebedarf
gesamt: .... 26,9 kWh/m²a = 46.000 kWh/a

Energie-Eigenproduktion (PLAN):

PV Dach: .... 215 m², 44,55 kWp, 45.426 kWh/a

PV Fassade: .... 280 m², 37,1 kWp, 23.173 kWh/a

Energieproduktion IST (im ersten Jahr): ..66.000 kWh/a

Energieüberschuss: ....20.000 kWh/a

Eigenversorgungsgrad: ....139 %

Batteriespeicher: ....78 kWh

CO_2-Aufwand für die Errichtung des Gebäudes: 1.327 t

CO_2-Einsparung pro Nutzungsjahr*: ....46,44 t

CO_2-Einsparung in 28 Jahren: ....1.300,32 t

Ab dem 29. Nutzungsjahr
wird die CO_2-Hausbilanz klimapositiv.

* 86.000 kWh sparen regenerativ erzeugt
gegenüber Schweizer Strommix 128 g CO_2/kWh.

Kapitel 4

So macht PV-Strom ins Netz keinen Spaß. Bezüge aus dem Netz sowieso nicht.
Dazu kommt: Die solare Energieproduktion des Hauses (tagsüber) und der tatsächliche Energiebedarf der Bewohner (abends/nachts) klaffen selbst an den ertragsstärksten Sonnentagen stundenlang auseinander. Logische Konsequenz: Intelligentes Energiemanagament und entsprechend konfigurierte leistungsstarke Batteriespeicher sind die einzig sinnvolle Wahl.
Franz nennt es eine „Batterie-Farm", die sie sich auf Empfehlung ihres Solar-Installationspartners Felix & Co. AG Windgate in den Keller ihres SonnenparkPLUS gestellt haben: Die 78 Kilowattstunden der zusammengeschlossenen Quattroporte-Speicher von E3/DC ermöglichen bei 90 Prozent Entladetiefe satte 70,2 Kilowattstunden Leistung.
So ein „All in one"-Hauskraftwerk speichert als reine Batterie den selbst produzierten Strom, aber auch extern bezogenen. Bei Netzausfall übernimmt es im Inselbetrieb die unterbrechungsfreie Stromversorgung. Für das hauseigene Kraftwerk hat die Zielvorgabe „maximale Eigenversorgung" der Bewohner mit selbst produzierter Energie oberste Priorität. Eigenstrom wird in jedem Fall im Haus zuerst verwendet: Heizung/Kühlung, Lüftung, Komfortstrom, allgemeine Stromversorgung (Lift, Garagentor, Treppenbeleuchtung et cetera).
Danach werden die Speicherbatterien bis zum Gehtnichtmehr aufgeladen – für die Eigenversorgung nach Sonnenuntergang. Dann erst wird der „Rest" ins Netz eingespeist. Bei der starken PV-Leistung des SonnenparkPLUS waren das allein im ersten Jahr 20.000 Kilowattstunden.

In den wichtigsten Einzelpositionen heißt das:
➜ 6.500 kWh für die Warmwasserbereitung. Das sind 3,81 kWh je m² Energiebezugsfläche (EBF).
➜ 8.500 kWh wurden für Heizung und Kühlung verbraucht. Entspricht 4,98 kWh pro m² EBF.
➜ 19.000 kWh wurden für Haushaltsstrom gemessen. Das sind 11,14 kWh pro m² EBF.
➜ Die 10.000 kWh für Allgemeinstrom im Haus (entsprechen 5,86 kWh je m² EBF) hat der penible Franz noch in Einzelpositionen untergliedert:
➜ 2.500 kWh für die Lüftungsautomatik,
➜ 3.500 kWh für den Secomat (Wäschetrockner),
➜ 2.500 kWh für den Lift und
➜ 1.500 kWh für Beleuchtung, Garagentor et cetera.
Die Bilanz vervollständigt der im ersten Jahr für E-Mobilität verbrauchte Strom: annähernd 2.000 kWh (entsprechen 1,17 kWh pro m²). »

Die Akteure

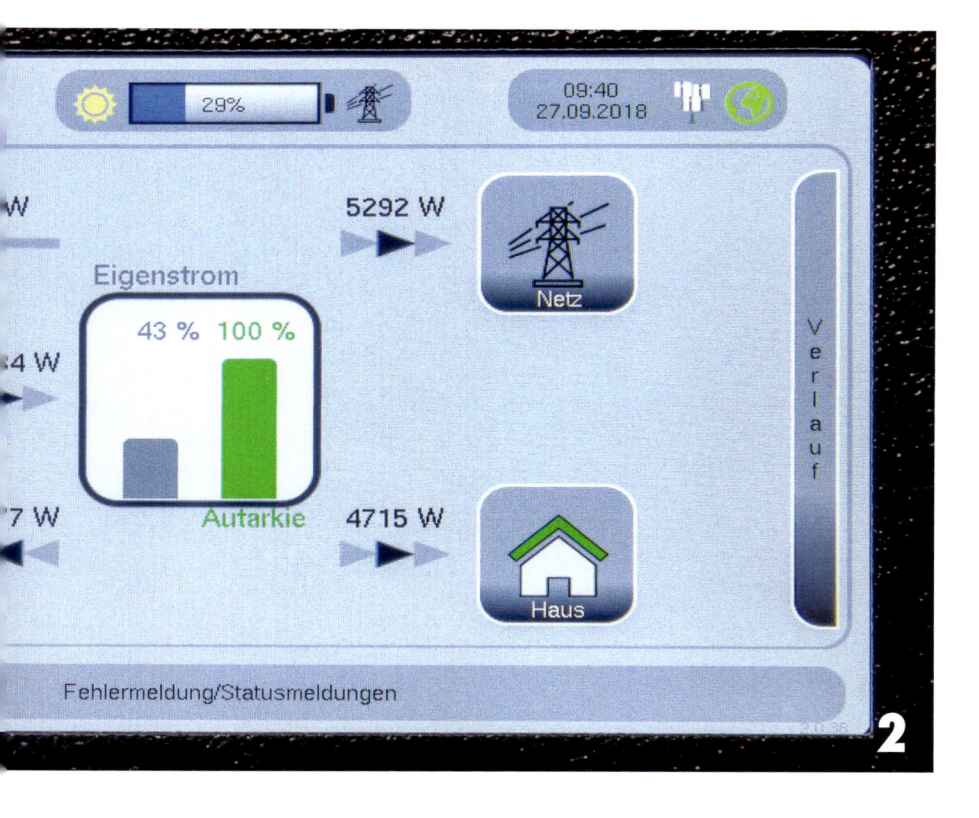

1
Die wahre Kunst des Energieprojekts besteht nicht in der Beschaffung der aktuell stärksten Einzelkomponenten wie PV-Module, Batteriespeicher, Wärmepumpe, Heizung, Lüftung, Smart Grid. Sondern in deren Konfiguration zu einem Gesamtprojekt, zu einem Zusammenspiel, in dem jedes Teil seine eigenen Stärken mit denen der anderen potenziert.

2
Statusmeldung der Hausenergieversorgung in Echtzeit: Monitor des E3/DC-Batteriespeichers. Alle Leistungsentwicklungen werden automatisch aufgezeichnet.

3
Drei E3/DC-Quattroporte-Speicher verschaffen dem SonnenparkPLUS-Gebäude eine Batteriekapazität von 78 Kilowattstunden.

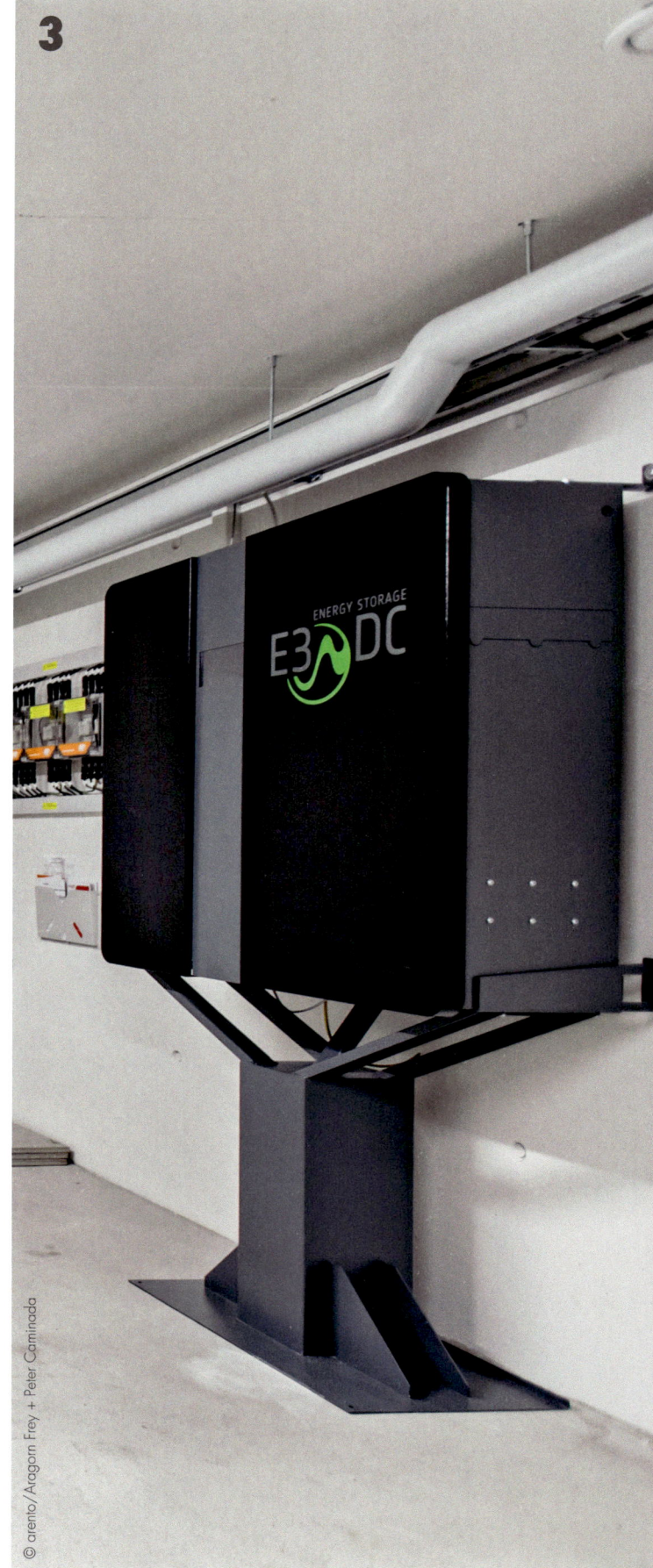

Kapitel 4

Für E-Enthusiasten: Das Energie-Schema SonnenparkPLUS

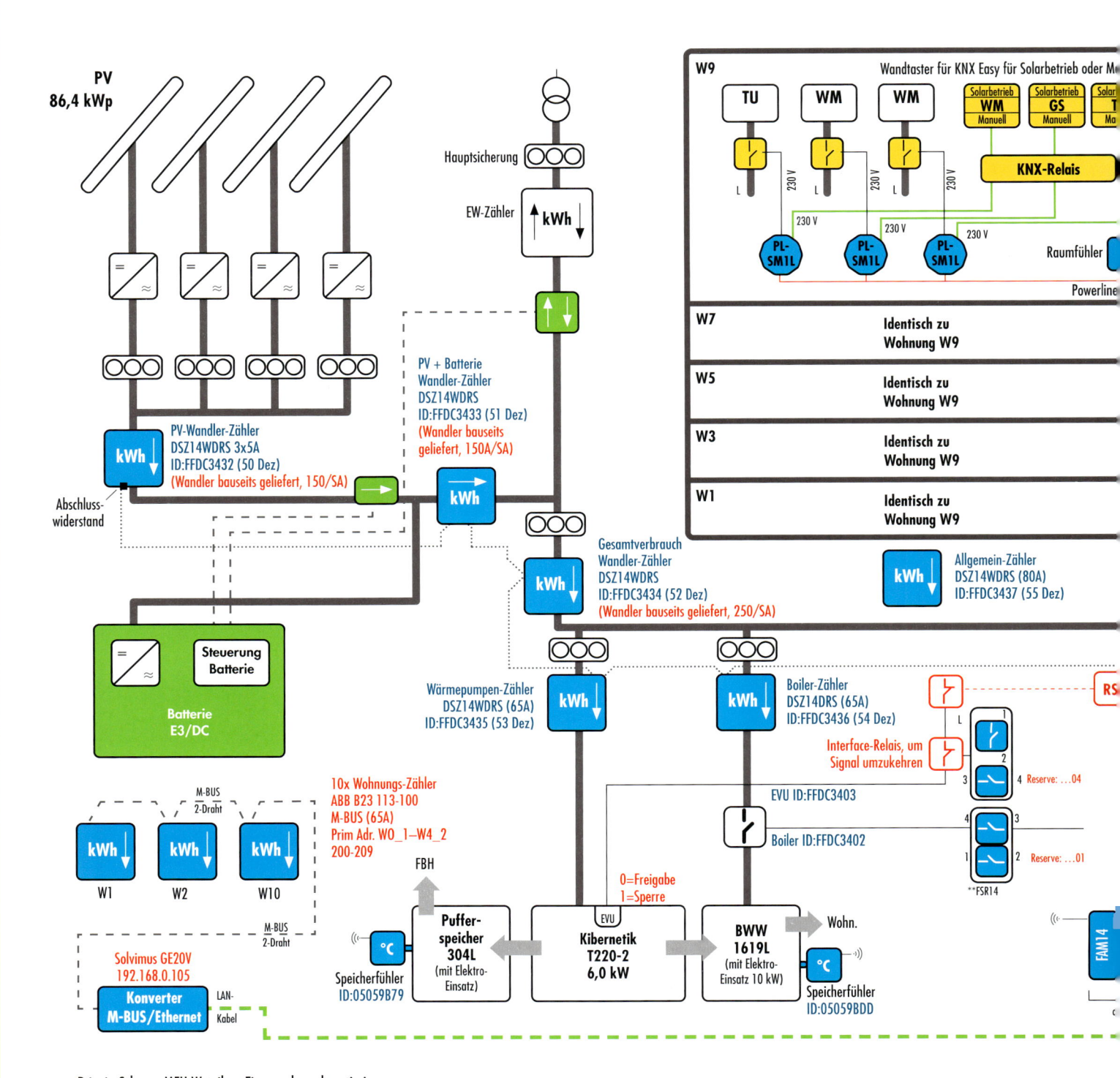

PV 86,4 kWp

Hauptsicherung
EW-Zähler

PV-Wandler-Zähler
DSZ14WDRS 3x5A
ID:FFDC3432 (50 Dez)
(Wandler bauseits geliefert, 150/SA)

Abschlusswiderstand

PV + Batterie
Wandler-Zähler
DSZ14WDRS
ID:FFDC3433 (51 Dez)
(Wandler bauseits geliefert, 150A/SA)

Gesamtverbrauch
Wandler-Zähler
DSZ14WDRS
ID:FFDC3434 (52 Dez)
(Wandler bauseits geliefert, 250/SA)

Allgemein-Zähler
DSZ14WDRS (80A)
ID:FFDC3437 (55 Dez)

Wärmepumpen-Zähler
DSZ14WDRS (65A)
ID:FFDC3435 (53 Dez)

Boiler-Zähler
DSZ14WDRS (65A)
ID:FFDC3436 (54 Dez)

Batterie E3/DC
Steuerung Batterie

W9 — Wandtaster für KNX Easy für Solarbetrieb oder M...
TU / WM / WM
Solarbetrieb WM Manuell / Solarbetrieb GS Manuell / Solar...
KNX-Relais
PL-SM1L (x3)
230 V
Raumfühler
Powerline

W7 Identisch zu Wohnung W9
W5 Identisch zu Wohnung W9
W3 Identisch zu Wohnung W9
W1 Identisch zu Wohnung W9

Interface-Relais, um Signal umzukehren
EVU ID:FFDC3403
Boiler ID:FFDC3402
**FSR14
Reserve: ...04
Reserve: ...01
RS...
FAM14

10x Wohnungs-Zähler
ABB B23 113-100
M-BUS (65A)
Prim Adr. W0_1–W4_2
200-209

W1 / W2 / W10
M-BUS 2-Draht

Solvimus GE20V
192.168.0.105
Konverter M-BUS/Ethernet
LAN-Kabel

FBH
Pufferspeicher 304L
Speicherfühler ID:05059B79

0=Freigabe
1=Sperre
Kibernetik T220-2
6,0 kW
(mit Elektro-Einsatz)

BWW 1619L
(mit Elektro-Einsatz 10 kW)
Wohn.
Speicherfühler ID:05059BDD

Prinzip-Schema MFH Wetzikon Eigenverbrauchsoptimierung
Abrechnungssystem mit Privatzähler

© V1.6; J. Trayler/M. Koller; 18.5.2018; www.smart-energy-control.ch

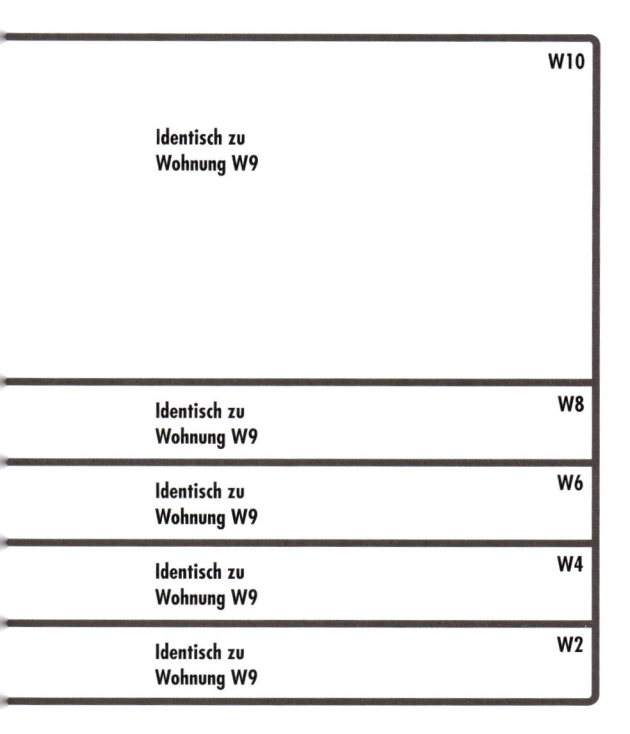

Die Akteure

	W10
Identisch zu Wohnung W9	

	W8
Identisch zu Wohnung W9	

	W6
Identisch zu Wohnung W9	

	W4
Identisch zu Wohnung W9	

	W2
Identisch zu Wohnung W9	

Haupt-Taster F1FT65 ID:FEFB37BF

Enocean Funk FFB32600

E-Manager
- Internet
- LAN 2
- LAN 1
- USB/RS485

Modbus RTU

LAN 1 192.168.0.010

ID:FFDC3401-24 (1–36 Dez)

Garage Switch

MODBUS TCP

Ladestation E-Mobil (Zähler integriert) kWh

Ladestation E-Mobil (Zähler integriert) kWh

E-Mobil 1–4 Wallbe Pro 22 kW NZR EcoCount S85 192.168.0.11–14

4x Ladestation

So sieht intelligente CO_2-Spar-Hightech auf der Hardwareseite aus: Blick in den Elektronikraum im Tiefgeschoss des Hauses

© arento/Aragorn Frey + Peter Caminada

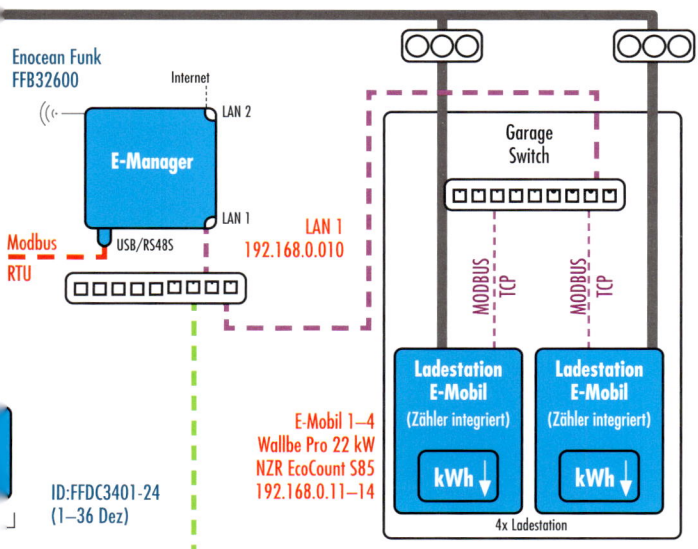

Ueli.

Der (fast) 70-Jährige ist ein Glücksfall. Für dieses Projekt. Für die anderen neun Familien im Haus. Für sich selbst.

Ueli Hirzel und seine Geschwister hatten das Elternhaus geerbt, das an genau dieser Stelle in der Spitalstraße stand. Inmitten eines für heutige Verhältnisse riesigen Obstgartens.

Investoren, Objektentwickler, Immobilienmakler, mit und ohne Spürnase für Zukunft, Markt, Geschäft, boten den Geschwistern unanständig hohe Summen für einen solchen Bauplatz.

Ueli hat anderes im Sinn.

Er ist ein weltkundiger, belesener Feingeist. Stückeschreiber. Theaterregisseur. Zirkusgründer und -direktor.

Wenn so ein Mann nach so vielen Jahren in schönen, aber fremden Gefilden an den Ort seiner Kindheit zurückkehrt, schreibt er HEIMAT und ZUHAUSE mit ganz großen Buchstaben.

Kurzfassung: Ueli Hirzel und seine Geschwister wollen für dieses Stück Heimatboden nicht den Anbieter mit dem höchsten Profitversprechen, sondern den mit der überzeugend besten Hausidee.

Das meint er ernst. Wir haben uns schon viel zu oft an der Natur vergriffen. Einem Schweizer, den die auf immer verschwindenden Gletscher in seiner Bergwelt gleichgültig lassen, sollte man das weiße Plus in der Nationalflagge lebenslang aberkennen …

Sie haben sich gesucht und zum Glück gefunden: Ueli Hirzel und Franz Schnider von der arento.

Ueli hat sich selbst eine Wohnung im SonnenparkPLUS gekauft.

110 Quadratmeter. In der obersten Etage. Durch die gläserne Wand kann er vom Kopfkissen aus die geliebten Alpen sehen, den Tödi-Gipfel.

Alles ist gekommen, wie Franz es ihm versprochen hat. »

Keine Frage des Alters, sondern der ästhetischen Vorlieben: Freiraum, Holz und Sichtbeton, dazu eine Prise Grün als Elemente neuer Wohlgefühle

Die Akteure

Kapitel 4

Es tut gut mitzuerleben, wie achtsam alle Beteiligten dieses Haus errichteten.

Wie achtsam sie zu Werke gingen, bewundert Ueli Hirzel die beteiligten Handwerker heute noch.
Franz hat sie infiziert mit seinen Ambitionen, gerade bei diesem Projekt zu zeigen, was sie draufhaben.
Achtsamkeit im Umgang mit sich und mit allem.
„Wir hatten zwei heiße Sommer – und im Haus war es angenehm kühl. Wir hatten einen harten Winter – und drinnen war's wohlig warm", beschreibt Ueli Hirzel, wie Alltagserfahrungen allmählich die anfängliche, natürliche Skepsis des Gewohnten gegenüber innovativer Haustechnik-Konfiguration überwogen.
Ein intelligentes Energiemanagement signalisiert dem Bewohner, wann der Geschirrspüler kostenfrei aus dem vollen Stromspeicher schöpft oder der Tumbler die Wäsche trocknet – und wann nicht.
Energetisch wird das Haus als Eigenverbrauchsgemeinschaft (EVG) betrieben. Das ist eine ziemlich neue Schweizer Möglichkeit für Mieter und Eigentümer, den vom Haus selbst produzierten Solarstrom direkt zu nutzen, zu kaufen und zu verkaufen. Zwischen den Bewohnern und der Solaranlage darf dabei kein Netz eines Energieversorgers liegen. Nach außen tritt allein die EVG als Kunde des Stromversorgers auf. Es gibt nur einen einzigen Anschluss an das öffentliche Netz, aus dem die Gemeinschaft zusätzlichen Strom beziehen und in das sie überschüssigen Solarstrom einspeisen kann.
Alle Bewohner haben nach außen einen gemeinsamen Energiezähler, jede der zehn Wohnungen freilich auch einen für den eigenen Verbrauch. »

1
Offenheit ist das A und O dieses Raumkonzepts.

2
Die Glaswand zum Bad ist mutig, aber Ueli-konsequent.

3
Balkonblick ins Grüne

Kapitel 4

Durch die bodentiefen Fenstertüren kann Ueli von jedem Platz im Raum, sogar vom Bett aus, die geliebten Alpen mit dem Tödi-Gipfel sehen.

Die Akteure

So sieht zum Beispiel Ueli Hirzels Jahres-Energieabrechnung aus:
- 100 CHF Stromverbrauch Wohnung;
- 164 CHF Heizung/Kühlung/Warmwasser;
- 63 CHF Anteil Hausverbrauch allgemein;
- 16 CHF Elektro-Pkw.

Total also 343 CHF. Von denen vertragsgemäß 175 CHF in den Unterhaltsfonds der Hausgemeinschaft für die Energietechnik fließen.

Ueli überweist also nur 168 CHF jährlich an den Energieversorger. Sensationell mickrige 14 CHF im Monat.

Aber er ist unzufrieden. Am liebsten möchte er gar nichts mehr an einen Energieversorger zahlen. Vielleicht lässt sich dieser Wunsch mit noch einem Batteriespeicher mehr erfüllen, überlegt Franz Schnider.

Ohne klimaneutrale Gebäude wird es keine klimaneutrale Schweiz geben.

Fassen wir nochmals zusammen: Dieses SonnenparkPLUS-Haus in Wetzikon wird vom ersten Tag an klimaneutral bewohnt. Es erspart CO_2 in bisher nicht gekannten Größenordnungen: 46,44 Tonnen – pro Jahr! Rechnerisch übertreffen seine CO_2-Einsparungen nach etwa 28,5 Jahren Nutzung die für die Errichtung des Gebäudes benötigten CO_2-Emissionen.

Ohne solche wirklich klimaneutralen Gebäude wird es keine klimaneutrale Schweiz geben. Dafür dürfen die Besten der Neuen gern klimapositive Maßstäbe setzen. «

arento stellt den SonnenparkPLUS-Bewohnern einen Elektro-Pkw fünf Jahre kostenlos zur Verfügung. Auswertung des ersten Nutzungsjahrs:
- 5.332 km gefahren
- 293 Einsätze (bis zu 4 pro Tag)
- durchschnittlich 18,2 km/Einsatz
- dafür 1.150 kWh aus dem Hausnetz geladen
- 1.012 h gebucht

ONLINE
- Das Video über Franz, Ueli und das SonnenparkPLUS-Haus

https://www.youtube.com/watch?v=ADDpobrEHbc

Kapitel 4

Ausweitung der Denkzone

Die Akteure

Holger Laudeley hat früh gemerkt: „PV-Anlagen sind ganz nett. Aber das zentrale Element der Energieprojekte sind für mich Speicher."

Holger Laudeley, Laudeley Betriebssysteme, Ritterhude, Niedersachsen

35.700.000 kg CO_2 vermieden 2007–2021*

mit 51.000.000 Kilowattstunden Solarstrom

* Laut Fraunhofer-Institut ISI ist für den Zeitraum von 2012 bis 2021 ein Emissionsfaktor von durchschnittlich 481,8 g CO_2/kWh anzusetzen. Holger Laudeley bezweifelt diese Zahlen; er rechnet mit 700 g CO_2/kWh.

© Hans-Rudolph Schulz

Für Holger Laudeley ist die Energiewende eine sehr persönliche Angelegenheit. Seine Projekte adeln ihn als Vor- und Querdenker der Branche. Vom Selbstversorger-Einfamilienhaus bis zum netzunabhängigen Gutshof ist alles dabei. Der Entrepreneur hat früh begonnen, das große Tagwerk ist aber längst noch nicht erledigt.

Sind Sie als Weltverbesserer unterwegs?
    HOLGER LAUDELEY: Ja. Nur das macht Sinn.

Ihr Lebensmotto?
    Sollte ich eines Tages gefragt werden: Was hast du getan?, will ich sagen können: Alles, was in meiner Macht stand.

Sind Sie Idealist oder Realist?
    Ein handfest pragmatischer Idealist. Wenn der grüne Strom nicht ausreicht, bringe ich auch mal fossiles Erdgas ins Spiel.

Wie finden Sie Greta Thunberg?
    Schönschlimm. Gut, wie sie mit anderen jungen Leuten Dampf im Kessel macht. Schlimm, dass frustrierte Youngster Alarm schlagen müssen, damit wir endlich unsere Scheuklappenmentalität ablegen. Wir gehören zu der Generation, die historisch den größten CO_2-Abdruck hinterlässt.

Wie sieht Ihr eigener ökologischer Fußabdruck aus?
    Ich darf mich entspannt zurücklehnen. Ich fliege nicht. Jeans und Jacketts halten bei mir ewig. Ich fahre, seit es sie gibt, E-Autos, grundsätzlich mit Sonnenstrom. Ich beglücke die Umwelt mit 54 PV-Anlagen. Deren 3,5 Millionen Kilowattstunden grüner Strom mal 0,7 – jede Kilowattstunde spart 700 Gramm CO_2 ein – gleich 2.450.000 Kilogramm. Fast 2.500 Tonnen CO_2-Ersparnis. Jedes Jahr. »

\# \# \#

Holger Laudeley ist ein Mann der ersten Stunde in der E3/DC-Connection. Er hat Feldtests gemacht, auf Ideen gebracht, Macht-doch-mal-Ansinnen gestellt. Beispiel Quattroporte. Ohne einen solchen modularen Speicher würde es eng werden im Nachrüstungsbereich über 10 Kilowattstunden. Was muss wie funktionieren?, haben sich die Herren Piepenbrink und Laudeley während der drei Jahre Entwicklungszeit immer wieder abgefragt. Mit Diskussionslautstärken nach oben offen. Wie das eben so ist, wenn sich zwei leidenschaftliche ingenieurtechnische Hochkaräter ins Detaildickicht begeben. Der Quattroporte sei ein Maserati mit vier Türen – mehr Bestnote kann ein Gerät von Oldtimer-Sammler Holger Laudeley nicht erwarten.

# # #

Wenn Sie ein Gebäude energetisch fit machen, finden sich garantiert welche Komponenten?

Photovoltaik, Speicherbatterie oder Blockheizkraftwerk mit Hubkolbenmaschine. Plus Wärmepumpe für die Brauchwassererwärmung – ausschließlich dafür. Das Paket verkauft sich wie geschnitten Brot.

Speicher sind Pflicht bei Ihren Projekten?

Unbedingt. Ich habe früh gemerkt: PV-Anlagen sind ganz nett, aber längst nicht die Lösung. Das zentrale Element sind für mich Speicher. Deshalb war ich auch sofort Fan von E3/DC, als die sich am Markt bemerkbar machten. Speicher steigern nicht nur die Rentabilität der Photovoltaik-Anlage in Gebäuden, sie entschärfen auch das Problem der fluktuierenden Einspeisung von Solarstrom ins öffentliche Stromnetz.

Auf Wärmepumpen stehen Sie eher nicht so.

Ich habe gute Gründe für meine Animositäten. Erstens: Die Wärmepumpe muss in einem Haushalt mit berufstätigen Menschen ackern, wenn das Dach kaum Solarenergie liefert. In den Morgen- und Abendstunden. Sie kann sich dann nicht ausreichend beim Eigenstrom bedienen. Sondern muss aufs Netz ausweichen. Zweitens stecke ich 1 Kilowattstunde Strom in die Wärmepumpe rein, um gerade mal 3 bis 5 Kilowattstunden Wärme rauszuholen. Hallo? Je niedriger die Außentemperatur, desto schlechter wird die Arbeitszahl. Irgendwann heizt man dann, wie beschrieben, schlimmstenfalls mit Netzstrom über Heizpatronen.

Bei einer Erdwärmepumpe verbessert sich der Ertrag auf 1:5. Aber Sie müssen bohren. Bei uns in der Gegend kostet eine Bohrung etwa 6.000 Euro. Für ein Einfamilienhaus sind drei nötig, um die notwendige Leistung zu sichern.

Rechnen Sie drittens mal durch: Auch die kleine Wärmepumpe ist Bestandteil vom großen Stromkosmos, das darf man nicht ignorieren. Wenn das Kraftwerk 1 Kilowattstunde auf die Reise schickt, kommen in unseren Steckdosen 0,30 Kilowattstunden an. Wir gönnen uns in Deutschland nämlich ein völlig ineffizientes Stromsystem. Aus dieser mageren Ausbeute wird dann eine ineffiziente Wärmepumpe betrieben. Sorry, für mich ist das ein technisches und betriebswirtschaftliches Desaster.

Wärmepumpen sind in Neubauten Standard, sie werden von der KfW gefördert.

Die Industrielobby hat sich halt durchgesetzt. Wärmetechnisch haben sich die Neubauten von heute deutlich gegenüber ihren Vorgängern verbessert, der Energieaufwand fürs Heizen ist bedeutend geringer. Aber er ist existent. Wenn wir in Deutschland alle mit Wärmepumpen heizen, bricht die Stromversorgung zusammen.

Folgt Ihnen die Kundschaft in Ihrer Wärmepumpen-Aversion?

Wenn Bauherren zu uns zur Beratung kommen, sind sie in der Regel bereits von ihrem Architekten oder Bauunternehmer gebrieft, die Wärmepumpe ist im Projekt fixiert. Dann bringe ich das schöne Gebilde mit meinen wärmetechnischen und betriebswirtschaftlichen Bedenken zum Einsturz.

Wie viele Leute schwenken um?

Die Quote ist: Nach zehn Beratungsgesprächen beauftragen uns acht mit dem Energieprojekt. Vier bleiben bei der Wärmepumpe, vier entscheiden sich für unser komplettes Paket.

Was gefällt Ihnen denn so viel besser am Blockheizkraftwerk?

Blockheizkraftwerke werden schnell mal überdimensioniert, ich präzisiere also wie folgt: Ich mag Mikro-BHKW. So klein wie möglich. Um die Störenfriede November, Dezember, Januar, Februar auszuhebeln. Dann ist nämlich größte Heizperiode, aber kleinste Ausbeute vom Dach. Netzeinspeisung finde ich uninteressant, die lohnt sich nicht. Das BHKW soll nur die Eigenversorgung absichern. An seinem Wirkungsgrad gibt es nichts zu mäkeln. Den Strom, den es nebenan im Hauswirtschaftsraum erzeugt, stellt es zu 100 Prozent zur Verfügung. Und es gibt ein Konstrukt, die vergleichsweise höheren Anschaffungskosten steuerlich über 10 oder 20 Jahre abzuschreiben. Außerdem holt man sich noch die Mehrwertsteuer für die Heizungsanlage zurück. In diesem Fall ist allerdings die Netzeinspeisung gesetzlich vorgeschrieben: Das Blockheizkraftwerk wird energetisch wie eine Heizanlage behandelt, die Stromerzeugung für die Eigenversorgung und die Einspeisung ins Netz sind inklusive.

Das BHKW benötigt Gas. Fossiles Gas klingt nach Rolle rückwärts. Es ist das Gegenteil

Die Akteure

Holger Laudeley: „Um ein dezentrales Energiesystem in Deutschland zu installieren, braucht es professionelle Intelligenz. Beim Projektentwickler, beim Handwerker."

© Hans-Rudolph Schulz

Auch unverwüstlicher Arbeitsfuror muss mal Pause machen. Dann fährt Holger Laudeley mit einem seiner zwölf Motorräder durch heimische Landschaften, Maximaltempo 100. Oder er schippert mit Freunden auf dem Kahn, den sie gemeinsam wieder Weser- und Wümmetauglich gemacht haben. Oder er besucht seine Hi-Fi-Sammlung – 800 exzellente Sammlerstücke –, die bei einem Freund im Keller untergebracht ist. Beispielsweise.

\#\#\#

Laudeley Betriebstechnik war 2009 die erste Firma, die bei der Bundesnetzagentur neben der bis dato üblichen PV-Anlage zur Volleinspeisung eine zum Eigenverbrauch angemeldet hat. Sie haben eine Photovoltaik-Anlage für Balkone, ein sogenanntes Balkon-Kraftwerk, erfunden. Und zusammen mit der Deutschen Gesellschaft für Sonnenenergie und Greenpeace Energy gleich auch noch ein neues Regelwerk zum Netzanschluss dieser Balkon-Kraftwerke erkämpft. Sie fahren E-Auto, seitdem es am Markt ist. Sie sind gern der Erste?

Ja. Hinterherstolpern ist nicht meine Gangart.

Woher rührt dieser Vorwärtsdrang?

Keine Ahnung. Schon als Kind habe ich posaunt: Ich werde mal Chemiker oder Elektriker. Mit acht habe ich meinen ersten Chemiekasten bekommen und mich völlig allein in die Materie reingelesen. Ohne Internet! Ich kann mir gut Dinge selbst beibringen. Mit 14 habe ich zu meinem Vater gesagt: Lass das Taschengeld mal stecken, das reicht hinten und vorne nicht für die elektrotechnischen Sachen, die ich brauche. Damit ich mir die kaufen kann, habe ich gemeinsam mit einem Kumpel dann an den Wochenenden als DJ mein Salär aufgebessert.

Einen Urknall löste in meinem Kopf eine doppelseitige Grafik in der „Hobbythek" aus, meiner Zeitschriftenbibel. Totale Science-Fiction: Wie die Welt mal ticken könnte. Das war 1979. Meine Kumpels grinsten in sich hinein, wenn ich ihnen von Sonnenzellen – so hießen damals PV-Anlagen – und Wasserstoff vorschwärmte, mit denen Strom erzeugt werden würde. »

\#\#\#

von CO_2-Drosselung. Experten sehen den aktuell steigenden Einsatz von Erdgas, das oft als Brückentechnologie ins Zeitalter der erneuerbaren Energien verkauft wird, als problematisch an.

Es ist eine Übergangslösung bis zur Wasserstoff-Ära. Ich bin fest überzeugt, dass wir in 10 bis 15 Jahren mittels Hydrolyse Wasserstoff herstellen. Das Gasnetz könnte dann eine zweite Karriere als Speicherplatz für CH_4 erleben. Wenn erst mal eine Entwicklung losgetreten ist, dann überschlagen sich die Ereignisse. Seine Speicherfähigkeit macht grünen Wasserstoff zum wichtigen Player der Energiewende. Ich will jetzt nicht auf Teufel komm raus Erdgas schönreden, es ist ein Kompromiss. Aber der Transport durch das Leitungsnetz – übrigens das beste der Welt – ist weniger verlustbehaftet als der von Strom. Gas beweist sich als guter Energieträger.

BHKW oder Wärmepumpe – ist es ein Streit zwischen Glaubensbrüdern?

Wir sind uns in der Branche arg uneins in diesem Punkt. Die Stromfreaks unter meinen Kollegen blenden BHKWs völlig aus. Die Wärmepumpen-Community ist eindeutig größer, ich bin eher eine Randerscheinung.

\#\#\#

Was, ihr seid nur vier Leute? Ein Standardwundern, das Holger Laudeley nicht nur während der TGA-Award-Verleihung erlebt. Die Dimensionen seiner Projekte und das sehr übersichtliche Firmenpersonal – irgendwie diskrepant? Es funktioniert. Eine weitere statistische Besonderheit: Die Hälfte der Firmenmitarbeiter sind Ehepartner.
Als Holger Laudeley seine Cornelia lieben und schätzen lernt, ist sie eine ausgebildete mathematisch-technische Assistentin. Während das Paar sein Wohnhaus im Gewerbegebiet Ritterhude baut, Frau Cornelia das Tun des Fliesenlegers kritisch beäugt, um schließlich selbst zu übernehmen, schwant ihrem Holger: Wow, er hat eine handwerkliche Begabung geheiratet. Diese Begabte klettert nun schon seit Jahren unverdrossen als PV-Anlagen-Installateurin auf Dächer, die ihr Mann zuvor geplant hat.
Eine perfekte Symbiose von Praktikerin und Theoretiker.

Kapitel 4

Beruflich und privat ein Paar: Cornelia und Holger Laudeley. Das Gebäude mit PV-Fassade ist Wohnhaus und Firmensitz zugleich.

Der Stammbaum der Laudeleys erzählt über elf Generationen von selbstständigen Unternehmern. Waffenschmiede, Autoschrauber, Wohnungsverwalter, die ganze Geschäftspalette. Lediglich Holger Laudeleys Vater durchbricht als Angestellter kurzzeitig die Familientradition. Wer Elon Musk, Steve Jobs, Bill Gates, Paul Allan, die wandelnden Thinktanks des Fortschritts, zum Vorbild hat, weigert sich schon beim ersten Morgenkaffee, die gewohnte Ordnung der Dinge hinzunehmen. Logischer Querdenker, penibler Datensammler, notorischer Kritiker, Träumer? Was davon trifft auf ihn zu?
Alles, findet Holger Laudeley.

#

Ihre erste PV-Anlage?

Die habe ich Mitte der Achtziger auf ein Ferienhaus gebaut. Telefunken produzierte damals tatsächlich für ein paar Irre Module, die damit herumexperimentierten. Das Problem waren die Wechselrichter. SMA Solar Technology fing gerade an, der Markt bot noch nichts Ordentliches. Also verwendete ich eine Lösung aus meiner Seefahrtszeit beim Bund: mechanische Wechselrichter. Der Gleichstrom vom Dach treibt einen Motor an, der einen Generator, der den Drehstrom liefert. Sie erinnern sich? Physikunterricht, Leonardsatz. Immerhin reichte die Stromausbeute für einen Kühlschrank und ein paar Halogenlampen.

Das nächste Anfängerprojekt war dann schon eine Sonnenzellen-Anlage mit Netzeinspeisung. Der Kunde, von Beruf Erbe, konnte sich die 35.000 DM leisten, die ein Kilowattpeak damals kostete. Die Module hat mein Vater über seine Kontakte in die USA von ASE besorgt, den Wechselrichter musste ich aus der Not heraus selbst konstruieren. Ich habe meinem Ausbilder vorgeschlagen, ihn als Meisterstück zu bauen, der hat das erfreulicherweise abgesegnet.

Sie haben vor 26 Jahren Ihre Betriebstechnik-Firma gegründet. Man könnte denken, Sie haben es gestern getan, so beseelt sprechen Sie über Ihre Arbeit.

Wir sind keine klassischen PV-Anlagen-Bauer. Wir planen und bauen komplexe Systeme, treiben aber auch das Geschehen rund ums Wohnen voran. So wird es nie langweilig. Beim Mehrfamilienhaus Janssen beispielsweise haben wir nicht nur die energetische Ausstattung übernommen. Wir haben dem Architekten ein Blechdach eingeredet, weil es den geringsten Aufwand für eine PV-Anlage bedeutet. Und wir haben die Idee mit der Mieten-Flatrate – sie deckt alle Nebenkosten mit ab – umgesetzt.

Ein immerwährender Streit zwischen Nachhaltigkeitsaktivisten: Wie groß darf der Aufwand für ein bestimmtes Ergebnis sein, um ihn zu rechtfertigen.

Von welchem Aufwand reden wir? Wir setzen nur Standardtechnik ein. Es ist alles am Markt verfügbar. Wir führen auch keine Materialschlachten. Bleiben wir mal beim Neubau: Eine Heizung muss in jedem Fall sein. Unser Mikro-BHKW ist

Die Akteure

eine Standardheizung, die nebenbei sogar noch Strom erzeugt. Eine PV-Anlage erfordert, ich wiederhole mich, einen Speicher, sonst macht sie keinen Sinn. PV, stromerzeugende Heizung, Speicher – diese drei Dinge noch leistungsmäßig für das konkrete Objekt optimieren, das war's schon.

Die CO_2-Bilanz ist gleichfalls passabel. Wir verwenden nur in Deutschland hergestellte Komponenten. Ausgereifte Produkte mit einer verlässlich langen Lebensdauer. Ein PV-Modul von heute ist durch seine aktive Emissionseinsparung nach anderthalb Jahren raus aus der CO_2-Bilanz. Bei den älteren dauert das noch etwas länger. Nicht zu vergessen: Bei allem, was wir in Deutschland produzieren, ist zu 46 Prozent erneuerbare Energie im Spiel.

#

Während der Rettungswagen ihn mit Blaulicht und Verdacht auf Herzinfarkt ins Krankenhaus fährt, hat Holger Laudeley wenig Neigung, auf sein stolperndes Herz aufzupassen. Für wichtiger hält er es, den Notarzt aufzuklären, wie viel besser PV-Anlagen die Welt machen. Ein paar Tage später steht jener Arzt, Dr. Henne, an seinem Krankenbett auf der Intensivstation. Geht es Ihnen besser?
Ach, übrigens, ich habe drei Häuser geerbt, die müssen dringend energetisch saniert werden …
Notfallaktionen mit Happy Ends. Der eine, Dr. Henne, rettet dem anderen das Leben, der andere, Holger Laudeley, rettet ihm die Häuser in die Zukunft.

#

Reden wir mal übers Geld. Ihr favorisiertes Technikpaket ist für ein Einfamilienhaus kaum unter 50.000 Euro zu haben. Das kann Bauherren, die auch noch hohe Grundstücks- und Hausbaukosten stemmen müssen, an die Schmerzgrenze führen.

Der Schreck über die Investitionssumme lässt sich mit einer Gegenrechnung entschärfen. Nehmen wir mal als gesetzt: Ein Gebäude in Deutschland hat eine Lebenszeit von 80 Jahren. Die Betriebskosten machen in diesem Zeitraum 90 Prozent aus, auf die Errichtung des Hauses entfallen 10 Prozent. Man kann dieses Verhältnis positiv verändern: Ich gebe am Anfang mehr Geld aus, um dann 80 Jahre lang die Betriebskosten unter Pillepalle zu verbuchen.

Bestes Beispiel ist unser eigenes Wohn- und Geschäftshaus in Ritterhude, in dem wir seit 1998 leben. Es ist üppig mit Technik bestückt – ich wollte nicht nur energetisch unabhängig werden, sondern auch Grundlagenforschung für meine Arbeit betreiben. Das Haus hat bis heute durch seine enormen Potenziale 245.000 Euro verdient.

Stören bei den Investitionskosten also nur noch die Banken, die für ihre Kreditvergabe an die Bauherren eine Summe x Eigenkapital erwarten.

Wenn die Finanzierung schwierig wird, würde ich lieber auf ein paar Quadratmeter Haus oder Grundstück verzichten und mich auf den klimaneutralen Weg begeben.

Gut gebrüllt, Löwe.
Ich predige nicht den Verzicht. Sondern: Ich bin Klima, du bist Klima, wir sind Klima. Oder?

#

Energie ist eine Konstante in Holger Laudeleys Leben. Mal diese, mal jene. Am Abendbrottisch in Kindertagen gibt es ein Vater-Sohn-Dauerthema: Antriebstechnik, speziell für Raketen. Der Vater gehörte zur Entwicklungscrew der Ariane 1.
In der Pubertät bastelt Holger Laudeley nach einer Anleitung in der „Hobbythek" einen Biogas-Reaktor. Und merkt dabei: Wind und Strom sind absolut mein Ding. Kernkraft geht gar nicht. Was er auch kundtut und sich mit Gleichgesinnten in Brokdorf an den Zaun ankettet. Bei sieben Grad Außentemperatur! Die blauen Flecken von den Wasserwerfern, mit denen die Polizei auf die Protestanten zielen, halten monatelang.
1982, da ist er hauptsächlich noch mit Unterhaltungselektronik in ihrer edleren Form beschäftigt – etwa Plattenspielern mit drei Armen für 70.000 DM –, gründet der damals 19-Jährige die Laudeley Betriebstechnik. Im heimischen Ritterhude bei Bremen. Mitte der 80er-Jahre taucht er tiefer und tiefer in Energietechnologien ein. Als dann 1990 das staatliche 1.000-Dächer-Photovoltaik-Programm startet, spricht vor allem die Ärzteschaft bei ihm vor. Leute mit Geld, die sich die damals unfassbar teuren PV-Module überhaupt leisten konnten. Seine Marge ist gering, großen Spaß macht es trotzdem. Zu der Zeit ist Strom für Holger Laudeley nicht mehr nur billig oder teuer. Er ist längst auch gut oder böse: grün oder fossil. »

#

Wie definieren Sie klimaneutral für Ihre Branche?

Energiewende meint: Wärmewende, Stromwende, Mobilitätswende. Gebäuden kommt dabei die zentrale Funktion zu. Erster Schritt: Die Gebäude so vom Netz zu nehmen, dass sie theoretisch zwar noch dranhängen – geht ja nicht anders –, sich aber leistungstechnisch verabschieden. Also keine Last mehr fürs Netz sind. Der zweite Schritt: Wir machen damit Platz für die Elektromobilität im Netz, ohne dass das bestehende verändert werden muss. Kleiner Einschub – das wollen die Energieversorger nicht begreifen.
Dritter Schritt: Wir befähigen die Gebäude, ihre Wärmeversorgung möglichst komplett selbst zu übernehmen. Was letztlich nur über Eigengaserzeugung oder Gaserzeugung aus grüner Energie denkbar ist. Nicht über Wärmepumpen.

Wie viele Projekte haben Sie in den 25 Jahren realisiert?

Etwa 3.500.

Ein bunter Mix?

Ich habe mit Klein begonnen und auf Groß, sprich: komplexer, skaliert. Erst das Einfamilienhaus. Als das fertig durchdacht war, folgte das Mehrfamilienhaus. Dann das Quartier. Wenn wir das hinkriegen, gelingt auch ein Stadtteil.

Ist das jetzt Wunsch oder Wirklichkeit?

Beides. Seit E3/DC die Farmtechnologie entwickelt hat, die Möglichkeit, mehrere Geräte zu kaskadieren, kann man legal größer denken. Wir sind aktuell an zwei anspruchsvollen Planungen dran, das sind absolute Borderline-Projekte. Wir erproben hier wirklich etwas völlig Neues: einen Stadtteil mit 60 Gebäuden. Das zweite Projekt ist ein Industriebetrieb mit einer energieintensiven Produktion. Da geht es um 3 Megawatt. Der junge Geschäftsführer will seiner kanadischen Mutterfirma unbedingt energetische Revolution in Europa vorführen. Für den Industriebereich brauchen wir eine funktionierende Hochvolttechnologie. Dann wäre die Speicherpalette von E3/DC rund. Die derzeit verfügbaren Geräte sind ordentliche Arbeitsspeicher. Um die notwendige Ausspeiseleistung – ich spreche von 100 Kilowatt – zu sichern, sind Leistungsspeicher fällig. Netzdienliche. Es gibt mehrere Anbieter am Markt, aber ich möchte unbedingt weiter mit E3/DC kooperieren. Piepenbrink und seine Entwicklungsgang sind einfach die Besten.

Ein Hoch auf das, was vor Ihnen liegt.

Da gibt es noch ein paar andere Brocken. In die immer komplexeren Projekte gehören entsprechende Dienstleistungen. Stichwort Zählung. Wie kann es sein, dass ein Netzbetreiber den Strom, den er liefert, selbst zählen darf? Diese Frage rüttelt an den Grundfesten deutscher Energiewirtschaft. Glücklicherweise gibt es seit 2009 Discovergy, von diesen Smart Metern überzeugen wir immer öfter Gebäudeeigentümer. Die intelligenten Zähler mit detaillierter Verbrauchstransparenz konkurrieren mit den Zählern der Netzbetreiber und nehmen ihnen ein Stück weit ein sicheres, unaufwendiges

Ehre + Freude: Holger Laudeley (ganz links) und seine Frau Cornelia (daneben) bei der Verleihung des TGA-Awards 2018

Geschäft weg. Bei einem 16-Mietparteien-Haus macht das 16 Zähler. Die kosten im Einkauf 15 Euro pro Stück, die Jahresmiete liegt bei 90 Euro, so ein Zähler wird 30 Jahre alt. Wenn diese Einnahmen aus einem Haus wegfallen, bringt das den Netzbetreiber noch nicht ins Schwitzen. Als Massenerscheinung schon.
Nächster Punkt: Wir brauchen andere Gesetze. Die Durchleitgebühren müssen abgeschafft werden. Die Rendite für die in die Erde eingebuddelten Leitungen liegt derzeit bei 25 Prozent. Die bleiben da 60 Jahre drin, das ist ein lukratives Geschäft für den Netzbetreiber. Die Schwierigkeit für Fortschrittsdenker, die ihren selbst erzeugten grünen Strom gern nachbarschaftlich teilen würden und dafür die Leitungen brauchen: Der Netzbetreiber bremst sie aus, sobald die Grundstücksgrenzen verlassen werden. Der öffentliche Raum ist vermintes Gelände. Dabei gäbe es eine Lösung, die dieser „alten" Energiewelt ihre Existenz sichert: leistungsbezogene Hausanschlüsse ohne Durchlassgebühr. Wünsche ich einen 10-Kilowatt-Hausanschluss, zahle ich für die 10 Kilowatt. Und ich könnte problemlos meinem Nachbarn Strom abgeben. Mit Blockchain ließe sich dieser Energiehandel bestens steuern. Zugleich schaffen wir damit eine Voraussetzung für ein flexibles, anpassungsfähiges Stromnetz.

Es gilt uneingeschränkte Widerstandspflicht gegen alles, was der Verbesserung der Sache im Wege steht?

Man muss auch mal die rote Linie überschreiten, wenn sich Sinn, Verstand und Gestaltungswillen durchsetzen sollen. Ich rede mit den hiesigen Energieversorgern nur noch über eine Energierechtskanzlei in Berlin. Alle Versuche, sie ins Boot zu holen, mitgestalten und mitverdienen zu lassen, scheitern an ihrer ewiggestrigen Denke. Traurig.

# # #

Holger Laudeleys gelegentlicher Ansageton ist nicht nur niedersächsische Satzmelodie. Er ist auch ein Relikt von zwölf Jahren Bundeswehr. Der Vater hält den Bund für eine pädagogisch wertvolle Einrichtung, um seinen Hallodri-Abiturienten-Sohn zu zähmen. Für den erweist sich das bis dato geschmähte Militär überraschend als ideale Lehranstalt. Dem Elektromeister und dem Schiffsbetriebstechnikmeister fügte er später im Zivilleben noch Meister drei und vier hinzu. Und einen Dipl.-Ing. Seine Dissertation liegt halb fertig in der Schublade. Der Firmenchef müsste sich mal ein paar Monate aus dem Geschäft ausklinken. Mal sehen.
Wer den Kultfilm „Das Boot" wortgetreu mitsprechen kann, für den ist die Zeit auf einem Minensucher Erlebnis pur. Und charakterbildend. Kurs halten. Vom Kapitänleutnant der Reserve ins zivile Geschäftsleben übersetzt: Folge deiner Vision. Vorwärts marsch!

# # #

Sie gehen sehr großzügig mit Ihrem geistigen Know-how um. Sie verschicken auf Nachfrage Projektkonzepte und Berechnungen. Auf YouTube kann Ihnen jeder beim Denken zuschauen. Ihre Kompetenz ist von überzeugender, ansteckender Art, kann man den Reaktionen der Community entnehmen. Und trotz solcher Leute wie Sie treten wir bei der Neuvermessung der Welt immer noch weitgehend auf der Stelle.

Es geht nur so: tatkräftig und ausdauernd auf etwas hinarbeiten. Nicht jedes Problem der Energiewende kann man der großen Politik zuschieben. Manches ist auch hausgemacht. Um ein dezentrales Energiesystem in Deutschland zu installieren, braucht es professionelle Intelligenz. Beim Projektentwickler, beim Handwerker. Bei manchen meiner Projekte habe ich mir wirklich fast den Kopf wund gedacht. Wenn sie dann protokolliert vorliegen, wirken sie plötzlich lächerlich einfach – ein nachvollziehbares Puzzle erprobter Technik. Trotzdem winken Handwerker ab. Dabei ist es dringend nötig, dass sie gewerkeübergreifend agieren. Wie Co-Creatoren, die Regeln nicht als Endpunkt ihres Denkens, sondern als Gerüst sehen. Beim Haus Janssen war der Klassiker zu erleben: Ein Elektriker kümmerte sich um die Gebäudeverkabelung, ein Klempner um die Wärmeversorgung der Wohnungen. Es war anstrengend, zwischen den beiden Schnittstellen zu schaffen.

Haben Sie schon mal etwas total versemmelt?

Ein Kundenprojekt noch nie. Ich würde heute manches etwas eleganter machen als zu Anfangszeiten. Der damalige Stand der Technik gab schlichtweg nichts anderes her. «

ONLINE

- Ein Video über Holger Laudeley:

https://www.youtube.com/watch?v=JUOxt82ggxc

Kapitel 4

Laudeley-Projekt Honda-Händler Wellbrock

In der Pole-

Schickes Glaspalastoutfit für noch schickere Produktshow. Man sieht Motorradhäusern nicht an, dass sie meist energetisches Notstandsgebiet sind. Wir können auch anders, haben die Lilienthaler Honda-Händler Wellbrock entschieden. Und nach der ersten Grüne-Energie-Optimierungsschleife vor zehn Jahren eine zweite gedreht und auf Speed geschaltet: auf Stromspeicher-Farm.

1

Die Akteure

Position

1
Wolfgang Harbusch ist aktiver Rennfahrer und aktiver Grünstromproduzent.

2
1992 gebaut, ist das Honda-Haus jetzt ein energetisches Vorzeigeobjekt.

3
Das nächste Invest ist schon abgemacht unter den Männern: In neun Jahren wird hier Wasserstoff produziert.

Zwei Wolfgangs mit der jungmännerlichen Fixierung auf schnelle Motorräder. Eine stillgelegte Tankstelle. Der eine Wolfgang mit Verkäufertalenten gesegnet, der andere Wolfgang ein begnadeter Schrauber. Ein paar Jahre später sind beide Deutschlands Honda-Händler Nummer eins.

Klingt nach amerikanischem Erfolgsklischee? Selbst schuld, wer das Potenzial norddeutscher Provinz unterschätzt. Die Wellbrock & Co. GmbH mit ihren beiden Geschäftsführern Wolfgang Wellbrock und Wolfgang Harbusch ist in Lilienthal, Anrainer von Bremen, beheimatet.

Eine Honda ist für sie das beste Motorrad ever. Und weil das ein unangreifbarer Glaubenssatz auch für jede Menge anderer Freaks ist, schlossen die Wolfgangs eines Tages die Tankstellentür zu, bauten in einem Gewerbegebiet eine 400-Quadratmeter-Halle, vergrößerten diese kurze Zeit später, zogen wieder um, vergrößerten nochmals ... Bis auf die heute 2.500 Quadratmeter, Baujahr 1992.

Verkaufsraum, Lager, Werkstatt, Leistungsprüfstand, Hochdruckreiniger, Heizungsanlage – alles muss rund um die Uhr auf Temperatur gehalten und ins rechte Licht gesetzt werden. Macht unterm Strich jährlich um die 72.000 Kilowattstunden Strom und 8.000 Kubikmeter Gas. Besser nicht auf die alten Energieabrechnungen schauen, da kann einem nur schwindlig werden.

Wie lautete die Aufgabe?

In jeder spannenden Firmengeschichte finden sich Zäsuren. An solchen Schnittstellen wird häufig ein Cut gemacht, etwas auf den Punkt gebracht, Machbares neu kalibriert. Das Jahr 2009 war so eine Zäsur im Lilienthaler Motorradhaus. „Da begann unsere Wir-sind-die-Guten-Ära", sagt Wolfgang Harbusch. Eines Tages kam Stammkunde Holger Laudeley nämlich ausnahmsweise mal nicht vorbei, um sich ein nächstes Motorrad auszugucken, sondern sprach ein Machtwort: Ihr müsst was gegen euren Energieverbrauchswahnsinn tun.

Okay, tun wir was. Tun klang gut in den Ohren von bekennenden Machern wie Wolfgang Wellbrock und Wolfgang Harbusch. Den Kredit von 400.000 Euro für die Umrüstung auf grünen Strom würden selbst die mit dieser speziellen Materie relativ, sagen wir mal: unvertrauten Banker durchwinken. Firmenkontenstände und Sachkunde der beteiligten Akteure gaben jedenfalls keinen Anlass zur Sorge.

Holger Laudeleys Konzept für den Gebäudekomplex: zwei Photovoltaik-Anlagen. Eine mit 100 Kilowattpeak Volleinspeisung ins Netz, für damals gesicherte 43 Cent pro Kilowattstunde. Die zweite mit »

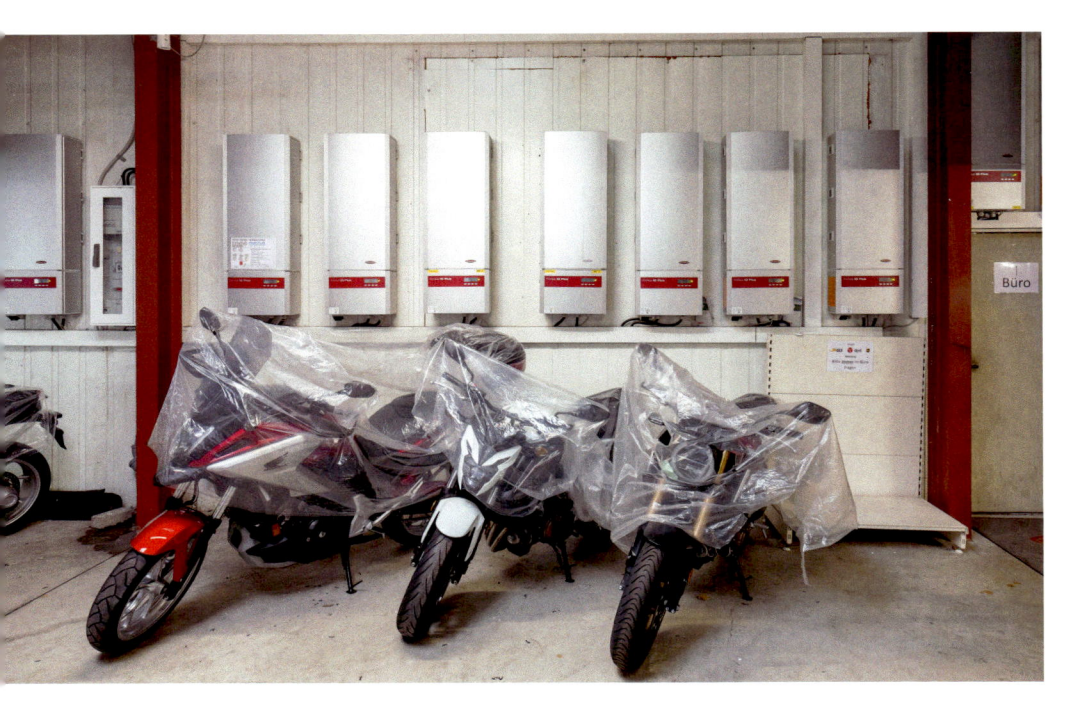

Sehr fotogen: das Schwadron Wechselrichter

Eingespielte Nachbarn: Lüftung, Wärmepufferspeicher, BHKW

30 Kilowattpeak für den Eigenverbrauch und die Überschusseinspeisung. Das neue Gesetz zur solaren Selbstnutzung, in jenem Jahr 2009 frisch verabschiedet, befeuerte solche Zweiteilungsidee.

Moment mal, bremsten die Honda-Geschäftsleute ihren Projektanstifter kurz aus: Warum schicken wir nicht alle Erträge ins Netz? Und verdienen gutes Geld mit gutem Grünstrom?

Weitblick, meine Herren!, hielt Holger Laudeley dagegen. Der Strom aus dem öffentlichen Energienetz könnte irgendwann so teuer werden, dass ihr euch vor eurer 30-Kilowatt-Anlage jeden Tag dankbar verneigt. Speicher? Noch kein Thema. Photovoltaik-Anlagen, Hausanschlüsse verändern – das war das Maximum 2009.

Die Schonfrist für den Weitblick, auf den sich damals alle geeinigt hatten, endete 2019. Eine wirtschaftliche, ökologisch solide, überschaubare Lösung sollte sich in die Premiumklasse aufschwingen dürfen. Was bedeutete: ungleich mehr technische und gedankliche Verästelungen. Das Beziehungsgeflecht der drei Männer Laudeley, Harbusch und Wellbrock taugte auch für diesen nächsten großen Wurf. Wolfgang Harbusch: „Holger glaubt uns, was wir ihm über Motorräder erzählen, wir glauben ihm, was er uns über Energie erzählt."

Zehn Jahre lang hatten die beiden Photovoltaik-Anlagen eifrig sauberen Strom produziert. Wodurch sich, rein finanziell betrachtet, auch der 400.000-Euro-Kredit erledigt hatte. Was nach wie vor gilt, und zwar für weitere zehn Jahre, weil das Gesetz so gestrickt ist: die Einspeisevergütung von 43 Cent pro Kilowattstunde. Die bringen noch mal satte 400.000 Euro.

Die 180.000 Euro, die sich die beiden Wolfgangs in dieser zweiten Runde von der Bank geliehen haben, sind rein bilanziell gesehen also längst eingespielt.

Für 180.000 Euro bekommt man heute Komponenten, die vor zehn Jahren weder existent noch als Prototypen bezahlbar waren. Und eh mit der Laudeley-Denke kollidiert wären: „Ich arbeite nur mit Produkten, die ich für absolut verlässlich halte."

Warum so und nicht anders?

Schauen wir mal, welcher Weg in die Liga der Guten führt:

→ Eine neue PV-Anlage mit 30 Kilowattpeak, die den gestiegenen Eigenverbrauch abdeckt und sich als sehr nützlich erweisen wird, wenn irgendwann E-Motorräder der Normalfall auf unseren Straßen sind. Die Zuspeisung aus dem Netz soll damit Geschichte sein.

→ An der maximierten Selbstversorgung mit Strom vom Dach sind drei Quattroporte beteiligt. E3/DC hat sie eigens für solche gewerblichen Dimensionen und die Speicherung von Wechselstrom erfunden. In der Kaskade verknüpft, bringen sie es hier auf insgesamt 78 Kilowattstunden.

→ Dazu ein spezielles Messsystem mit 13 intelligenten Stromzählern von Discovery, dem Aachener Spezialisten für Smart Metering. Es stellt sicher, dass sich für die verschieden alten PV-Anlagen frühere und neue Einspeisevergütungen fein säuberlich getrennt berechnen lassen.

→ Das Blockheizkraftwerk neoTower Premium S (von der RMB/ENERGIE GmbH) steuert eine thermische Leistung von 18,1 Kilowatt und eine elektrische Leistung von 7,2 Kilowatt bei. Ergänzt durch einen neuen 2.000-Liter-Pufferspeicher. Schon im ersten Winter erfüllten beide vorbildlich ihre Pflicht: Von 6.800 Kubikmeter sank der Gasverbrauch auf 4.000 Kubikmeter.

→ Für die Wärmeversorgung der Verkaufsräume und der Werkstatt wurde die bejahrte (1992 installierte), ineffizient mit Gas betriebene Luftheizung ersetzt, darf aber trotzdem teilweise weiter mitspielen. Nachträglich Rohre zu verlegen wäre ein Wahn-

Zahlen, bitte!

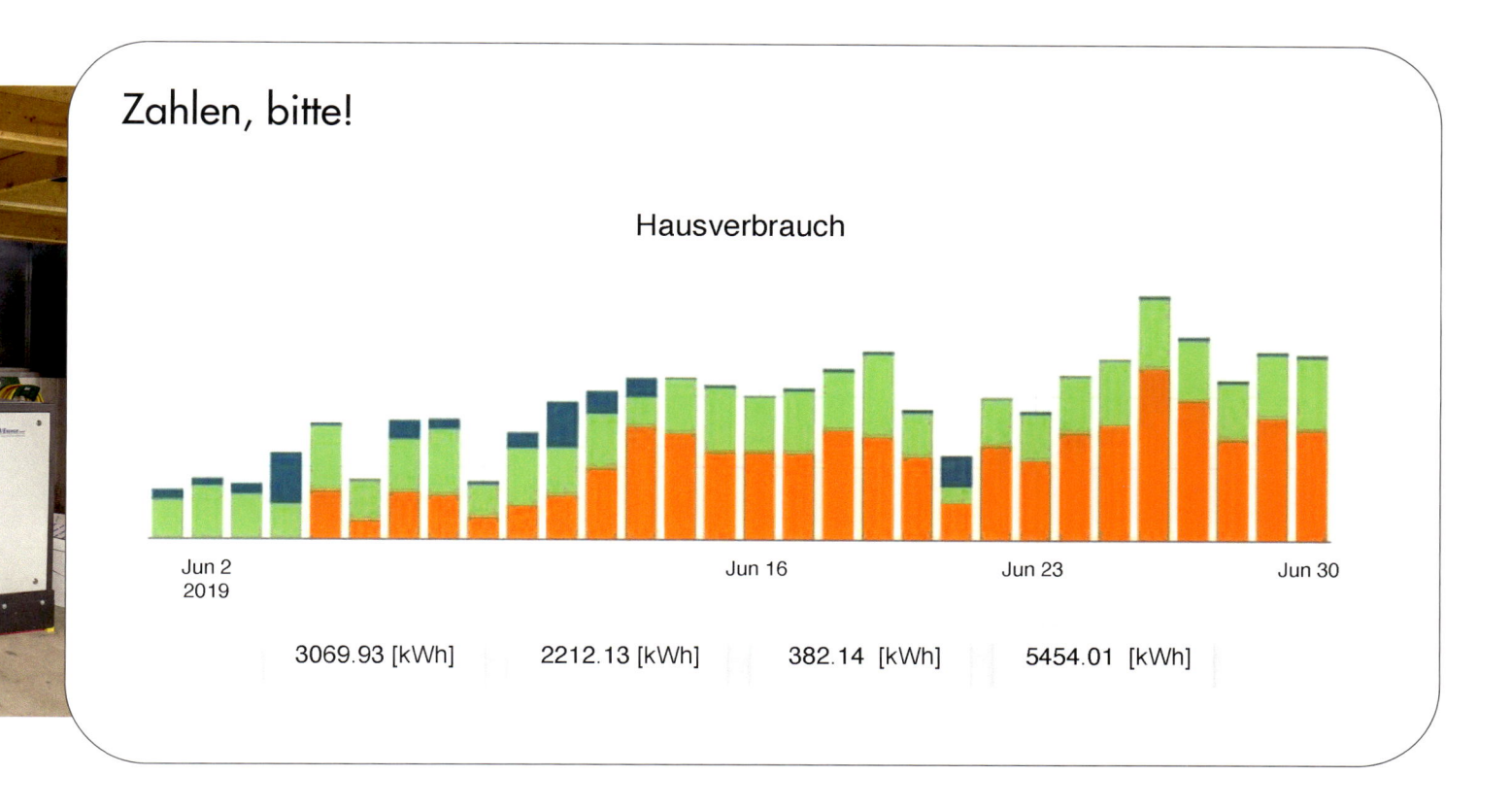

Hausverbrauch

3069.93 [kWh] 2212.13 [kWh] 382.14 [kWh] 5454.01 [kWh]

sinnsakt gewesen. Also schlug Holger Laudeley vor: Wir installieren zwei neue Klimaanlagen, kombinieren sie mit der vorhandenen Infrastruktur der Luftheizung und nutzen sie in Spitzenlastzeiten als Heizung. Ein zusätzlicher Spitzenlastkessel erübrigte sich.

Die Klimaanlage steuert eine elektrische Leistung von 20 Kilowatt und eine Kälteleistung von 60 Kilowatt zum großen Ganzen bei. In superheißen Sommern funktioniert das Zusammenspiel von Solar- und Klimaanlage so ideal wie erhofft: Bevor die 24 Mitarbeiter das Haus betreten, ist der Speicher gut gefüllt. Und die Kundschaft begutachtet bei kochendem Asphalt vor der Tür die Ausstellungsmodelle gern mal etwas länger: Die Temperatur in den Räumen steigt nie über 20 Grad Celsius.

→ Der Hausanschluss wurde komplett erneuert, um mehr elektrische Leistung ein- und ausspeisen zu können.

Was soll noch kommen?

Ingenieurtechnisch nennt sich dieses komplex konfigurierte Gebäudesystem nüchtern Stromspeicher-Farm. Weniger nüchtern: Hier wird der Kammerton der Klage, der seit vielen Jahren die sich dahinschleppende Energiewende begleitet, schlau zum Verstummen gebracht. Bilanziell 100 Prozent Eigenbedarfsdeckung!

Übrigens sind die beiden Wolfgangs nicht nur als Geschäftsleute angefixt vom grünen Outfit ihrer Honda-Dependance. Der eine baut gerade ein neues Mehrfamilienhaus, der andere verfeinert das bereits sanierte Familiendomizil noch einmal. Schick sollen die Häuser werden, komfortabel, aber vor allem Abstand zum öffentlichen Energieanbieter halten. Prinzip Laudeley.

Wie sagte der vor elf Jahren? Weitblick, meine Herren! Inzwischen sind sie auf den in Lilienthal gut trainiert. In neun Jahren will Holger Laudeley nämlich mit dem nächsten Coup in der Tür stehen. Dann soll bei Honda Wellbrock das Zeitalter der Elektrolyse beginnen. Der Gebäudeexperte hat's – so viel Vorfreude darf sein – schon mal durchgespielt. In neun Jahren fällt die 10-Kilowatt-Volleinspeisungsanlage aus der Förderung. Sie kann dann für die solare Selbstnutzung verwendet werden. Was aber nicht nötig ist, es gibt ja bereits ausreichend Strom. „Also machen wir den Schritt, den Greta Thunberg garantiert gut finden würde: Mit der Anlage erzeugen wir Wasserstoff. Über einen Elektrolyseur. Die ersten 18-Kilowatt-Blöcke sind schon am Markt. Mit dem Wasserstoff betreiben wir im Winter das Blockheizkraftwerk, das für die Stromerzeugung gebraucht wird. Wir holen uns im Sommer die Energie rein und verziehen sie in den Winter. Strategische Langzeitspeicherung!"

Dass sie dafür noch mal etwa 100.000 Euro einsetzen müssen, nehmen Wolfgang Wellbrock und Wolfgang Harbusch klaglos zur Kenntnis. Bisher sind alle Rechnungen aufgegangen: technisch, energetisch, finanziell. Und sie mögen das gute Gefühl, wenn Betriebswirtschaft und Weltverbesserungsabsicht so geschmeidig einander ergänzen. «

ONLINE

• „Motorradhändler Wellbrock GmbH wird autark"

https://www.youtube.com/watch?v=MU1lpdDu9Pl

Laudeley-Projekt Einfamilienhaus Schumacher

Energetisch top. Steuerlich top.

Das Ehepaar Schumacher verknüpft sein Leben in der neuen Villa mit einem neuen Nebenjob: Energieproduzent. Für diese Doppelrolle wurde ein Konstrukt gefunden, das selbst Finanzämter durchwinken.

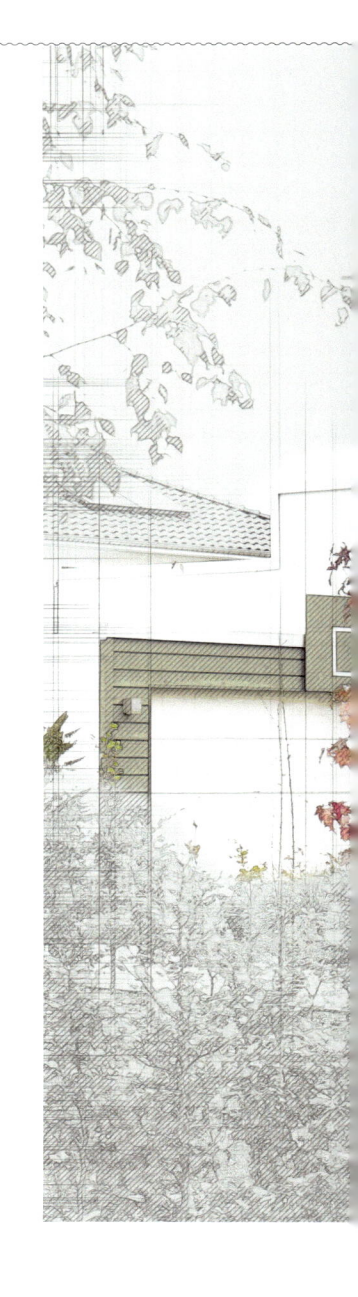

Idyllisches Birkenalleegrün. Stille Nebenstraße. Gediegene Bremer Stadtrandlagenarchitektur. Unter die sich vor zwei Jahren die weiß-graue Villa der Schumachers gemischt hat. Kleinteilig ist anders. Aber neben den Wohnräumen für Mutter, Vater, drei Kinder mussten noch ein Büro, ein Fitnessraum, eine Sauna, ein großzügig dimensionierter Technikraum untergebracht werden. Schwups, schon ist man bei 250 Quadratmetern!

Die moderne Lebenshaltung seiner Bewohner sieht man dem optisch zweigeteilten Kubus beim ersten Blick an. Was aber nur die Drohne sieht, wenn sie überm Flachdach kreist: die PV-Anlage. Eine Kombination, bei der Handwerker schnell mal reflexhaft in Hysterie verfallen. Foliendächer, das geht ja gar nicht! Die vielen Durchdringungen! Die Feuchtigkeitsgefahren! Die Gewährleistungsansprüche!

Klar, sagt Holger Laudeley, Flachdach mit Photovoltaik-Paneelen ist eine sensible Angelegenheit. Aber weil der Mann nicht nur Energieexperte ist, sondern die Ausweitung der Denkzone für seine oberste Pflicht hält, löst er das Problem seit Jahren auf Laudeley'sche Art: „Die Paneele werden einfach aufs Dach gelegt. Und zwar so, dass der Wind sie runterdrückt. Bedingung: Die Attika muss ausreichend hoch sein. Das ist Physik, nicht mehr!" Bisherige Fehlerquote: 0. Stressfaktor: 0.

Weil Holger Laudeley nicht zu Operationen am fremden Körper neigt, war er selbst sein erster Testpilot für diese Konstruktion. Ergebnis nach 15 Jahren: alles so dicht wie am ersten Tag. Alles an seinem Platz.

Das Equipment und seine Aha-Effekte

Deutsche Finanzdienstleister sind nicht unbedingt weltberühmt dafür, grüne Visionen zu beschleunigen. Das Ehepaar Schumacher ist da eher Avantgarde. Nach enttäuschenden Recherchen, was der Markt an intelligentem Haustechnik-Equipment bietet, hat es sich Holger Laudeley ins Bauprojekt geholt.

Das Resultat dieser Partnerschaft: 98 Prozent energetische Eigenversorgung. Beteiligt sind daran:

→ eine von Ost nach West ausgerichtete PV-Anlage mit 14,4 Kilowattpeak,
→ ein E3/DC-Stromspeicher mit einer Kapazität von 13,8 Kilowattstunden,
→ eine Brauchwasser-Wärmepumpe,
→ ein Mikro-BHKW von Vaillant sowie
→ ein Gas-Spitzenlastkessel, 12 Kilowatt.

In den Sommermonaten wird tagsüber ein Teil des überschüssigen Stroms vom Dach direkt der Brauchwasser-Wärmepumpe spendiert, die damit das Wasser aufheizt. Am Abend und in der Nacht wird der Strom aus dem Speicher geholt. Das BHKW macht im Sommer Ferien.

Die Schumacher-Villa, 250 Quadratmeter groß, versorgt sich zu 98 Prozent selbst mit Energie.

Den Winter über funktioniert es anders. Sobald Wärme im Haus gebraucht wird, übernimmt das Mikro-BHKW. 3.800 Betriebsstunden hatte Holger Laudeley punktgenau fürs Jahr kalkuliert. Es erzeugt 2,5 Kilowatt thermische Leistung und 1,1 Kilowatt elektrische, gleicht also anstandslos geringere Winterträge der PV-Anlage aus. Bei Außentemperaturen unter vier Grad Celsius klinkt sich der Gas-Spitzenlastkessel unterstützend ins Heizgeschehen ein.

So viel kluger Technikeinsatz zeigt Wirkung. Schauen wir mal die Verbräuche an: Aus dem öffentlichen Netz holen sich die Schumachers übers Jahr gerade mal 390 Kilowattstunden. Der Spitzenlastkessel verbraucht 400 Kubikmeter Gas. Das BHKW ist mit 800 Kubikmeter Biogas dabei, was 8.000 Kilowattstunden entspricht. Ergibt summa summarum 4.300 Kilowattstunden Strom und 3.700 Kilowattstunden Wärme, die das Haus konsumiert.

Rechnet man die 1.200 Kubikmeter Gas in Kilowattstunden um, liegt der Energiebedarf bei 12.000 Kilowattstunden. 4.300 davon für Strom, der finanziell deutlich wertvoller ist als die Wärmeenergie. Bleiben 7.700 Kilowattstunden übrig für 250 Quadratmeter: macht sehr gute 30 Kilowattstunden pro Jahr und Quadratmeter.

Ein Steuermodell, das Investitionen pusht

Schumachers und Laudeley sind versierte Zahlenmenschen. Das verlangt ihr Job. Statt also vor den 85.000 Euro für die technische Ausstattung der Villa in die Knie zu gehen, hat das Ehepaar ökologisches Bewusstsein und Bremer Kaufmannsgeist schlau miteinander verflochten: Sie haben eine GbR gegründet, die sich als gewerblicher Energieversorger betätigt. Stromerzeugende Heizung gekoppelt mit PV gilt als Gewerbe. Neben der PV-Anlage haben sie auch Komponenten der Heizung in das Betriebsvermögen der GbR ausgelagert. Inklusive aller notwendigen Rohre, Leitungen und Kabel.

Von den 85.000 Euro Investitionen konnte sich die Schumacher-GbR schon mal 19 Prozent Mehrwertsteuer über die Vorsteuerabzugsfähigkeit zurückholen. Nach zehn Jahren ist die Anlage über die Einkommensteuer komplett abgeschrieben. »

Kapitel 4

Das Dach ist reichlich mit Solarpaneelen bestückt. Die liegen, von der Attika festgehalten, einfach so drauf. Das ist sehr Flachdach-schonend.

Verbrauch

Produktion

Der Direktverbrauch enthält die Wechselrichter-Verluste (DC), somit weicht der Hausverbrauch von der Darstellung des anderen Diagramme-Typs ab.

2228	2049	9562	6326	6842	392
Batterie (Laden) [kWh]	Batterie (Entladen) [kWh]	Solarproduktion [kWh]	Hausverbrauch [kWh]	Netzeinspeisung [kWh]	Netzbezug [kWh]

4198	13760

Das steuerliche Modell verlangt von der Schumacher-GbR, Strom ins öffentliche Netz einzuspeisen. Der Netzbezug ins Haus ist verschwindend gering.

Gut zu wissen: Das Modell funktioniert nach Meinung seiner Ausdenker vermutlich nur dann, wenn über die ersten fünf Jahre eine Gewinnerzielungsabsicht besteht und eine Umsatzsteuererklärung abgegeben wird. Holger Laudeley: „Absicht zur Gewinnerzielung liegt vor, wenn jedes Jahr mindestens zehn Prozent des erzeugten Stroms ins Netz eingespeist werden."

Ein Teil der zunächst zurückerstatteten Vorsteuer wird bei diesem Modell über die verkauften Kilowattstunden also wieder an das Finanzamt zurückgezahlt. Das muss man bei der Dimensionierung der PV-Anlage und des BHKW beachten.

Nach den ersten fünf Jahren gelten die Schumachers bis zu einer Grenze von 17.500 Euro jährlichem Umsatz als Kleinunternehmer – und damit von der Umsatzsteuer befreit. Deshalb haben sie sich den Gewerbeschein zunächst als Unternehmer ausstellen lassen, um dann nach Ablauf dieser fünf Jahre in die Kleinunternehmer-Regelung zu wechseln.

Klingt entwaffnend logisch. Auch fürs Finanzamt? „Es ist nicht wesentlich büro-kratischer, als zwei PV-Anlagen anzumelden und als Gewerbe zu betreiben."

Stefan Schumacher hat dieses Konstrukt allerdings anderthalb Jahre mit dem zuständigen Finanzamt hin und her diskutiert. Holger Laudeley musste anfangs sogar mit zur Steuerprüfung, um das Modell überforderten Beamten ingenieurtechnisch zu erklären.

Jetzt könnte es deutschlandweit als Vorbild dienen. «

Kapitel 4

Laudeley-Projekt Mietshaussanierung Henne

Geht doch!

Ein hinfälliges Mehrfamilienhaus in Oldenburg hat sich in eine Energieinsel verwandelt, eignet sich als Matrix für nächste Bedürftige und ist eines von Holger Laudeleys Lieblingssanierungsobjekten.

Die Akteure

Es gibt viel zu tun. Packen wir's an? Die Frage war eher didaktischer Art. Dr. Henne, Eigentümer des Mehrfamilienhauses in der ruhigen Oldenburger Stadtlage, hatte sich längst festgelegt. Holger Laudeley verstand. Auch ein arg schwächelndes Gebäude hat eine zweite Chance verdient. Familiäres Erbstück, langjährige Wohnadresse einer gewachsenen Mietergemeinschaft, Zeitzeuge einer Architektur der 1960er-Jahre – unglaublich, wie viel Sentiment, Gemeinwesen und Historie in so einem Haus stecken.

Was war die Aufgabe?

Holger Laudeley schob also schnellstens jeglichen Abrisserstgedanken beiseite und sprach im Namen seiner Betriebstechnik GmbH wie einst Barack Obama: Yes, we can.
Das Mietshaus – elf Wohnungen, fünf Gewerbeeinheiten – entfachte Ehrgeiz und Neuerertum. Die Größe. Die unsichere Datenlage über Verbräuche und Lasten. Das Dazwischengrätschen des Energieversorgers. „Wir mussten anfangs viel schätzen", sagt Holger Laudeley. Schätzen? Kaum zu glauben, wie viel rechnerische Unsicherheiten in solchen unscheinbaren Alltagsdienern wie Durchlauferhitzern stecken können. Alle elf Wohnungen und der Frisörsalon holen sich daraus ihr warmes Wasser. Wann? Wo? Wie viel? Unbehagliche Ungewissheiten für einen Mann, der auf Smart Grid und digitale Zahlen in Echtzeit konditioniert ist.
Die Sanierung fand unter bewohnten Bedingungen statt. Zofffrei. Denn nachdem das Konzept stand, gab es erst einmal eine große Info-, Diskussions- und Beruhigungsrunde mit allen Beteiligten. Es drohen keine Mieterhöhungen! Das Haus wird grüner!
Wie lautet das derzeit gängige Schema von Altbausanierungen? Die Fassade auf Teufel komm raus dämmen. Die Geschoss- und Kellerdecken dämmen. Ein paar neue Fenster. Fertig.
Die Alternative bist du selbst, sagte sich Holger Laudeley und rief die zukunftsorientierte energetische Sanierung aus: Das

> Dem Hauseigentümer war es wichtig, dass die Mieter ihr altes Zuhause behalten. Mit seiner Sanierung wurde das Gebäude zum Energiewende-Vorbild. Dafür gab es 2018 den TGA-Award für Holger Laudeley.

Henne-Haus wird eine Energieinsel! Einen TGA-Award 2018, reichlich Medienrummel und endlose Monitoring-Daten später durften sich Dr. Henne und Laudeley Betriebstechnik auf die Schultern klopfen: Alles richtig gemacht.

Warum so und nicht anders?

→ Die Geschoss- und Kellerdecken wurden, wie gesetzlich vorgeschrieben, gedämmt, die maroden Fenster gegen neue ausgetauscht. Der Fassade wurde kein ökologisch fragwürdiges WDVS angepappt, sie wurde lediglich geschönt. »

Kapitel 4

Zahlen, bitte!

Eine Momentaufnahme vom 22. Juli 2017. Die Produktionsmengen der Solaranlagen übertreffen tagsüber bei Weitem den Bedarf.

Hausverbrauch

■ Netzbezug   ■ Batterie (Entladen)   ■ Direktverbrauch

Produktion

■ Netzeinspeisung   ■ Batterie (Laden)   ■ Direktverbrauch   -- Prognose

---

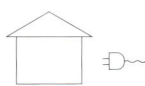

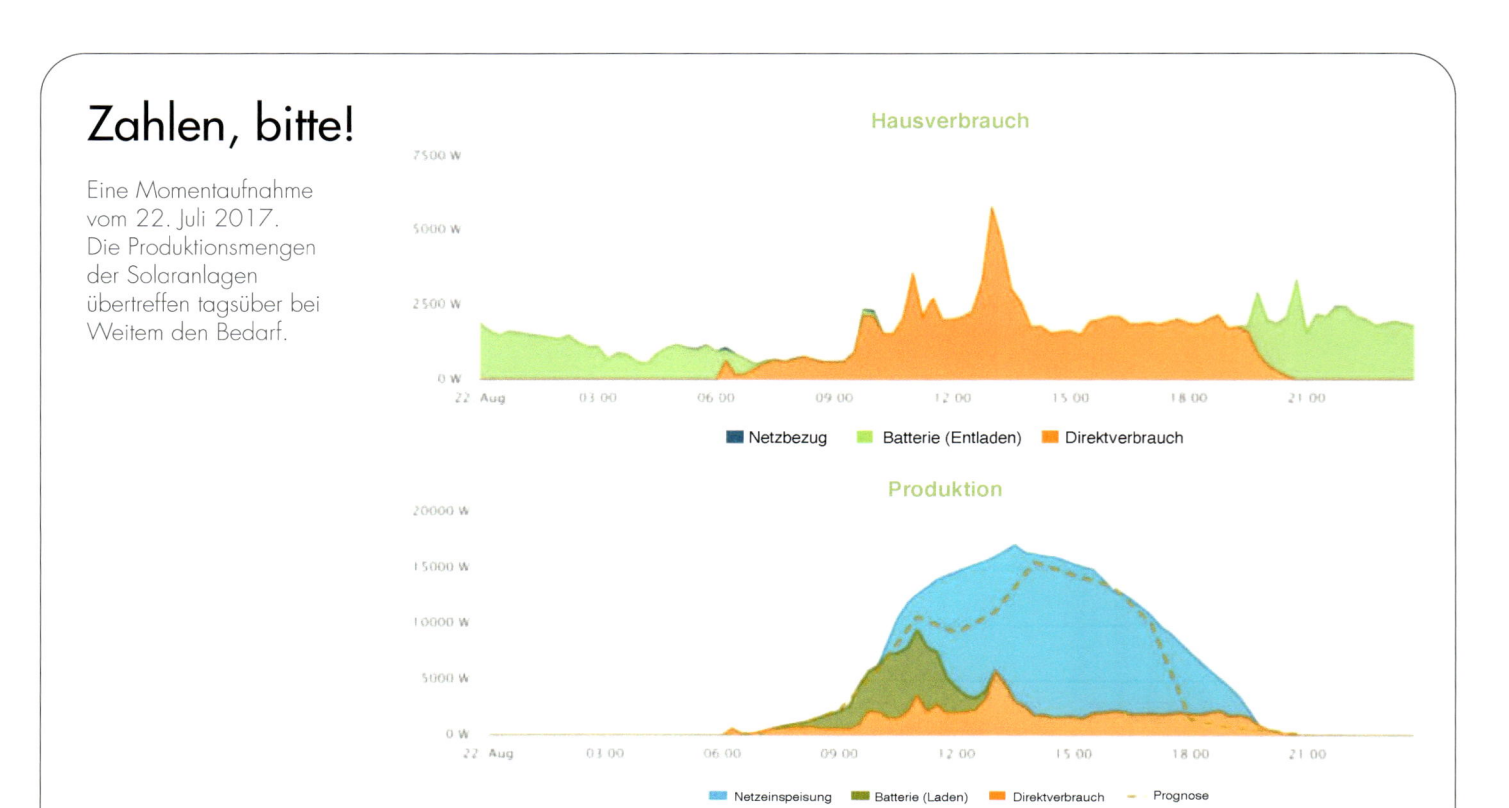

Ein Störfaktor war das vorhandene Flachdach. Bei Flachdächern lauert der Stress, wenn sie für PV-Installationen angebohrt werden müssen. Die undichten Stellen machen sich oft erst Jahre später bemerkbar. Deshalb wurde dem Flach- ein Zeltdach aufgesattelt. Den Ärger mit dem unwilligen Bauamt blenden wir hier mal aus. Mehr bauliche Eingriffe gab es nicht, der Rest ist Sache der Technik.

→ Das Dach ist großzügig in alle Richtungen mit PV-Anlagen bestückt, zusätzlich auch noch die Fassade. In der Summe 80 Kilowattpeak. Das klingt nach Überdimensionierung. Die aber Sinn macht, um im Winter den Energiebedarf des Hauses so umfänglich wie möglich aus eigener Kraft zu decken. Im Sommer teilt das Mieterstrommodell seine Überschüsse schwesterlich mit Nachbarhäusern.

→ Das Herzstück des technischen Konzepts bildet das Energiefarming: die Hauskraftwerke – vier E3/DC-Speicher mit 60 Kilowattstunden – in Kooperation mit vier Mikro-BHKW von Remeha im Kaskadenbetrieb. Sie bringen jeweils 5,5 Kilowatt thermische und 1,1 Kilowatt elektrische Leistung ein. Werden die integrierten Spitzenlastkessel (je 18 Kilowatt) genutzt, summiert sich die Leistung auf etwa 100 Kilowatt. Im Sommer springt jeweils nach Betriebsstundenauslastung eines der Geräte an, um den 1.000-Liter-Pufferspeicher rund um die Uhr in Aktion zu halten. Kann ja sein, es gibt einen kühleren Tag, an dem schnell mal Wärme benötigt wird. Im Winter sichert die Mikro-BHKW-Kaskade den Heizbedarf.

Technik, die begeistert. Ihre Leistungsfähigkeit ist top. Und Verschleiß kaum zu fürchten, ist sich Holger Laudeley sicher: „Die Geräte werden ewig halten. Da alles überdimensioniert ist, werden sie nicht sonderlich hoch beansprucht." Diese Resilienz tut auch der CO_2-Bilanz gut.

→ Zu einer Zerreißprobe im Sanierungsgeschehen wurde der Antrag an den Energieversorger: Wir brauchen künftig keine drei Hausanschlüsse, uns genügt ein neuer 100-Kilowatt-Anschluss. Den wir auch bezahlen.

Der aktive Widerstand des Energielieferanten dauerte bis zum letzten Moment. And the Winner is: Laudeley. Dem Querdenker vom Dienst widerstrebt es, sich brav an technische Anschlussbestimmungen zu halten, „die rückwärtsgewandt sind und letztlich nichts anderes als selbst geschriebene Richtlinien der Energieversorger".

→ Um alle Verbraucher getrennt erfassen zu können, wurde ein komplexes Messkonzept erdacht. Das dürfte bundesweit einmalig sein. Elf Wohnungen, fünf Gewerbezähler, ein Zähler für Allgemeinstrom, einer für die Haustechnik, einer für die BHKW-Kaskade, einer für Photovoltaik und Speicher sind im Haus verbaut. Eine entscheidende Rolle spielt der Abgrenzungszähler von Discovergy. Er trennt BHKW- und PV-Strom exakt voneinander, obwohl beide Erzeugungsarten direkt in das Stromspeichersystem einspeisen.

→ Die Zahlen sehen nach knapp zwei Jahren Monitoring besser aus als erwartet. Das Haus versorgt sich zwischen 93 und 97 Prozent selbst mit grünem Strom.

Die 1.800 Quadratmeter Wohn- und Gewerbefläche verbrauchen 110 Kilowattstunden Strom pro Quadratmeter im Jahr. Kein Spitzenwert, ihn runterzuschrauben hätte allerdings einen Wahnsinns-Sanierungsaufwand erfordert.

Die hocheffizienten BHKW haben den Gasverbrauch um fast 70 Prozent gesenkt. Die jetzt noch notwendigen 10.000 Kubikmeter – für ein Haus solcher Größe relativ wenig –

Die Solarmodule auf dem aufgesattelten Zeltdach und an der Fassade spielen 80 Kilowattpeak ein. Im Sommer wird grüner Strom sogar an die Nachbarschaft abgegeben. Der Eigentümer, zugleich Energieerzeuger, hat seinen Mietern für die nächsten zehn Jahre einen kulanten Strompreis zugesichert. Generell sind deren Nebenkosten nach der Sanierung des Hauses gesunken.

liefern Strom, der wesentlich wertvoller ist als der fossile Energieträger. Diese Gasreduktion verbessert natürlich die CO_2-Bilanz des Hauses.

→ Auch die Kosten liegen im grünen Bereich. Die auf dem Dach erzeugte Kilowattstunde Solarenergie belastet das Budget inklusive Speicherung gerade mal mit 8,2 Cent.

Seinen Mietern, die alle ihre bisherigen Stromverträge kündigten, sichert Dr. Henne zehn Jahre lang einen Strompreis von freundlichen 24 Cent zu. Außerdem profitieren sie bei den Nebenkosten von dem spürbar niedrigeren Gasverbrauch.

Der selbsterzieherische Einfluss der neuen smarten Stromzähler ist auch nicht ohne. Via Smartphone-App oder Web-Portal kann sich jeder Mieter seinen Verbrauch in Echtzeit anschauen.

Übers Jahr nimmt der Eigentümer mit dem nebenbei im BHKW erzeugten Strom, den er gleichfalls an seine Mieter verkauft, etwa so viel ein, als würde er eine weitere Wohnung vermieten.

Die Strom-, Warmwasser- und Wärmelieferung an die Mieter organisiert juristisch einwandfrei die Henne Solar GbR. Sie ist ordnungsgemäß als Energieversorger bei der Bundesnetzagentur angemeldet.

Die Komplettsanierung hat inklusive Außenanlagen und Parkplätzen etwa 1,1 Millionen Euro gekostet, die sich durch einen 250.000-Euro-Tilgungszuschuss der KfW relativieren. Auf das komplette Energiepaket entfallen etwa 400.000 Euro – die sich im Verlauf von acht bis zwölf Jahren über die Mieten amortisieren.

Erfolg macht glücklich, Haus Henne steht auf der Liste der Laudeley'schen Lieblingsprojekte weit oben. Und dient ab sofort als Matrix für ähnliche Bestandsobjekte. «

ONLINE

• Saniertes Mehrfamilienhaus Henne

https://www.youtube.com/watch?v=BpC3jvOVw3k

Laudeley-Projekt Gut Gerkenhof

Hallo, Netz: Wir sind dann mal weg!

Für den Eigentümer stand von Anfang an fest: Sein Gut wirtschaftet ökologisch. Diese Ambitionen wurden getoppt. Es wird so viel grüne Energie erzeugt, dass sich das öffentliche Netz überflüssig macht.

Die Akteure

Gut Gerkenhof ist eine prominente Adresse für Pferde- und Rinderzucht, mit feiner Hand historisch getreu saniert und energiemäßig hypermodern unterwegs. Es betreibt sein eigenes Stromnetz, verzichtet nahezu auf Einspeisung und versorgt sich komplett selbst, sobald das Windrad dabei ist.

Die prächtigen Charolais-Rinder stehen auf der Weide herum, als wären sie eigens für diese Postkartenidylle und für Höchstpreise beim Auktionator auf die Welt gekommen. Heute schwer zu glauben: Das altersschwache Gut Gerkenhof, Gemeinde Kirchlinteln, hatte sich als Landwirtschaftsbetrieb mit einer Geschichte bis ins 14. Jahrhundert fast aus dem kollektiven Gedächtnis verabschiedet. Bis der neue Eigentümer nach alter Familientradition vor 20 Jahren eine hochkarätige Pferdezucht wiederbelebte, den übrig gebliebenen Gebäuden der Gutsanlage nach und nach eine Frischzellenkur verpasste und irgendwann entschied: Ich bin nicht nur Herr über Wiesen, Wälder und Ställe, ich werde auch Herr über alle Energie. Passend zur grünen Landwirtschaft natürlich in der Farbe Grün.

Auch wenn es ihnen eh wurscht ist – die Kühe können seitdem total ungeniert ihre methanhaltigen Fürze in die Luft entsenden. Ihre verheerenden Klimakiller, »

Jetztzeit-Idylle 1: Prächtige Charolais-Rinder auf grüner Weide vor einem Stall mit gewaltigem Solardach (oben)
Jetztzeit-Idylle 2: Tesla von 2018 auf einem Gutshof aus dem 14. Jahrhundert (rechts)

noch viel schlimmer als Kohlendioxid, werden an anderer Stelle wieder wettgemacht. Großes Gut, großes Energieprojekt – ungewohnte Dimensionen für den versierten Holger Laudeley. 15 Gebäude. Komplett neues Netz. Endloser Zoff mit dem Netzbetreiber. Zwei Jahre denken, diskutieren, installieren, schlaflose Nächte, Wutausbrüche, Freudentänze. Das Resultat: ein Hof, der sich seit Frühjahr 2019 energetisch nahezu selbst versorgt und einem Nulleinspeisungsplan folgt.

Der Masterplan

Schauen wir mal genauer auf dieses hochkarätige Unterfangen.

➜ Das Nulleinspeisungskonzept ist der plausible Ausweg aus einer Kostenfalle. Um den Gutshof mit Strom zu versorgen, wärte ein Mittelspannungstrafo fällig gewesen. Aufwand: 180.000 bis 220.000 Euro. Wer soll das bezahlen? Dazu noch die Nachwehen: „Der gesamte Betrieb hätte in Folge die Mittelspannungsrichtlinie einhalten müssen – alle weiteren Anlagenbauten wären erschwert worden."

Holger Laudeleys alternative Idee, den bestehenden Hausanschluss mit einer Kabelvervierfachung zu verstärken, überzeugte auch den Gutshofbesitzer. 67.000 Euro statt um die 200.000 – na, gern doch.

Ein zweiter glücklicher Umstand, der die Buddelei begünstigte: Kein einziges Kabel musste über ein fremdes Grundstück gezogen werden. 1,2 juristisch tadellose Kilometer bis zum nächsten Netzanschluss!

➜ Eine PV-Anlage mit einer Gesamtleistung von 174 Kilowattpeak deckt den enormen Energieverbrauch von 250.000 Kilowattstunden ab.

An ihrer Seite hat sie eine ältere Anlage von 2014, die 30 Kilowattpeak beisteuert.

➜ Zu den beiden solaren Energieproduzenten gesellt sich demnächst noch ein 30-Kilowatt-Windrad – wir befinden uns hier am Rande der Lüneburger Heide schließlich in der Windlastzone 4.

Das Windrad wird mit 64.000 Kilowattstunden dabei sein.

➜ Die bevorstehende Umstellung des Gutshofs auf E-Mobilität ist durch das verfügbare Stromkontingent bestens gesichert.

➜ Der vorhandene Netzanschluss wird lediglich den Winter über für einen Netzbezug von 10.000 bis 20.000 Kilowattstunden gebraucht.

➜ Nulleinspeisung bedeutet: Aller Strom bleibt, wo er ist. Auf dem Gerkenhof. Mit einer kleinen Ausnahme. Die Altanlage von 2014 speist 15.000 Kilowattstunden für 12,60 Cent pro Kilowattstunde ins Netz ein. Bleibt ein erzeugter Rest von 12.000 Kilowattstunden, der selbst verbraucht wird.

Sobald eine Überschusseinspeisung droht, weil die Speicher voll sind, werden die Erzeugungsanlagen abgeregelt. Die Direktvermarktung des Stroms wäre finanziell unattraktiv gewesen. Auf die 2.400 Euro jährlichen Einnahmen kann der Gutsbesitzer ohne Not verzichten. Zumal eine Fernwirkanlage mit Kosten zwischen 6.000 und 10.000 Euro nötig gewesen wäre.

➜ Für ausreichend elektrische Energie rund um die Uhr integrierte Holger Laudeley zwei Speichersysteme Quattroporte Linea 3-XXL mit jeweils 78 Kilowattstunden. Neben seinen dreiphasig angeschlossenen Gewerbestromspeichern lieferte E3/DC noch zehn Wechselrichter. Sogenannte virtuelle Synchronmaschinen, die mit ihren Scheinleistungen das interne Netz stabilisieren. Selbst ohne Solarleistung von den Dächern ist damit eine Ausgangs-

Die Akteure

Wer sich vom Netz abkoppelt, braucht eine Batteriespeicherfarm.

Da jubelt der Projektentwickler: ein Technikraum in XXL für Quattroporte und Co.

leistung von 36 Kilowatt (Dauerlast 27 Kilowatt) möglich.

→ Eventuell wird noch eine Notstromfunktion nachgerüstet für den Fall, Spannung und Frequenz aus dem Netz sind nicht vorrätig.

→ Ein Messwandler von E3/DC überwacht sekündlich, dass keine Erzeugungsanlage und kein Speicher – sie sind über die AC-Seite am Netzanschlusspunkt angeschlossen – womöglich auf Einspeisungsgedanken kommen. Das gilt auch für die Wechselrichter. Der Netzanschlusspunkt schafft gerade mal eine Leistung von 80 Kilowatt.

→ Ein Abgrenzungszähler wird später garantieren, dass Windkraft- und PV-Erträge säuberlich auf der Abrechnung getrennt werden.

→ Auch für den absoluten Notfall hat Holger Laudeley ein Szenario erdacht. Versagen alle relevanten Systeme zur Abregelung, muss trotzdem die Einspeisung verhindert werden. Andernfalls würden die Sicherungen des Hausanschlusses den Gutshof komplett lahmlegen. Verhindern wird das ein Raspberry-Pi-Minicomputer mit Relaisplatine und Anbindung an die Stromzähler von Discovergy über die IP-Symcon-Software. Durch Auswertung der Einspeisedaten kann so zuverlässig über den zentralen Netz- und Anlagenschutz die Erzeugungseinrichtung abgeschaltet werden.

→ Die Gesamtanlage verfügt über einen Zweirichtungszähler, sodass die Nulleinspeisung nachweisbar ist, bei Bedarf aber auch Strom aus dem Netz geholt werden kann.

→ Geheizt wird auf dem Gerkenhof mit Holz aus dem eigenen Wald. 60 Hektar, nach jedem Einschlag wird sofort nachgepflanzt.

Die Entsolidarisierung

Jetzt wird's moralisch. Darf man das? Sich vom öffentlichen Netz abwenden? Ist dieses Entsolidarisieren von der großen Verbrauchergemeinschaft nicht ein unanständiger Egotrip?

Holger Laudeley ist ein aggressiver Befürworter selbst gemachter Lösungen. Kümmere-dich-selbst ist genau genommen Notwehr. „Mit dem nicht ausgebauten Netz am Gerkenhof hätten wir nie im Leben die notwendige Leistung erzeugen können." Natürlich gehe für die restlichen Mitmenschen eine signifikante Beteiligung an den Kosten für die Energiewende verloren.

Ein Happy End gibt es trotzdem: „Gut Gerkenhof hält die Netze frei. Der Windstrom hier aus der Küstenregion kann dadurch problemloser abtransportiert werden. Außerdem wird im Netz Platz gemacht für die E-Mobilität. Daher ist das Projekt auch für die Energiewende sinnhaft."

Gut Gerkenhof ist also doch mittendrin im großen Ganzen. «

ONLINE

• Nulleinspeisung auf Gut Gerkenhof

https://www.youtube.com/watch?v=pr7PSaoMK0w

Kapitel 4

Gut Gerkenhof: Nulleinspeisung mit PV und Gewerbespeicher

```
PV-Anlage              AC-Speicher          PV-Neuanlage         Windkraftanlage
30 kWp                 2x 78 kWh            144 kWp              30 kWh

Zähler 3               Zähler 4             Zähler 5             Zähler 6
Zweirichtung           Zweirichtung         Zweirichtung         Zweirichtung
Bezug/                 Bezug/               Bezug/               Bezug/
Lieferung              Lieferung            Lief. PV neu         Lief. WK-Anl.
A−/A+                  A−/A+                A−/A+                A−/A+
250 A                  100 A                250 A                60 A

Messwandler AC         Messwandler AC       Messwandler PV       Messwandler
Alt-PV 60 A            Speicher 60 A        Neuanlage 250 A      WK-Anlage 60 A

            Steuer-
            leitung
            CAN-Bus
            E3/DC

                       Zähler 2
                       Abgrenzung
                       PV alt
                       WK-/PV-Anl.
                       A−/A+
                       250 A

                       Messwandler
                       E3/DC – Wurzel
                       250 A

                       Zähler 1
                       Zweirichtung
                       Bezug/
                       Lieferung
                       A+/A−
                       250 A

                       HAK
                       80
                       KVA
```

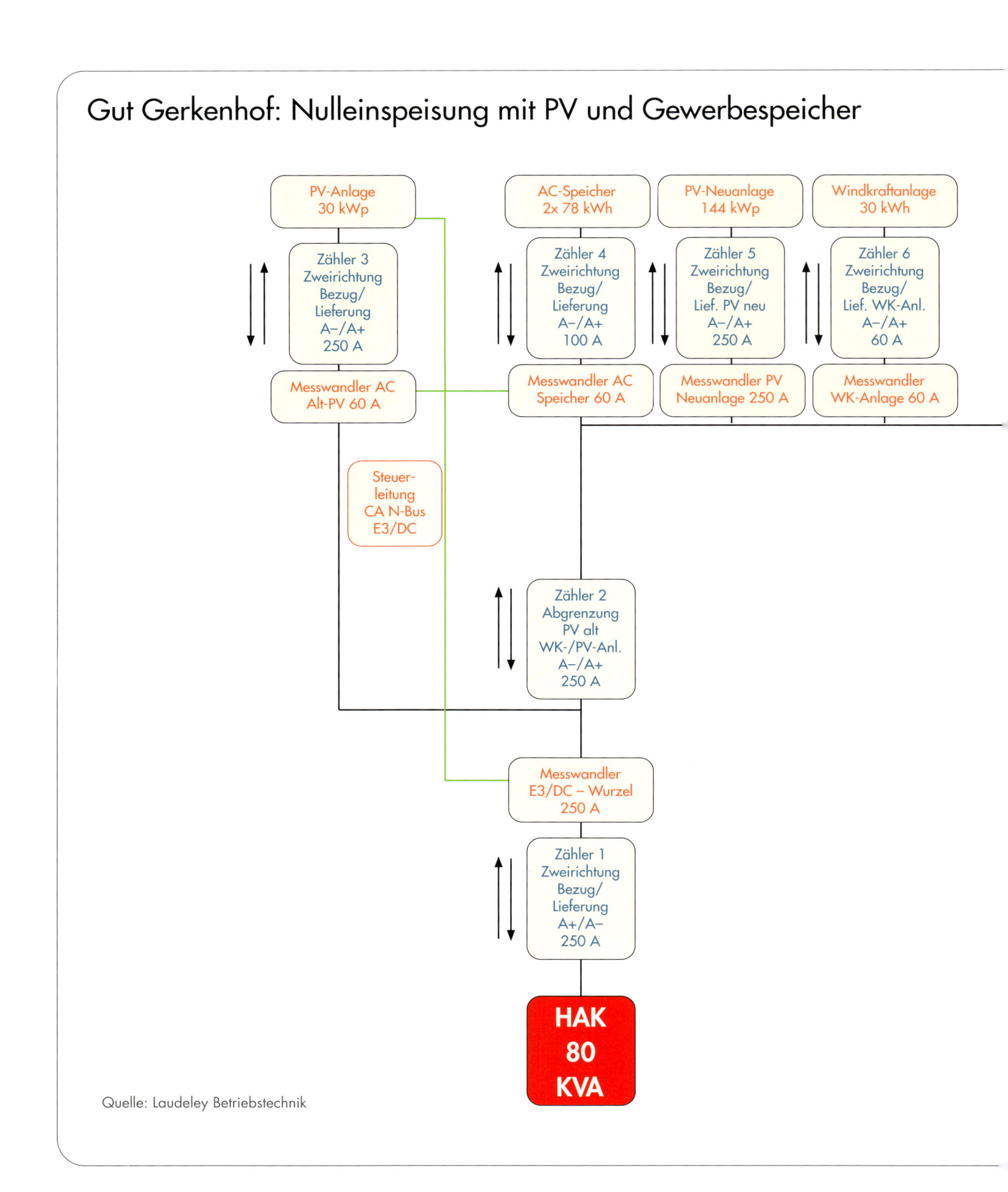

Quelle: Laudeley Betriebstechnik

Die Akteure

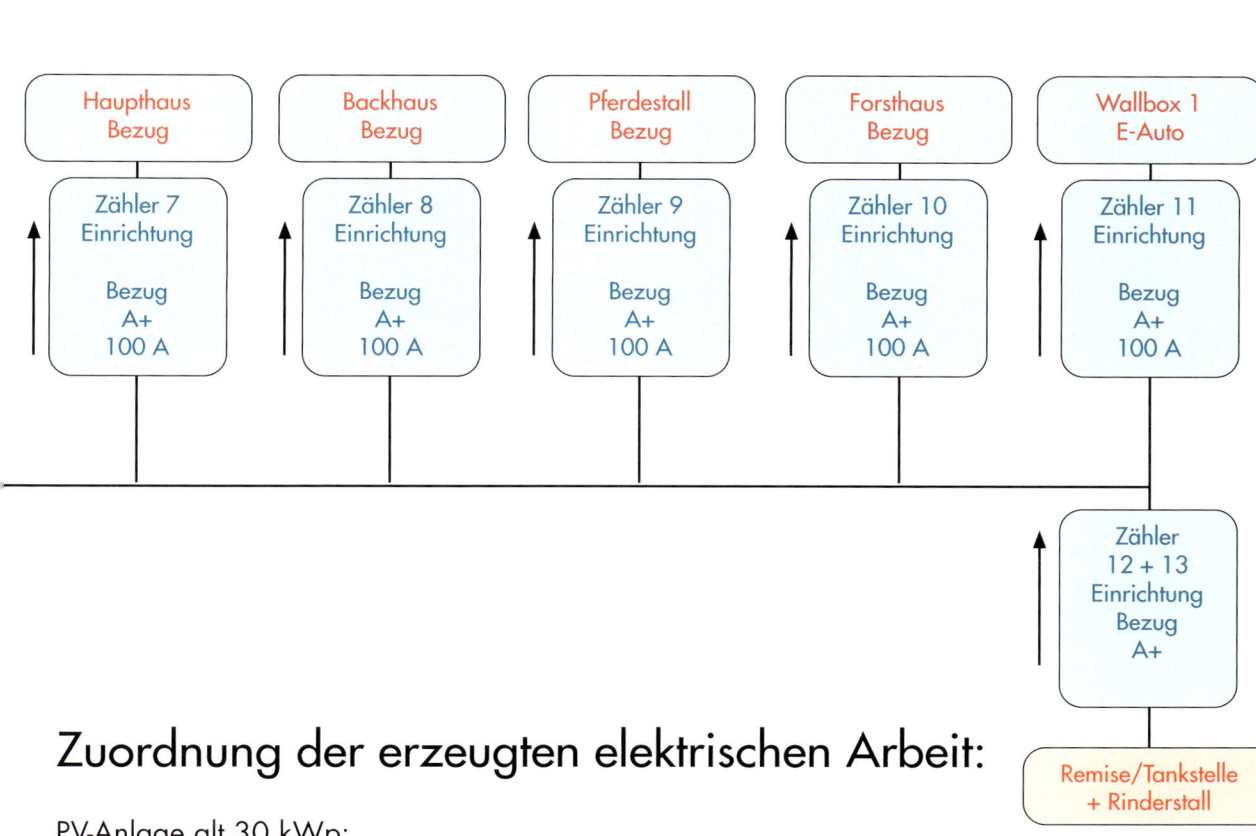

Haupthaus Bezug	Backhaus Bezug	Pferdestall Bezug	Forsthaus Bezug	Wallbox 1 E-Auto
Zähler 7 Einrichtung Bezug A+ 100 A	Zähler 8 Einrichtung Bezug A+ 100 A	Zähler 9 Einrichtung Bezug A+ 100 A	Zähler 10 Einrichtung Bezug A+ 100 A	Zähler 11 Einrichtung Bezug A+ 100 A

Zähler 12 + 13 Einrichtung Bezug A+

Remise/Tankstelle + Rinderstall

Zuordnung der erzeugten elektrischen Arbeit:

PV-Anlage alt 30 kWp:
Gesamterzeugung = Zähler 3 (A–)
Selbstverbrauch = Zähler 3 (A–) Zähler 1 (A–)
Einspeisung = Zähler 1 (A–)

WK-Anlage 30 kWp:
Gesamterzeugung = Zähler 6 (A–)
Selbstverbrauch = nach Lastgang
Einspeisung = 100 % Abregelung (Nulleinspeisung)

PV-Anlage neu ohne EG 144 kWp:
Gesamterzeugung = Zähler 5 (A–)
Selbstverbrauch = nach Lastgang
Einspeisung = 100 % Abregelung (Nulleinspeisung)

Gesamtbezug aus dem Netz:
Bezug aus Netz = Zähler 1 (A–)
Selbstverbrauch = Zähler 3 (A–) Zähler 1 (A–)
Einspeisung = Zähler 1 (A–)

Zähler Orange
abrechnungsrelevant gegenüber EVU
alle Zähler/Lastgangzähler
Messwandlung & Direktmessung

Zähler Blau
kundeneigener Zähler
alle Zähler direktmessend

Kapitel 4

Das erste Monitoringjahr hat alle Ertrags- und Verbrauchsprognosen bestätigt. Das Haus versorgt sich zu 90 Prozent selbst mit Strom und teilt ihn neun Monate im Jahr sogar noch mit umliegenden Gebäuden.

© Hans-Rudolf Schulz

Laudeley-Projekt Mehrfamilienhaus Janssen

Einmal alles, bitte!

Diese Oldenburger leben in einem Haus, das sich energetisch im Wesentlichen selbst versorgt, haben Ladesäulen für ihre E-Mobile vor der Tür und zahlen eine Flatrate-Miete, die sämtliche Wohnkosten enthält.

Die Anzeige stand 2018 für ein kurzes Wochenende in der Oldenburger Zeitung. Schwuppdiwupp war der Neubau ausgebucht. Ein Haus, ist Eigentümer Albert Janssen ganz oldschool überzeugt, muss eine Gemeinschaft sein, in der sich jeder verorten und verwurzeln kann. Friedvoll, nachbarschaftlich, sozial. Nach diesen Kriterien hat er Wohnung für Wohnung vergeben. Insgesamt 16 plus eine Gewerbeeinheit. Und zum Einstand eine große Kennenlernparty organisiert.

Das Flatrate-Modell

Albert Janssen war über YouTube auf den Gebäudetechniker aufmerksam geworden. „Wir ticken im Gleichklang", sagt Holger Laudeley. Ihre gemeinsame Antwort auf die Inkonsequenz der Welt: In diesem Haus gehen technische Zukunft, soziales Gewissen und klimapolitische Verantwortung eine beispielgebende Symbiose ein.

Das Gebäude produziert zum größten Teil selbst alle notwendige Energie. Der gut gefüllte energetische Pool wiederum bildet die Basis für eine Flatrate-Miete. Die liegt, man lese und staune, bei 11,80 Euro für den Quadratmeter. Strom, Wärme, Wasser, Warmwasser, Telefon, TV, Internet, Müll, Grundsteuer, Parkplatz, Ladesäulen – alles drin. Nebenkostenabrechnung? Nachforderungen? Was, bitte, ist das?

Es gibt nicht mal Stromzähler in den Wohnungen. Holger Laudeley hält das für kühn, aber Albert Janssen, der dieses Flatrate-Modell bereits in einem kleineren Haus praktiziert, konnte ihn beruhigen: Die Leute neigen nicht zur Verschwendungssucht.

Der Glücksfall, dass der Energieprojektant des Gebäudes stimmberechtigt von Anfang an in die Bauplanung einbezogen wird, ereignet sich viel zu selten. Aber Glücksgefühle sind relativ. Och, maulte der Architekt, muss denn so eine große PV-Anlage sein? Was die kostet! Als Holger Laudeley dann dem Investor die geplanten Dachpfannen aus- und ein Trapezblechdach einredete, war außer dem Architekten nun auch noch der Bauunternehmer wenig amüsiert. Bauen wir ein Haus oder eine Halle? Der Zweck heiligt die Mittel, meine Herren. Punkt. Holger Laudeley: „Die PV-Module lassen sich ohne großes Bohei installieren. Die Dachelemente sind gut gedämmt. Die gesamte Konstruktion ist serienmäßiger, ausgereifter Standard." Warum kompliziert machen, was einfach zu haben ist.

Warum genau so?

→ Die 1.700 Quadratmeter Wohn- und Gewerbefläche benötigen im Jahr 40.000 Kilowattstunden Strom. Nebenbemerkung: Bei einem Bezug aus dem öffentlichen Netz kämen bei 30 Cent pro Kilowattstunde jährlich 12.000 Euro zusammen.

→ Um die Flatrate sicher mit Eigenenergieproduktion zu unterfüttern, wurde eine großzügige PV-Anlage mit 57 Kilowattpeak installiert. Die hat im ersten Jahr 60.000 Kilowattstunden geliefert. Das Haus konnte sich damit zu 90 Prozent selbst mit Strom versorgen. 10 Prozent mussten im Winter aus dem Netz geordert werden.

→ Vier Hauskraftwerke der Blackline-Serie von E3/DC können mit ihren jeweils 15 Kilowattstunden im Farmbetrieb fast 60 Kilowattstunden Strom zwischenspeichern.

→ Drei kaskadierte Mikro-BHKW von Remeha erzeugen eine thermische Leistung von dreimal 18 Kilowattstunden und eine elektrische von dreimal 1,1 Kilowattstunden. Über das Jahr verbrauchen die Geräte dreimal 1.500 Kubikmeter Gas. Für das gesamte Haus.

Der 1.000 Liter-Pufferspeicher garantiert, dass zu jeder Zeit aus jedem Hahn warmes Wasser fließt.

→ Im Sommer dürfen die BHKW pausieren, dann übernimmt die Brauchwasser-Wärmepumpe. Ihre thermische Leistung: 10 Kilowatt, ihre elektrische 3,3 Kilowatt.

→ Vier Ladestationen mit je 22 Kilowatt warten auf E-Mobil-Kundschaft.

In der Laudeley'schen Kurzbeschreibung klingt das Vorzeigeprojekt so: „Privilegiertes sozialverträgliches Wohnen auf hohem Niveau mit geringstem ökologischem Fußabdruck. Warum machen wir das nicht in ganz Deutschland so?" «

Kapitel 4

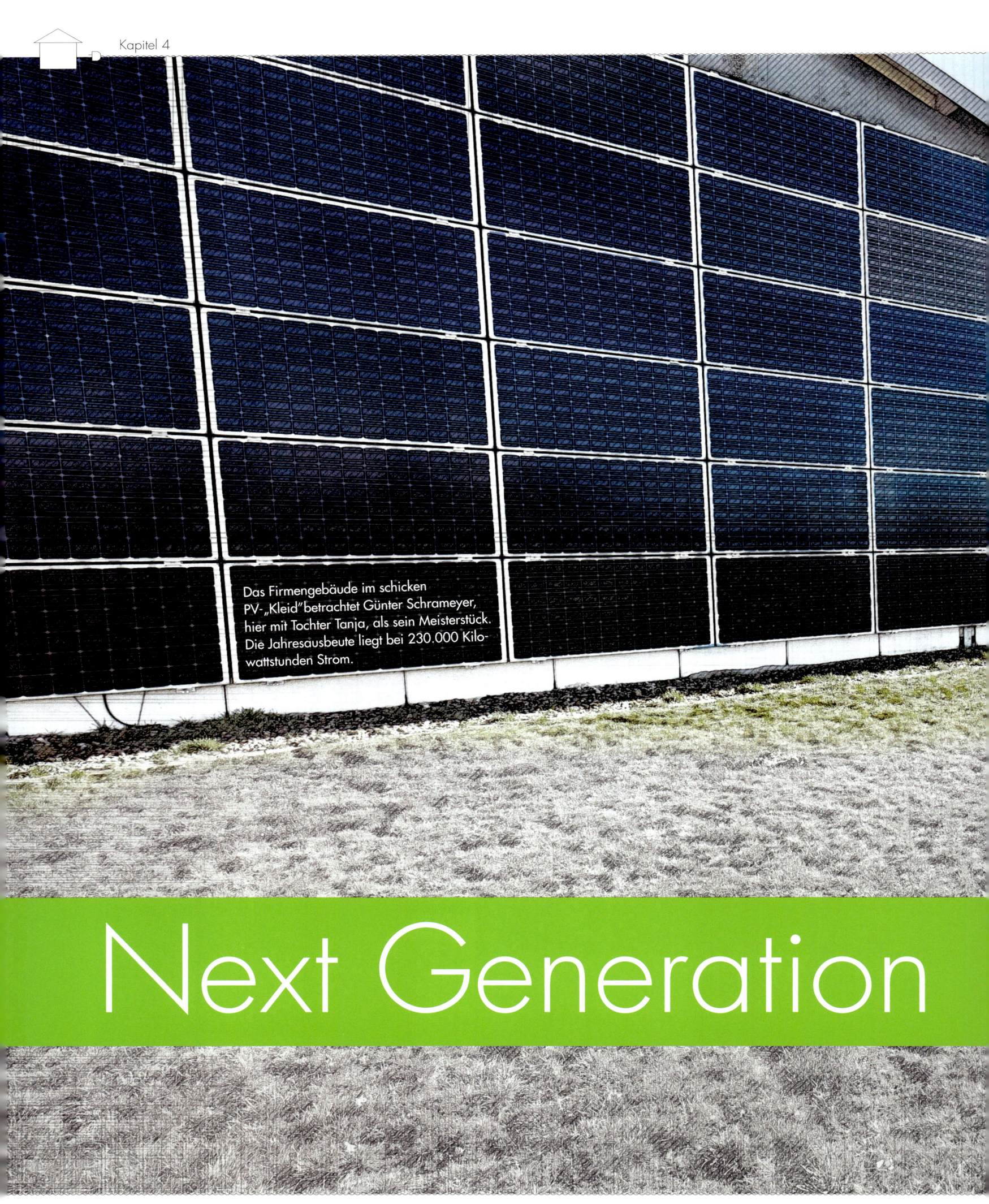

Das Firmengebäude im schicken PV-„Kleid" betrachtet Günter Schrameyer, hier mit Tochter Tanja, als sein Meisterstück. Die Jahresausbeute liegt bei 230.000 Kilowattstunden Strom.

Next Generation

Die Akteure

Dr. Tanja Lippmann hat sich von der Biologie verabschiedet, um in die elterliche Schrameyer GmbH einzusteigen. Seine Tochter als Geschäftsführerin empfindet der Seniorchef als Glücksumstand. Der Firmensitz An der Mieke war schon immer ein Ort der Energie, jetzt hat er allerdings von der Farbe Schwarz auf Grün gewechselt.

© Hans-Rudolf Schulz

175

Dr. Tanja Lippmann, Schrameyer GmbH, Ibbenbüren

107.605.911 kg CO_2 vermieden 2012–2021*

mit 223.341.450 Kilowattstunden Solarstrom aus 1.680 Photovoltaikanlagen

*Laut Fraunhofer-Institut ISI ist für den Zeitraum von 2012 bis 2021 ein Emissionsfaktor von durchschnittlich 481,8 g CO_2/kWh anzusetzen.

Nein, sie ist nicht Dr.-Ing., sie ist Dr. rer. nat. Biologie. Probleme mit einer klugen, hübschen, strukturierten jungen Frau, meine Herren? Keine? Bestens. Ersparen wir uns alles (noch notwendige) Emanzipationsbohei. Tanja Lippmann bewegt sich traumwandlerisch sicher in einer von Männern beherrschten Branche. Bei einer Tagung unlängst war sie mal wieder die einzige Frau unter 70 Männern. Sie ist ein Unikat. Wo soll das Dilemma sein? Wenn ein älterer Bauer sie beim ersten Kundengespräch empfängt wie die Praktikantin, weil er denkt, der Chef kann gerade nicht, löst sie diesen Irrtum charmant und souverän in null Komma nichts auf.

Vor dem Einser-Abi hatte sich Tanja Lippmann noch die Hin-und-her-Frage gestellt: Architektur oder Biologie? Da Architekten 1996 gerade eine überschüssige Profession in Deutschland waren, entschied sich das junge Mädchen für die Naturkunde. Also ab in die Fremde, ins 50 Kilometer entfernte Münster. Weggehen? Womöglich für immer? Westfalen sind ein treuer Menschenschlag. Alte Heimat fühlt sich einfach zu gut an, um sie auszutauschen gegen neue Heimat.

Das Thema „Vaterschaftsanalyse bei Meerschweinchen" (die untersuchten Protagonisten lebten tatsächlich monogam, die taten nicht nur so!) erledigte sich mit der Diplomarbeit. Diszipliniert hat Tanja Lippmann anschließend als Doktorandin an der Ruhr-Universität Bochum nach einer genetisch bedingten Augenkrankheit bei Hunden gesucht. Und gefunden. Magna cum laude nach drei Jahren. Das summa cum haben lediglich ein paar Rechtschreibfehler in der englischen (!) Dissertation verhindert.

Ihre Dissertation und Hochdruck in der elterlichen Firma fielen 2006 zusammen. Die PV-Anlagen-Kunden standen Schlange, auf dem Buchhalter-Schreibtisch der Mutter türmte sich die Arbeit. Hilfe! Klar, die Tochter hilft. Den kleinen Grenzübertritt zwischen Biologie und Elektrotechnik hatte sie in ihren Semesterferien eh regelmäßig vollzogen. Koordination der Baustellen, Einteilung der Monteure und des Materials, Abwicklung mit Netzversorgern, Antragstellung bei Netzbetreibern, sie taucht immer tiefer ein in die Materie. Während sie in der Firma aushilft und parallel Bewerbungen als Biologin schreibt, fällt es ihr eines Tages wie Schuppen von den Augen: Hey, ich habe doch längst einen Job! Zehn Jahre später ist sie Chefin der Schrameyer GmbH und Co. KG.

„Wir sind Ihre Elektronik-Experten" – der Claim des Marktführers in der Region ist autorisiert durch mehr als 1.680 installierte Photovoltaik-Anlagen. Deren Ausbeute den Strombedarf von 8.400 Haushalten stillt. »

\# \# \#

Die Akteure

Tanja Lippmann: „Wir brauchen dringend ein vernetztes und systemisches Denken über einzelne Disziplinen hinaus."

Der Biologie haben Sie nicht hinterhergetrauert?

Tanja Lippmann: Nie. Meine Arbeit fühlt sich gut an. Zumal ich inmitten von Technikkram aufgewachsen bin. Mein liebster Kinderspielplatz war die Kellerwerkstatt meines Vaters. Während er Fernseher reparierte, saß ich neben ihm an der Werkbank und habe gelötet oder rumgeschraubt.

Sie erklären selbst kompliziertere Stromgeschichten lupenrein verständlich.

Ich habe an der Uni als Assistentin gearbeitet. Da lernt man auch Didaktik.

Eigentlich pfeifen es längst die Spatzen von den Dächern. Wer, wenn nicht Elektrofirmen wie Ihre, sollte Strom und Wärme in energetischen Gesamtprojekten zusammenführen?

Theoretisch bin ich voll bei Ihnen. Die Kopplung von Strom, Wärme und Mobilität gewinnt deutlich an Nachdruck. Auch Kunden fordern sie uns immer öfter ab. Stellen wir uns breiter auf und nehmen die Wärmepumpentechnologie mit ins Portfolio? Eine Standarddiskussion bei uns. Unsere Fachleute, alles Spitzenkräfte, sind ausgebucht und nicht ausreichend auf Wärmetechnik spezialisiert. Es bleibt vorläufig bei der Kooperation mit einem Heizungsbauer aus der Nachbarschaft. Die funktioniert seit Jahren bestens. Der hat keinen Tunnelblick, der kennt sich auch mit PV-Anlagen aus. Ich weiß, solch branchenübergreifende Denke ist ein Glücksfall, eher eine Rarität als Normalität. Höchste Zeit, dass der Gesetzgeber die strikte Trennung der beiden Gewerke aufhebt und in einem Berufsbild zusammenführt. Wir brauchen dringend ein vernetztes und systemisches Denken über einzelne Disziplinen hinaus.
In unseren Planungen berücksichtigen wir solche Sektorenkopplungen natürlich. Für den Neubau ist das gar nicht mehr anders möglich.

Würden Sie zustimmen, dass die Zweiteilung von Strom- und Wärmeversorgung in Gebäuden ein Kardinalfehler war?

Aus heutiger Sicht ja. Als erneuerbare Energie gesellschaftsfähig werden sollte, hat die hohe Einspeisevergütung bei niemandem das Verlangen geweckt, den Strom selbst zu verbrauchen oder ihn gar für die Wärmeversorgung einzusetzen. Verschleuderung einer Edelmaterie hätte es geheißen. Der positive Effekt: Finanzielle Anreize haben die Solarisation überhaupt in die Gänge gebracht. Andererseits war klar, dass diese anfänglich hohen Vergütungen als Dauerprogramm nicht bezahlbar sind. Ihre Kürzung tat dann aber richtig weh. Selbst wer sie erwartete, hatte nicht auf dem Schirm, dass der Markt für PV-Anlagen derart einbrechen würde. Aber auch diese Korrektur durch Schmerz schob etwas an. Sie trieb den Markt ein Stück weit in die richtige Richtung. Hin zur dezentralen Stromproduktion vor Ort. Die PV-Anlage ist nicht mehr Renditeobjekt, sie ist mein Stromproduzent. Mit der Wärmepumpe an der Seite ergibt sich die große Chance, Strom und Wärme wieder zusammenzufädeln. Übrigens ist die Historie der Strom-Wärme-Trennung an diversen Dächern erkennbar. Als Solarthermie gefördert wurde, platzierten die Installateure die Paneele mitten aufs Süddach. Damit war das Filetstück belegt. Dann kam die PV-Konkurrenz dazu, die musste sich ir-

Systemtopologien zur Speicherung von Solarstrom

AC-gekoppelte Systeme

PV-Generator — Batteriespeicher
MPP-Regler — Laderegler
PV-Wechselrichter — Batteriewechselrichter
Wechselrichter — Wechselrichter
Verbraucher — Netz

DC-gekoppelte Systeme

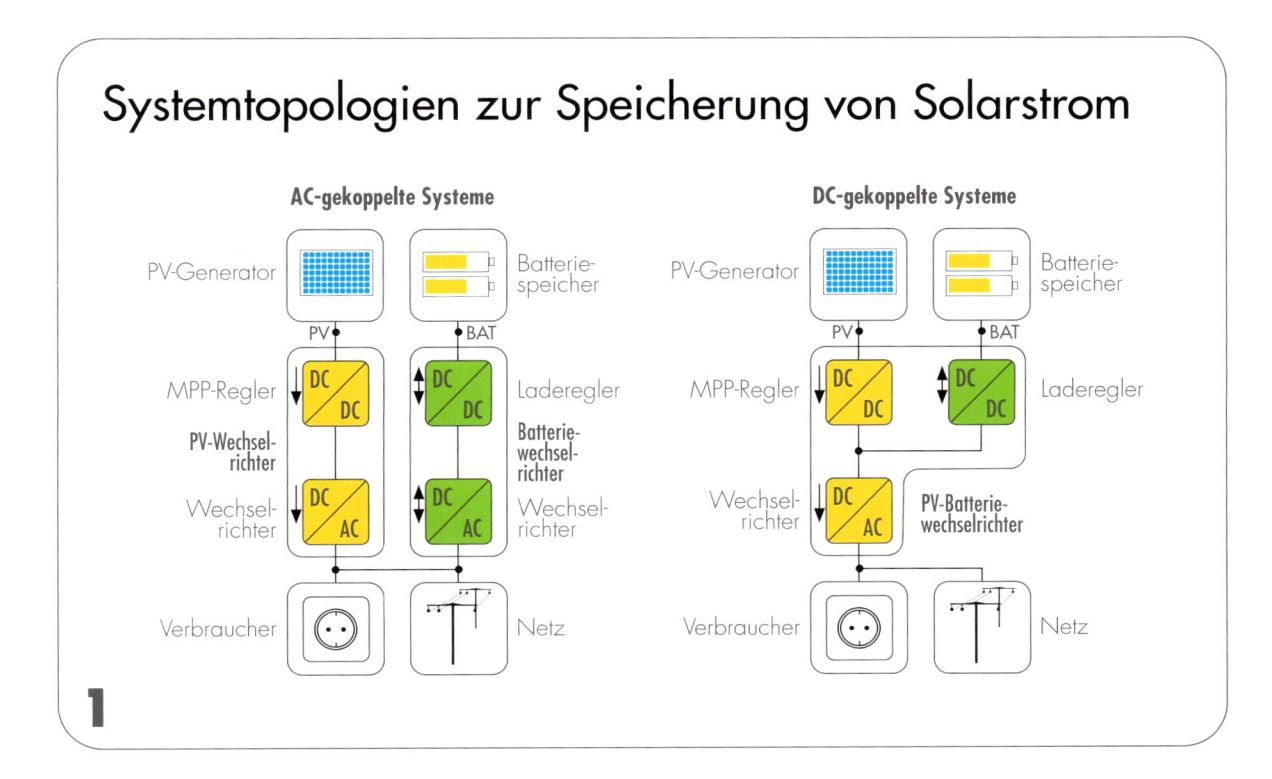

PV-Generator — Batteriespeicher
MPP-Regler — Laderegler
Wechselrichter — PV-Batteriewechselrichter
Verbraucher — Netz

1 Mit dieser Grafik überzeugt Tanja Lippmann regelmäßig ihre Kunden vom Sinn eines Speichers.

2 Das Firmengebäude wurde in guten Zeiten geplant, aber beim Bau 2011 von der „Solarkrise" eingeholt. Eine Million Euro Investition führten trotzdem zum Happy End.

---

gendwie um die Solarthermie-Module herum verteilen. Das macht aus Dächern Flickenteppiche und PV-Anlagen bei Schöngeistern das Leben schwer.

Sie verkaufen eifrig Stromspeicher?

Der Trend ist erfreulich. 50 Prozent der Kunden sagen: Zur Photovoltaik-Anlage gehört für mich ein Speicher dazu. Auf diese Zahl sind wir relativ schnell zugesteuert. Die anderen 50 Prozent halten Speicher für ein teures Hobby. Ohne Speicher werden allerdings nur etwa 30 Prozent des Stroms vom Dach selbst verbraucht, mit einem Speicher ist die 80-Prozent-Marke realistisch.

Sie verkaufen ausschließlich E3/DC-Systeme?

Wenn wir neue PV-Anlagen installieren und der Speicher mitgeordert wird, grundsätzlich. Es gibt für die DC-gekoppelte Speichertechnologie keine bessere Alternative. Das All-in-one-Hauskraftwerk garantiert über seine Schnittstellen die Solarstromnutzung für Wärme und Mobilität. Und zwar absolut problemlos.

Für Nachrüstungen fehlte bei E3/DC ein paar Jahre das passende Produkt, diese Lücke schließt jetzt der Quattroporte. Der AC-gekoppelte Speicher bringt den Batteriewechselrichter mit, das favorisiert ihn für solare Bestandsanlagen. Aus Sicht unserer Handwerker gibt es schneller zu installierende und preiswertere Systeme. Die machen allerdings häufig Ärger, weil sie nicht laufen oder Updates umständlich über einen Stick vor Ort beim Kunden aufgespielt werden müssen. Wenn wir diesen Firmen signalisieren, wir haben ein Problem mit eurem Produkt, stehen wir in der Warteschlange hinten an. Das passiert uns bei E3/DC nicht. »

Wir gehörten übrigens zu den ersten Firmenpartnern. Mein Bruder, er arbeitet inzwischen beim Servicesupport von E3/DC, hat diese Partnerschaft damals bei uns etabliert.

Die Speicher werden eher für Privathäuser geordert?

Nahezu ausschließlich. Gewerbebetriebe haben tagsüber oft einen so hohen Eigenverbrauch, dass es sich erübrigt, den PV-Strom zu speichern. Am häufigsten verkaufen wir für Einfamilienhäuser eine 10-Kilowattstunden-Photovoltaik-Anlage plus einen Speicher mit 12 bis 13 Kilowattstunden plus – inzwischen für fast die Hälfte der Kundschaft – eine Wallbox fürs E-Auto.

Ihre beschriebene Ausstattung kostet …?

… 22.000 Euro zuzüglich Mehrwertsteuer die PV-Anlage und der Speicher, 2.000 Euro die Wallbox. Inklusive Installation.

Diese Summe bekommen auch junge Bauherren in ihren Budgets unter?

Immer öfter. Die Zinssätze für Kredite waren in den vergangenen Jahren extrem niedrig, es wäre ein Frevel gewesen, die goldenen Zeiten nicht auszunutzen. Zumal die Banken bei uns ihre Geschäftsmodelle angepasst haben und offen sind für Investitionen in regenerative Energien. Daran haben wir mit unseren aufklärenden Vortragsreihen bei Bankern auch einen Anteil, behaupte ich jetzt mal.

Wie man hört, soll der Blick aufs Speicherdisplay das Verhalten seiner Besitzer ändern.

Die Visualisierung hat schöne selbsterzieherische Effekte. Ich habe von Ehekrächen gehört, weil der Staubsauger angeworfen wird, obwohl eine Wolke vor der Sonne steht. Meine Schwiegermutter würde niemals die Waschmaschine anstellen, wenn nicht ausreichend Solarstrom verfügbar ist. Wir registrieren bei vielen Kunden, dass sie mit PV-Anlage und Speicher in Summe weniger Strom verbrauchen als vorher ohne.

Wie selbstverständlich ist die E-Mobilität in Ihren Projekten verankert?

Wir sind hier sehr ländlich strukturiert, die überschaubaren Alltagswege sind die blanke Empfehlung für E-Mobilität.

Diese Nähe von Tochter Tanja Lippmann und Vater Günter Schrameyer, von jetziger Chefin und Ex-Chef, ist ein Erfolgsgarant für die Firma.

Verschiedene Untersuchungen, beispielsweise des Fraunhofer-Instituts, stellen fest, dass für Hausbewohner mit eigener PV-Anlage und stationärem Speicher Elektromobilität ein naheliegender nächster Schritt ist.

Diese Kausalität kann ich bestätigen. Zumal neben den kurzen Wegen übers Land unser zweiter Standortvorteil solche Ambitionen befördert: die große Zahl von Einfamilienhäusern. Wer ein E-Auto hat, möchte das am liebsten mit Strom vom eigenen Hausdach betanken – er macht sich damit zugleich unabhängiger von der öffentlichen Ladeinfrastruktur – und rüstet deshalb eine PV-Anlage mit Speicher nach. Oder andersherum: Wer dieses Paket plant, hat oft schon das E-Auto mit auf dem Schirm. Kostenloses Tanken – eine verlockende Vorstellung.

Es wäre zweckmäßig, die PV-Anlage entsprechend groß zu dimensionieren?

Die Faustregel für einen hohen Selbstversorgeranspruch lautet: mindestens 1 Kilowattpeak Leistung pro 1.000 Kilowattstunden Jahresstromverbrauch für Haushalt und Elektroauto. Für den Stromspeicher gilt: bis zu 1 Kilowattstunde Speicherkapazität pro 1.000 Kilowattstunden Haushaltsstromverbrauch. Beziehungsweise bis zu 1,5 Kilowattstunden pro 1.000 Kilowattstunden Verbrauch, wenn das Elektroauto vorrangig abends geladen wird.

Wer den Strom für den eigenen Haushalt und auch für das Elektroauto abdecken möchte, sollte die Photovoltaik-Anlage also nicht zu klein auslegen.

Die Wallbox stellt sicher, dass tatsächlich nur eigener Solarstrom in die Autobatterie fließt?

Die E3/DC-Wallbox ist der Kommunikator zwischen E3/DC-Speichersystem und Elektroauto. Sie verrichtet ihren Job sehr intelligent, was heißt: Wenn von den Hausbewohnern gewünscht, rückt sie das Laden mit Eigenstrom an die erste Stelle. Das E3/DC-Hauskraftwerk S10 E PRO ist sogar darauf ausgelegt, das Auto über Nacht aus der Batterie zu versorgen, assistiert von der Wallbox. Sind intern keine ausreichenden Kapazitäten verfügbar,

Vater und Tochter vor der „Ehrenwand" für Qualitätsarbeit. Der gute Ruf sorgt dafür, dass sich die Kundschaft der Firma Schrameyer über Referenzen rekrutiert.

bedient sie sich im öffentlichen Netz. Die maximal 22-Kilowatt-Ladestationen bringen Tempo ins Geschehen. Und garantieren durch ihre Leistungsregulierung, dass selbst bei zu klein dimensionierten Hausanschlüssen mit voller Solarpower geladen wird. Unterm Strich ergibt sich ein doppelter Effekt. Das Auto rollt emissionsarm. Überschüssiger Speicherstrom wird nicht ins Netznirwana geschickt, sondern mit lobenswertem Egoismus selbst konsumiert.

Die Wallbox ist kein Exotenprodukt mehr?

Sie ist noch nicht Standard, wird es mit zunehmender Zahl der E-Autos aber garantiert. Unlängst saß ich mit zwei jungen Männern zusammen. Sie hatten einen handgezeichneten Entwurf für ein 6-Parteien-Haus mitgebracht, ein ambitioniertes KfW-40-Projekt. Sie bewegten sich sicher im Thema, sprachen ganz selbstverständlich von CO_2-Reduktionen. Dass sie das Energiekonzept nicht im Nachtrag irgendwie in das Projekt reinfummeln, es parallel mit der gestalterischen Planung angehen, fand ich toll. Meine Nachfrage, ob sie keine Ladesäulen für E-Fahrzeuge einbinden wollen, brachte sie fast in Verlegenheit: natürlich, unbedingt, völlig übersehen. Das ist doch eine optimistisch stimmende Geschichte, oder?

Welches E-Auto fahren Sie?

Ertappt … Wenn ich zu Kunden fahre, borge ich mir das Auto von meinem Vater. „Hey, die kann ja Tesla!", ist schon mal ein guter Einstieg ins Gespräch. Als Familienauto ist ein ID.3 von VW bestellt. Ich würde liebend gern unsere Firmenflotte elektrisieren. Aber versuchen Sie mal, einen Transporter für einen großen Hänger zu bekommen, auf den mehrere Module passen und der ohne Not 50 Kilometer am Stück schafft …

Sind wir hier im Solarland?

Rein meteorologisch liegen wir in Westfalen bei den Sonnenstunden etwas unterm deutschen Durchschnitt. Mit unserem häufig diffusen Himmel gehören wir nicht zu den Best-of-Regionen.

In den Jahren nach 2001 wurden PV-Anlagen in der Region erfolgreich gepusht. Allein in Püsselbüren mit 4.000 Einwohnern gab es drei Installateurbetriebe. 2018 wurde der Kreis Steinfurt Träger des Deutschen Solarpreises. Unser Betrieb baut im Jahr um die 100 Anlagen.

Es lässt sich darüber streiten, ob das schon viel oder noch zu wenig ist …

Für unsere Firma ist es viel, die Auftragsbücher sind mit neun Monaten Vorlauf voll. Generell gibt es noch jede Menge zu tun. Der aktuelle Stand im Kreis Steinfurt: 10 Prozent der Gewerbebetriebe und 35 Prozent der Privathaushalte besitzen eine PV-Anlage.

Mal abgesehen von den Investitionskosten: Eine PV-Anlage benötigt 60 bis 65 Quadratmeter Dachfläche. Die hat nicht jedes Haus im Angebot.

Ihr Firmengebäude ist mehr als gut bestückt.

Es ist das Glanzstück meines Vaters: Wir müssen das Vorbild leben. Das Gebäude ist ein Stahlbau, „eingekleidet" in PV-Module. Die waren mit 600.000 Euro an den 1-Million-Euro-Investitionen beteiligt. Die bei der Errichtung gültige Einspeisevergütung von 31 Cent refinanziert den Bau. Um uns gänzlich von Stromzukäufen zu verabschieden, ist geplant, auch der kleineren Halle Fassadenmodule und einen Speicher zu spendieren. Unsere Firmenadresse An der Mieke 7 hat regionales Kolorit. Mieke hieß eine private Grube im Ibbenbürener Steinkohlerevier, übrigens eine der fortschrittlichsten unter den hiesigen Pachtgruben. Das war hier also immer ein Ort der Energie. Früher der schwarzen, heute der grünen.

Hat zu Ihnen schon mal ein Kunde gesagt: Ich möchte eine Energieversorgung, die mein Haus klimaneutral macht?

Bei Leuten, deren Arbeitsalltag über Jahrzehnte vom Steinkohleabbau bestimmt war und die der Kohle ihren Wohlstand verdanken, landet man schwer mit Argumenten wie klimaneutral oder emissionsfrei. Ende 2018 schloss die letzte Grube im Revier. In diversen Haushalten werden immer noch die Kohle-Deputate der ehemaligen Kumpel verheizt. Wir sagen natürlich: Gerade deshalb müssen wir auf grüne Energie umschwenken.

» CO_2-Neutralität wird der eigentliche Treibsatz, es ist die beste, weil aussagekräftigste Größe. «

DR. TANJA LIPPMANN

Gibt es Verbündete, das Umdenken zu beschleunigen?

Vor zehn Jahren gründete sich der Verein Energieland 2050. Ein Netzwerk aus Betrieben der Region und engagierten Privatpersonen. Der Verein hat 120 Mitglieder, der aktive Beraterkreis 25. In dem arbeite ich seit zwei Jahren mit. In seinen ersten Jahren war man stark auf Windkraft orientiert, inzwischen beschäftigen uns zunehmend Klimaschutzaspekte, nicht mehr nur die Energie. Ich gebe zu: Statt Energieland 2050 sollte es besser Energieland 2025 heißen. Gewisse Dringlichkeiten nehmen wir heute ganz anders wahr als noch vor drei, vier Jahren. Es kommt enorm darauf an, wie schnell es gelingt, die Emissionen zu stabilisieren. CO_2-Neutralität wird der eigentliche Treibsatz, es ist die beste, weil aussagekräftigste Größe. Jenseits von irgendwelchen Interpretationen oder geschöntem Marketingbohei.

Ich komme noch mal auf Ihre Frage nach der klimaneutralen Denke der Kundschaft zurück. Wenn ein Ehepaar vor mir sitzt, das seinen Strom selbst produzieren möchte, sagt der Mann: Ich strebe einen hohen Autarkiewert an, ich will so wenig Strom wie möglich beim Netzanbieter kaufen. Und für mein zukünftiges E-Auto soll er auch noch reichen. Frauen sind spürbar emotionaler unterwegs: Mir ist wichtig, dass unser Energieprojekt einen Beitrag gegen den Kollaps unserer ökologischen Lebensgrundlagen leistet. Sie sprechen dieses Motiv eher an als die auf Autarkie gepolten Männer. Die ihren Umweltidealistinnen aber, so meine Beobachtung, letztlich zustimmend folgen.

#

Mittagsrunde in der Firmenküche.
Die Gäste werden mit freundlichster Gastgebergeste zur köstlichen Pizza-Suppe eingeladen. Am Tisch sitzen zweimal Schrameyer und zweimal Lippmann. Vater, Mutter, Tochter, Schwiegersohn. Die komplette Leitung der Schrameyer GmbH (Schrameyer bitte mit westfälischer Betonung auf dem langen A). Morgens herrscht hier im Firmengebäude mehr Betrieb. Da laufen 14 Handwerker herum, holen sich die Aufträge und das Material. Insgesamt stehen 22 Mitarbeiter auf der Gehaltsliste.

Weshalb gründet ein Informationselektroniker, der sein halbes Arbeitsleben im ehemaligen Stahlwerk Osnabrück verbracht hat und danach mehrere Jahre lang ein eigenes Radio- und TV-Geschäft betrieb, eine Photovoltaik-Firma?
Weil der Bruder sagt: Ich finde solar gut. Kannst du dich mal umschauen für mich? Günter Schrameyer schaute sich also bei seinem Großhändler um. Der hatte für durchgeknallte Sonnenanbeter tatsächlich auch ein paar superteure Solarmodule in seinen Beständen.

Irgendwann zeigte die Photovoltaik-Installationskurve der GmbH steil nach oben und Gattin Annegret rief öfter besorgt abends in der Firma an: Günter, es ist halb elf, du musst auch mal schlafen …

Seit seinem Siebzigsten hat der vitale Ex-Chef auf Teilzeit umgestellt. Das Kapitel „Der Schrameyer und dem Schrameyer seine Tochter" gestalteten beide ohne Mühe als geschmeidige Einlaufkurve. Vater Günter erwartet nicht die Kopie seiner selbst von der Tochter, die Tochter schätzt, welchen unternehmerischen Freiraum der Vater ihr anstandslos einräumt. Prinzip Vertrauen. Prinzip Respekt. Prinzip Charisma. Damit halten sie den Familienbetrieb am Laufen und bestätigen einmal mehr die Erfolgsformel des Mittelstands. „Was habe ich für ein Glück", sagt Günter Schrameyer.

Fragen wir bei so viel geballter Kompetenz an diesem Mittagstisch mal in die Runde: Was muss passieren, um den Ausstoß von Treibhausgasen zu begrenzen und den Klimawandel aufzuhalten?

Günter Schrameyer (Jahrgang 1949), Firmengründer: Meine große grüne Hoffnung ist die Elektromobilität. Ich glaube fest an einen Durchmarsch der Stromer. Meine Wunschprognose: Abschaffung der fossilen Brennstoffe und schneller Umstieg auf batteriebetriebene Fahrzeuge.

Annegret Schrameyer (Jahrgang 1954), Buchhalterin: Wir brauchen heutzutage für alles Strom. Der darf nicht schmutzig sein. Das sage ich jetzt auch mal als Oma. Ich finde, mein Enkel hat ein Recht auf eine gute Zukunft. Man kann die Klimarettung der großen Politik zuschieben, man kann aber auch sagen, jeder Einzelne ist verantwortlich, etwas zu tun. Ist er. Wir haben unendlich geeignete Dächer für die Solarstromproduktion. Ältere Besitzer sehen oft keine Notwendigkeit, ihr Haus noch zu sanieren. Und jungen Familien fehlt das Sparkonto. Leider. Solarstrom vom Dach müsste so selbstverständlich werden wie Mülltrennung.

Tanja Lippmann (Jahrgang 1976), Geschäftsführerin: Um tatsächlich etwas zu bewirken, sollte ein angemessener CO_2-Preis aufgerufen werden, der Unternehmen dazu bringt, statt auf Ablasshandel zu setzen – nichts anderes ist Emissionshandel streng genommen –, in CO_2-arme Energieversorgung und Technologien zu investieren. Es ist bitter nötig, die Gesetzeslage zu vereinfachen. Sonderregelungen haben die Transformation immer komplexer ge-

Die Familienaufstellung ist identisch mit der Firmenleitung. Thorsten Lippmann (links) ist seit Anfang 2020 dabei. Er und Tanja sind seit Studienzeiten ein Paar. Annegret Schrameyer gründete gemeinsam mit ihrem Mann Günter vor 25 Jahren das Haustechnik-Unternehmen, das auch noch Unterhaltungselektronik in seinem Portfolio hat.

macht und Geschäftsmodelle verkompliziert.

THORSTEN LIPPMANN (Jahrgang 1972), Prokurist: Ich verfolge das Thema grüner Wasserstoff mit größtem Interesse. Die Landwirte hier in der Umgebung gewinnen im Winter nicht ausreichend Strom vom Dach für ihre Ställe und Futteranlagen. Wie bekommen sie den also aus den ertragreichen Monaten in den Winter? Auf dieser langen Zeitschiene sehe ich nicht den Akku, sondern die Elektrolyse als Lösung. Regenerativer Strom, der nicht direkt verbraucht werden kann, wird im Elektrolyseur in Wasserstoff verwandelt. Gas gilt als guter Zwischenspeicher. Ich behaupte mal: Für die Sektorenkopplung ist er ein unbedingt notwendiger Baustein. «

ONLINE

- Firma Schrameyer im Video

www.youtube.com/watch?v=7qTSXlrYcqg

Kapitel 4

Schrameyer-Projekt eigenes Einfamilienhaus

Verjüngungskuren

Die Akteure

Annegret und Günter Schrameyer leben auch privat ihre Profession. Das eigene Haus, am Hochzeitstag bezogen, hat sich im Laufe der Jahre immer konsequenter einer grünen Zukunft zugewandt.

Wie sich das gehört für einen guten Ehemann in spe: Am Hochzeitstag hat Günter Schrameyer seine Annegret schwungvoll und verliebt über die Schwelle des neuen Hauses getragen. Das Timing war grandios. Das Paar hatte sich mit umfänglichen Eigenleistungen am Hausbau beteiligt und dabei straff den großen Tag im Blick: Hochzeit mit Einzug. Die ruhige, beliebte Ecke von Püsselbüren im Ibbenbürener Tal zwischen Teutoburger Wald und Hermannsweg füllte sich damals gerade mit Eigenheimen auf, die junge Nachbarschaft mochte sich – der 28. Juni 1974 wurde zum großen Fest für alle. »

1
Die PV-Anlage auf dem Norddach brachte die Nachbarschaft zum Staunen.

2
Der PV-Zaun liefert neben dem Grundstücksschutz auch noch grünen Strom.

3
Der E3/DC-Speicher im Wohnzimmerambiente – das gibt es vermutlich nur bei Schrameyers.

Was im Immobilienfachdeutsch Bestandsobjekt heißt, ist der liebste Ort auf Erden für die Schrameyers. Dieses Haus hat treu den Lauf ihres Lebens begleitet. Die Geburt, das Aufwachsen, den Auszug der beiden Kinder; den Nebenerwerb als Radio- und TV-Techniker des Hausherrn im Keller, bevor dafür ein eigener Laden gebaut wurde; die schlaflosen Nächte, weil just in dem Moment, als das Firmengebäude – eine Million Euro Investition – errichtet wurde, die Erneuerbare-Energien-Novelle die Umsätze drastisch schrumpfte; die Verjüngungskuren, ausgelöst durch die Profession und die Überzeugungen von Annegret und Günter Schrameyer.

Schauen wir die technischen Updates mal etwas genauer an:
➜ Das Einfamilienhaus, gemauerter Kalksandstein mit Klinkerfassade, 160 Quadratmeter auf anderthalb Etagen, verbraucht aktuell etwa 4.000 Kilowattstunden Strom im Jahr. Nichts für ein Heldenepos. Aber da selbst produzierter Sonnenstrom den Eigenbedarf zu 90 Prozent deckt, ist das für Günter Schrameyer eine akzeptable Größe. Zumal auch die Außenanlagen, etwa die Umwälzpumpe des Pools, partizipieren.
➜ Der grüne Strom wird von einem PV-Quartett erzeugt. Dazu gehören:
Die „Altanlage". 2001 montierten die Schrameyers die ersten Solarmodule aufs Dach. Mit einer aus heutiger Sicht bescheidenen Leistung von 5 Kilowattpeak. Die Nachbarn staunten oder amüsierten sich: Aha, so gibt man sein Geld aus …

Zwölf Jahre lang verrichteten die Module mit der Stromeinspeisung ins öffentliche Netz brav ihren Dienst. Bis sie, damals noch gestattet, mittels Repowering durch leistungsstärkere Nachfolger ersetzt wurden. Die waren in ihren Abmessungen so überschaubar, dass neben ihnen sogar noch eine neue Anlage Platz hatte.
Seitdem findet auf dem Dach ein zweifaches Geschäftsmodell statt. Die alte Anlage speist weiter ins Netz ein und verdient weiter Geld. Im Frühjahr 2020 sind es in Summe 81.000 Kilowattstunden. Mal 50 Cent Einspeisevergütung. Macht 40.000 Euro. Mehr als die Anschaffung gekostet hat. Die zweite, leistungsstärkere Anlage, 28 Module, 5,6 Kilowattpeak, gibt allen Strom ins Haus ab.
Dritte im Bunde: neun PV-Module auf dem Norddach. Die liegen seit Anfang 2020 dort oben. Die Nachbarn hatten mal wieder Grund zum Staunen. Norddach?
Der schlaue Schrameyer-Coup: Das Dach war eh fällig, neue Pfannen hätten 3.700 Euro plus Handwerkerlohn gekostet. Wie viel sinnvoller, das Geld stattdessen in Solarmodule zu investieren. 13,4 Kilowattpeak. Deren Ausbeute ist zwar übers Jahr ein Drittel geringer als bei der Südanlage. Umgerechnet sind die 650 Kilowattstunden pro Kilowattpeak dicke ausreichend für 30.000 Tesla-Kilometer.
Der vierte Solar-Mitspieler ist der PV-Zaun an der hinteren Grundstücksgrenze: zehn Module à 300 Watt. Jedes Modul 1,7 Quadratmeter groß. Dieses sehr spezielle PV-Konstrukt wird nicht lange das einzige in der Wohnanlage bleiben, ist sich Günter Schrameyer sicher.

Tu Gutes – und rede darüber!

Die katholische Kirche St. Ludwig in Ibbenbüren ist ein Youngster unter den Sakralbauten. Ihre Weihe fand erst 1952 statt. Was sind 70 Jahre im Vergleich zum Kölner Dom oder zur Jerusalemer Grabeskirche?
Sie kann sich zwar nicht mit staunenswertem Alter schmücken, dafür aber mit klimapolitischer Fortschrittlichkeit.
Seit Ende 2000 liegen auf ihrem Dach 54 Photovoltaik-Module. Der Dechant wollte seinerzeit ein Zeichen setzen: Tu Gutes!

Günter Schrameyer erinnert sich bestens an die Installation. Unten standen die Leute und starrten gen Himmel, während er, von Haus aus übrigens Katholik, mit einem Firmenmitarbeiter auf einem Gerüst in 30 Meter Höhe die japanischen KYOCERA-Module festschraubte. Ein Schauspiel – mit ein paar kleinen Eskapaden. Den Wechselrichter etwa hievten sie wegen fehlender Treppe an Seilen in den Glockenturm.

Das Tableau am Kircheneingang zeigt Anfang des Jahres 2020: 69.000 Kilowattstunden hat die Anlage erzeugt.
Tu Gutes – und rede darüber!

Günter Schrameyer war ziemlich stolz auf seine Tat in schwindelerregender Höhe. Plötzlich fanden sich auffällig viele Kirchengänger unter seiner Kundschaft.

© Hans-Rudolf Schulz

→ Logisch, dass irgendwann ein Stromspeicher fällig wurde. Seit sieben Jahren steht das Hauskraftwerk S10 von E3/DC unten im Kellergeschoss. In einem Untergeschosswohnzimmer! Mit Sessel und Vertiko und Deko! „Ich bin zu Demonstrationszwecken ständig mit Kunden hergefahren", erklärt Günter Schrameyer das heimelige Ambiente. Wenn der 13,8-Kilowatt-Speicher voll ist, signalisiert er der Waschmaschine oder dem Heizstab für die Warmwassererwärmung über eine Funksteckdose: Ihr könnt loslegen!
→ 1974 waren Flächenheizkörper unterm Fenster gängig. Irgendwann haben die Schrameyers sie gegen eine effizientere Fußbodenheizung ausgetauscht. Auch der Heizofen musste vor elf Jahren einem neuen weichen. Womit wir bei einer Fehlstelle im umweltfreundlichen Lebensalltag des Ehepaars sind. Geheizt wird mit Öl. Die Vorräte im Ölmuseum würden noch zwei Jahre reichen. Wohin damit? Der Hausherr liebäugelt längst mit einer Wärmepumpe, auch wenn er sie wegen ihrer Verluste bei der Energieumwandlung nicht für das Nonplusultra elektrotechnischer Ingenieurserfindung hält. «

Schrameyer-Projekt Mehrfamilienhaus Klukkerthafen, Nordhorn

Lust auf Innovation

Ein Nordhorner Mehrfamilienhaus wurde mit KfW-40-plus-Level gebaut. Hinter diesem Quantensprung stehen die heimische GMP Projekte und das Architektenbüro BEIKE + HERRMANN. Sozial verbündet sich mit nachhaltig: Dank selbst erzeugter grüner Energie fallen für die Mieter nur geringe Nebenkosten an.

Als Nordhorn noch, beginnend mit der Schnellweberei 1839, in der ersten Liga unter Europas Textilstandorten spielte, später NINO-Flex-Stoffe ein Wirtschaftswunderjahre-Weltprodukt waren, hatte niemand auf dem Schirm, dass die Globalisierung derart dramatisch bis in diesen äußersten Südwestzipfel Niedersachsens hineinwirken könnte. Statt Spinnereien und Webereien, in die Tausende Leute zur Arbeit strebten, verkümmerte das Industrieareal ab Mitte der 90er-Jahre zu einer Brache.
Seine Wiederbelebung verdankt dieses vergessene Gebiet in nächster Citynähe einem deutschlandtypischen Notstand: fehlendem Wohnraum. Mittelstädte wie Nordhorn, um die 50.000 Einwohner, Hybride von urbaner Infrastruktur und ländlicher Idylle, gelten als besonders beliebte Adressen.
Die GMP Projekte GmbH & Co. KG und das Architektenbüro BEIKE + HERRMANN teilen sich in der Färbereistraße 1 mehr als nur die Teeküche. Sie haben bereits an mehreren Projekten zusammengearbeitet, vornehmlich bei Pflegeheimen und Einrichtungen für betreutes Wohnen in der Grafschaft Bentheim. Und überzeugend Klischees wie diese widerlegt: Projektentwickler kennen nur ein Geschäftsmodell – mit wenig Geld

Die Akteure

1
Die äußerliche Hülle zitiert regionale Tradition, die „inneren Werte" des Hauses verkörpern progressive Moderne.

2
„Hafenstraße" ist eine stadthistorische Anspielung auf das ehemalige Wasserwerk der einst berühmten NINO-Textilfirma.

© Hans-Rudolf Schulz

möglichst viel bauen, um hinterher Kasse zu machen. Architekten sind eine elitäre Spezies, die sich vorzugsweise auf Selbstverwirklichungstrips begibt, um ihrem Ego zu schmeicheln.

Das Mehrfamilienhaus Klukkerthafen bot beiden Partnern gute Gelegenheit, Denkparameter auszuweiten, sich einmal mehr auf unbekanntes Terrain zu wagen. Als die Stadtoberen das Gelände des ehemaligen Wasserwerks der NINO-Textilfirma zum Baugebiet erklärten, sahen sie Punkthäuser in den Himmel wachsen. »

Der Sieger des Investorenwettbewerbs, die GMP, sah in ihrem Masterplan eher Vielfalt denn Punkthaus-Einförmigkeit. Einen nachbarschaftlichen, gemeinwohlorientierten Mix verschiedener Alters- und Sozialgruppen. Eine geordnete Verflechtung von Mehrfamilien- und Gartenhofhäusern, die den Bewohnern nicht nur eine Adresse, sondern einen heimatlichen Ort bietet. Unterm Strich 86 Wohnungen und 16 Gartenhofhäuser. Die Stadt Nordhorn nickte ab, das Konzept war ganz in ihrem Sinne.

GMP verteilte die Bauaufgaben an drei Architektenbüros. BEIKE + HERRMANN fiel ein ziemlich komplizierter Part auf dem 10.500-Quadratmeter-Areal zu. Christian Beike: „Nordhorn hat im Sommer 2019 seinen Jahrzehnte zuvor geschlossenen Bahnhof wieder reanimiert. Die Bahngleise führen in Hörweite parallel an der Westseite des Baugebiets entlang. Also lautete die Vorgabe der Stadt: eine Schallschutzwand. Gut gemeint, aber wer wohnt schon gern blickdicht abgeschottet hinter einer Wand? Mit einem lang gestreckten Korpus, so unsere Idee, würden wir die Schallemissionen für das gesamte dahinter liegende Quartier aufhalten."

Der Neubau, 38 Wohnungen, 2.472 Quadratmeter Nutzfläche, zieht sich als Gebäudeband die Hafenstraße entlang. Der Trick, weshalb er deutlich weniger brachial wirkt, als seine Längsmaße vermuten lassen: Die Architekten haben ihn in vier versetzte Gebäudeteile gegliedert und in der Höhe zwei-, drei- und viergeschossig gestaffelt. Das Wechselspiel der braunen und weißen Klinker entfaltet dabei eine erstaunliche räumliche Kraft. Alternativ zu der geschlossenen, von breiten, senkrecht gesprossten Fensterformaten unterbrochenen Fassade zeigt sich die Hofseite mit ihren Laubengängen bedeutend offenherziger.

Beste Zukunftsaussichten für Haus & jedermann

Natürlich sollen auch die Bewohner des Riegels selbst vor missliebigem Lärm bewahrt werden. Die Schutzmittel stammen aus dem Standardprogramm guter Architektur: schalldichte Fenster und Hauswände mit hohem Pufferpotenzial. Schon herrscht Ruhe.

Wenn es gut läuft, überlebt ein Bauwerk seine Schöpfer um Generationen. Projektentwickler und Architekten müssen also über Zukunft nachdenken. Statt nur über Quadratmeter Wohnraum und Wärmedämmauflagen. Wie weltverträglich ist unser Tun? Wie hilft das Haus dabei, ein gutes und solidarisches Leben zu führen? Wie verantwortungsvoll geht es mit den Ressourcen dieser Erde um? Große Fragen. Die einvernehmliche, geerdete Antwort von GMP und Architekturbüro BEIKE + HERRMANN: Wir machen Klimaschutz von unten. Alle Projekte, die dem Klimawandel, der Umweltzerstörung und der sozialen Ungleichheit Lösungen gegenüberstellen, sind zukunftstaugliche Lösungen.

Einwände? Keine.

Der heilige Dreiklang der Energiewende lautet: Wir müssen Energie sparen! Wir müssen die Häuser dämmen! Wir müssen die Heizung runterdrehen! Alles richtig, für ein so ambitioniertes Projekt wie das 38-Parteien-Haus trotzdem zu kurz gesprungen. Henning Zwafink, Projektleiter bei der GMP: „Gedanklich begonnen haben wir mit KfW-55-Level. Die Detailplanung ist überschaubar, der bauliche und der technische Aufwand sind uns vertraut. Aber dann haben die Architekten gedrängt: Bei der Objektgröße macht KfW 40 Sinn. Wir haben also neu gerechnet und festgestellt, dass die Förderung die zusätzlichen Mehrkosten auffängt. Ein paar Diskussionen und Energieberatungen später wurde es dann sogar KfW 40 plus. Photovoltaik-Anlagen haben wir bereits in anderen Gebäuden installiert. Aber diese Kombination von Solaranlage, Speicher, Wärmepumpe ist für uns ein Quantensprung."

Was sich sehr technisch anhört, hat auch mit Investment-Intelligenz zu tun. Neben den Baukosten fallen für jedes Haus Betriebs- und Energiekosten an. Die zweite Miete. „Wir sind keine Sponsoren, auch in Nordhorn steigen die Mieten. Aber wir setzen dieser Spirale etwas entgegen: deutlich begrenzte Nebenkosten. Für eine 60-Quadratmeter-Wohnung beispielsweise reduzieren sich die jährlichen Heizkosten um etwa die Hälfte. Auf Jahre.

Für uns mindestens genauso relevant: Geheizt wird CO_2-frei. Ich weiß, was Sie jetzt fragen werden: Wie finden das die Mieter?

Die Akteure

1 + 2
Der lange Riegel wird durch verschiedene Klinker und versetzte Gebäudeteile gegliedert. Zur Hofseite zeigt sich das Haus mit seinen Laubengängen nachbarschaftlich offen.

Die Wohnungen waren in kürzester Zeit vergeben, kein Bewerber hat sich nach CO_2-Emissionen erkundigt. Man kann das ernüchternd finden. Man kann aber auch sagen: Wir legen auf den Mietvertrag einen Bonus obendrauf. Wenn eines Tages allen klar ist, dass Emissionen nicht mehr geduldet sind, können die Hafenstraßen-Bewohner entspannt bleiben: Sie gehören bereits zu den Guten."

Architekt Christian Beike zählt in seinem Berufsstand zu den noch eher seltenen Allroundern, die sich nicht aufs Entwerfen beschränken, sondern interdisziplinär agieren. Energieparameter etwa sind planerischer Input und kein Nebenschauplatz. Photovoltaik-Module auf Dächern stellen in seiner Denke folglich keine ästhetischen Verfehlungen dar, sondern das Beste, was Dächern passieren kann. Weshalb er die Entwürfe entsprechend optimal konzipiert. Ein energetisches Kompaktpaket wie in der Hafenstraße ist eher selten in seiner Werkliste und hoch angesiedelt in seinem Wertekatalog erstrebenswerter Bauweisen. „Ich bin mir ziemlich sicher, dass sich die errechneten energetischen Bilanzen im Echtleben bewahrheiten werden."

In dem Moment, als PV-Anlage und Stromspeicher für die GMP als gesetzt galten, wurde die Schrameyer GmbH ausfindig gemacht. Lockstoff waren die E3/DC-Speichertechnik in deren Portfolio und der makellose Ruf als PV-Installateur.

Geschäftsführerin Tanja Lippmann ist Hintenanstellen gewohnt. Das übliche Procedere: Erst wenn alle anderen Handwerker abgerückt sind, kommt sie mit ihren PV-Modulen und Berechnungen an die Reihe. „Diesmal wurden wir von der GMP schon im Frühstadium der Planungen dazugeholt. Das war ungewohnt, aber umso spannender. Wir haben die großen Ansagen wie Anlagedaten oder Messkonzepte diskutiert, aber mit dem verantwortlichen Elektrounternehmen vorab auch en détail alle Installationsgeschichten besprochen. Wo werden die Kabel verlegt, wie viel Zähler sind nötig, wie die Kabel vom Dach durchs Gebäude führen, ohne dass Wärmebrücken entstehen, wohin mit den Abluftrohren, damit sie die PV-Module nicht behindern … Selbst der Klassiker unter den Störfällen fiel aus: zu enge Kabelschächte. Die sind in der Regel für Heizung, Sanitär und Elektrik ausreichend, wenn wir dann noch unsere Solarleitungen durchziehen wollen, wird es knapp. Ich fand es inspirierend, Teil dieser gemeinsamen großen Anstrengung zu sein." »

Schauen wir mal, wie ein Mehrfamilienhaus erfolgreich in die Zukunft transferiert wird:

→ Das Wohngebäude an der Nordhorner Hafenstraße mit 38 Wohnungen ist ein KfW-Effizienzhaus 40 plus. Was bedeutet: Es unterschreitet die Anforderungen der damaligen Energieeinsparverordnung um 60 Prozent. Wesentliche Kenngrößen dafür sind der Primärenergiebedarf – wie viel Energie wird für die Heizung, die Warmwasserbereitung, die Lüftung und die Kühlung des Hauses verbraucht – und der Transmissionswärmeverlust nach außen.
Für die Gebäudehülle wurde eine zweischalige Bauweise gewählt. Mit einer Mineralwolldämmung zwischen den Ziegeln von 24 Zentimeter Stärke. Die regionaltypische Verklinkerung verbessert nochmals die Masse der Wand und damit ihre Pufferqualitäten. Im Sommer wie im Winter.

→ Damit ein KfW-40-plus-Haus als solches anerkannt und entsprechend gefördert wird, ist ein spezielles Plus-Paket Pflicht. Dazu gehören:
1. Eine Anlage zur Stromerzeugung aus erneuerbaren Energien.
Auf den Flachdächern des Mehrfamilienhauses am Klukkerthafen liegen in leichter 10-Grad-Aufständerung 214 Photovoltaik-Module in Ost-West-Richtung. Ihre Leistung beträgt 58,85 Kilowattpeak. Als jährlicher Ertrag werden 49.500 Kilowattstunden erwartet.
Die Wege sind in diesem Haus übrigens lang: 1.500 Meter Solarleitungen ziehen sich vom Dach durch die vier Gebäudeteile.
Die PV-Anlage wird von der GMP nicht als Renditeobjekt betrieben, sondern dient zuvörderst dem Anliegen: sozial verträgliche Mieten.
2. Batteriestromspeicher.
Im erfreulich geräumigen Technikraum der Wohnanlage stehen zwei parallel geschaltete S10 E PRO-Speicher von E3/DC. Jeder Speicher bringt eine Kapazität von 19,5 Kilowattstunden in den Farmbetrieb ein. Zuzüglich eines externen Batterieschranks beträgt die Speicherleistung 58,5 Kilowattstunden.
Der selbst erzeugte grüne Strom wird in dem Neubau für den sogenannten Allgemeinbereich verwendet. Für Fahrstühle, Treppenhäuser, Tiefgarage, außerdem für die Erdwärmepumpen und die Lüftungsanlage. Dieser Verbrauch summiert sich auf etwa 15.000 Kilowattstunden im Jahr, die Kosten betragen bei 26 Cent pro Kilowattstunde etwa 3.900 Euro.
Für die Einspeisung des Solarstroms ins öffentliche Netz gibt es 11,5 Cent pro Kilowattstunde.
Die Haushalte kriegen von diesem Solarstrom nichts ab? Jedenfalls nicht direkt. Um die Wohnungen zu beliefern, hätte GMP auch noch die Rolle des Stromlieferanten übernehmen müssen. Was im ersten Moment naheliegend und vermieterfreundlich klingt, wird von einem aufwendigen Regelungs- und Abrechnungssystem torpediert. Sollte das Mieterstrommodell eines Tages vom Gesetzgeber in unkompliziertere Form gegossen werden, wäre beispielsweise auch eine Flatrate-Miete eine denkbare Option.
3. Lüftungsanlage mit Wärmerückgewinnung.
Auch die Wärme für die Wohnungen und für das Wasser stammt aus regenerativen Quellen. Erdwärme ist bis zum Sankt-Nim-

Die Akteure

Kleines Foto links: Henning Zwafink, Projektleiter bei der GMP Projekte, und Tanja Lippmann auf dem gewaltigen PV-Dach. Im mittleren Foto beide mit Architekt Christian Beike (rechts) im Technikraum.

experten der GMP ein Lastenproblem: Wenn die PV-Anlage in den Mittagsstunden den meisten Strom liefert, ist ein Großteil der Bewohner mit ihren Autos außer Haus.

→ Seit Herbst 2019 ist das Haus komplett vermietet. Rein messtechnisch gesehen befindet es sich noch in der Übergangsphase zum Normalzustand. Erfahrungen sagen: Erst nach ein bis zwei Jahren Nutzung sind die energetischen Messdaten aussagekräftig. Der Strombedarf der Wärmepumpen für die Wohnanlage erwies sich deutlich höher als für die Prognosen angenommen wurde (Prognose 25.000 kWh – Realität 63.000 kWh). Somit ergeben sich auch für den Eigenverbrauch (54 %) und für die Autarkie (31 %) andere Werte als in der Prognose ermittelt.

Ein Wohnhaus klimaneutral betreiben? Investoren wie die GMP machen sich auf den Weg. Ihre Pionierleistung stiftet Mehrwert auch für die Allgemeinheit. Architektur als ein Dienst am Menschen. Die CO_2-Einsparung, die der PV-Anlage zu verdanken ist, beträgt über einen Zeitraum von 20 Jahren 470.800 Kilogramm. (Berechnungsgröße: 500 Kilogramm je 1.000 Kilowattstunden Solarertrag). «

merleins-Tag vorrätig. Sechs Bohrungen, 200 Meter tief, sorgen für latente Zufuhr. Die Wärmepumpe benötigt 25.000 Kilowattstunden im Jahr. Komplettiert wird sie von einer zentralen Lüftungsanlage, die mit allen 38 Wohnungen verbunden ist.
Die mit eigenem Strom produzierte Wärme wird als Preisvorteil an die Mieter in Form extrem niedriger Nebenkosten weitergereicht.
4. Benutzerinterface zur Visualisierung des individuellen Stromverbrauchs.

E3/DC-Speicher funktionieren wie digitale Flugschreiber: Sie dokumentieren in Echtzeit Energieproduktion und -verbräuche, einschließlich Einspeisung und Bezüge aus dem Netz.

→ Ladesäulen für E-Fahrzeuge, die das Modell PV-Anlage plus Speicher komplettieren würden, blieben in Klukkerthafen erst mal außen vor. Die GMP denkt derzeit eher über Ladepunkte vor ihren Tagespflegestätten nach. In der Hafenstraße sehen die Energie-

ONLINE

- Nordhorner Mehrfamilienhaus als KfW-Effizienzhaus 40 plus

www.youtube.com/
watch?v=56DVS2Al_Nw

Kapitel 4

Tanja Lippmann und Martin Nyhuis wussten beim ersten Zusammentreffen sofort: Passt! Die Solarisierung des Quartiers wird ein Gemeinschaftsprojekt.

© Hans-Rudolf Schulz

Schrameyer-Projekt Passivhaussiedlung Twist

Respekt vor der Schöpfung

Die Akteure

In Twist errichtete Martin Nyhuis eine Passivhaussiedlung. In Personalunion als Projektentwickler, Eigentümer und Vermieter. Im Frühsommer 2019 toppte er das klimafreundliche Quartier nochmals und stellte auf energetische Selbstversorgung um. Im Gespräch mit Martin Nyhuis und Tanja Lippmann, die das Konzept umsetzte.

Ist unser Wohlstand der von fröhlich prassenden Ignoranten? Oder können wir auch anders?

Wer diesen optimistischen Gegenbeweis haben möchte, etwas weniger Untergang und dafür ein Quantum mehr Hoffnung: Die als Passivhaussiedlung konzipierte und durch Solarisation aktiv aufgewertete Wohnoase am Rande von Twist liefert es in hoher Dosierung. Twist, nicht wie der ehemalige wilde Modetanz zu lautmalen, sondern Twiiist, liegt an der Westgrenze des Emslandes. Ein Schritt zu viel und man ist in den Niederlanden. Ein Schritt nach rechts Heide, einer nach links Moor. Zu der Leichtigkeit des Seins, mit der Martin Nyhuis hier aufgewachsen ist, gehört die Selbstverpflichtung, die Welten-Antennen weit auszufahren. Handle reflektiert. Arbeite an der Problemlösung. Die Siedlung in Twist ist eine. Weil sie die Ansage macht: Wir müssen so leben, dass es für alle gut ausgeht.

Seine ökologische Sozialisation erhielt Martin Nyhuis als Fünftklässler von einer Lehrerin, die von Waldsterben und Greenpeace-Rettungsaktionen erzählte. An der Fachoberschule nahm Nachhaltigkeit für ihn immer präzisere Konturen als eingesparte, saubere Energie an.

Ein anderer wichtiger Umweltsensibilisierer: der Vater Ludwig. Dessen Versicherungskontor war ein Grund, nach dem Abitur eine Ausbildung zum Versicherungskaufmann und außerdem Wirtschaftsmakler zu machen. Seit Jahren schieben Vater und Sohn neben dem klassischen Makler- und Finanzdienstleistungsgeschäft gemeinsam Projekte in Twist an, die in die Kategorie „Fortschritt" fallen. Sie bauen und sanieren Gebäude im Zentrum, die nicht nur Wohnprobleme lösen, sondern die Temperaturkurve der Erde daran hindern, weiter nach oben zu treiben.

Auch die Siedlung in der Johannes-Dettmer-Straße mit ihren fünf Häusern, zwischen 2005 und 2009 errichtet, stellt sich der ökologischen Maximalfrage: dem Klimawandel. Man könnte das Motiv auch nennen: Respekt vor der Schöpfung. Für den Calvinisten Martin Nyhuis ein ewig jung gebliebener ethischer Anspruch. Er ist gleich mehrfach in das Quartier verstrickt: als Projektentwickler, als Bauherr, als Eigentümer, als Vermieter, als Stromlieferant, als Bewohner. »

Das Haus der Familie Nyhuis war 2006 das erste in der Siedlung. Es steht auf ausgekoffertem Moorboden.

Wie muss man sich diese grüne Oase vorstellen, bevor hier Häuser standen?

MARTIN NYHUIS: Als Brache. Die gehörte der Gemeinde. Bevor ich sie unerschlossen gekauft habe, war sie schon zu Bauland umgewidmet. 7.000 Quadratmeter. Wir sind hier im Moorgebiet, der Boden musste ausgekoffert werden. Bei meinem Haus, gewissermaßen das Testobjekt, haben wir die Baugrube bis in fünf Meter Tiefe mit Sand aufgefüllt. Das klingt für Sie dramatisch, wir sind mit dem Moor groß geworden.

Bauen ist heutzutage ein Geduldspiel. Auch wegen der typisch deutschen Neigung, alles, aber auch wirklich alles regulieren zu wollen. Wir haben mit etwa 3.300 Normen eines der dicksten Bauregelwerke der Welt. Da ist es für einen Projektentwickler vorteilhaft, einen starken Architekten im Team zu haben.

MARTIN NYHUIS: Geplant hat die Häuser der freischaffende Architekt Dieter Feege, ein kantiger Typ. Er steht für jene Sorte Architekten, die sich erfolgreich durchbeißen können, selbst wenn die systemische Apathie, etwa bei Genehmigungsbehörden, enorm ist. Wir haben uns auch bei der Passivhaussiedlung gegenseitig getrieben und allen ökologischen Ehrgeiz bis ins letzte Quantum ausgereizt. Bei der KfW gilt die Energieeffizienz 40 plus aktuell als Nonplusultra, wir sind bei 15 Kilowattstunden Wärmeenergieverbrauch pro Quadratmeter und Jahr. Wie sich das für eine anständige Passivhaussiedlung gehört.

Die Passivhaus-Idee polarisiert die Kenner der Szenerie. Kritikern ist das verordnete Nutzerverhalten zu restriktiv, der Materialeinsatz, insbesondere die Stärke der Wände, zu gewaltig. Die gleichen Leute gestehen zu: Okay, zumindest hat dieses Konzept die Baubranche ein Stück weit aus ihrer Lethargie gerissen und einen möglichen Pfad zu „nearly zero energy building" geschlagen.

MARTIN NYHUIS: Uns haben Etikettierungen wenig interessiert, zumal wir den Passivhausgedanken von Anfang an weiter gefasst hatten. Gesamtheitlicher.

Das gemeinschaftliche Miteinander der Häuser und eine ökologische Bauweise waren uns mindestens genauso wichtig wie die signifikante Reduzierung der Energie. Mit unserer nachgerüsteten Solaranlage sind wir jetzt sogar auf Energieplus-Level. Es wird mehr Energie erzeugt als selbst verbraucht.

Muss ein Bauherr nicht zwangsläufig ein schlechtes Gewissen gegenüber der Natur haben?

Martin Nyhuis: Der Mensch muss wohnen. Was wir vermeiden sollten: Neubauten, die für unsere Enkel sperriger Sondermüll sein werden.

Als die Siedlung fertig war, standen die Interessenten in Scharen vor der Tür.

Martin Nyhuis: Vermutlich waren wir 2008 der Zeit voraus. Das Areal ähnelt einem Park, hier hätte keiner sein Eigentum mit einem Zaun markieren können. Zu dieser gemeinschaftlichen Grenzenlosigkeit dann auch noch Passivhaus-Regeln wie: keine offenen Fenster den ganzen Tag, für frische Luft sorgt die kontrollierte Be- und Entlüftung. Wir sind recht schnell von Verkauf auf Vermietung umgeschwenkt, das hat prima funktioniert.

Bevor wir über Energie reden – welche Bauqualität haben die Häuser?

Martin Nyhuis: Doppelschalige Porotonwände: ein 30er- und ein 24er-Stein, verfüllt mit Perlite, dazwischen Glaswolle, dazu ein Mineralputz beziehungsweise an den Nordseiten Holzschalungen. Alles streng im Bereich natürlicher Materialien. Die Fenster haben eine Dreifachverglasung. Für mein Haus musste ich die 2006 noch aus Bayern holen. Und das Glas war eine Sonderproduktion. Zwei Jahre später war aus „gibt's nicht" oder „alles Quatsch" dann glücklicherweise Stand der Technik geworden.

Zu dieser guten, langlebigen Hauskonstruktion stoßen andere weiche Ewigkeitsfaktoren. In den Doppelhäusern können Jung- und Altfamilien in greifbarer Nähe wohnen. Sie können das Gemeinschaftshaus für größere Geselligkeiten anmieten. Wir sammeln Regenwasser für alle. Wer hier wohnt, darf sich dank grüner Energieversorgung als Gutmensch fühlen.

Die Diagnose der Klimakrise ist mittlerweile konsensfähig. Aber aus der Diagnose entsteht noch keine Veränderung.

Martin Nyhuis: Es ist schwierig, das Risiko-Desaster exakt zu erfassen und zu vermitteln, dass jeder Einzelne Verantwortung übernehmen muss. Viele Forscher haben inzwischen eine Vorstellung davon, welche gefürchteten Kipppunkte im Erdklimasystem bei welcher globalen Temperaturerhöhung eintreten könnten. Manche halten einen Anstieg von 3 Grad Celsius für eine katastrophale existenzielle Bedrohung der Menschheit, manche erst 5 Grad. Aber was bringt es, immerzu in den Abgrund zu blicken? Seit Noah die Arche gebaut hat, beflügeln vergangene und zu erwartende Katastrophen auch immer wieder die menschliche Schöpferkraft. Für die gibt es aktuell ausreichend zu tun: beispielsweise Häuser zu bauen, deren CO_2-Bilanz den Titel „klimafreundlich" verdient.

Der Kohlendioxidausstoß ist für Sie die Maßeinheit für Nachhaltigkeit?

Martin Nyhuis: Unbedingt. Der Klimakiller CO_2 ist das Auspuffgas der modernen Welt. Ich hatte heute beim Frühstück gerade wieder eine sehr erfrischende Diskussion mit meinen Kindern und meiner Frau: Wie viel CO_2 darf ein Mensch emittieren? Was gehört in die private Bilanz? Auch die Emissionen des Unternehmens, in dem ich mein Geld verdiene?
Stellen Sie sich vor, es bewirbt sich jemand bei mir in der Firma und ich könnte ihm sagen: Bei mir ist Ihnen ein Minus für Ihre Bilanz sicher. Ich bin unbedingt dafür, die Verbräuche der Autos nicht mehr in Litern anzugeben. Sondern in Gramm CO_2 pro Kilometer. Das wäre eine eindeutige, ehrliche, vergleichbare Ansage für alle Verbräuche.

Tanja Lippmann: In unseren Projektunterlagen steht die Zahl, welche CO_2-Einsparungen durch die Solarstromproduktion realistisch sind. Die Basisdaten: 1.000 Kilowattstunden Solarertrag bewahren uns vor 500 Kilogramm CO_2-Emissionen. Nach 20 Jahren summiert sich das in der Siedlung auf 470 Tonnen.

Martin Nyhuis: Ich bin kein überpingeliger Rechner, aber mein Bauch sagt mir: Wir wohnen mindestens CO_2-neutral. Und kompensieren irgendwann die Erstellungsbilanz der Gebäude. Ein gutes Gefühl. Das drei Jahre alte Dachs-BHKW von Senertec in unserem Firmengebäude weist übrigens im Gegensatz zu dem älteren von 2005 die CO_2-Werte in Echtzeit aus.

Welchen Sinn macht es, bei einer so energetisch vorbildlichen Gemeinschaft noch einmal aufzustocken?

Martin Nyhuis: Die Energieversorgung total auf Strom zu fixieren, war von Anfang an unser Plan. Zu den 2 Millionen Euro Investitionen für das Bauprojekt hätten wir allerdings noch mal eine gehörige Summe für die Solarpaneele dazulegen müssen. Wir wollten kein wirtschaftliches Harakiri riskieren und haben auf später verschoben. Aber leitungsmäßig schon alles vorbereitet. Denkverbote waren tabu, deshalb war zwischenzeitlich ein BHKW eine Option. Beim Nachrechnen hat sich herausgestellt, dass die Verlustleistungen auf den Leitungen größer waren als der Verbrauch in den Häusern. Also Idee gestrichen. Mit Solarstrom allein hätten wir uns bei unserem Eigenversorgungswillen nicht begnügt. Ein Speicher war folglich ein Must-have. »

Kapitel 4

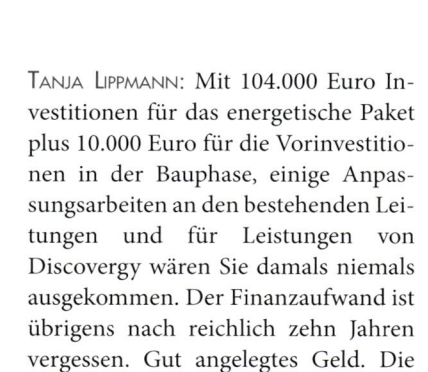

Tanja Lippmann: Mit 104.000 Euro Investitionen für das energetische Paket plus 10.000 Euro für die Vorinvestitionen in der Bauphase, einige Anpassungsarbeiten an den bestehenden Leitungen und für Leistungen von Discovergy wären Sie damals niemals ausgekommen. Der Finanzaufwand ist übrigens nach reichlich zehn Jahren vergessen. Gut angelegtes Geld. Die PV-Anlage und die Speicher haben das Konzept maßgeblich gepusht.

Twist ist Ihr erstes Quartier?

Tanja Lippmann: Ja. Und das Beste, was mir passieren konnte. Moral und Wirklichkeit treffen hier konfliktfrei aufeinander. Eine Partnerschaft mit so einem unbeirrbaren, ökologisch beseelten Unternehmer wie Martin Nyhuis, der die geltenden Standards auf allen Ebenen hinterfragt, ist schon etwas Besonderes.

Martin Nyhuis: Das Kompliment gebe ich gern zurück. Ich habe Frau Lippmann im November 2017 kennengelernt. Die Firma Schrameyer hatte die Nachjustierung unseres Firmengebäudes übernommen. Mit einer 30-Kilowatt-Anlage auf dem Dach und zwei E3/DC-Speichern im Farmbetrieb. Einschließlich der beiden Blockheizkraftwerke, die von Oktober bis April die Wärme für unser Bürohaus und auch noch für das benachbarte Fitnessstudio bereitstellen, liegt unser Zweijahresergebnis bei 99,4 Prozent Autarkie.

Sie sprechen von Eigenversorgung?

Tanja Lippmann: Stopp! Es ist tatsächlich Autarkie. Der gesamte elektrische Energiebedarf des Gebäudes wird inklusive E-Autos zu 99,4 Prozent über selbst erzeugten Strom gedeckt. Die Eigenverbrauchsquote liegt deutlich niedriger als die Produktion, es gibt noch jede Menge Überschüsse dieser Mischung aus PV- und BHKW-Strom. 2019 wurden kurzzeitig mal 120 Kilowattstunden aus dem Netz geholt, als eins der beiden BHKW ausfiel. Die nehmen allerdings noch ein Schlückchen Erdgas.

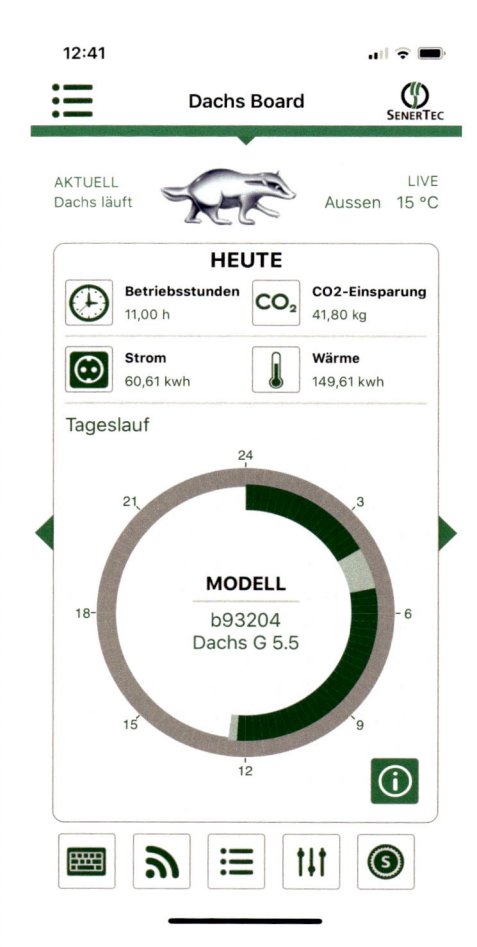

Das Dachs-BHKW, das in Martin Nyhuis' Firmengebäude steht, zeigt jederzeit die CO_2-Einsparungen an.

Die Quartiersidee scheitert oft an gesetzlichen Beschränkungen, etwa an Leitungsrechten oder an Tabus des öffentlichen Raums.

Martin Nyhuis: Das Grundstück wurde von uns in Eigenregie erschlossen, mit sämtlichen Leitungen und Rohren. Wir verlassen nie die Grundstücksgrenzen – der Netzbetreiber kann folglich nicht insistieren. Wir sind definitiv ein Sonderfall, in einem Quartier mit verschiedenen Eigentümern hätte solch ein Gesamtprojekt keine Chance. Die Gemeinde hat uns immer unterstützt, sie hat beispielsweise die Leitungen, die ihr Rondell queren, freigezeichnet. Sämtliche Versorgungsströme in der Siedlung folgen der Logik: vom Zentrum in die Häuser. Die Zentrale ist der Technikraum im Gemeinschaftshaus, dort wird die Solarstrom- sowie Wasserversorgung in die Wohneinheiten gesteuert. Lediglich die Wärmepumpen sind dezentral in den Häusern untergebracht.

Was war Ihr erster Gedanke mit Blick auf die Nachrüstung des Twister Quartiers?

Tanja Lippmann: Viel Kopfarbeit! Vom technischen Equipment her war die Angelegenheit eher unproblematisch. 220 PV-Module verteilt auf sechs Dächern, sieben PV-Wechselrichter, ein E3/DC-Hauskraftwerk PRO. Alles leicht zu verknüpfen. Nicht ganz so easy war es, ein funktionierendes Abrechnungskonzept zu finden. Herr Nyhuis hat ja ein Mieterstrommodell initiiert, das ein paar spezielle Gesetzmäßigkeiten hat. Unsere Lösung: Über einen Wandlerzähler für größere Leistungen erfolgt die zentrale Versorgung und Stromeinspeisung. Dieser Hauptbezugszähler ist wie alle kleineren Zähler von Discovergy, dem Messstellenbetreiber, als Smart Meter ausgeführt. Der Hauptzähler übernimmt auch die Hauptschnittstelle mit Netzwerkanbindung zum Server von Discovergy. Für den Kontakt zur Außenwelt gibt es also nur einen Zähler, alle anderen Messungen und Verrechnungen werden in der Siedlung intern geregelt. Eine Herausforderung waren die hohen zu versorgenden Leistungen. In Summe 13 Wohneinheiten, fünf Wärmepumpen und der Allgemeinstrom. Eine normale 63-Ampere-Zählung wäre kollabiert. Deshalb eine Wandlermessung.

Martin Nyhuis: Discovergys umfängliches Servicepaket ist für mich als Energieerzeuger und -händler eine feine Sache. Das Smart Metering empfängt und sendet digital Daten. Das Smart-Meter-Gateway, die zentrale Kommunikationseinheit, sichert die Fernauslesung der Zähldaten. Der Messwandler

Gut zu wissen

Die beiden E3/DC-Batteriespeicher messen und dokumentieren in Echtzeit alle energetischen Vorgänge im System.
Hier die Bilanz von 2021.
32 Prozent Unabhängigkeit vom Netz dank Eigenstrom sind okay.

Clever investiert.

	[kWh]
Batterie (Laden)	4957.2
Batterie (Entladen)	4784.59
Netzeinspeisung	40653.92
Netzbezug	20756.2
Solarproduktion	9806.93
ext. Produktion	51136.59
Σ Produktion	60943.52
Hausverbrauch	39988.28

Produktion
- Eigenstrom: 32 % (19232.08 kWh)
- Netzeinspeisung: 68 % (40653.92 kWh)

Hausverbrauch
- Autarkie: 48 %
- Netzbezug: 52 % (20756.2 kWh)

---

fungiert als Transformator für den PV-Erzeugungs- und den Einspeise-Bezugszähler.

Die Verbräuche der Wohneinheiten laufen über einen Mieterzähler. Discovergy übernimmt die Abrechnungen und bietet sogar Wahlfreiheit beim Abrechnungsmodus: ob monatlich oder als Vorauszahlung. Außerdem kann der Mieter jederzeit seinen aktuellen Verbrauch einsehen.

Beziehen alle Häuser den selbst erzeugten Strom?

MARTIN NYHUIS: Ich habe die Bewohner natürlich gefragt, sie mussten ja ihre Verträge mit den bisherigen Anbietern kündigen. Anfänglich hatte ein Mieter kein Interesse, mittlerweile machen alle mit, außer meine Familie. 43 Prozent des grünen Stroms verbraucht die Siedlung selbst. Einschließlich des ergänzenden Netzstroms kostet die Kilowattstunde 25 Cent.

Warum sind Sie nicht dabei?

MARTIN NYHUIS: Ich bin der Energieversorger. Wenn ich von mir selbst Strom beziehe, würde sich die steuerliche Investitionsabschreibung von 40 Prozent erledigen. Die hilft einer Firma, die Liquidität etwas aufzubessern.

Der E3/DC-Speicher hat sich klaglos mit allen vorgefundenen Installationen arrangiert?

TANJA LIPPMANN: Ursprünglich war der Quattroporte von E3/DC vorgesehen, ein AC-gekoppeltes Gerät, das die notwendige Ausspeiseleistung gesichert hätte. Wir mussten vom Normalfall abweichen, an E3/DC-Speicher alle PV-Leitungen DC-mäßig anzuschließen. Das war nicht möglich, weil jedes Haus neben der PV-Anlage auch einen Wechselrichter hat, der den AC-Strom durch die bereits vorhandenen Leitungen in die Technikzentrale befördert. Just im Moment großen Nachrechnens kam E3/DC mit seiner PRO-Serie an den Markt. Das war die Superlösung. Vom Carport waren eh neue Leitungen übers Grundstück in die Technikzentrale nötig. Diese Gleichstromleitungen konnten wir direkt an den Speicher anbinden und so die erwünschte Ausspeiseleistung sichern. Der S10 E PRO funktioniert als Hybrid: Er kann die Batterie mit den Modulen laden, die direkt an ihn angeschlossen sind. Er kann sie aber auch mit dem AC-Strom aus den Wechselrichtern der Häuser laden. »

Eine kunstvolle Verknüpfung?

TANJA LIPPMANN: Das ist schon eine besondere Leistung. Das Management, die Leistungsmessung muss von uns installiert werden. Das intelligente Steuern der Energieflüsse übernimmt die Software von E3/DC.

Was sagt der Stromanbieter zu alledem?

TANJA LIPPMANN: Der bürokratische Aufwand war hoch, aber der zuständige Mitarbeiter von RWE erstaunlich engagiert. Es wurde nichts torpediert, obwohl RWE nach zehn Jahren seine Zähler loswurde.

Es funktioniert alles wie geplant?

MARTIN NYHUIS: Bestens.

Jetzt klopfen Sie sich gegenseitig auf die Schulter?

TANJA LIPPMANN: Klar, dieses Quartier muss erst mal getoppt werden.

Alles erledigt, alles im grünen Bereich.

MARTIN NYHUIS: Bei den Wärmepumpen wollen wir noch nachbessern. Die sind relativ klein, weil die Häuser nur eine geringe Wärmezufuhr benötigen. Die Geräte ziehen maximal 2 Kilowattstunden Strom, auch PV-Strom. Aber ich hätte gern intelligentere Ausführungen, die mehr beherrschen als das Ein und Aus. Es gibt einen österreichischen Hersteller, M-TEC. Der hat ein Energiemanagementsystem für die Sektorenkopplung in sein neues Wärmepumpenmodell gleich mit eingebaut. Ich könnte beispielsweise selbst Prioritäten übers Touchpad oder Smartphone festlegen: Soll der Überschuss in die Autobatterie, in die Wärmepumpe oder in den Stromspeicher fließen? Die Pumpe arbeitet das Wunschkonzert dann ab. Interessant finde ich auch, dass mehrere Pumpen untereinander kommunizieren können. Und sie würden mit dem E3/DC-Speicher sprechen. Beide Anbieter haben sich für offene Systeme entschieden. Toll. Das machen nur wenige.

TANJA LIPPMANN: In einem Einfamilienhaus brauche ich so eine Wärmepumpe nicht. Da reicht simple Intelligenz völlig aus: Die PV-Anlage liefert gerade emsig, hey, Wärmepumpe, steigere mal um 3 bis 4 Grad. Im Quartier ist die Sache komplexer. Wenn die PV-Anlage an einem schwachen Tag nur 6 Kilowatt Überschuss liefert, dann möchte ich bitte, dass sich alle fünf Wärmepumpen mit 5 Kilowatt begnügen, der Rest wird für den Allgemeinstrom verwendet. Kann ich dagegen aus 60 Kilowatt Überschuss schöpfen, sollen die Wärmepumpen mit voller Power losarbeiten. Dann muss

Auf dem Carportdach liegen mit 25,62 Kilowattpeak die meisten Module, auf den Hausdächern jeweils 6,72. Das gelbe Haus mit dem Gründach ist die Technikzentrale für das gesamte Quartier. Es bietet außerdem einen Gemeinschaftsraum für alle Bewohner.

> » Wir sind definitiv ein Sonderfall. In einem Quartier mit verschiedenen Eigentümern hätte solch ein Gesamtprojekt keine Chance. «
>
> MARTIN NYHUIS

ich nachts nichts für sie aus dem Netz holen. Ich kann Wärme nicht hin und her schieben, aber Energie. Diese Schläue ist keine Frage von Hardware, sondern von Software. Die muss vom Technikraum aus dirigieren: Jetzt ist Wärme dran, jetzt Strom, jetzt Auto. Herr Nyhuis, Sie liebäugeln außerdem mit einem Elektrolyseur. Ich schaue mit Interesse aus der Ferne zu. Das ist auch für die Firma Schrameyer ein Thema.

Sie wollen das Speichermedium wechseln?
MARTIN NYHUIS: Nicht wechseln. Ergänzen. Die Speicherbatterie ist in jedem Fall unentbehrlich: für die Tageszyklen und für die Überschüsse, die nachts verbraucht werden. Mit den PV-Modulen ließe sich durch Elektrolyse Wärme für die Häuser und außerdem Wasserstoff produzieren. Als Speicherkapazität, um die Dunkelflauten im Spätherbst und Winter zu überbrücken. Leider sind Elektrolyseure noch unbezahlbar.

Sind in Ihrem energetischen Siedlungsprojekt auch E-Autos willkommen?

MARTIN NYHUIS: Unbedingt. Noch ist unsere Familie mit zwei Autos die einzige, die Stromer fährt. Um Ihre nächste Frage vorwegzunehmen: Es würde das Konstrukt nicht zu stark belasten, wenn alle Mieter jeden Tag Strom tanken. Der allgemeine Irrglaube ist, dass E-Autos ständig von null auf hundert befüllt werden. Das Alltagsverhalten bei Pendlern ist eher gegenteilig: Sie laden ihr bisschen Wegstreckenverbrauch sofort nach. Was bedeutet, dass auch der angeforderte Ladestrom relativ niedrig ist, da die Batterien die letzten 20 Prozent gemächlicher geladen werden. Man hält den Pegel, ohne große Ausreißer. Falls hier eines Tages wirklich mal fünf E-Autos unterm Carport stehen, könnte ein intelligentes Management übernehmen: Betankt wird vorrangig mit Grünstrom und zeitlich versetzt.

Schön fände ich es, den Gleichstrom vom Dach direkt ins Auto leiten zu können. Das würde perspektivisch unseren Eigenverbrauch erhöhen und die Netzeinspeisung senken.
TANJA LIPPMANN: Die direkte Einspeisung wird vom Gesetzgeber sabotiert. Der fordert, dass die Messprotokolle aussagen, wie viel Strom produziert und wie viel verbraucht wird. Wenn Gleichstrom im Auto verschwindet, ohne dass der AC-Zähler zuvor erfassen kann, welche Strommengen erzeugt wurden, akzeptiert der Netzbetreiber das zwar für eine 10-Kilowattpeak-Anlage. Aber nicht für 30 Kilowattpeak. Es scheitert schlichtweg am Eichschein. »

Architektonische Feinarbeit im Detail: Jedes der fünf Häuser hat einen andersfarbigen Giebel.

Schauen wir mal auf die Lösungen der Twister Vorbildsiedlung:

→ Die vier Siedlungshäuser mit je drei Wohneinheiten haben inklusive Allgemeinstrom, also auch des Gemeinschaftshauses, und inklusive Wärmepumpen einen Strombedarf von 40.000 Kilowattstunden im Jahr. Davon stammen 20.000 aus dem Netz.

→ Vor der Installation der Solaranlage zogen die Mieter ihren Strom generell aus dem Netz. 2019 erfolgte die Umstellung auf Solarenergie. 20.000 Kilowattstunden davon werden selbst genutzt.

→ 40 Kilowattpeak wurden auf fünf Hausdächer (inklusive Nyhuis-Haus) verteilt, in Südausrichtung. Externe Wechselrichter stellen die Verbindung zum Speichersystem in der Technikzentrale her.

Die größte PV-Anlage liegt in Ost-West-Aufständerung auf dem Carportdach: 25 Kilowattpeak.

→ Im Jahresverlauf werden 67.000 Kilowattstunden Grünstrom produziert. Davon fließen 47.000 Kilowattstunden ins öffentliche Netz. Dieser Überschuss katapultiert die Siedlung in Richtung klimaneutral.

→ Jedes Haus hat eine Wärmepumpe mit je 1,8 Kilowatt Leistung. Alle vier benötigen übers Jahr knapp 12.000 Kilowattstunden Strom.

→ Wie in Passivhäusern üblich regulieren Lüftungsanlagen mit Wärmerückgewinnung kontrolliert das Raumklima.

→ Mit 43 Prozent Eigenverbrauch schraubt sich die Wohnanlage auf 55 Prozent Autarkie, an sonnigen Tagen auch mal auf 80 Prozent. Inklusive Wärmeerzeugung.

→ Die reduzierten Energiekosten von etwa 30 Euro pro Haushalt und Jahr (!) sind sehr überschaubar. Was an den ohnehin geringen Verbräuchen von 1.000 Kilowattstunden übers Jahr liegt.

→ Das Hauskraftwerk S10 PRO von E3/DC besitzt eine Speicherkapazität von 19,5 Kilowattstunden. Die können über einen externen Batterieschrank auf 39 Kilowattstunden verdoppelt werden.
An erster Einspeisestelle steht der DC-seitige PV-Strom von den Carportdächern. Die Hybridfähigkeit des Speichers akzeptiert aber genauso den AC-Strom, den die fünf

Die Akteure

Ohne Eigenverbrauchsoptimierung

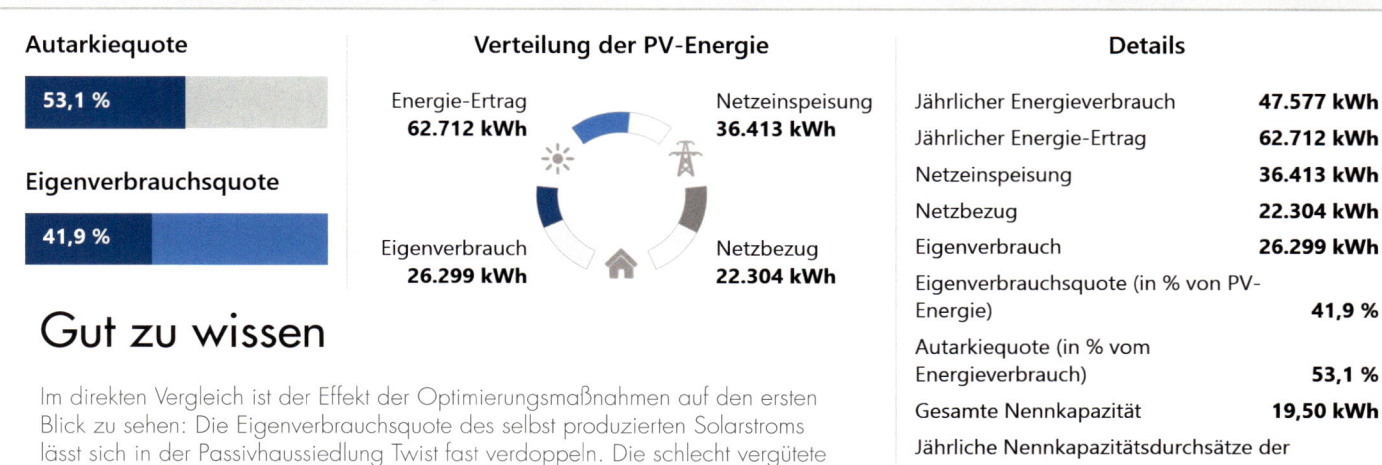

Autarkiequote: 42,6 %

Eigenverbrauchsquote: 21,7 %

Verteilung der PV-Energie
- Energie-Ertrag: 62.712 kWh
- Netzeinspeisung: 49.073 kWh
- Eigenverbrauch: 13.639 kWh
- Netzbezug: 18.361 kWh

Details

Jährlicher Energieverbrauch	32.000 kWh
Jährlicher Energie-Ertrag	62.712 kWh
Netzeinspeisung	49.073 kWh
Netzbezug	18.361 kWh
Eigenverbrauch	13.639 kWh
Eigenverbrauchsquote (in % von PV-Energie)	21,7 %
Autarkiequote (in % vom Energieverbrauch)	42,6 %

Mit Eigenverbrauchsoptimierung

Autarkiequote: 53,1 %

Eigenverbrauchsquote: 41,9 %

Verteilung der PV-Energie
- Energie-Ertrag: 62.712 kWh
- Netzeinspeisung: 36.413 kWh
- Eigenverbrauch: 26.299 kWh
- Netzbezug: 22.304 kWh

Details

Jährlicher Energieverbrauch	47.577 kWh
Jährlicher Energie-Ertrag	62.712 kWh
Netzeinspeisung	36.413 kWh
Netzbezug	22.304 kWh
Eigenverbrauch	26.299 kWh
Eigenverbrauchsquote (in % von PV-Energie)	41,9 %
Autarkiequote (in % vom Energieverbrauch)	53,1 %
Gesamte Nennkapazität	19,50 kWh
Jährliche Nennkapazitätsdurchsätze der Batterie	338

Gut zu wissen

Im direkten Vergleich ist der Effekt der Optimierungsmaßnahmen auf den ersten Blick zu sehen: Die Eigenverbrauchsquote des selbst produzierten Solarstroms lässt sich in der Passivhaussiedlung Twist fast verdoppeln. Die schlecht vergütete Netzeinspeisung sinkt um ein Drittel.

---

externen Wechselrichter liefern, wenn ein Direktverbrauch nicht möglich ist. Die zentrale Leistungsmessung des S10 PRO managt klug die Bedürfnisse der Wohneinheiten sowie der Nachtstunden.

→ Der Messstellenbetreiber für das Mieterstrommodell ist die Discovergy GmbH. Die Fernauslesung der Zählerdaten übernimmt das Smart Metering mit Smart-Meter-Gateway. Außerdem gibt es zwei Messwandler für die PV-Erzeugungs- und Einspeise-/Bezugszähler.

→ Betreiber der PV-Anlage und damit zugleich Stromlieferant ist Vermieter Martin Nyhuis. Er verkauft den Solarstrom und den notwendigen Reststrom über das Mieterstrommodell.
Sein eigenes Haus ist vom Selbstverbrauch ausgenommen. Die Kilowattstunde kostet 25 Cent.

→ Die Häuser werden über einen zentralen Anschluss mit Wasser versorgt. Eine Zisterne, 40 Kubikmeter groß, speichert das Regenwasser auf dem Areal. Zwei Pumpen befördern es entweder in den Garten oder zu den WCs und Waschmaschinen.
In trockenen Sommern reicht die Wassermenge leider nicht aus. Dann wird der Tank vom kommunalen Wasserversorger nachgefüllt. «

ONLINE

• Passivhaussiedlung Twist

www.youtube.com/watch?v=KAYSZ-ceZ3E

SCM-Projekt energetische Althaussanierung

CO_2-Wundertäter

Stefan Korneck,
scm energy GmbH,
Pretzier

106.220.040 kg CO_2 vermieden 2012–2021*

mit 220.000.000 Kilowattstunden Solarstrom aus 3.680 Photovoltaikanlagen

*Laut Fraunhofer-Institut ISI ist für den Zeitraum von 2012 bis 2021 ein Emissionsfaktor von durchschnittlich 481,8 g CO_2/kWh anzusetzen.

Wer kundige Nachbarn hat, hat's gut: Haussanierer Mirko Schlatow (rechts) und sein Energieplaner Stefan Korneck von SCM

Als sich im Nachbardorf eine junge Familie ein ramponiertes Bauernhaus herrichten will, wird Stefan Korneck von SCM deren Berater für die energetische Sanierung. In 14 Monaten und 1.800 Arbeitsstunden macht Mirko Schlatow daraus den ersten klimaneutralen Altbau der Region. Hier ist sein Bautagebuch.

Kapitel 4

Familie Schlatow:
Mutter Adela,
Jahrgang 1987,
angehende
Fachärztin, mit
Tochter Heidi,
Vater Mirko,
Jahrgang 1986,
studierter
Betriebswirt und
Risikomanager, mit
Sohn Albert

Was hatten wir uns vorgenommen?

Meine Frau Adela und ich haben uns frühzeitig entschieden, einem Bestandsbau eine Chance zu geben. Ökologische Aspekte und die Überzeugung, dass uns ein bestehendes Gebäude besser seine Seele darbieten kann als eine Papierzeichnung, waren die Beweggründe. Ein Neubau blieb Ersatzlösung, dann jedoch als ökologisches Holzhaus.

Als wir zum ersten Mal das 60 Jahre alte Bauernhaus betraten, spürten wir trotz der Verwüstung dessen Charakter: sympathische Unperfektheit, Einfachheit, bäuerlicher Charme. Die Herausforderung, es wieder bewohnbar zu machen, war groß. Wir wollten sie unbedingt annehmen. Bevor wir mit Firmen, einer Bank oder dem Architekten zur Plausibilitätsprüfung gesprochen haben, erschien es uns sinnvoll, das Haus neu zu denken.

Wir wussten bereits, dass wir eine ökologisch vertretbare Sanierung anstreben. Mit der Recherche konnte ich zunehmend Kalkulationen anstellen und den Aufwand bepreisen, wobei von Beginn an ein hoher Eigenleistungsanteil einberechnet war.

1.000 Euro monatliche Tilgung inklusive Nebenkosten war finanziell unser Ziel.

Dafür wollten wir langlebigen, gesunden Wohnkomfort, Wärmepumpe, PV und Speicherbatterie – wie bei einem Neubau.

Aus Mirko Schlatows Bau- und CO_2-Protokoll:

22 t Fertigbeton = 12,914 t CO_2
(587 kg CO_2/t)

800 kg Zement = 470 kg CO_2
(587 kg/t)

115 m² Estrich = 8,512 t CO_2
(587 kg/t)

6,3 m³ Polystyroldämmung = 1.417,5 t CO_2 (7,53 m³, ca. 30 kg/m³)

150 h diverse Maschinenarbeiten = 927 kg CO_2 (ca. 103 g/min)

Wie das geht, hatte ich des Öfteren schon auf dem YouTube-Kanal von E3/DC gesehen.

Ich konfrontierte einen Architekten mit dem Limit 202.000 Euro. Dafür konnte der keine Plausibilitätsprüfung für die Bank darstellen. Insbesondere die Haustechnik fiel bei ihm hinten runter.

Er bescheinigte uns aber eine abgespeckte Variante. Die verschaffte uns die Zusage für den Bankkredit.

Ich war mir ganz sicher: Mit dieser Summe plus Mehrbeitrag für die Haustechnik würden wir aus dem runtergekommenen Haus ein (insbesondere technisch) zukunftsfähiges Gebäude erschaffen. Das komfortabel zu bewohnen ist, ökologisch vertretbar und wenige bis keine Nebenkosten verursacht. Im April 2016 fingen wir an. »

Was gehörte technisch zum Projekt?

Es war eine Komplettsanierung. Mit Erneuerung von Fassade, Fenstern, Dach, Dämmung, Kellerdecke, oberer Geschossdecke und Wärmeerzeugung. Letztlich sind im Verlauf der Sanierung noch die Böden und Innenwände hinzugekommen.

Als unverzichtbar haben wir Photovoltaik und Speicherbatterie empfunden. Wir strebten ein Level an, das moderner Technik selbstverständlich einen Platz im Haus gibt. Die Entscheidung für die Klinkerfassade fiel mit Blick auf die Langlebigkeit von 50+ Jahren. Aus statischen Gründen haben wir uns dann an einer Hausseite für eine Holzverschalung entschieden, von der wir eine Lebensdauer von 20+ Jahren erwarten.

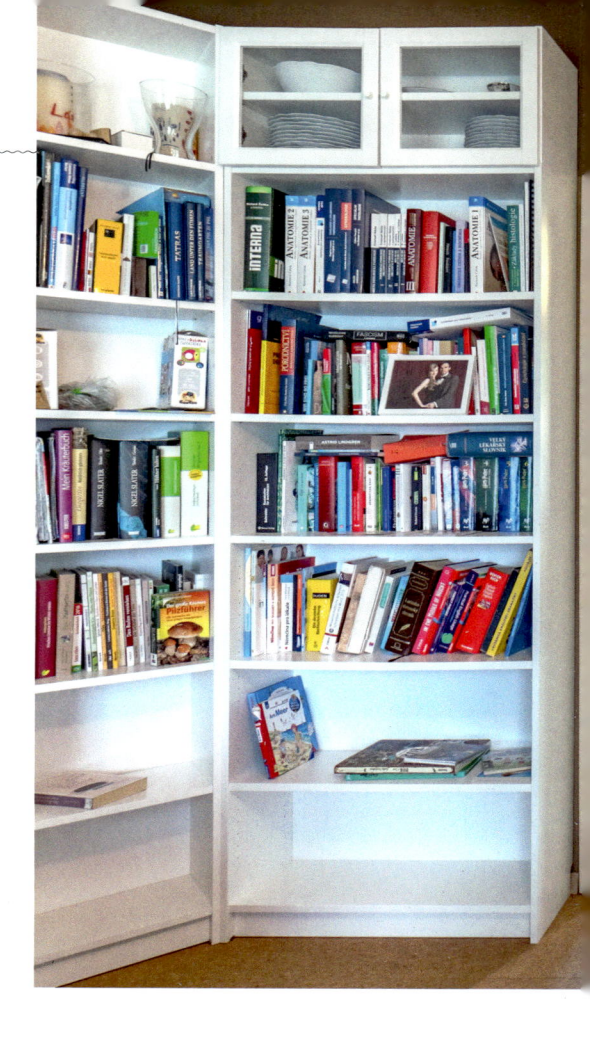

Was sollte welche Komponente leisten?

Über das Internet fanden sich Daten zu möglichen (Dämm-)Materialien und die U-Werte der einzelnen Komponenten. Der Heizungsbauer bestätigte meine Vorauswahl der jeweiligen Dämmung.
Daraufhin haben wir uns für die jetzt vorhandenen Einzelkomponenten entschieden. Mit den Fenstern und der Dacheindeckung beauftragten wir Firmen. Beim Verklinkern wurden wir ebenfalls professionell unterstützt.
Das Streifenfundament bauten wir in Eigenregie.
Die Kellerdecke und die obere Geschossdecke stellten besondere Herausforderungen dar. Zum Keller hin ging es um Verstärkung, Dämmung, Feuchtigkeitsabdichtung. Nach oben im Wesentlichen um die Verstärkung für den Fußboden der Wohnräume.
Die Kellerdecke wurde nach langer Recherche mit dem Anbieter HOWI im Selbstbausystem saniert. Ich erstellte das Aufmaß, HOWI lieferte den Verlegeplan und das Material. Die obere Geschossdecke habe ich selbst geplant und mit Holz umgesetzt.
Für die Wärmeerzeugung war von Beginn an eine Wärmepume geplant. Alternativ wurde eine Holzpelletheizung zwar diskutiert, aber nie favorisiert.
Die Flächenheizung sollte eigentlich über eine Deckenheizung erfolgen. Die Recherche dafür verlief unglaublich schwierig, da es kaum Einsatznachweise in Einfamilienhäusern gab. Entsprechend lange dauerte die Angebotserstellung durch Stefan Kornecks SCM Energy GmbH, die sich auch erstmals damit befasste. Letztlich haben der Preis und die Unsicherheiten die Idee gekippt.
Die Entscheidung für die Fußbodenheizung zog außerplanmäßig die Bodensanierung nach sich. Inklusive gedämmten Unterbaus. Jede Menge Recherche, Schweiß und Geschick waren dafür nötig.
Ähnlich viel bei den Innenwänden. Nachdem ein Maurermeister die Arbeiten dafür ablehnte und hohe Kosten für einen kompletten Neuputz aufrief, haben wir uns zur Eigeninitiative entschlossen.

Was davon hat wie gut funktioniert?

Das Dach wurde normal neu gedeckt, später kam die Aufdach-PV-Anlage drauf. Wir blieben unterhalb der 10-Kilowattpeak-Grenze der EEG-Umlage. Komplettiert wurde die Anlage anfänglich mit einem 6,9-Kilowattstunden-Speicher von E3/DC. Mit Ruhe, Ausdauer und gemeinsamer Kraft konnten wir die meisten Arbeiten an der Fassade allein bewältigen. Professionelle Hilfe holten wir uns nur für die filigranen Phasen des Klinkerns.
Die Holzverschalung an der Fassade habe ich komplett allein gebaut.
Auch den Ausbau der alten Fenster bewerkstelligten wir selbst. Aufmaß und Einbau der neuen haben wir einem regionalen Tischler überlassen.
Die alten Bieberschwänze und die alte Lattung vom Dach zu holen, war ebenfalls unser Job. Eine regionale Zimmerei hat den Dachstuhl stabilisiert und die Höhe der Sparren ausgeglichen. »

Die Akteure

**Aus Mirko Schlatows
Bau- und CO₂-Protokoll:**

25 t Handformklinker 170 m² = 9,69 t CO_2
(77 kg CO_2/m²)

21 m³ Schaumglasdämmung 75 m² = 2,604 t CO_2
(31 kg/m²)

18 m³ eingeblasene Steinwolle = 5,643 t CO_2
(285 kg/m³; 1,1 kg CO_2/kg)

44 m³ Holzfaserdämmung = 1,150 t CO_2
(0,44 kg CO_2/kg)

15 m³ Zellulosedämmung = 120 kg CO_2 (0,2 kg CO_2/kg)

© Hans-Rudolf Schulz

Nehmen wir's persönlich: CO_2-Jahresemissionen Mirko Schlatow vs. deutschen Durchschnitt*

SELBSTAUSKUNFT VON MIRKO SCHLATOW

🟥 Heizung
Anzahl Personen im Haushalt: 4
Einfamilienhaus, Eigentum
Baujahr: 1952 (2016–2018 saniert)
Wohnfläche: 125 m²
(31,25 m²/Person)
Heizung/Kühlung: Wärmepumpe kombiniert mit Geothermie, Photovoltaik (12,8 kW$_p$), Batteriespeicher (9,2 kWh), gelegentlich Kamin
Warmwasserverbrauch: hoch (2 Kleinkinder)
Wohnraumtemperatur: 21,5 °C; Schlafraum, Flure kälter
Lüftung: Stoßlüftung, regelmäßig

🔌 Strom
Eigenproduktion PV-Anlage: ca. 12.000 kWh p. a.
Energieverbrauch: ca. 6.200 kWh p. a.
davon für
Haushaltsstrom: ca. 2.650 kWh
Heizung/Warmwasser: 3.550 kWh
Eigenstrom genutzt: 4.300 kWh
Netzbezug Ökostrom: ca. 1.900 kWh

🚗 Mobilität
1 E-Auto: ca. 6.000 km p. a.
Fahrrad: ca. 1.000 km p. a.
E-Bikes: ca. 5.000 km p. a.
Bahnfahrten: ca. 3.000 km p. a.
Flugreisen: seit über sechs Jahren nicht mehr
Kreuzfahrten: noch nie

🍽 Ernährung
Tätigkeit: bewegungsarm
Sport: viel; täglich Fahrrad
Ernährungsform: fleischreduziert
Regionale Produkte: ausschließlich aus örtlicher Erzeugergemeinschaft; Gemüse fast ganzjährig aus eigenem Garten
Tiefkühlprodukte: sehr selten
Bio: ausschließlich

🛒 Konsumverhalten
Kaufverhalten: sparsam; viel Gebrauchtes
Kaufkriterien: Langlebigkeit
Konsumausgaben: unter 150 € monatlich
Hotel: sehr selten
Klimafreundliche Geldanlage: 1.000 €; zunehmend

* Emissionen in Tonnen CO_2-Äquivalente
www.klimaktiv-co2-rechner.de

Einer der Exakten unter den Weltverbesserern: Mirko Schlatow

Mirko Schlatow: 4,61 t
- Heizung und Strom: 0,05 t
- Mobilität: 0,72 t
- Ernährung: 1,67 t
- sonstiger Konsum: 1,44 t
- Anteil an öffentlichen/allgemeinen Emissionen: 0,73 t

deutscher Durchschnitt: 11,6 t
- Heizung und Strom: 2,4 t
- Mobilität: 2,18 t
- Ernährung: 1,74 t
- sonstiger Konsum: 4,56 t
- Anteil an öffentlichen/allgemeinen Emissionen: 0,73 t

© Hans-Rudolf Schulz

Dann begann für uns die Dachunterdeckung mit Holzfaserdämmplatten (Steico Universal 35 Millimeter). Anders als gedacht ging das unglaublich schnell. Die Südseite wurde zu 80 Prozent innerhalb von vier Stunden von meinem Vater und mir geschlossen. Die Feinarbeiten im First und in Höhe der Aufschieblinge erforderten noch einmal einen Tag. Wer keine Angst vor Höhe hat, dem sei die Eigenleistung an der Stelle empfohlen.

Danach konnte der Dachdecker die Lattung aufbringen, eindecken und die Rinnen klempnern.

Unter den Dämmstoffen wählten wir die klimafreundlichen. Die Aufsparrendämmung, 35 Millimeter stark und komplett geschlossen, bildet die erste Schicht im Dach. Danach folgt eine flexible Holzfaserdämmung zwischen den Sparren. Wegen ihrer Stärke von 200 Millimetern lassen sich die Matten sehr schwer schneiden. Die Sägevorrichtung im Internet war mir zu teuer, also baute ich einen Sägebock aus Holz nach, in den die Matten genau hineinpassten. Mit dem Handfuchsschwanz wurden sie auf Maß gebracht.

Die nächste Schicht besteht wieder aus einer Holzfaserplatte (20 Millimeter). Die ließ sich mühelos dünn mit Lehm verputzen und bringt folglich überschaubares Gewicht auf das Dach.

Kopfzerbrechen bereitete uns das Mauerwerk. Steinwollmatten wollten wir nicht, die neigen zum Zusammensacken, wenn sie nicht absolut akkurat verarbeitet werden. Einblasbare Styroporkügelchen gefielen uns ebenso wenig. Letztlich erhielt einblasbare Steinwolle den Zuschlag. Wir konnten den Klinker mit den Verbindern hochmauern und danach einfach die Steinwolle von innen in den Hohlraum einblasen. Etwa 100 Löcher (40 Millimeter) mussten dafür gebohrt werden.

Denselben Lieferanten haben wir dann auch mit dem Einblasen der Dämmstoffe in die Giebelwand und in die Zwischendecke beauftragt.

> **Aus Mirko Schlatows Bau- und CO_2-Protokoll:**
>
> 230 m² **Dachziegel** = 4,893 t CO_2 (2,127 t CO_2/100 m²)
>
> 2 m³ **Holzlattung** = minus 1,528 t CO_2-Bindung im Holz (764 kg CO_2/m³)
>
> 4,2 m³ **Holzrahmenbau** = minus 3,209 t CO_2-Bindung im Holz (764 kg CO_2/m³)
>
> 5,1 m³ **Holzverschalung** = minus 3,935 t CO_2-Bindung im Holz (764 kg CO_2/m³)
>
> 17 Stück **Fenster/Türen** = 9,28 t CO_2 (290 kg CO_2/m²)

Nachdem Glasschaumschotter im Fußboden beschlossene Sache war, baute mein Vater eine Rutsche zum Verbringen in das Haus. In wenigen Stunden waren 21 Kubikmeter im Haus verteilt. Beim Verdichten mit der Rüttelplatte war mehr Geduld als gedacht nötig. Immer wieder musste ich die Fläche abziehen. Der Heizungsbauer und der Estrichleger erwarteten einen planen Untergrund. Müsste ich es noch einmal machen, würde ich die oberen 10 Zentimeter mit einem feineren Material verfüllen.

Leider mussten wir dann doch Styropor einsetzen. Rund um das Haus herum haben wir in Höhe des Sockels (bis 50 Zentimeter) eine leicht zu verarbeitende Lösung gesucht, die der Feuchtigkeit in dem Bereich trotzt. Da führte kein Weg am Styropor vorbei. Wie auch bei der Kellerdecke. Eigentlich war Holz vorgesehen. Aber nachdem wir »

1 Das großzügige Spiele-Kinderzimmer ist ein Paradies für Heidi und Albert.

2 Das Wohnzimmer wurde lehmverputzt. Was sonst!

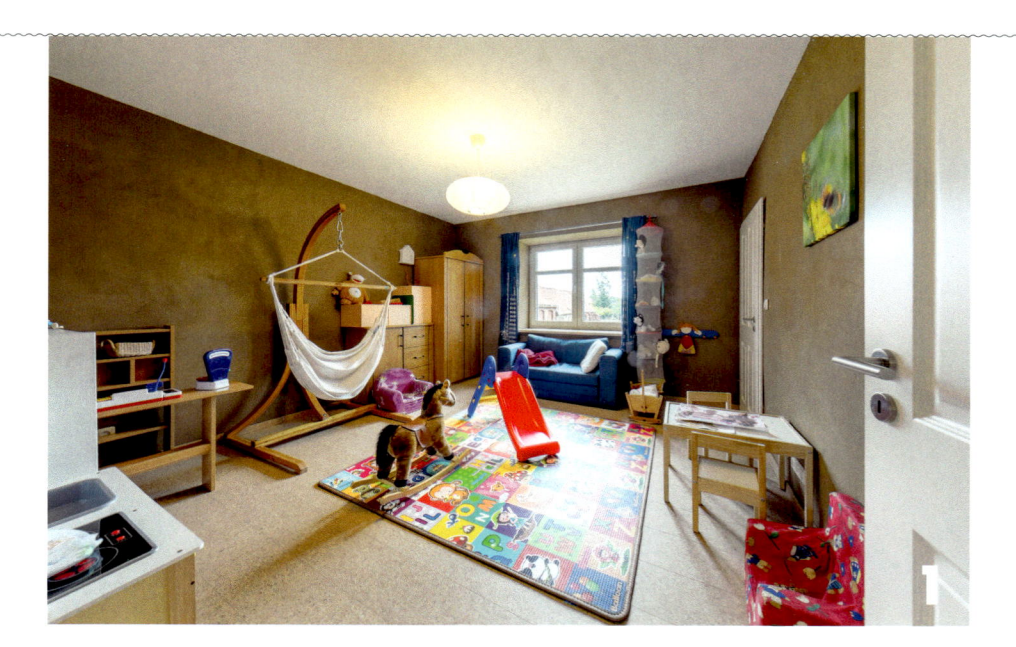

die alte Decke genau begutachtet hatten, entschieden wir uns dagegen.

Das HOWI-System war perfekt, es bot sogar eine komplett geschlossene Dämmschicht unterhalb der Decke.

Anzumerken ist, dass sie während der ersten Monate in der Mitte circa 1 Zentimeter gesackt ist. Oben ist es nicht zu spüren, nur im Aufmaß im Keller. Die obere Geschossdecke musste etwas verstärkt werden. Dabei setzten wir auf neue Tragbalken (8 x 16 Zentimeter) für den oberen Fußboden. Darauf verlegten wir 25-Millimeter-ESB-Platten (ökologische OSB-Platten).

Den Einbau der Wärmeerzeugung, der Photovoltaik und Speicherbatterie überließen wir den Profis. Da alle Komponenten über die SCM Energy GmbH gelaufen sind, stimmten sich die Kollegen selbst ab. Gute Arbeit.

Ebenfalls von einer Firma haben wir den Estrich einbauen lassen. Mit deren Technik war das in wenigen Stunden erledigt.

Im Nassbereich habe ich zuvor alle Abwasserleitungen installiert. Die sanitären Zuleitungen wurden professionell von SCM erledigt. Da es für die Geothermie Förderung gibt, wurde sie sogar noch anteilig bezuschusst.

Anschließend habe ich dann den Rest des Bades fertiggestellt. Meine Frau und ich hatten den Raum immer wieder skizziert und mit Tools aus dem Internet gezeichnet. Zu den gänzlich neuen Erfahrungen gehört das Verlegen der Mosaiksteine an der Badewanne und in der Dusche. Seitdem habe ich höchsten Respekt vor Fliesenlegern.

Die Fliesen in der Küche und im Flur habe ich auch selbst verlegt. Was wegen der Dimensionen allerdings irgendwann nervte.

Im Internet lernte ich Lehmputz kennen – und brachte ihn dann auch meinem Vater und meinem Schwiegervater nahe. Das Untergeschoss zu verputzen, kostete uns mehrere Wochen Zeit. In keinen anderen Bauabschnitt sind so viel Schweiß und Herzblut geflossen wie in diesen. Wir lieben unsere Lehmwände.

Was werden wir noch verändern?

Im März 2019 haben wir bereits 3,3 Kilowattpeak Photovoltaik auf dem Dach nachgerüstet. Um einerseits die Leistungsgrenze des E3/DC-Hauskraftwerks auszuschöpfen und andererseits den Nebenkostenspareffekt bei steigenden Stromkosten hoch zu halten.

Im Jahr 2018 haben wir zwei Drittel des Komfort-, Wärme- und Mobilitätsstroms aus unserer Anlage bezogen.

Der Überschuss zur Einspeisung deckte komplett die Bezugskosten für den Reststrom – wir waren damit energetisch frei

Die Akteure

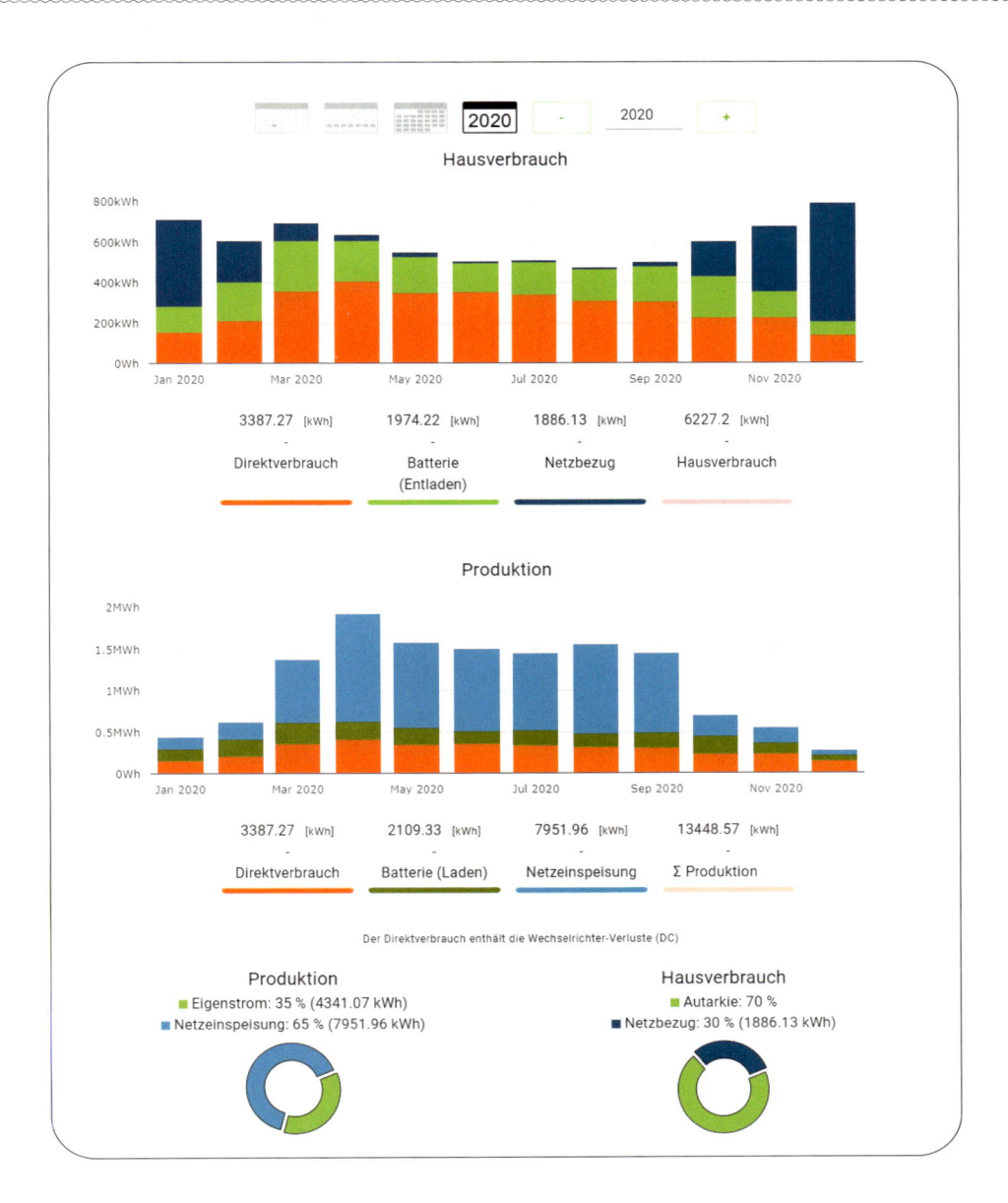

Hausverbrauch

3387.27 [kWh]	1974.22 [kWh]	1886.13 [kWh]	6227.2 [kWh]
Direktverbrauch	Batterie (Entladen)	Netzbezug	Hausverbrauch

Produktion

3387.27 [kWh]	2109.33 [kWh]	7951.96 [kWh]	13448.57 [kWh]
Direktverbrauch	Batterie (Laden)	Netzeinspeisung	Σ Produktion

Der Direktverbrauch enthält die Wechselrichter-Verluste (DC)

Produktion
- Eigenstrom: 35 % (4341.07 kWh)
- Netzeinspeisung: 65 % (7951.96 kWh)

Hausverbrauch
- Autarkie: 70 %
- Netzbezug: 30 % (1886.13 kWh)

von Nebenkosten. Da 2018 ein besonders sonniges Jahr war, haben wir nachgelegt, um die 100-prozentige Deckung der Nebenkosten durch Einspeisung dauerhaft zu gewährleisten. Das ist uns 2019 und 2020 denn auch gelungen.

Derzeit erwirtschaften 70 Prozent Eigenversorgungsgrad plus Einspeisevergütung einen Gewinn von etwa 20 Euro monatlich. Theoretisch ist immer noch Platz für mehr PV-Module auf dem Dach. Aber dann wäre ein externer Wechselrichter nötig und die Kosten pro Kilowattpeak für diese Restfläche auf dem Hausdach wären zu hoch.

Daher spekuliere ich mit einer großen Anlage auf dem Scheunendach. Perspektivisch. Die Scheune muss vorher noch ein klein wenig saniert werden. Mein Ehrgeiz: Zu gegebener Zeit möchte ich auf das Thema flexible Strompreise/Einspeisevergütung reagieren können.

Die Scheune hat ein Ost-West-Satteldach, was für eine Stromerzeugung zu den Hauptabnahmezeiten spricht. Insbesondere, wenn man das im Quartier denkt. Um die 30 Kilowattpeak sollten möglich sein.

Im November 2017 hatten wir schon mal 2,3 Kilowattstunden Batteriespeicherkapazität nachgelegt. Damit sich die Leistungsabgabe des Speichers auf 3 Kilowatt erhöht und wir länger durch die Nacht kommen.

Nach Ablauf der zehnjährigen Garantie strebe ich eine weitere Speichererhöhung um 4,6 Kilowattstunden an. »

Aus Mirko Schlatows Bau- und CO_2-Protokoll:

10,4 t Lehmputz (8 m³) = 478 kg CO_2 (103 g CO_2/km Anfahrt; 103 g CO_2/min Werksverarbeitung)

PV-Anlage = 5,5 t CO_2 (25 g CO_2/produzierter kWh bei 11.100 kWh/a) = minus 4,981 t CO_2-Einsparung im Jahr (405 kg CO_2/installiertem kWp)

Batteriespeicher = 1,61 t CO_2 (9,2 kWh Kapazität)

Waren die Kosten richtig kalkuliert?

Da ich mich beruflich mit Projektmanagementmethoden beschäftige, hatte ich einige Sicherheitsannahmen in der Planung berücksichtigt. Letztlich konnten wir sogar noch die neue Küche aus dem Gesamtbudget bestreiten. Methoden wie das Agile Management bestimmten die Projektumsetzung. Flexible Lösungen und Zeiten waren von Beginn an eingeplant.

In den 14 Monaten Hauptbauzeit wurden allein von mir über 1.800 Stunden für Planung, Bau und Bauleitung aufgebracht. Zudem unterstützten uns tatkräftig Freunde und Verwandte, allen voran mein Vater.

Die Sanierungskosten liegen bei etwa 225.000 Euro. Davon 54.000 Euro für die Haustechnik: Photovoltaik, Batteriespeicher, Wärmepumpe, Geothermie. Die Eigenleistung ist nicht bepreist.

Die Kalkulation des Unterhalts für das Haus hat die Erwartung übertroffen. Anfänglich war ja unklar, wo wir beim Stromverbrauch wirklich landen. Es gab keine Verbrauchswerte, da zuvor ausschließlich mit Holz geheizt wurde. Eine Wärme- und Komfortstrombedarfsermittlung war letztlich auch wegen der unklaren Bausubstanz vorab schwer möglich. Wir haben vorsichtig kalkuliert und 8.000 Kilowattstunden Verbrauch angesetzt. Tatsächlich sind es nun zwischen 6.000 und 6.500 Kilowattstunden.

Worauf haben wir bewusst verzichtet?

Geplant war, keine synthetischen und mineralischen Dämmmaterialien zu verwenden. Das fiel schwer bei Komponenten, die eine Lebensdauer von 50 Jahren und mehr garantieren sollen. Wir sind also den Kompromiss mit Styropor, Steinwolle und Glasschaumschotter eingegangen. Die wurden dann aber bewusst für 50+ Jahre in den Bau eingeplant. Außerdem beschränkten wir sie auf die technisch notwendigen Bereiche.

Auf ein Indach-Photovoltaik-System haben wir ebenfalls verzichtet. Die Dachfläche war einerseits zu groß – so viel PV hätten wir uns in dem frühen Bauabschnitt nicht leisten können. Andererseits war das Indach-System von Anfang an deutlich teurer als die Variante Dach decken und Aufdach-System. Es tat zwar der Öko-Seele weh, aber war schlicht nicht drin.

Auf Holzfenster haben wir ebenfalls verzichtet. Ursprünglich aus Kostengründen. Später habe ich das Thema für mich noch einmal intensiv aufgearbeitet und für mich entschieden, dass die Kunststofffenster die bessere Wahl sind. Das Abwägen von Haltbarkeit, Nutzen, Wartung und Energiebilanz spricht für Kunststoff. »

1
Straßenansicht des sanierten Hauses

2
Mirko Schlatow (links) und Stefan Korneck: Ist da etwa noch Luft nach oben?

3
Die Kosten waren so gut kalkuliert, dass sogar noch eine neue Küche drin war.

Die Akteure

Aus Mirko Schlatows Bau- und CO_2-Protokoll:

→ Bei meinen Recherchen für die Öko-/CO_2-Bilanz für unser Haus habe ich festgestellt: Bei der Holzfaserdämmung differieren die Quellenangaben stark. Von 35 bis 160 kg CO_2/m³. Ich habe mich für den schlechtesten Wert entschieden. Von klimapositiven Werten sind wir bei der Dämmung jedoch weit entfernt. Die Produktion und Logistik fressen alles auf. Erst mit der Einsparung der Heizkosten landet der Dämmstoff im klimapositiven Bilanzbereich.

→ Bei der PV kann ich damit leben, dass es nach den neuesten Zahlen des Umweltbundesamts für 2018 „nur" 405 kg CO_2-Einsparung je installierter kWp pro Jahr sind. Spannend finde ich dabei die Hochrechnung des Strommix für die nächsten 20 Jahre. Wenn ich den bisherigen Verlauf linear fortsetze, lägen wir für unseren 20-Jahres-Zeitraum bei 370 g/kWh im Mittel, also 316 kg/kWp pro Jahr.
Aktuell habe ich 474 g (2018) angesetzt. Aber selbst dann ist unser Haus klimapositiv – nach etwa 17 Jahren wäre als erste Stufe die bilanzielle Klimaneutralität erreicht.

ONLINE
• Mirko Schlatow im E3/DC-Video

www.youtube.com/watch?v=DryLv9smxgU

Ökobilanz Haussanierung				
	Material	Menge	CO_2 in kg	Erläuterungen
Boden	Schaumglas	75 m² = 21 m³	2.604	31 kg/m² bei ca. 25 cm Schichtdicke
	Estrich	115 m² = 14,5 t	8.512	587 kg CO_2/t
	Fliesen	45 m²	945	21 kg CO_2/m²
Innenausbau	Lehmputz	10,4 t	478	keine für Material, An- und Abfahrt 103 g CO_2/km, Werksverarbeitung 103 g CO_2/min
Fassade	Zement	800 kg	470	587 kg CO_2/t
	Fertigbeton	22 t	12.914	587 kg CO_2/t
	Polystyrol	6,3 m³	1.418	7,53 kg CO_2/kg Polystyrol -> 30 kg/m³
	Ziegel	170 m²	9.690	Ziegelproduktion erzeugt ca. 57 kg CO_2/m²
	Holzrahmenbau	4,2 m³	–3.209	764 kg CO_2/m³ (CO_2-Bindung)
	Holzverschalung	5,15 m³	–3.935	764 kg CO_2/m³ (CO_2-Bindung)
	Fenster/Türen	17 Stück = 32 m²	9.280	290 kg CO_2/m²
	Steinwolle	18 m³	5.643	285 kg/m³, 1,1 kg CO_2/kg
Dach	Dachziegel	230 m² = 10.220 kg	4.893	2.127,5 kg CO_2/100 m²
	Lattung	600 m = 2 m³	–1.528	764 kg CO_2/m³ (CO_2-Bindung)
	Holzfaserunterdeckung	230 m² = 8 m³	1.082	0,44 kg CO_2/kg bei 307,3 kg/m³ (feste Platte)
	Holzfaserdämmung	220 m² = 44 m³	1.150	0,44 kg CO_2/kg bei 59,4 kg/m³ (flexible Matte)
	Zellulosedämmung	15 m³	120	40 kg/m³ bei 0,2 kg CO_2/kg
	Dachstuhlausbau	9,92 m³	–7.143	764 kg CO_2/m³ (CO_2-Bindung)
PV	PV-Anlage	11.000 kWh p. a.	5.500	25 g je produzierter kWh für Produktion/Logistik/Transport
	Speicher	9,2 kWh	1.610	30 kWh = 5,25 t CO_2
Diverse	Maschinenarbeiten	150 h	927	103 g CO_2/min

CO_2-Gesamtrechnung		
Gesamtaufwand Herstellung		51.420 kg CO_2 Aufwand für Hausbau im Herstellungsjahr
Instandhaltung 20 Jahre	25 % des Herstellungsaufwands	12.855 kg CO_2 für Batteriewechsel, Wartungsanfahrten, leichte Ausbesserungen, Schalung Giebel ggf. erneuern, Kleinstarbeiten plus 10 Prozent Reserve
20 Jahre Hausnutzung	50 % des Herstellungsaufwands	63.348 kg CO_2 Herstellung und Instandhaltung
Instandhaltung Jahre 21–40		25.710 kg CO_2
CO_2-Einsparung durch PV-Strom bei 11.000 kWh/a		5.214 kg CO_2 (= 405 kg/installierter KWp p. a.)
Break-even-Point CO_2-Ausgleich bei 100 % PV-Leistung		11.000 kWh/a = 12,1 Jahre
BEP-CO_2-Ausgleich Jahre 21–40	70 % PV-Leistung	7.700 kWh/a = 6,1 Jahre bis CO_2-Ausgleich
Klimapositiv-Effekt gesamt		106,72 Tonnen CO_2-Einsparung/Vermeidung

Kommentar Mirko Schlatow

➜ Klimaneutral in Herstellung und Nutzung: Der erste Eindruck ist eindeutig, Klinker, Dämmstoffe und Weiteres beinhalten einen großen Aufwand für die sogenannte graue Energie. Darum haben wir selbst eine Ökobilanz für unser Haus erstellt. Diese deckt sich im Ergebnis mit dem CO_2-Aufwand zur Herstellung eines Hauses aus einer Ökobilanz-Studie der TU Darmstadt.

➜ Das teilweise Holz- und Massivhaus hat einen Wiederherstellungsaufwand von etwa 52 Tonnen CO_2 verursacht, zuzüglich 13 Tonnen für den Erhalt in den ersten 20 Jahren. Das entspricht fast einem Neubau. Was daran liegt, dass das Haus ziemlich abgewrackt war – die meisten hielten es für abrissreif. Die Liebe zum Standort, der Wille, nichts Neues bauen zu wollen, und eine Vision haben es letztlich erhalten.

➜ Die Sanierungskosten (etwa 225.000 Euro) hätten für einen schlanken Neubau gereicht, welcher sich allerdings nicht (teilweise) selbst versorgt hätte. Unser Haus ist energetisch komplett nebenkostenfrei, gedeckt mit etwa 120 Prozent durch Einspeisevergütung. Wie inzwischen Verbrauchsdaten belegen. Lediglich Versicherung, Grundsteuer und Wasser/Abwasser erzeugen noch Nebenkosten. Sie werden ebenfalls teilweise durch die Einspeisung aufgefangen.
Wir erzeugen etwa 12.000 Kilowattstunden Strom im Jahr (Wechselrichterverluste abgezogen, im Mittel über 20 Jahre). Im deutschen Strommix sparen wir damit über 5.000 Kilogramm CO_2 im Jahr ein, womit die CO_2-Bilanz bereits nach weit unter 15 Jahren ins Minus rutscht. Batteriewechsel, Wartungsanfahrten, Schalung Giebel und Kleinstarbeiten im Laufe der nächsten 20 Jahre sind schon berücksichtigt.

➜ Das Haus sollte für 40 Jahre wohnbereit sein. Das begründet die Aussage, es ist klimaneutral. Kunststofffenster und die Gebäudehülle (3/4 Klinker mit Steinwolle) gestalten seine Lebenszeit noch effizienter, da sie einen sehr geringen Pflegeaufwand haben und eine wesentlich längere Lebensdauer als Holz.

➜ Vernachlässigt wurde bei der Berechnung, dass es neben CO_2 noch weitere Treibhausgas-Emissionen gibt.

➜ Anmerkung zur CO_2-Belastung im deutschen Strommix: Es ist davon auszugehen, dass die CO_2-Belastung durch Stromerzeugung langfristig abnimmt (durch Mehreinsatz erneuerbarer Energien). Folge: Der Klimabilanz-Effekt nimmt ab und das Haus spart folglich ab einem bestimmten Punkt nicht mehr CO_2 ein, als es verursacht. Nimmt man die Senkung linear entsprechend der Vergangenheit an, wird dieser Punkt nicht vor der nächsten Sanierung in 40 Jahren geschafft. Damit er in den ersten 20 Jahren erreicht würde, müsste der CO_2-Aufwand im deutschen Strommix auf 290 Gramm pro Kilowattstunde bis 2026 sinken.

➜ Materialien und Verarbeitung sind teilautark: Insbesondere bei den Dämmstoffen haben wir wenig konventionelle Materialien verwendet. Styropor ausschließlich unter der Kellerdecke und am Sockel des Hauses, Steinwolle hinterm Klinker und Schaumglasschotter im Boden unterm Estrich. Der Rest besteht aus Zellulose und Holzfaser.

➜ Wir haben sehr viel selbst erledigt: Einarbeitung der meisten Dämmstoffe, Vorbereitungsarbeiten für die technischen Sanierungen, Dachunterdeckung mit Holzfaser, größtenteils Fassadensanierung, Dachsanierung am Technikanbau, Erneuerung des Unterbaus im und vorm Haus, alle Putz-, Fliesen- und Fußbodenarbeiten sowie Deckenarbeiten. Bis auf die Plausibilitätsprüfung für die Bank wurde das Projekt selbst geplant und geleitet.

➜ Baubeginn war im April 2016. Einzug in Teilbereich Juni 2017. Restfertigstellung Sommer 2018. Derzeit werden 125 Quadratmeter wohnlich genutzt, dazu kommen 16 Quadratmeter Technikraum. «

Kapitel 4

> » Verglichen mit anderen bieten wir oft innovativere Ideen und Konzepte.

> Wir wollen Topqualität, haben meist also auch die besseren Komponenten an Bord, oft die Marktführer.

> Das schätzen unsere Kunden. «
>
> STEFAN KORNECK, SCM-GESCHÄFTSFÜHRER

© Hans-Rudolf Schulz

SCM-Projekt Einfamilienhaus Korneck

Wir zeigen gern, was wir draufhaben.

Stefan Kornecks Privathaus bei Salzwedel.
Energietechnisch vom Feinsten.
Und Schaustück für Interessenten.

Haben Sie viele so radikal CO$_2$-ambitionierte Kunden wie Mirko Schlatow mit seinem Altbauernhaus-Projekt?

STEFAN KORNECK: Mirko ist ein Spezieller. Der hat sich was vorgenommen und das zieht er mit aller Konsequenz durch. Das Thema CO$_2$-Vermeidung kommt von unseren Kunden immer öfter.
Mirko ist derjenige, der diese neuen Qualitäten bisher am weitesten vorangetrieben hat: bis zum wirklich klimaneutralen Haus. Er hat bewiesen, dass wir die Konzepte und die intelligenten Technikkomponenten dafür liefern können.

Wie sind Sie eigentlich auf den Solar-Pfad gekommen?

Durch eine glückliche Fügung. Ich bin Baujahr 1977. Ende 2004/Anfang 2005 traf ich meinen alten Schulfreund Holger Neumann wieder. Der hatte in Lüneburg gerade Diplom-Umweltwissenschaftler fertig studiert und sagte: Stefan, ich will was mit Solar machen.
Ich hatte gerade erst die Bundeswehr vorfristig verlassen. Als Offizier mit BWL-Studium an der Hamburger Hochschule war ich auf der Suche nach Neuem.
Holger war derjenige, der mich zum Thema erneuerbare Energien gebracht hat, mich inspiriert hat. Solar gab es hier noch nicht. Wir waren in unserer Region die Ersten.
Die Idee unserer gemeinsamen Solar-Firma war, dass er das Ganze inhaltlich anschiebt und ich mit Spaß an Vermarktung den Vertrieb aufbaue.
Eine total spannende Zeit. Wir haben Gaststätten gemietet, eine Annonce geschaltet – und dann saßen da 30 Leute aus der näheren und weiteren Umgebung. Wir haben denen erzählt, dass jetzt das Solarzeitalter anbricht. Und sie mit unserer Hilfe dabei sein können.

Erinnern Sie sich an Ihren ersten Auftrag?

Das war eine ganz kleine Anlage, 3 Kilowattpeak. Die hat diesen Hausbesitzer 20.000 Euro gekostet.
Wir haben damals gar nicht selten unseren Kunden auch den Kredit von der Bank für ihre PV-Anlage besorgt. Das Geld zu beschaffen war oftmals leichter, als an das Material für die bestellten Anlagen zu kommen. Das funktionierte alles nur mit viel Vertrauensvorschuss für die Beteiligten.

Sie haben sich von Anfang an auf Privatkunden konzentriert?

Das hat wohl mit unserer Umgangsart und unserer Philosophie zu tun: Wenn ich die Wahl habe, mit 150 privaten Kunden denselben Umsatz zu generieren wie mit fünf Großaufträgen, mache ich lieber die „kleinen" Hausbesitzer glücklich. 150 zufriedene Empfehlungskunden sind in unserem Marktsegment auf Sicht mehr wert als fünf Großprojekte.
Wir haben aber auch ganz am Anfang gleich eine 30-Kilowattpeak-Solaranlage verkauft. Für 180.000 Euro.

Kapitel 4

Solaranlagen verkauften sich damals wie geschnitten Brot?

Die ganze Branche war in euphorischer Aufbruchstimmung. Es wurden Fördergelder ausgereicht und hohe Einspeisevergütungen auf 20 Jahre garantiert.
Natürlich mussten wir anfangs auch Klinken putzen, Überzeugungsarbeit leisten. Es gab aber wirklich Zeiten, als „Vertrieb" im Solargeschäft eher Verteilen bedeutete als Verkaufen.

Mit welchen Risiken und Nebenwirkungen?

Zum einen drängten immer mehr Seiteneinsteiger in den Markt, die mitverdienen wollten. Wir hatten plötzlich Wettbewerb nicht nur vom Dachdecker und Elektriker – jeder war plötzlich „PV-Spezialist". Ob man davon Ahnung hatte, spielte in der Goldgräberstimmung erst mal kaum eine Rolle. Zum späteren Leidwesen vieler Kunden. Zum anderen wurden mit dem entstehenden Massenmarkt Module und Ausrüstungen billiger, aber für die Kunden riskanter, im Zweifel eher schlechter als besser.

Wann kam das große Schlagloch?

2012. Bis dahin war das Verhältnis zwischen Systempreisen und Förderung adäquat. Mit staatlich gesicherter Rendite. Holger Neumann hat immer gewarnt: Vorsicht! Wir bewegen uns in einem politisch gepushten Markt.
Mit dem Wegfall der alten Förderung wurde es brutal hart. Mit Zusammenbrüchen und Existenzängsten. Man kann auch sagen: Die Branche wurde erwachsen. Mittlerweile sind wir wieder die einzigen Systemanbieter in unserer Region.

Was haben Sie anders gemacht als die anderen?

Wir haben einen konsequenteren Qualitätsanspruch. Sowohl an die technischen Komponenten als auch an die Montage. Wir haben in den letzten 17 Jahren mehr als 4.500 PV-Anlagen installiert. Die können nicht viele Fachbetriebe vorweisen. Und: Wir hatten nachweislich nicht mal 15 Gewährleistungsfälle für unsere Montageleistungen!
Wenn wir Reklamationen haben, dann eher infolge externer Faktoren: Blitzeinschlag, Marderbisse, Hagelschäden.

Höherer Qualitätsanspruch heißt aber auch: Sie verlangen den höheren Preis.

Ja. Wir waren als Qualitätsanbieter schon immer teurer als andere. Wir arbeiten aber nun mal mit einem Produkt, bei dem viele es sich einfach nicht leisten können, etwas Billiges von minderem Wert zu

Die Akteure

kaufen. Eine billige, nicht wirklich langlebige Photovoltaik-Anlage kann sich tatsächlich kaum einer leisten.

Bedauern Sie manchmal, dass Sie in einer so spröden, zahlenstachligen Materie wie der Hausenergie unterwegs sind?

Wie kommen Sie denn darauf? Innovative Energieanlagen zu verkaufen ist Emotion pur.

Am Anfang und Ende steht doch aber immer die Frage: Was kostet mich das?

Diese Frage liebe ich, wirklich. Weil die Antwort darauf immer wieder verblüffend einfach zu haben ist: Eine PV-Anlage kostet Sie den halben Strompreis! Holen Sie mal Ihre Energieabrechnung vom letzten Jahr, dann gehen wir das gemeinsam durch.

Die meisten Kunden haben keine Vorstellung, was sie in den nächsten 20 Jahren an Strom- und Heizkosten bezahlen. Da landen wir schnell bei 25.000 Euro aufwärts. Preiserhöhungen sind noch nicht mal berücksichtigt.

Die CO_2-Steuer kommt ja auch noch obendrauf.

Was auch immer kommt: Der Strom aus der Steckdose wird unter keinen Umständen jemals wieder günstiger als die Eigenstromerzeugung aus Photovoltaik. Wenn ich dem Kunden eine PV-Anlage anbiete, mit der er sich ab sofort zu 80 Prozent energetisch selbst versorgt, für, sagen wir, 15.000 Euro Endpreis inklusive Batteriespeicher – was ist daran teuer?

Den Umstieg von Stromeinspeisung ins öffentliche Netz auf Eigenstromnutzung erlebten Sie als Aufwind zur genau richtigen Zeit.

Unser Vorteil ist, dass wir meistens schon mehr als einen Finger dranhaben, wenn sich gute Neuentwicklungen abzeichnen. Unsere Kunden verfolgen das sehr aufmerksam. Und wollen dann Antworten von uns, Lösungen. So war das auch mit unserem ersten Batteriespeicher. Den haben wir 2006 gebaut. Ein Rentner aus der Nachbarschaft wünschte sich Eigenstromversorgung im Inselsystem. »

1
Terrasse und Garten warten noch auf ihre endgültige Vollendung.

2
Der große Esstisch der Familie

3
Auch in der Küche: Hightech vom Feinsten

4
Das XXL-Bad im Obergeschoss

5
Imponierende Blickachsen ins Treppenhaus

6
Familie Korneck: Stefan, Melanie und die Töchter Lucy und Jenny

1 E3/DC-Hauskraftwerk mit Batteriespeicher und intelligentem Energiemanagement

2 myGEKKO-Smart-Home: So clevere Komforttechnik macht richtig Spaß.

3 Stefan Kornecks Lieblingsraum im Haus: geballte SCM-Energietechnik

4 Seit Oktober 2020 liefert auch das Solardach über der Terrasse Strom.

Es gab zwar Bleibatterien für Gabelstapler, große Akkus, Laderegler – aber nicht für die Hausanwendung.
Dieser Kundenauftrag hat uns faktisch gezwungen, uns mit dem Thema Stromspeicher zu beschäftigen. Da war wieder mal Mut zur Innovation gefragt.

Konnten Sie liefern?

Natürlich. Als aufwendig konfiguriertes Einzelstück, als Solitär. Das hat mit dem, was wir heute machen, wenn ich an das tolle Hauskraftwerk von E3/DC denke, nichts zu tun. Das ist eine ganz andere Welt.
Das war 2009. Da haben wir übrigens unser erstes Elektroauto bestellt …

Einen Tesla?!

Den gab es damals noch gar nicht. Unser erstes E-Auto war ein Tazzari Zero, eine in Italien auf Elektroantrieb umgebaute kleine Knutschkugel. Mit 100 Kilometer Reichweite. Den haben wir heute noch.
Eine typische Firmenentscheidung von Holger und mir. Wenn wir von etwas überzeugt sind, das Zukunft hat, dann probieren wir das erst mal selbst aus. Wir wollen unseren Kunden nicht Prospekte theoretischer Möglichkeiten vorstellen, sondern das, was wir selbst praktisch getestet und erfahren haben.

Dieser Elektro-Nervenstrang, an dem Sie Hand anlegten, erwies sich als innovativer Schlüssel zu weiteren Geschäftsfeldern.

Wieder standen da Kunden auf der Matte: Ich habe jetzt eine tolle PV-Anlage von euch, nutze meinen eigenen Strom – was mache ich mit meiner Heizung?
Bisher war das nicht Teil unseres Geschäftsmodells. Wärmepumpen beispielsweise sind aber eine interessante Idee. So kommt 2012 Florian Lahmann ins Spiel, auch ein Schulfreund von uns, damals Entwicklungsingenieur für Heizungs- und Verfahrenstechnik bei Solvis in Braunschweig. Den haben wir bequatscht, komm zurück – als unser Geschäftsführer für regenerative ökologische Heizsysteme. Das ganze Energiemanagement aus einer Hand. Kurzfassung: Es hat funktioniert.
Wenn also jetzt einer wie Mirko ein altes Haus energetisch saniert oder wie ich ein neues baut, bin ich einer von ganz wenigen, die dem Kunden sagen können: Wir liefern nicht nur die PV-Anlage und den Batteriespeicher, wir planen und installieren dir die gesamte Elektrotechnik, die Wallbox fürs Elektroauto, Heizung, Lüftung, Sanitär – alles, was mit Technik im Haus zu tun hat, bekommst du bei uns aus einer Hand. Intelligent miteinander vernetzt und gemanagt.

Auf Neudeutsch Sektorenkopplung.

Eine ganz große Nummer. In meinen Augen der Zug in die Zukunft. Wir machen das jetzt seit gut drei Jahren. Aktuell realisieren wir pro Jahr um die 40 solcher Projekte. Zunehmend in Bestandsgebäuden.

Geht es eher um Bestandshäuser oder um Neubauten?

Um beides. In Bestandsobjekten koppeln wir die PV-Anlage und den Batteriespeicher immer öfter nur mit kleinen Wärmepumpen. Wenn der Hausbesitzer eine fünf Jahre alte Gasheizung hat, dann schmeißt man die nicht raus. Die bessere, ökologischere, nachhaltigere Variante ist, eine Mini-Wärmepumpe mit sehr geringer elektrischer Leistungsaufnahme zur Brauchwassererwärmung einzubinden. Die Heizung brauche ich doch nur von Ende Oktober bis Anfang April. Den Rest des Jahres ist die aus. Nicht so wie bisher, wo die Gastherme wegen jedes Liters Warmwasser auch im Sommer bei 30 Grad Außentemperaturen alle naselang anspringt. So spare ich nicht nur Gas ein und verwende stattdessen eigenen PV-Strom – ich senke auch die Betriebsstunden in Größenordnungen, habe weniger Wartungsaufwand. Zudem zieht die kleine Wärmepumpe im Keller Raumluft und entfeuchtet sie – ein idealer Schimmelkiller. Diese Variante empfehlen wir grundsätzlich, wenn die alte Haushülle einfach nicht gut genug gedämmt ist für eine große Heizwärmepumpe. Da bringt weniger oft mehr.

Mit welchen Herstellern arbeiten Sie?

Mit den jeweils besten. Kein Schmus: bei Wärmepumpen seit vielen Jahren mit dem deutschen Marktführer Stiebel Eltron. Solarmodule beziehen wir von Sunpower, den derzeit leistungsstärksten, und QCells. Bei den wirklich innovativen Leistungsträgern, den Batteriespeichern und dem Energiemanagement ist E3/DC für uns unangefochten die Nummer eins.

Warum?

Sie sind zwar teurer als die anderen, aber die mit Abstand Besten am Markt. Wir bieten auch einfachere Produkte an für

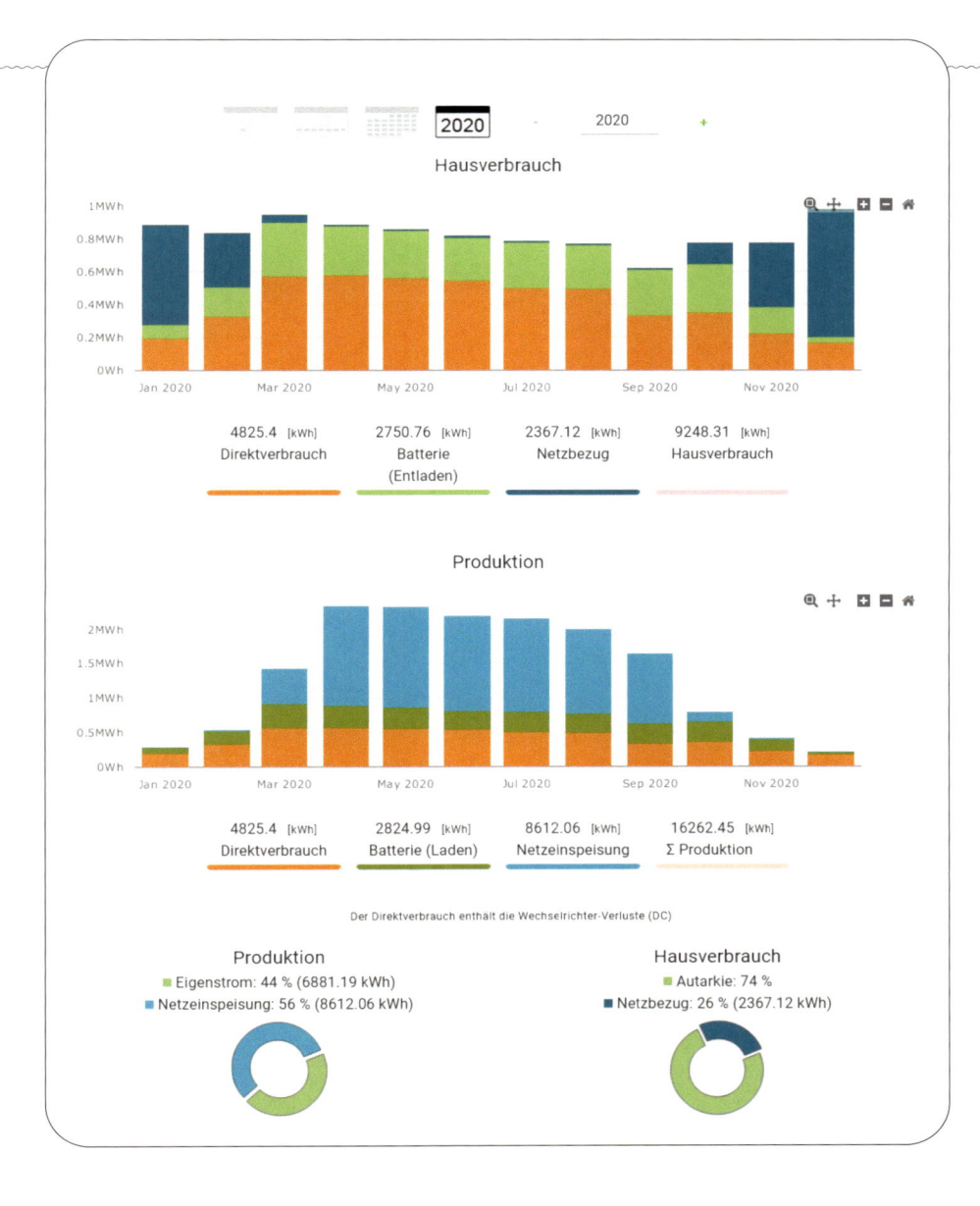

Die Akteure

Zahlen, bitte!

Projektname: ....Einfamilienhaus Korneck
Baujahr: 2018
Bauweise: ....massiv, Ziegel
Wohnfläche: .... 265 m²
Energieklasse: ....KfW 40 Plus
PV-Dach installierte Leistung:....... 18 kWp
(ab 10/2020) PV Solarterrasse: 5,6 kWp
E3/DC-Hauskraftwerk: .... S10 Blackline
Stromspeicherkapazität: .... 15,84 kWh
Sole-Wärmepumpe (Geothermie)
für Warmwasser/Heizen/Kühlen über Fußbodenheizung
Zentrale Be- und Entlüftung
inklusive 90 % Wärmerückgewinnung und 65 % Feuchterückgewinnung (Enthalpie)
E3/DC-Wallbox für E-Pkw (Plug-in-Hybrid; bei 20 km Arbeitsweg 80 % elektrisch)
Hausstrom-Standard:
inklusive myGEKKO-Hausautomation
prognostizierter Energiebedarf
Strom/Wärme/E-Pkw ca. 10.500 kWh/a
Energieproduktion:.... ca. 15.500 kWh/a
Eigenstromverbrauch: ....55 %
Eigendeckungsgrad: ....80 %
Strombezug aus Netz: ....20 %
Einspeisung ins Netz:... ca. 5.000 kWh/a
Kosten
PV + Hauskraftwerk................28.000 €
Wärmepumpe/Erdbohrung ....22.000 €
Be-/Entlüftung ....7.500 €
Smart Home..............................7.500 €
Wallbox für E-Pkw ....1.400 €
gesamt: ....66.400 €
Zuschuss KfW 40 Plus..............15.000 €
Zuschuss KfW en.-eff. Bauen ....4.000 €
Zuschuss KfW Batteriespeicher.....2.700 €
Zuschuss BAFA Erdwärme ....5.000 €
Zuschüsse gesamt ....26.700 €
Amortisation inkl. Eigenstrom 14–16 Jahre

ONLINE
- Stefan Korneck im Energiewende-Video

www.youtube.com/watch?v=11bpNgfg7GU

Kunden mit nicht ganz so hohem Anspruch, drei-, viertausend Euro günstiger. Von Kostal, LG und BYD. Die haben dann aber auch meist Einschränkungen in der Garantie oder Vielseitigkeit, zum Beispiel keine echte Notstromfunktion. Das Monitoring ist begrenzter.

Aber: Die Leute kaufen bei uns in erster Linie ein funktionierendes innovatives Konzept für ihr Objekt. Im Vergleich mit anderen haben wir häufig die besseren Komponenten an Bord, die Marktführer.

Dass der Energieberater sein Konzept auch privat im eigenen Haus umsetzt, ist sicher nicht die einzige Methode, Kunden zu gewinnen. Aber eine sehr überzeugende.

Meine Frau findet es nicht immer toll, wenn ich mit Interessenten vor der Tür stehe – aber ich bin natürlich stolz darauf, dort alles praktisch vorführen zu können, was in meinen Augen heute zu einem Topenergiesystem gehört. «

Kapitel 4

Die Spezialisten

Peter Burkhard meistert mit seiner SonnenPlan GmbH in Zweibrücken meist Aufträge, die andere nicht können: die ganzheitliche Sanierung von Bestandsgebäuden.

Die Akteure

Peter Burkhard,
SonnenPlan GmbH,
Zweibrücken

194.099.910 kg CO_2 vermieden 2012–2021*

mit 402.864.070 Kilowattstunden Solarstrom
aus 3.217 Photovoltaikanlagen

*Laut Fraunhofer-Institut ISI ist für den Zeitraum von 2012 bis 2021 ein Emissionsfaktor von durchschnittlich 481,8 g CO_2/kWh anzusetzen.

Der Firmensitz von SonnenPlan in Zweibrücken signalisiert unverkennbar: Hier trifft man auf Leute mit Naturliebe, Anspruch und Geschmack.

www.eMobilie.de

Kapitel 4

> » Wer sich als Hauseigentümer heute keine PV-Anlage aufs Dach holt, ist entweder sehr reich oder er kann nicht rechnen. «

PETER BURKHARD, GESCHÄFTSFÜHRER SONNENPLAN

1
Geschäftsführer Peter Burkhard kennt sich mit Energie genauso gut aus wie mit moderner und historischer Architektur.

2
Energetisch wie ökologisch vorbildlich: Eigenstrom vom Dach betreibt das Gebäude – und lädt auch die E-Pkw der Mitarbeiter.

Peter Burkhard ist seiner Neigung und Ausbildung nach Physiker. Er lebt die Freude, in Systemen zu denken. Präziser formuliert: Er hat das Talent, ein Problem in Protonengeschwindigkeit in Einzelteile zu zerlegen, die systementscheidenden aus den belanglosen zu filtern und daraus eine systemische Lösung zu generieren. Er nennt diese Methode „ganzheitlich". Sein Lieblingswort. Es klingt wärmer, kundenfreundlicher, weniger seltsam als „systemisch".

Ein Beispiel gefällig? Ein Dreiseitenhof in der Ortschaft Martinshöhe. Einer von den ziemlich typischen, ziemlich großen, ziemlich alten. Unsere Zeit tut sich schwer mit solchen Gebäuden mitten im Ort. Ein neues Haus zu bauen ist schon schwierig genug. Ein altes zu sanieren ist noch schwieriger. Einen unter Denkmalschutz stehenden Hof mit zwei imposanten Scheunen anbei zu retten ist superschwierig. Auch wenn es für ihn bei dem Thema Regionalarchitektur um Emotionen und Identität geht, verkneift sich Peter Burkhard Vorwürfe gegen unübersehbare Verfallserscheinungen. Alteigentümer fühlen sich von der Komplexität der nötigen Arbeiten häufig schlichtweg überfordert. Allein die Gebäudemasse, die immensen Dachflächen ...

„Die Zahl der Landwirte ist bei uns an der Kante stark rückläufig", beschreibt Peter Burkhard die Lage. „Früher gab es in Martinshöhe mehr als 50 Agrarbetriebe. Heute sind es noch knapp fünf." Die traurige Folge: Die Höfe und mit ihnen die Ortskerne verwaisen, während an den Rändern Häuser auf der Wiese wachsen. „Unsere Gesellschaft ist es nicht gewohnt und auch nicht geübt darin, Vorhandenes zu sanieren. Suchen Sie mal eine Firma, die Ihnen einen Bauernhof unter Denkmalschutz schlüsselfertig grunderneuert", beschreibt Peter Burkhard seine Marktposition. „Wenn Sie neu bauen, finden Sie an jeder Ecke vier. Dabei brauchen Sie gerade für die Sanierung einen erfahrenen Ansprechpartner, der das Zusammenwirken der vielen einzelnen Gewerke organisiert und kontrolliert. Handwerker, die sich auf alte Bauweisen verstehen, sind mittlerweile eine seltene Spezies."

Irgendwann, irgendwie hat sich eingebürgert, ALT mit SCHLECHT gleichzusetzen. Nur NEU ist GUT.

„Ich kenne Gehöfte mit einem wunderschönen historischen Hauptgebäude, einem beneidenswert noblen Fachwerk. Die Besitzer haben es leer stehen lassen. Und in den 70er-Jahren einen hässlichen Nullachtfünfzehnneubau danebengestellt. In dem sie seither wohnen."

Eine verkehrte Welt, die wehtut. Und er selbst? Wohnt – natürlich! – mit seiner Frau Bettina und Töchterchen Anna (2) in einem denkmalgeschützten Bauernhaus. XXL-Format. 190 Jahre alt. „Ich habe mich irgendwann als junger Mann in dieses Haus verliebt. Es dämmerte 35 Jahre unbewohnt vor sich hin. Durch das kaputte Dach hat es ewig reingeregnet. Dann endlich habe ich es erwerben können. Und im Laufe mehrerer Jahre komplett saniert." Ganzheitlich, was sonst.

Peter Burkhard, Jahrgang 1974, geboren in Zweibrücken, wächst inmitten familiärer Bodenständigkeit und Alltagsgeschäftigkeit auf. Der Vater, Maschinenbauingenieur und Lehrer, hat immer zu tun im Haus. Und drumherum. Nachmittags, abends, an den Wochenenden betreibt er „nebenbei" noch eine Landwirtschaft. Nichts Großes. Einige Schafe, ein paar Hühner. Seine Frau hilft ihm. Und kümmert sich um die Söhne.

Die landen letztlich beide in der gleichen Branche. Peters jüngerer Bruder Michael, Jahrgang 1980, studierter Bauingenieur, führt das Planungs-Ingenieurbüro Burkhard. Seine Frau Anne arbeitet als Architektin.

Peter Burkhards Firma SonnenPlan kümmert sich um die handwerkliche Ausführung der Aufträge. Seine Frau Bettina, studierte Soziologin, führt gemeinsam mit ihm die Geschäfte des Familienunternehmens. Sie gibt ihnen Struktur, überschaubare Ordnung und das nötige buchhalterische Controlling. „Die Herrin über alle Excel-Tabellen", erläutert ihr Mann unironisch respektvoll.

Ganzheitliche Bestandssanierung braucht viele Köpfe und Hände. Spezialwissen. Talente. SonnenPlan beschäftigt jeweils eigene Teams für die erfolgsentscheidenden Gewerke: Photovoltaik. Heizung/Sanitär. Dach. Elektro. Innenausbau. Auf der Unternehmens-Homepage laufen digitale Mitzählwerke:

Aktuell 83 Mitarbeiter.

3.217 Photovoltaikanlagen installiert.

4.612 abgeschlossene Projekte.

Für 5.168 Kunden.

94 Prozent positives Feedback.

Lassen Sie uns über die Anfänge reden, Herr Burkhard.

„2004 habe ich eine kleine Photovoltaikanlage gekauft. Privat. Für das Haus meines Vaters, um so etwas mal aus der Nähe zu erleben. Siehe da: Es ist logisch. Es ist einfach. Es funktioniert. Oben Sonne drauf, unten Strom raus. Fertig."

Vor allem: Es rechnet sich. „Damals gab es eine staatliche Marktanschub-Förderung von 57,40 Cent für jede solare Kilowattstunde. Auf 20 Jahre garantiert. Also wollte ich 2005 eine zweite PV-Anlage kaufen. Kurz nach meiner Anzahlung meldeten die Verkäufer Insolvenz an. Das Geld war weg. Sehr ärgerlich."

Kapitel 4

1
In diesem Bauernhaus in Rosenkopf, Baujahr 1832, war Peter Burkhard „seit Jahren verliebt". Seine Frau und er haben es seit 2010 ganzheitlich saniert.

2
Bettina und Peter Burkhard bewohnen mit Tochter Anna 200 Quadratmeter Wohnfläche auf drei Etagen. Das Grundstück misst um die 1.800 Quadratmeter.

Aber der bekennende Optimist in ihm sagte: Das kann's ja wohl nicht gewesen sein. „Ich habe dann angefangen, selbst Solaranlagen zu verkaufen. Zunächst in Teilzeit. Als verbeamteter Physiklehrer am Gymnasium war ich finanziell solide abgesichert. So konnte ich mir auch die Reduzierung auf eine halbe Lehrerstelle leisten. Bereits 2005 haben Bettina und ich dann in Bexbach die SonnenPlan GmbH gegründet."

Die sich in 15 Jahren zum größten Solarsystemanbieter der Region hocharbeitet. 2009, die SonnenPlan hat schon 22 Angestellte, scheidet Peter Burkhard endgültig aus dem Schuldienst aus. Tauscht die Lebensabsicherung des Beamten gegen einen Fulltime-Unternehmerjob auf der Sonnenseite.

2010/2011/2012 gehen als Knallerjahre in die deutsche PV-Anlagen-Historie ein. Zubauzahlen ohne Ende. Den großen Einbruch 2013/2014 löst die drastische Reduzierung der Einspeisevergütung aus: Rückgang des Zubaus über drei Viertel. Aber da war SonnenPlan eh schon einen Schritt weiter. „Das Thema Eigenverbrauch wurde 2009 relevant. Fand ich gut. Absolut sinnvoll für die Kunden. Ab sofort wurde die eigene Solarstromnutzung gefördert.

Die nächstliegende Frage lautete damit: Was mache ich mit dem selbst produzierten Strom? Die nächstliegende Antwort: Warmwasser. Bei der bis dahin üblichen Solarthermie lassen sich die Überschüsse kaum auf Vorrat speichern und im Sommer nicht wirklich gebrauchen. Solarstrom dagegen kann man zur Wärmeerzeugung sehr gut speichern. Wir stockten also auf und verkauften zu den PV-Anlagen auch Wärmepumpen. Daraus hat sich dann relativ schnell unsere solarbasierte Heizungsbausparte entwickelt. Trinkwasser-Erwärmung war der erste Schritt. Heizung mit Wärmepumpen der zweite. Deren neue Generation setzt inzwischen unfassbar wenig Strom in unglaublich hohe Heizleistung um."

Im Rückblick ist die SonnenPlan-Story vor allem dies: folgerichtig. Logisch. Gut mit Zukunftsfühlern ausgestattet. Peter Burkhard erzählt von der Musteranlage, 2007/2008 in Bexbach aufgebaut. „Mit Photovoltaik-Modulen von sechs verschiedenen Herstellern. Eine Art Feldversuch, bei dem wir feststellten, dass die Ertragsunterschiede bis zu 15 Prozent betragen. Vom gleichen Dach! Zugleich registrierten wir, dass die installierten Module von Aleo mehr Solarstrom lieferten, als der Herstellerprospekt versprochen hatte. Für uns der Beginn langjähriger Zusammenarbeit mit Aleo." Die Anlagen der SonnenPlan sind ertragstechnisch bestens. So viel Eigenlob darf sein. Es ist nämlich zahlenbasiert. Peter Burkhard: „Wir liefern bei jeder Kundenanlage auch ein SolarLog mit, damit wir die Leistungswerte online verfolgen können. Erkennen wir deutliche Abweichungen, greifen wir ein."

Die technische Entwicklung spielt SonnenPlan in die Karten. „2008 brachte ein PV-Modul in der Spitze 220 Watt. Heute sind es 350." Genauso hilfreich: Die Jahresarbeitszahlen der Wärmepumpen haben sich deutlich verbessert. Mit 1 Kilowattstunde Strom lassen sich heute 5 Kilowattstunden Wärmeenergie erzeugen. Hightech pro SonnenPlan.

Das Privathaus der Burkhards ist Baujahr 1832. Das Jahr übrigens, in dem Ende Mai auf dem nahen Hambacher Schloss (damals Rheinpfalz/Bayern) erstmals lautstark die nationale deutsche Einheit und Freiheit gefordert wurden. Muss man angstfrei sein für so eine Hausrettungsaktion? Peter Burkhard blickt eher selbstkritisch als stolz zurück: „Ich habe getan, was man auf keinen Fall machen soll: Als junger, unerfahrener Bauherr blauäugig in so ein Projekt reinschlittern. Ohne den tatsächlichen Arbeitsaufwand zu kennen. Oder die Kosten."

Das Haus, Fachwerk und altes

Kapitel 4

Sandstein-Mauerwerk, war inzwischen so lädiert, dass die Banker abwinkten. Wert gleich null.

„Ich habe 2005 nur das Areal gekauft. Für 35 Euro den Quadratmeter. Das Grundstück haben die Banker für den Anfang als Sicherheit akzeptiert."

Viele Arbeiten wurden von den unternehmenseigenen Handwerkern erledigt. Aber: Firma first. Der Privatbau ging also nur voran, wenn entsprechende Kapazitäten frei waren. Auch deshalb hat er Jahre gedauert. Peter Burkhard: „Manche Gewerke, wie Zimmerer, hatten wir damals noch gar nicht im Unternehmen."

Im Haus wurde die kleinteilige Raumaufteilung mit feinem Händchen verändert. Einige wenige Innenwände raus. Die schönen Balkendecken nachgebessert, aber im Prinzip erhalten. Die alten Fenster gegen neue mit Wärmeschutzverglasung getauscht. Auch die wieder mit Holzrahmen.

Eine Außendämmung war wegen der Denkmalschutzauflagen tabu. Also innen dämmen. Wie früher: Schilfrohr mit Lehmputz. Aber mit moderner Zutat: einer eingebauten Wandflächenheizung. „Stellen Sie sich eine Fußbodenheizung in der Senkrechten vor. Mit zarten Rohrführungen. Etwa so in der Art." Muss man fürchten, die Rohre versehentlich mal anzubohren? Inzwischen ist der „junge, unerfahrene Bauherr" ein Sanierungsspezialist: „Die Lehmwand wird mit einem Wasserzerstäuber besprüht. Wenig später zeigt sich, wo die Heizschläuche verlaufen." Wieder was gelernt.

„Das Wichtigste an einer Sanierung eines so alten Gebäudes ist, die Nerven zu behalten. Nicht zu theoretisch zu denken. Sondern pragmatisch." Gelegentlich ist es schwer mit dem Pragmatismus, der driftet gern mal in verschiedene Richtungen. „Es kann passieren, ein neubauaffiner Statiker rät Ihnen: Das taugt alles nichts. Abreißen!

Ein sanierungserfahrener Statiker sagt: Diese Konstruktion hat 200 Jahre solide gestanden? Das kriegen wir nochmals hin!" Das Hinkriegen ist Peter Burkhards Lieblingsaussage und -tat.

Dabei gab es Knackpunkte, die mehr als schweißtreibend waren. Eine Hausecke, 10 Meter Außenwand tragend, ist über die Zeiten 15 Zentimeter nach außen gewandert. Die solide abzustützen hat alle Beteiligten hart gefordert.

Ganzheitliche Sanierung ist verbandelt mit energetischer Sanierung. Auch im Haus Burkhard. „Als Waldbesitzersohn war ich Holzscheit-Heizungen gewohnt. Wenn man Lust und Zeit hat, die nötige Arbeit auf sich zu nehmen, spricht alles dafür. Durch die gute Dämmung reichen bei uns im Haus übers Jahr 10 Ster Holz. Das ist überschaubar."

Der Ofen muss zwar von Hand beschickt werden, hat aber als Komfortfunktion eine automatische Zündung. „Im Sommer fragt man sich freilich, ob für das bisschen Warmwasser eine Wärmepumpe nicht bequemer ist." So gerät die Wärmepumpe nun doch auf die Burkhard'sche To-do-Liste.

Da der Denkmalschutz sie auf dem eigenen Dach nicht erlaubte, liegen die PV-Anlagen mit fast 30 Kilowattpeak Leistung auf den großen Scheunendächern der Nachbarn. Vorausschauend für die Solarstrom-Eigenversorgung von zwei Elektro-Pkw.

Peter Burkhard sieht jedes neue Sanierungsvorhaben als Lehrstück. „Es gibt zwei Arten zu lernen: durch Nachahmung – oder durch Leid."

Die Hitzeattacken der vergangenen Sommer haben ihn bezüglich Sonnenschutz unterm Dach klüger gemacht. „Man glaubt nicht, wie sehr sich Räume dort aufheizen können … Beim nächsten Mal würde ich keinesfalls auf eine automatische Lüftungsanlage verzichten." »

1
Die transparenten Solarfenster sind ein schöner Gag, es fehlt ihnen nur sommerlicher Hitzeschutz …

2
Faszinierend: Vom offenen Wohnraum aus kann man durch die Glastür in die hohe alte Scheune blicken.

3 + 4
So schön biegen sich Deckenbalken selten über einem Wohnmix aus Altem und Neuem.

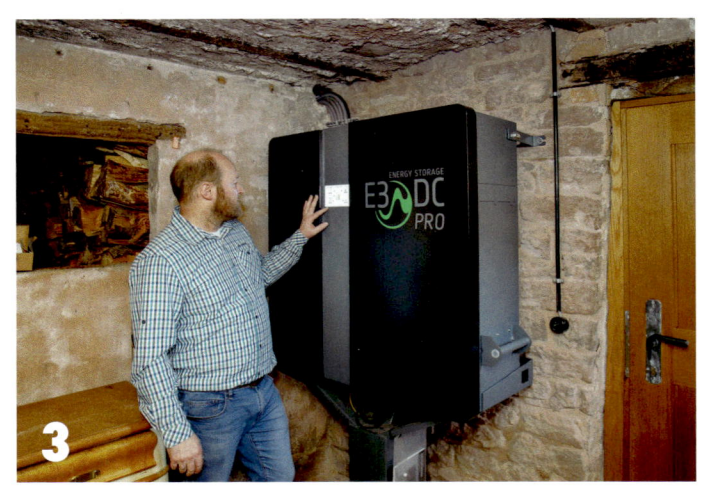

1
Jahresbilanz der Energieerzeugung und -verbräuche im sanierten Haus Burkhard

2
Für Waldbesitzer ist eine moderne Holzheizung sinnvoll. Da sie aber Arbeit macht und nicht kühlen kann, wird sie 2020 durch eine Wärmepumpe ergänzt.

3
Die Speicherbatterie ist die Basis einer hohen Eigenstromdeckung.

4 + 5
Der Respekt vor altem Material und überlieferter Handwerkskunst ist unverkennbar.

6
Wegen der Denkmalschutzauflagen nutzen die Burkhards für ihre 30-Kilowattpeak-PV-Anlagen vor allem große Scheunendächer der Nachbarn und das Dach des angebauten Carports.

Hausverbrauch

6249.16 [kWh]	3175.77 [kWh]	1333.35 [kWh]	9724.91 [kWh]
Direktverbrauch	Batterie (Entladen)	Netzbezug	Hausverbrauch

Produktion

6249.16 [kWh]	3302.88 [kWh]	22162.68 [kWh]	31714.72 [kWh]
Direktverbrauch	Batterie (Laden)	Netzeinspeisung	Σ Produktion

Der Direktverbrauch enthält die Wechselrichter-Verluste (DC)

Produktion
- Eigenstrom: 27 % (8391.56 kWh)
- Netzeinspeisung: 73 % (22162.68 kWh)

Hausverbrauch
- Autarkie: 86 %
- Netzbezug: 14 % (1333.35 kWh)

Die Akteure

4

5

6

Peter Burkhards goldene Regeln für ganzheitliche Bestandssanierung

1. Gebäudehülle auf KfW-55-Standard bringen.
Primärenergiebedarf muss etwa halb so hoch sein wie beim EnEV-Referenzgebäude, maximal 30 kWh/m²$_{WFL}$/a). Außenwand, Dach, Kellerdecke dämmen. Wärmeschutzfenster einbauen.
Förderung* bisher: bis zu 48.000 Euro pro WE

2. Ölheizung tauschen gegen regenerative.
Heizung umstellen auf effiziente Wärmepumpe, Einbau Flächenheizung/-kühlung statt alter Wandheizkörper. Unabhängig von Heizung: Lüftung mit Wärmetauscher.
Förderung* bisher: 45 Prozent der Kosten

3. PV-Strom selbst produzieren + maximal nutzen.
Photovoltaikanlage auf dem Dach installieren. Flächen möglichst ausnutzen. E-Mobilität einplanen. Wichtig für hohe Eigenstromnutzung: Batteriespeicher.
Förderung* des Batteriespeichers bei Effizienzhaus 55: 40 Prozent der Kosten; in Rheinland-Pfalz zusätzlich 1.000 Euro für Batteriespeicher

4. Energieberatung/-planung fördern lassen.
Die Energieberatung und -planung wird bezuschusst.
Förderung* bisher: bis zu 90 Prozent Beratungskosten

5. Monitoring der Haustechnik vereinbaren.
Wichtig für Leistung und Effizienz ist vor allem in den ersten Jahren ein Online-Monitoring zur Betriebsüberwachung und -optimierung.

* Neue Förderung ab 2023 bitte anfragen.

> » Warum ist die Windschutzscheibe im Auto so viel größer als das Rückfenster? Weil das, was vor uns liegt, so viel wichtiger ist als das, was wir hinter uns haben. «
>
> PETER BURKHARD

Herr Burkhard, wir sehen eine Menge neuer Wallboxen auf dem Firmengelände. Für die E-Pkw Ihrer Mitarbeiter?

PETER BURKHARD: Ich werbe seit Langem für E-Pkw statt Lohnerhöhung – das rechnet sich für beide Seiten! Derzeit betanken wir jeden Tag 13 Mitarbeiter-E-Autos mit 200 Kilowattstunden Solarstrom vom Firmendach. Einer wollte erst nicht – die Preise an der Tankstelle haben ihn umgestimmt.

Wie hat sich denn dieses Jahr die Nachfrage entwickelt?

Tsunami wäre noch untertrieben: Statt acht Kundenanfragen haben wir jetzt 80 Anrufe täglich. Und mehr. Putin beschleunigt die Energiewende bei uns brutal.

Eine Verzehnfachung Ihrer Installationen innerhalb eines Jahres ist doch utopisch.

Ja, klar. Wir peilen eine Verdopplung an. Von 200 auf 400 Anlagen, also von vier installierten Megawatt Solarleistung auf acht. Schon das ist extrem sportlich. Und funktioniert auch nur, wenn unsere Kunden aktiv mitmachen.

Was erwarten Sie?

Dass der Kunde an den Vorarbeiten, konkret bei der Recherche der für ein Projektangebot unabdingbaren Zahlen, aktiv mitmacht. Und dass er beim Realisierungstermin flexibel ist.

Sie machen keine festen Terminzusagen?

Ich sag mal so: Wer uns jetzt, im Sommer 2022, beauftragt, kann aufgrund der Auftragsflut frühestens im Frühjahr nächsten Jahres mit der Realisierung rechnen. Und auch das bestenfalls in einem gewissen Zeitkorridor.

Haben Sie Schwierigkeiten mit Ihren Zulieferern?

Bis Mitte des Jahres noch nicht. Das kommt noch. Dass wir auf stabile, sehr langfristige Geschäftsbeziehungen mit unseren Zulieferern größten Wert gelegt haben, zahlt sich jetzt aus. Die Firma SonnenPlan hat ihre PV-Module für 2022 wie immer schon am Ende des Vorjahres bestellt und längst Auftragsbestätigungen für die Lieferungen. Treue wird belohnt. Wenn mal was nicht klappt, wird zuerst bei denen gekürzt, die nur bestellen, weil es woanders nichts gibt. Und wir kaufen nicht in China.

Sondern?

Solarpaneele bei QCells und Aleo. QCells produziert weltweit, deren Forschung und Entwicklung sitzt im sachsen-anhaltinischen Bitterfeld.

Auch mit den Wärmepumpen von Ochsner lief es im ersten Halbjahr 2022 noch halbwegs gut. Absehbar ist die Situation dort wegen deren Lieferketten aber eher schwieriger.

Wählen Sie aus der Vielzahl der Anfragen aus, welchen Kunden Sie in Ihre Liste aufnehmen?

Ich sag mal so: Wir versuchen grundsätzlich erst mal, jedem zu helfen und jeden zu bedienen. Aber ja, manchmal filtern wir aus: Gestern zum Beispiel hat mich jemand angerufen, er hätte eine Heizung, eine Photovoltaikanlage und einen Warmwasserspeicher mit elektrischem Heizstab. Ob wir den nicht mit E3/DC verbinden könnten …?
Ich finde weder seinen Namen noch eine passende Auftragsnummer in unserer Kundendatei – da stellt sich heraus, seine PV-Anlage und seine Heizung hat er von anderen Firmen bauen lassen.
Ich sag ihm, dass ich das nicht machen kann: Das mit dem Heizstab ist aufwendig, geht extrem ins Detail – und dann geht's ja auch um Gewährleistungssachen. Da lass ich besser die Finger davon.

Sobald Sie die fremdgebaute Heizung anfassen, stehen Sie in der Gewährleistungspflicht für die gesamte Anlage …

Es gibt immer mal Anfragen wie diese, die wir besser gleich ablehnen.

Ich habe dem Mann also empfohlen, sich damit an seinen Heizungsbauer zu wenden. Der sagt, er kriegt das nicht hin. Klassiker: Der traditionelle Heizungsbauer kennt sich mit dem Elektrischen nicht aus, der marktgängige Solarteur nicht mit der Heizung …

Punkt für Sie als Energielösungs-Allrounder.

Ja, klar.

Noch dazu als Spezialist für Bestandsgebäude: der mit Abstand größte Zukunftsmarkt.

Logisch.

Und für deren energetische Sanierung kommen die meisten Anfragen?

Wärmepumpe, Solardach, Batteriespeicher, Wallbox – das volle Programm. Ganzheitliche Sanierung ist unser Markenkern. Fast alle Mitbewerber erzählen interessierten Kunden, im Bestand funktioniere das nicht mit den Wärmepumpen. Ich kann denen immer wieder nur sagen: Gute Nachricht für Sie, wir können das.

Unterscheiden sich denn Wärmepumpen für einen Neubau von denen im Bestandshaus?

Ja, klar. Im Altbau brauchen die dreimal so viel Power wie im Neubau. Dazu kommt: Für die neuen Gebäude sind sie auf einen Temperaturhub von 30 Grad Celsius Fußbodenheizung ausgelegt. Die Betriebsdaten der Bestandsheizungen sind ganz andere.

Da muss ich aufpassen: Die Datenblätter der Geräte sind das eine, ich brauche aber welche, die vor der Realität im Altbau nicht in die Knie gehen. Man darf ausgerechnet hier nicht an der falschen Stelle

1 An Haustechnik-Premiumpartnern führt für SonnenPlan-Besucher kein Weg vorbei: Die Speicherbatterien stammen von E3/DC.

2 Die Wärmepumpen von Ochsner überzeugen mit ihrer hohen Arbeitszahl.

sparen und sollte angesichts der Förderung lieber gleich in eine richtig gute Wärmepumpe investieren, die dann auch doppelt so lange läuft.

„Ich habe nicht genug Geld, um mir Billigtechnik leisten zu können …"?

Absolut. Unsere Kunden favorisieren Wertigkeit. Haltbarkeit. Langlebigkeit. Da gibt's auch kein Verrechnen und Vertun: Bei den aufgerufenen Energiepreisen schmälert die Anschaffung einer Photovoltaikanlage zum Betrieb einer Wärmepumpe die Liquidität des Kunden nicht, sondern erhöht sie!

Sind Ihre Kunden eher älter oder jünger?

Eher beides, sowohl Paare 50 plus als auch junge Familien. Vor allem Letztere oft technikaffin, die auch auf Nachhaltigkeit großen Wert legen. Häufig auch als Kombination von geldsparender Eigenleistung, aber höherwertigeren Produkten.

Was antworten Sie, wenn ein Kunde eine Gasheizung von Ihnen möchte?

Da sind Sie bei uns falsch. Wir sind auf Wärmepumpen spezialisiert.

Wie viele davon haben Sie bisher eingebaut?

Mehr als 500.

Mehr mit Luft/Wasser oder mehr mit Tiefenbohrung?

Im Bestand fast immer Luft/Wasser. Erdbohrung verwüstet unweigerlich den Garten. Beim Neubau ist das nicht so schlimm. Außerdem kostet die Bohrung: 1.000 Euro pro Meter Bohrtiefe sind eine gängige Größenordnung.

Die Jahresarbeitszahl soll die Leistung einer Wärmepumpe ausdrücken. Was ist da jetzt angesagt?

Die neue Ochsner-Generation kommt im Realbetrieb nahe an 5. Das ist wirklich gut. Die Jungs waren selbst verblüfft: 10 Prozent besser, als sie in ihren Datenblättern ausgewiesen hatten. Aber technische Leistung allein bringt's nicht.

Sondern?

Auch die Kundenbetreuung muss stimmen. Wie reagiert die Firma auf Probleme beim Kunden?

Ein weiterer Grund, weshalb wir seit Jahren mit Ochsner zusammenarbeiten. «

Kapitel 4

Zahlen überzeugen auch Skeptiker

Haus Alexandra und Philipp Michel, Spiesen. Erbaut Ende der 1950er-Jahre. Ganzheitlich mit SonnenPlan saniert 2020/21.

Es ist nicht das erste Mal, dass sich SonnenPlan-Kunden als einer besonderen Spezies zugehörig bekennen: den Glückspilzen. Zu moderatem Preis 2018 über familiäre Kontakte an ein 1958 relativ solide errichtetes Einfamilienhaus mit 160 Quadratmeter Wohnfläche auf einem 750-Quadratmeter-Grundstück in ruhiger Randlage zu kommen, das beschreibt das Wort Glück korrekt. „Heute müssten wir mindestens 100.000 Euro mehr dafür hinblättern, über die Preissteigerungen für die Sanierung will ich gar nicht erst nachdenken", beschreibt Alexandra Michel die vogelwilde Marktentwicklung. Im November 2019 hatten sie ihr im Umbau befindliches Haus bezogen. »

Die Akteure

1
Drinnen zeigt das alte Haus von
Alexandra und Philipp Michel die neue Komfortfreiheit.

2
Das Solar-Powerdach hier mal über der großen Garage

3
Bewährtes Effizienz-Technikpaket:
Wärmepumpe und Warmwasserspeicher …

4
… intelligent vernetzt mit einem E3/DC-Hauskraftwerk

Der entscheidende Tipp, SonnenPlan als Partner für die energetische Haussanierung anzusprechen, kam von Philipp Michels Vater.

Das zu Recht gerühmte Glück der Tüchtigen beruht auch in diesem Fall auf dem (organisierten) Glück, wirklich fachkundige, erfahrene Partner an ihre Seite zu holen. Deren Rat, Entscheidungen für die Haus- und Energietechnik mit dem Blick auf die nächsten zwanzig, fünfundzwanzig Jahre zu treffen, leuchtet Philipp Michel ein. Zukunft ist ab sofort elektrisch, CO_2-frei, mit selbst produziertem Solarstrom, Speicherbatterie, Wärmepumpe, E-Auto.

Ja, die neue Technik ist teuer. Die muss man sich leisten können. Das gilt doch aber genauso und gnadenlos auch für explodierende Fremdenergiekosten. Der Tag, als ihre Gasleitung abgeklemmt wird, geht jedenfalls als Freudentag in die Chronik der Familie Michel ein.

Alles richtig gemacht – kann jeder gern selbst nachrechnen.

Die aktuelle Einspeisevergütung von sieben Cent für jede ins Netz geschickte Kilowattstunde PV-Strom ist in Philipp Michels Rechnung eher nebensächlich. Der wirklich spürbare Effekt ist die Eigenstromnutzung. Denn die reduziert die Strombezüge aus dem Netz nun wirklich radikal.

Alexandra Michel: „Wir hatten schon vor der Installierung der PV-Module auf dem Carport nur 650 Euro Jahreskosten für Heizung und Warmwasser. Plus rund 600 Euro Komfortstrom."

Wie sehr sie ihren Energieverbrauch mit Eigenstrom vom Dach und ihrem Haustechnik-Paket dauerhaft senken können,

Philipp Michel: „Wir brauchen eine ganzheitliche Lösung, die auch auf lange Sicht für uns bezahlbar ist."

© Hans-Rudolf Schulz

wird sich freilich erst die nächsten Jahre erweisen. Dazu braucht's mehrere Winter. Und Sommer.

Auch Ganzjahres-Erfahrungen mit den Ladeverbräuchen eines angedachten neuen E-Pkw für Alexandra Michel.

Ihr Mann Philipp hat hier Vorsprung: Den E-Opel Corsa stellt ihm seine Firma – die lädt die E-Autos ihrer Mitarbeiter tagsüber sogar mit Solarstrom vom Firmendach.

Auch Alexandra und Philipp Michel erleben: Keiner baut für sich allein. Eltern und Schwiegereltern, Tanten, Onkel, Cousinen und Cousins sowie diverse sonstige Anverwandte reden, beraten, helfen ab sofort aktiv mit.

Anfangs war es nicht ganz einfach mit dem vielen guten Rat, erinnert sich Philipp Michel. Was die jahrelang erprobte Gasheizung zum Beispiel bringt und kostet, wissen (fast) alle. Braucht ihr denn wirklich eine zentrale Lüftung im Haus? Reicht nicht wie bisher auch das gelegentliche Öffnen der Fenster? Was unvertraut ist, riecht sowieso immer erst mal befremdlich.

Wollt ihr wirklich eine Wärmepumpe? Funktioniert die denn wie versprochen? Ist die nicht zu teuer? Zu neu? Zu riskant?

In solcher Gemengelage prallen schon mal Erfahrungen und Perspektiven heftiger aufeinander. Aber nichts ist überzeugender als Fakten, Zahlen: Was habt ihr denn nun tatsächlich an Energiekosten? Und da ist wirklich schon alles dabei?

Alexandra und Philipp Michel können sich total entspannt zurücklehnen. Ihre Zahlen beweisen: Alles richtig gemacht. Klug investiert. Perspektivisch eine Menge Geld gespart.

Das überzeugt auch Skeptiker. «

Was wurde gemacht?

• **Innen entkernt***
Räume vergrößert. Neuer Fußbodenaufbau in beiden Etagen. Große Fenster sichern viel Tageslicht und solare Wärmegewinne. Neuinstallation aller Medien.

• **Gebäudehülle auf KfW-55-Standard***
Außenwände/Decke mit Mineralwolle gedämmt, Kellerdecke mit PUR-Platten. Wärmeschutzfenster in beiden Etagen.

• **Photovoltaik zur Eigenstromnutzung***
PV-Module 9,3 kWp. Kombination mit E3/DC-Hauskraftwerk 12 kWh. In der Jahresbilanz fast 60 % Eigenstromdeckung.

• **Wärmepumpe statt Gasheizung***
Einbau Luft/Wasser-Wärmepumpe (Leistung: 7 kW); 350-Liter-Brauchwasser- und 200-Liter-Pufferspeicher. Fußbodenheizung.

*Neue staatliche Förderung für diese Maßnahmen ab 2023 bitte anfragen.

Familiensitz veredelt.
Und aufgestockt.

Haus Susanne und Stephan Erb, Zweibrücken. Erbaut 1976, mit Einliegerwohnung. Ganzheitlich SonnenPlan-saniert 2019/2020.

Die Akteure

Wenn Bauherr und Bauunternehmer sich schon lange kennen, ist das naturgemäß vorteilhaft. Stephan Erb und Peter Burkhard waren Schulkameraden, in einer Klasse.

Inzwischen viel beschäftigter Wirtschaftsprüfer, lebt Stephan Erb mit seiner Frau und den beiden halbwüchsigen Söhnen in Zweibrücken. In einem seit 45 Jahren in Familienbesitz befindlichen Haus. Ortsüblich eng umringt von Nachbarschaft.

2001 zieht Susanne Erb zu ihrem Mann. Zunächst bewohnen sie die erste Etage, damals die oberste. 120 Quadratmeter. „Alles im Charme der End-70er-Jahre. In heftigem Grün gefliese Bäder. Viel sichtbares Holz", erinnert sich Susanne Erb.

Dem jungen Paar reichen vorläufig Schönheitsreparaturen aus, neue Tapeten, neue Fußböden. Solange die Söhne klein sind und die ebenfalls kleinen Räume für die Kids unendlich groß scheinen, ist alles paletti. Aber je größer sie werden, umso mehr stört, wie beengt sie zu viert zusammenhocken. Erst recht, sobald Besuch kommt.

Dann stockt in der Nachbarschaft jemand sein Haus auf. Das wäre doch eine Idee, oder? Die Eheleute Erb erleben den ersten Besichtigungstermin einer Baufirma. Aufstocken? Geht gar nicht! Hier kann man ja nicht mal einen Kran aufstellen …

„Irgendwann ist der Stephan bei uns in der Firma aufgeschlagen", erzählt Peter Burkhard. „Wir hätten da was zu sanieren, ihr macht doch so etwas …" Der Sonnen-Plan-Chef verfährt bei seinem Schulfreund wie bei allen Kunden: Er lässt ihn erst mal erzählen. Was er sich vorstelle. Welche Veränderungen er wünsche. Was ihm besonders wichtig sei.

„Zu der Zeit", sagt Susanne Erb, „waren wir nur auf mehr Wohnraum fixiert. Größer, besser, komfortabler. Energie? Zu Beginn kein Thema."

Nachdem klar wird, dass die Lösung nach unten (Einliegerwohnung) keine ist, bleibt nur der Blick nach oben. Aufstockung. Eine ganze Etage. Mit moderner, großzügig offener Raumgliederung. Und der Zugabe, nach dem neuen Dachgeschoss auch die nunmehr mittlere Etage grundlegend erneuern zu können.

Rückblickend führt die Burkhard'sche Sanierungslogik die Eheleute „von selbst" zu den richtigen Entscheidungen. Ist es vernünftig, im Dachgeschoss moderne Fenster mit Top-U-Werten einzubauen – und unten nicht? Reicht oben eine zukunftsfähig gedämmte Fassade – und für den Rest des Hauses bleibt alles beim Alten? Die (Gas-)Heizung hat 25 Jahre auf dem Buckel, ist also auch fällig. Eine generelle Modernisierung der Haustechnik macht ohnehin nur für das gesamte Gebäude wirklich Sinn. »

1
Im Mittelgeschoss sind die Ausbauarbeiten auf der Zielgeraden.

2
An der Nachbarbebauung gut ablesbar: Das Haus hat eine ganze Etage dazugewonnen.

3
Lukas hat sein Zimmer im Dachgeschoss links vom neuen Freisitz. Sein Bruder Felix seins auf der rechten Seite. Von SonnenPlan-Chefbauleiter Uwe Omlor stammt der geniale Einfall, alle Dachfenster nach unten zu verlängern.

4
Das Treppenhaus ist auch schon im Fast-fertig-Status.

Kapitel 4

5

5 Gartenseite. Links der Luftansauger der Wärmepumpe

6 Energieprotokoll 2021 für das sanierte Haus Erb

7 Blicke übers Land. Noch fehlt das richtige Geländer.

8 Wärmepumpe, Pufferspeicher, kontrollierte Be- und Entlüftung

9 Susanne Erb ist begeistert von ihrer neuen Haustechnik.

Was wurde gemacht?

- **Dachgeschoss komplett aufgestockt***
Holzständerbauweise (wegen des Gewichts). Neuer Dachaufbau. Großformatige Dachfenster. Freisitz zwischen den Zimmern der Söhne. Treppe erneuert. Mittelgeschoss entkernt, Räume vergrößert, neu gegliedert.

- **Gebäudehülle auf KfW-55-Standard***
Außenwände mit Holzständern erweitert und mit Mineralwolle gedämmt. Wärmeschutzfenster in allen Etagen.

- **Photovoltaik zur Eigenstromnutzung***
PV-Module ca. 10 kWp. Die Kombination mit E3/DC-Speicherbatterie von 13 kWh ermöglicht in der Jahresbilanz ca. 60 % Deckung des Eigenbedarfs an Strom und Wärme.

- **Gasheizung ersetzt durch Wärmepumpe***
Einbau Luft/Wasser-Wärmepumpe (Leistung: 13,2 kW) mit zwei Pufferspeichern, je 500 Liter. Fußbodenheizung in allen Räumen, teilweise in alten Estrich gefräst. Kontrollierte Be- und Entlüftung mit Wärme- und Feuchterückgewinnung. Fußboden im Erdgeschoss neu aufgebaut und gedämmt.

*Neue staatliche Förderung für diese Maßnahmen ab 2023 bitte anfragen.

6

Hausverbrauch

4451.13 [kWh]	2920.27 [kWh]	8856.17 [kWh]	15540.43 [kWh]
Direktverbrauch	Batterie (Entladen)	Netzbezug	Σ Verbrauch

Produktion

4451.13 [kWh]	3020.75 [kWh]	2909.86 [kWh]	10381.74 [kWh]
Direktverbrauch	Batterie (Laden)	Netzeinspeisung	Σ Produktion

Der Direktverbrauch enthält die Wechselrichter-Verluste (DC)

Produktion
- Eigenstrom: 70 % (6684.26 kWh)
- Netzeinspeisung: 30 % (2909.86 kWh)

Hausverbrauch
- Autarkie: 43 %
- Netzbezug: 57 % (8856.17 kWh)

Die Eheleute Erb waren zu alten Hauszeiten mit Schimmel-Erfahrungen konfrontiert. Wahrscheinliche Ursache: Wärme-, exakter gesagt Kältebrücken. Sensibilisiert für dieses Thema, ist die Frage nach einer modernen Lüftungsanlage folgerichtig. Ist möglich. Na klar.

Stephan Erb, Zahlentalent ersten Ranges und Freund präziser Excel-Tabellen, rechnet nach: Ein „bisschen" zu sanieren kommt unterm Strich teurer als die von Peter Burkhard vorgeschlagene ganzheitliche Lösung. Entscheidend dabei ist die Aufwertung des gesamten Gebäudes auf KfW-Effizienzhaus-55-Niveau im Bestand.

Die Dämmung der Gebäudehülle, auch nach unten bis zum Keller, ist nicht ohne. Insgesamt 100.000 Euro Förderzuschuss für KfW 55 und CO_2 vermeidende Haustechnik lohnen den Aufwand.

Nach zähem, anderthalb Jahre brodelndem Hin und Her mit dem Amt setzt die SonnenPlan-Architektin die Baugenehmigung durch.

Uwe Omlor, der Bauleiter, bewährt sich erneut als Glücksfall für SonnenPlan-Bauherren. Die enge Straße beispielsweise macht die Erb'schen Sanierungsarbeiten gelegentlich auch für die Nachbarn zur Belastung. Umsichtig und zuvorkommend beruhigt Bauleiter Omlor in solchem Fall sämtliche Gemüter.

Nicht zu vergessen: Sanierungsprojekte dieser Dimension haben stets ihre eigenen Besonderheiten, Unwägbarkeiten, Herausforderungen. Im Haus Erb sind es zwei mächtige Stahlträger, die plötzlich und unerwartet, aber sofort und dringendst zusätzlich eingezogen werden müssen.

In einem bewohnten Haus regen- und unwettersicher eine ganze Etage in Holzständerbauweise aufzustocken, ist auch für Profis obere Bundesliga. „Ich kenne keinen, der auch nur halb so viel praktische Bauerfahrung mitbringt", lobt Peter Burkhard seinen Bauleiter.

Am 21. Dezember 2019 ist das neue Dachgeschoss einzugsbereit. Drei Monate später zeigt sich das jetzige Mittelgeschoss so weit fortgeschritten, dass nicht mal die Corona-Bremse die Fertigstellung aufhalten kann.

Ein knappes Jahr von der Baugenehmigung bis zur Übergabe ist bei einer so ambitionierten Sanierung eine starke Leistung. Unterschrift: Susanne Erb. «

Vollbad im Jungbrunnen

Bettina, Peter und Michael Burkhard investieren in einen schwer angeschlagenen Dreiseitenhof in Martinshöhe. Erbaut 1886. Unter Denkmalschutz. Ganzheitlich SonnenPlan-saniert 2019/2020. Es entstehen sieben neue Komfort-Wohnungen.

Beim Anblick verfallender, einst stolzer Gehöfte leidet Peter Burkhard. Immer wieder. Er hat sich dafür eine Doppelblick-Strategie angewöhnt: Der erste Blick ist der des kundigen Liebhabers schöner Bauten: Welch eine Schande, ein einst so stolzes Prachtstück verfallen zu lassen.

Der zweite Blick ist der des fantasievollen Sanierers: Wie könnte man (könnte er) dieser halben Ruine wieder zu Würde, Leben und Seele verhelfen?

Diesmal ist es ein Dreiseitenhof in Martinshöhe. Baujahr 1886. Mit noch halbwegs ansehnlichem Haupthaus, einer halb und einer fast völlig zusammengebrochenen Scheune. Trotzdem: unter Denkmalschutz. Peter Burkhard versteht, dass angesichts der schieren Masse an Arbeit, Material, Finanzbedarf viele vor einem solchen Objekt zurückschrecken. Er nicht. Seine Frau »

Die Akteure

1
Sanieren unter Denkmalschutz: In die Scheune wurde hinter jeder Außenwand eine neue hochgemauert. Zwischen beiden Wänden liegt die Dämmung.

2
So sieht behutsame Innenraumsanierung aus.

3
Das „Säälche" war einst der große Festraum für Hochzeiten und Totenwachen.

4
Gerade bei den Zimmerer- und Tischlerarbeiten geht hier prinzipiell Erhalt vor Ersatz.

5
In der alten Scheune entstehen fünf Wohnungen.

6
Gehört zum Konzeptkern: hocheffiziente Wärmepumpe

7
E3/DC-Hauskraftwerk in neuem historischen Ambiente

8
Ganzheitlich ressourcenschonend: Wasser inbegriffen

9
Besonderes Ambiente mit spektakulären Blickachsen

10
Mieter Nadja und Benjamin: happy mit dem Raumkomfort – und mit ihrer All-inclusive-Nebenkosten-Flatrate-Miete

Bettina bestätigt das: Ihr Peter sei von Natur aus angstfrei. Die Sanierung ihres eigenen, noch 50 Jahre älteren Hofs Rosenkopf ermutigt zu nächsten Höhenflügen.

Bettina, Peter und Michael Burkhard hatten den Hof samt dazugehörendem Land bereits in der Zeit der Photovoltaik-Delle gekauft. Trotz aller Förderzuschüsse für dieses ländliche Kleinod: Die Burkhard GbR investiert 1,7 Millionen Euro.

Sieben Wohneinheiten verteilen sich auf insgesamt 770 Quadratmeter Wohnfläche. Teilweise sind sie behindertengerecht oder barrierefrei. Einige in kleinerem Single- oder Paarformat. Andere über zwei Etagen mit üppigen 200 Quadratmetern. Der Innenhof wird als familienübergreifende Einladung gestaltet, Gemeinschaft zu leben.

SonnenPlan ist der Generalübernehmer für die Sanierungsarbeiten. Und stellt Ende 2019 zwei Mitarbeiter für dieses Projekt ab: Tischlermeisterin Christine Simmet und einen Heizungs-/Sanitär-Monteur, der auch fliesen kann. Das Handwerkszeug reicht vom Vorschlaghammer bis zur Pinzette.

Peter Burkhard hat seine helle Freude, wie hier die Klaviatur verschiedenster Lösungen gespielt wird. In die riesengroße, leere Scheune etwa wird als Erstes eine komplett neue Innenschale gemauert. Der Spalt zur alten Außenwand nimmt die Kerndämmung auf – die wichtigste Voraussetzung, um das (förderfähige) KfW-Effizienzhaus-55-Niveau im Bestand zu erreichen. Die Heizungen in den Wohnungen der ehemaligen Scheune werden in die Bodenplatte und in die Decken verlegt. Im Haupthaus wird die behutsamere Variante bevorzugt: Holzweichfaserdämmung mit innenliegender Wandheizung.

Aus Denkmalschutzgründen: Holzfenster für alle.

Aus Effizienzgründen: Top-Haustechnik als Gesamtpaket für alle – Photovoltaik aufs Dach bis zum Anschlag (38 Kilowattpeak), Hauskraftwerk im XXL-Format (24 Kilowattstunden). Digital eingebunden: die Holzhackschnitzel-Heizung.

Aus sozialem Grundverständnis: eine Flatrate-Miete für alle. In den monatlich 10 Euro pro Quadratmeter Wohnfläche ist alles enthalten – Strom, Wärme, sonstige Nebenkosten wie Wasser/Abwasser. Ein Mieterstrom-, Wärme- und All-inclusive-Nebenkosten-Modell. «

Die Akteure

Was wurde gemacht?

• **Haupthaus und Scheune ganzheitlich totalsaniert***
Dächer und Fußböden zum großen Teil erneuert. Separate Einliegerwohnung im Dachgeschoss des Haupthauses. Darunter eine große 200-m²-Wohnung auf zwei Etagen. Fünf Wohneinheiten verschiedener Größe in der Scheune.

• **Gebäudehüllen auf KfW-55-Standard***
Aus Denkmalschutzgründen Innendämmung. In der Scheune komplett eine neue Dämmwand hochgemauert. Dächer gedämmt. Wärmeschutzfenster in allen Wohnungen.

• **Photovoltaik zur Eigenstromnutzung***
PV-Module ca. 23 kWp. Kombination mit E3/DC-Hauskraftwerk 38 kWh ermöglicht in der Jahresbilanz etwa 65–70 % Deckung des Eigenstrombedarfs.

• **Hightech-Holzhackschnitzel-Heizung integriert***
Wird befeuert mit geschredderten Holzpaletten von SonnenPlan (50 kW Heizleistung). Dazu ein 18.000-Liter-Pufferspeicher. Fußboden- und Wandheizung in allen Räumen. Kontrollierte Be- und Entlüftung.

*Neue staatliche Förderung für diese Maßnahmen ab 2023 bitte anfragen.

ONLINE

• Peter Burkhard im Wärmepumpen-Video

https://youtu.be/Q_uDQpamjKo

Einfamilienhäusern die Energie- und CO_2-Wende zu ermöglichen ist das Brot- und Buttergeschäft von Anton Wissing und seiner B&W Energy GmbH & Co. KG Heiden. Manchmal aber klopft die Zukunft lauter ans Fenster. Was steht an?

Aufstieg ins XXL-Format

Das Autarkiezentrum Münsterland ist das bisher größte und wichtigste Projekt von Anton Wissing. Aufbruch in eine neue Dimension.

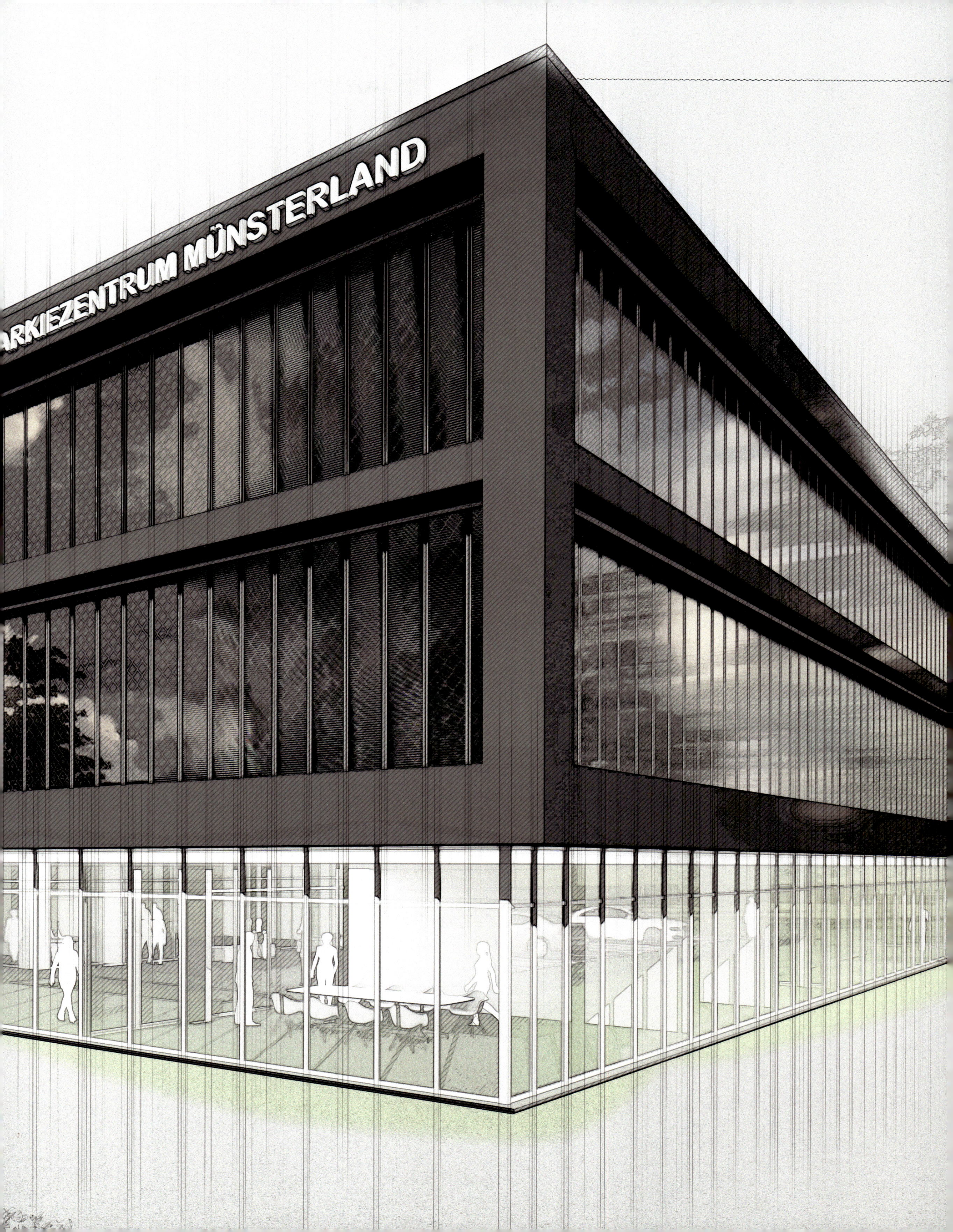
ARKIEZENTRUM MÜNSTERLAND

Kapitel 4

Autarkie ist eine starke Vision. Sie lockt mit frühlingswildem Duft von Unabhängigkeit.
Von Freiheit.
Von Selbstbestimmtheit.
Im E3/DC-Kosmos wird Autarkie als Grad der energetischen Unabhängigkeit vom Netzversorger interpretiert. Als prozentualer Anteil der Eigendeckung des Energiebedarfs mit selbst produziertem Strom.
Anton Wissing weiß aus eigenen, mehr als 20-jährigen Energiewende-Erfahrungen mit seinen Kunden, wie stark die Vorstellung energetischer Autarkie, schon die Aussicht auf Befreiung von Preisdiktaten eines Netzstrommonopolisten Hausbesitzer fasziniert. Und ihre Investitionsentscheidungen sehr motivieren kann.
Auch seine B&W Energy hat etliche Einfamilienhaus-Kunden, die mit entsprechend gut konfigurierter Technik (Photovoltaik, Speicherbatterie, Wärmepumpe) in der Jahresbilanz zwischen 90 und 95 Prozent Eigendeckung des Strombedarfs erreichen.

Für die Energiewende als CO_2-Wende eine entscheidende Kategorie: je höher der Autarkiegrad, desto besser die CO_2-Bilanz. Um so wirksamer ersetzt sauberer Eigenstrom den CO_2-belasteten Kohlestrom aus dem Netz.
Für große Gebäude, erst recht für Bürobauten, gelten andere Regeln. Der Energiebedarf ist erheblich umfänglicher, hat vor allem andere Lastgänge. Das Verhältnis zwischen verfügbarer PV-Fläche und zu versorgender Nutzfläche ist völlig anders. Energetisch effiziente und intelligente Heizung, Kühlung, Lüftung, außerdem Brand- und Schallschutz sind in XXL-Bauten herausfordernd komplex.
Autarkie ist aber ein wirklich großes Thema, wenn man so ein Projekt ganzheitlich angeht – mit klarem Fokus auf dessen Energie- und CO_2-Bilanz.
„Wir haben im Vorfeld intensiv diskutiert, in welchen realen Formen Autarkie in so einem Gebäude erlebt werden kann. Und was das konkret für unser Projekt bedeutet", sagt Jörg Hetkamp.

Innenperspektive des geplanten Autarkiezentrums Münsterland. Agenda: Natur vor Technik, Offenheit statt Abschottung, Flexibilität statt unveränderbarer Funktionszuweisung bei der Raumnutzung. Energetische Vorgabe: ganzjährig selbst versorgt mit sauberem Eigenstrom

Auch für den 44-jährigen Architekten sind Bauherren-Ambitionen wie diese neu. Es geht nicht um philosophische Gedankenspiele, um Umweltvisionen, sondern wirtschaftlich knallhart um neue energetische Gebäudequalitäten. Als Herausforderung der Innovationskraft des Architekten Hetkamp und seiner Kreativität als Planer.
Er und sein Bauherr Anton Wissing wissen: Auch das genialste und mutigste Energie-

> **» Bauherren erwarten zu Recht Gebäude einer neuen Klimaklasse. «**
>
> JÖRG HETKAMP, ARCHITEKT

> **» Gebäude mit Zukunft müssen wir von der Energie aus denken: als radikale Selbstversorger. «**
>
> ANTON WISSING, ENERGETIKER

projekt kann an einem schwachen Gebäude scheitern. Weniger knallhart formuliert: Die Erwartungen und rechnerischen Prognosen enttäuschen.

Das Autarkiezentrum Münsterland ist das bisher größte und ambitionierteste Projekt der B&W Energy Heiden. Der neue Firmensitz soll 2023 stehen. Und alles haben, was sich Mitarbeiter von einem modernen Arbeitsort wünschen: komfortable, inspirierende Räume mit gesundem Licht und frischer Luft in anregend natürlichem Ambiente. Fitnessbereich, Gastronomie, Chill-out-Area im Innen- und Außenbereich, eine Kindergroßtagespflege und mindestens 50 hauseigene Ladesäulen für E-Pkws. Das Erdgeschoss ist öffentlich zugänglich.

Geplant wird für bis zu 400 Mitarbeiter. B&W Energy selbst braucht 100 Büroarbeitsplätze. Im Haus sollen sich auch andere kreative Unternehmen ansiedeln, die vor ähnlichen Wachstumsherausforderungen stehen.

Anton Wissing zieht alle Register, bringt seine vieljährige Erfahrung als Windmüller, Solarteur und Gebäudeenergetiker in dieses Projekt ein, um erstmals 100 Prozent Autarkie in XXL-Dimensionen ernsthaft angehen zu können.

Windkraft und Photovoltaik versorgen das Autarkiezentrum ganzjährig rund um die Uhr mit Strom. Als Back-up wird ein BHKW installiert, das im Fall der Fälle mit grünem Biogas einspringt.

Den Windstrom liefert der 1,2 Kilometer entfernte Bürgerwindpark an der A 31, den Anton Wissing mit initiiert hat und an dem er beteiligt ist.

Sein erstes und ältestes Windrad schafft 850.000 Kilowattstunden Strom/Jahr. Werden seine Mühlen nach 20 Jahren Laufzeit erneuert, liefert jedes Windrad dann 16 bis 18 Millionen Kilowattstunden. Zwanzigmal mehr als seine erste Mühle. Pro Jahr.

Wetten, dass die Wissing'sche Vernetzung eigener Wind- und Solarpower im Autarkiezentrum Münsterland alle bisherigen Autarkierekorde sprengt?

100 Prozent. **«**

Zahlen, bitte!

Projektname: Autarkiezentrum Münsterland

Nutzung: Büro, Gewerbe, Hotel, Kindergarten, Freizeitsport

Bauweise: Hybrid Stahlbeton/Holz/Glas

Bruttogeschossfläche: 6.400 m² (ohne Tiefgarage)

Installierte PV-Leistung: 500 kWp

E3/DC-Speicherbatterien im Farmbetrieb

Stromspeicherkapazität: 500 kWh

Automatische Lüftung mit 85 % Wärmerückgewinnung

E3/DC-Wallboxen für E-Pkw: 50

Prognostizierter Energiebedarf Strom, Wärme, Raumklima, Mobilität: ca. 800.000 kWh/a

Eigenstromproduktion Solar: ca. 320.000 kWh/a (dazu Windstrom)

Progn. Einspeisung ins Netz: 0 kWh/a

Strombezug aus Netz: 0 kWh/a

Prognostizierte Eigenstromversorgung/ Autarkiegrad Strom: 100 %

Kapitel 4

Mensch, Anton

Wie einer aus Prinzip unbedingt und in jeder Situation ein guter Mensch sein will –
und gerade deshalb als Unternehmer Erfolg hat

Anton Wissing,
B&W Energy
GmbH & Co. KG,
Heiden

489.074.167 kg CO$_2$ vermieden 2012–2021*

mit 1.016.786.217 Kilowattstunden produziertem Solarstrom

*Laut Fraunhofer-Institut ISI ist für den Zeitraum von 2012 bis 2021 ein Emissionsfaktor von durchschnittlich 481,8 g CO$_2$/kWh anzusetzen.

Anton Wissing ist fünfzig, als er kurzerhand das komplette Obergeschoss seines Elternhauses ausräumt. Eine vielköpfige Familie syrischer Kriegsflüchtlinge soll hier nicht irgendein Dach über dem Kopf, sondern die Chance auf ein neues Zuhause haben.

Irgendwo in Osteuropa hatten Polizisten den Vater von seiner Familie getrennt. Als die ihn endlich findet, sind die Schlagbäume für die Fremden bereits wieder unten. Wenn nichts mehr geht, muss sich ein Mann auch hinters Steuer setzen, um wenigstens in diesem einen Fall dem Unmenschlichen seine Grenzen zu zeigen.

Zwei der älteren Kinder dieser Familie sind inzwischen Auszubildende der Firma B&W.

###

Anton Wissing ist keine dreißig, als bei seinem kleinen Sohn Krebs erkannt wird. Der schrecklichste anzunehmende Schicksalsschlag. Albtraum zwischen Hoffen und Bangen. Tage, Nächte, Monate auf der onkologischen Kinderstation der Uniklinik Essen.

Das Leben lehrt ihn auf brutale Art, dass geteiltes Leid sich in solcher Lage nicht halbiert, sondern vervielfacht. Auf der Station seines Sohnes werden Kinder aus dem ukrainischen Tschernobyl behandelt. Verstrahlt bei der bisher schlimmsten Havarie in einem Atomkraftwerk.

Das lässt einen nicht mehr los.

Mag sein, dass unsere Zivilisation auf Energie angewiesen ist wie Dracula auf frisches Blut. Deshalb aber unsere Zukunft und die unserer Kinder und Kindeskinder dem Moloch Energie zum Fraß vorzuwerfen kann nur falsch sein. Das müssen wir anders machen. Ganz anders.

Nennen Sie es, wie Sie wollen. Sauber. Grün. Konsequent. Anton Wissing baut im Frühjahr 2000 sein erstes Windrad. Auf einem Familienacker in Sichtweite seines Elternhauses.

Das viele Geld, das er trotz Förderung dafür aufnehmen muss, ist ihm jeden Cent wert. Das Windrad hat 600 Kilowatt Leistung. Und liefert ab sofort jedes Jahr 850.000 Kilowattstunden Sauberstrom.

###

2003 gründet Anton Wissing mit Josef Busch, seinem Freund aus Kindertagen, in Heiden die Firma B&W Energy.

Gemeinsam ziehen sie diese hoch zum erfolgreichsten und größten Energiewende-Unternehmen im Münsterland. Sie machen alles, was energetisch effizient, wirtschaftlich rentabel und gegen Umweltschweinereien ist: Windkraft und Photovoltaik, Batteriespeicher und E-Mobilität.

Es geht B&W nicht um die schnelle Kohle. Sondern um deren Abschaffung bei der Stromversorgung. Öl und Gas dito.

In diesem Unternehmen sind Sonne und Wind geschäftsführende Gesellschafter. »

© Hans-Rudolf Schulz

Die Akteure

Die 400-Kilowattpeak-PV-Anlage auf dem Firmendach ist begehbar – Anschauungserlebnis für potenzielle Kunden.

Kapitel 4

1

1
Wenn der Chef die von ihm empfohlene Technik auch privat nutzt, hat das starke Überzeugungskraft.

2
Sein privates E-Auto lädt Anton Wissing über eine E3/DC-Wallbox mit Eigenstrom. Mit seiner Frau ist er im Tesla schon ans Nordkap gefahren. Ohne Probleme etwa wegen fehlender Ladesäulen.

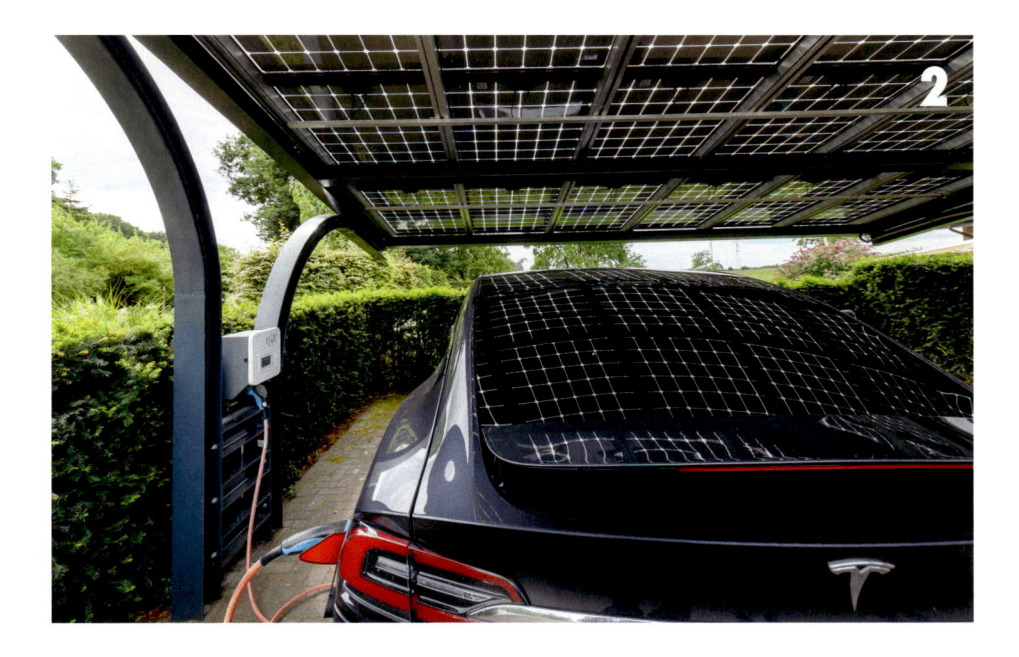

Die B&W-Auftraggeber mit dem größten Projektvolumen? Seit Jahren Industrieunternehmen, vor allem in den benachbarten Niederlanden mit wahrlich groß dimensionierten Solarenergieparks.

Sieben von zehn Kunden aber sind private Hausbesitzer aus der näheren oder ferneren Umgebung. Nachbarn wie du und ich. Die ähnlich ticken. Und solaren Eigenstrom vom Satteldach dem dreckigen Kohlestrom aus dem Netz allemal vorziehen.

Sofern sich das rechnet. Das, sagt Anton Wissing, ist der eigentliche Kundendienst: plausibel vorzurechnen, wie Hausbesitzerfamilien ab sofort von ihrer privaten Energiewende profitieren. Und zwar für viele Jahre.

Im Bestand sind Spielräume meist vorgegeben. Vom Platz für die PV-Anlage auf dem Dach. Vom Eigenstrombedarf. Von der Stromspeicherbatterie. Vom Bedarf an privater E-Mobilität.

Die im Altbau geübte Reihenfolge – erst das Haus, danach das Energieprojekt – ist beim Neubau von Einfamilienhäusern grundfalsch.

Was vor allem daran liege, moniert Anton Wissing, dass die Branche mit ihren Kunden fast ausschließlich über das Bauen spreche, kaum aber tiefgründiger über die energetische Qualität des neuen Gebäudes. Und dafür auch keine Kosten-Nutzen-Rechnung vorlege. Die stehe gar nicht im Stoff.

###

Wer erleben möchte, wie der sonst in sich ruhende Energiewende-Unternehmer bei der Kundenberatung aus dem Stand auf Streittemperatur hochfährt, muss ihm nur einen Zündfunken liefern: Wärmebrücken. Kurzfassung für Nichtfachleute: Da geht es um aufeinandertreffende Bauteile, von denen eines besser oder schlechter Wärme (ab)leitet als das andere. Wand/Fenster. Wand/Decke. Zum Beispiel.

Auch im Münsterland ist das für die allermeisten Energieberater ein Thema, das sie nebenbei erledigen. Irgendwie. Oft liefern Statiker die für die Baugenehmigung gesetzlich geforderten Energienachweise nach EnEV gleich mit. Formal. Pauschal.

Ohne sich jemals ernsthafter und intensiver damit beschäftigt zu haben.

Beim Bau des Einfamilienhauses seiner Tochter erlebt Anton Wissing aktuell mit, wie aus Unkenntnis und Nichtkönnen Fehlleistungen in der Wärmebedarfs- und Energieberechnung entstehen. Die kosten Baufamilien richtig Geld.

Aus vielfacher Erfahrung weiß Anton Wissing, dass Einfamilienhaus-Bauherren schon durch fachlich saubere Berechnung der Wärmebrücken eine KfW-Effizienzklasse besser werden. Heißt für KfW 55: Sie sind fast schon in Griffnähe von KfW 40! Ohne Taschenspielertricks. Allein mit fachlich korrekten Detaillösungen.

Da lohnt Weiterdenken: Was fehlt denn jetzt noch, um auf KfW 40 oder KfW 40 plus vorzurücken? Diese Gebäudeenergieklasse wird pro Wohneinheit derzeit mit beachtlichen 37.500 Euro zusätzlich gefördert.*

Genau an dieser Kreuzung aber biegen die Unkundigen unter den Architekten und Bauunternehmern gegenüber ihren Kunden falsch ab: Wollen Sie das wirklich? Wissen Sie, was das zusätzlich kostet …?! Wirklich gemeint ist: Wollen wir/Sie das nicht lieber sein lassen?

Ein Systemfehler.

Natürlich sind die Anfangskosten ein Hammer für jede Baufamilie. Anton Wissing, in diesem Fall Tochterhaus-Bauberater und Gebäudeenergieguru in Personalunion, rät privaten Bauherren vor der Projektentscheidung, ihre Excel-Kostentabellen unbedingt mal auf 30 Jahre Gebäudenutzung hochzuziehen.

Und so auch die Folgekosten mit in den Fokus zu nehmen.

Aufschlag Wissing.

Die Baufirmen wollen immer einen „attraktiven" Preis verkaufen. Die Baukosten »

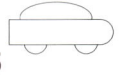

sind umso niedriger, je weniger in das energetische Niveau des Gebäudes investiert wird. Und ja, der anfängliche Mehraufwand für das energetische Hochrüsten auf KfW 40 plus oder EffizienzhausPlus kann bei einem Einfamilienhaus 46.000 Euro erreichen.

Aber dieser Betrag lässt sich durch Fördermittel wieder reinholen!*

Weitergerechnet: Einkaufskosten für Strom, Wärme, Mobilität summieren sich für die Bewohnerfamilie in der „günstig-konservativen", aber energetisch nicht zu Ende gedachten Hausvariante in den folgenden 30 Jahren auf 150.000 Euro. Schon bei konservativster Preissteigerung.

Die Familie mit weitgehend energetischer Selbstversorgung durch Eigenstrom dagegen gibt inklusive E-Mobilität nur 498 Euro pro Jahr aus. Die sich im selben Zeitraum von 30 Jahren (inklusive Wartung und Reparaturen) auf 19.000 Euro addieren.

Die energetisch von Anfang an besser konditionierte Baufamilie spart schon ab dem vierten Jahr mehr Geld als die Energiekostenverdränger.

Mit Ablauf der ersten 30 Nutzungsjahre im Gebäude auf eMobilien-Niveau hat die zukunftsorientierte Familie einen Kostenvorteil von 170.000 Euro. Ein halbes Haus … Punktsieg Wissing.

So spricht sich B&W rum bei Baufamilien.

Anton Wissings unternehmerischer Erfolg wächst auf Heimatboden. Ein wirklich gutes Geschäft ist nur eines, das beiden Seiten Gewinn bringt.

Schlau von ihm, dass er 2003 zuerst mal auf seinem eigenen Haus eine Photovoltaikanlage vorzeigbar ausprobiert. Unvergesslich: 32 Module mit je 155 Wattpeak. Insgesamt 4,96 Kilowattpeak.

Clever gemacht und/oder Glück des Tüchtigen: Die zweite Solaranlage ließ ihn ein angesehener Landwirt gleich ums Eck auf sein Dach montieren: satte 17 Kilowattpeak. Die mit den größten Kartoffeln sind nun die mit den größten PV-Dächern. Die Nachbarn schauen: Wenn der das macht …

Mit den Bürgerwindparks läuft das ähnlich. Seine ersten sieben Mitinvestoren und Mitgesellschafter der Betreibergesellschaft sind die „G 7". Sieben meinungsführende Inhaber benachbarter Höfe.

Windmühlen können zu bösartigen Spaltpilzen entarten. Wenn der eine viel Geld bekommt, dem anderen nichts bleibt als der

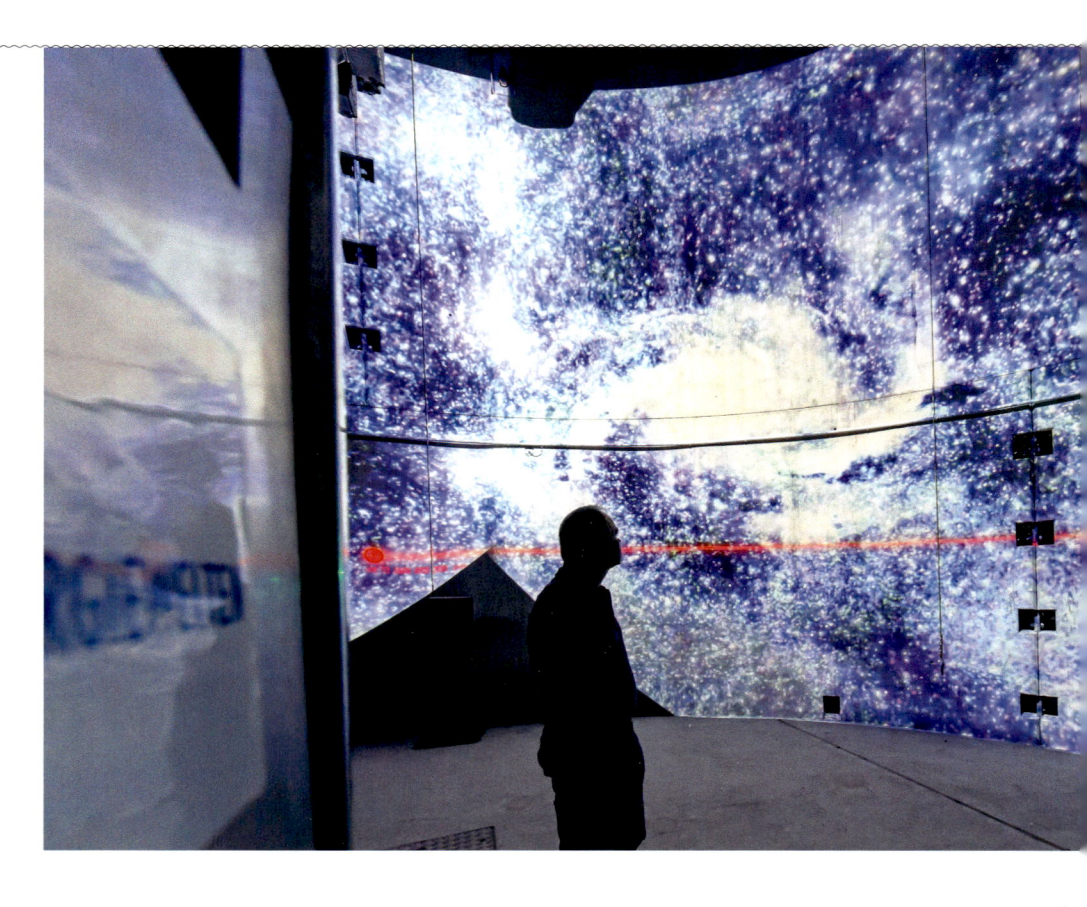

1+2
Draußen Windkraft, innen Überzeugungskraft: spektakuläre Zeitreise durch den Energiekosmos im raumhohen Rundum-Video

3
Den Innenraum eines der Windräder im „Bürgerwindpark A 31" nutzt Anton Wissing für „360° Energiewelten".

4
Anton Wissing und seine Familie haben mehr als einmal im Hambacher Forst für den Kohleausstieg demonstriert.

Lärm – und Neid. Dann geht man nicht mal mehr auf dasselbe Schützenfest im Dorf.

Anton Wissing umschifft mit seinen Bürgerwindparks solche Gemütslagen: Wer von den Nachbarn will, kann sich finanziell beteiligen und mit profitieren, so viel er möchte und/oder kann. Beim jüngsten Windparkprojekt muss er die Investorenanteile schon sehr stückeln (ab 1.000 Euro), um alle Interessenten berücksichtigen zu können.

Die Solarkrise 2012 trifft die Aufsteiger von B&W als brutaler Tritt in die Kniekehle. Der Jahresumsatz bricht von 100 Millionen Euro um vier Fünftel ein. Die Zahl der Mitarbeiter sinkt von 140 auf 40. Alles wird eng.

Die Hartschaligen mit Samsonite-Rollkoffern voller Prüfunterlagen rollen an. Banken erwarten Sicherheiten: Wie tragfähig ist euer B&W-Geschäftsmodell bei Gegenwind Stärke 12?

Viele schlaflose Nächte. Schmerzhafte Verkäufe auch des einen und anderen Windrads, um die Liquidität zu sichern. Bis die Rollkoffergeschwader ihr Schlussgutachten vorlegen: B&W hat gute Chancen auf dem Energiewendemarkt. Was zu beweisen war.

2015 stellt sich Anton Wissing neu auf: als B&W-Beirat und Großprojektentwickler. Die Energiewende bekommt jetzt CO_2-Dimensionen. «

*Neue Förderung ab 2023 bitte anfragen.

Die Akteure

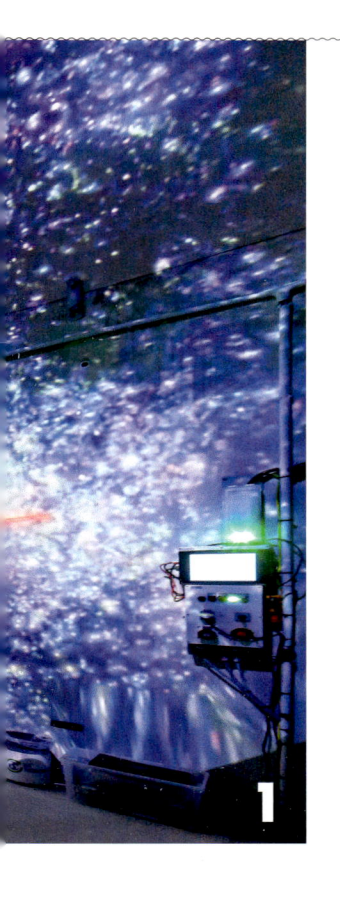

Fakten, bitte!

2003
Gründung der B&W Energy Heiden durch Josef Busch und Anton Wissing

2010
Bisher 1.500 PV-Anlagen installiert. Firmensitz in der früheren Leblicher Schule

2012
Neue Leistungsbereiche: Stromspeicher (E3/DC-Partner), Heizung/Klima, E-Mobilität, Gebäudeautomation

2013
Gründung B&W Energy Nederland B.V.

2015
Die langjährigen Mitarbeiter Marco Sundrum und Carsten Frede steigen in die Geschäftsführung auf

2016
Großprojekt 2: MWp-Solarpark Kwekerij in den Niederlanden; E3/DC-Goldpartnerschaft

2017
Energie-Gesamtkonzepte für Gebäude; Sektorenkopplung

2018
Bilanz zum 15. Firmenjubiläum: 7.100 PV-Anlagen und 350 Batteriespeicher installiert

2019
Umstellung aller Firmenfahrzeuge auf E-Mobilität; 14 zusätzliche Ladepunkte am Standort Heiden

2020
8.500 PV-Anlagen und über 500 Batteriespeicher installiert

2023
Baubeginn Autarkiezentrum Münsterland

ONLINE

• B&W im Video

https://www.youtube.com/watch?v=WGQ-TfxUDAg&t=2s

Kapitel 4

B&W Energy-Projekt Wohnhaus Jacobs

Immer in Bewegung

Die Akteure

© Hans-Rudolf Schulz

Während wir dem Wohlstand huldigen, geht's mit dem Planeten bergab. Ex-Banker Ludger Jacobs, vertraut mit Soll-Ist-Rechnungen, tut was gegen diese Schieflage. Er hat bereits in seiner Bankerzeit die Grüne-Energie-Produktion in Heiden vorangebracht. Und 2010 ff. auch das eigene, leicht bejahrte Wohnhaus energiegewendet.

Das wissenschaftliche U für die Zufriedenheitskurve der Spezies Mensch hat sich mittlerweile herumgesprochen. Unabhängig von Bildung, Ethnie, Generation, Geschlecht, Vermögensverhältnis sind die Jungen sehr zufrieden, bis zur Lebensmitte hin geht es bergab, um sich dann um die 50 herum wieder als steile Kurve der Jugendzeit hochzuschrauben. Wer Ludger Jacobs, bester 1955er-Boomer-Jahrgang, kennenlernt, sieht den rechten U-Schenkel anstandslos bestätigt. Alterslos munter, geistreich, ungemächlich. Heidener von Geburt an – „ein 125-Prozentiger". Ex-Vorstand der Volksbank am Ort. Seit drei Jahren Ruheständler. Man kann ihn sich selbst in seinen mittleren Jahren schlecht auf dem unteren U-Querbalkenniveau vorstellen. »

> » Die Zeiten, wo CO_2 ein unpolitisches Gas war, sind vorbei. Wer sich für eigenen grünen Strom entscheidet, tut schon mal verdammt viel Gutes für diesen Planeten. «
>
> LUDGER JACOBS

An einem Freitag, dem 13., hat er im Juli 1979 seine Hanni (bürgerlich korrekt: Johanna) im weißen Hochzeitskleid über die Schwelle ihres gemeinsam gebauten Hauses getragen. Willkommen im Hort der Freiheit, in dem man sich allenfalls den eigenen Gesetzen unterwerfen muss. Im stetig in Bewegung befindlichen Lebensmittelpunkt für die Familie.

Sohn Christian bewohnt mittlerweile mit seiner Anja das Obergeschoss. Tochter Kerstin lebt nach einem kurzen Ausreißversuch Richtung Münster mit ihrer Familie nur 500 Meter Luftlinie entfernt. Drei herzige Enkel bespielen mehrmals in der Woche Omas und Opas Haus oder Garten.

Heutzutage machen junge Leute gern Weltreisen, in den Neunzehnhundertsiebzigern war das Reiseziel im agrarisch geprägten Westmünsterland bevorzugt das erste Haus. Letztlich ist der Unterschied zwischen Globetrottertum und Hausbau in Jungerwachsenenbiografien kleiner, als man denkt: Sie zählen zu den ersten großen Lebensabenteuern. Das war es auch für Hanni und Ludger Jacobs.

Auf den 770 Quadratmetern ihrer künftigen Wohnadresse wuchsen einst Roggen und Hafer. 1978/1979 wachsen hier mit eigener Tatkraft und Hilfe von Freunden Wände hoch. 70.000 Mark Eigenleistung. Sehr sportlich.

Reichlich 30 Jahre später nehmen Ludger Jacobs und seine Hanni noch einmal richtig Geld in die Hand, um aus halbalt zukunftsneu zu machen. Wintergarten weg, Anbau ran, Carport an die Hausseite, alte Klinker runter, neue Wärmedämmung, Wände versetzen, Fenster austauschen, ehemaligen Öltankkellerraum in eine Sauna verwandeln, Außentreppe für die separate Wohnung des Sohnes im Obergeschoss …

Ludger Jacobs: „Keine Stoppelei. Alles mit Nachhaltigkeitsanspruch." Unterm Strich: über vier Geschosse, vom Keller bis zum Dach, durchsaniert. Zwei komplette Komfortwohnungen mit je 125 Quadratmetern für Jacobs senior und Jacobs junior.

Wenn ein Beweis fällig ist für das Wertsteigerungspotenzial von Immobilien – hier ist er. 1978 kosteten Grundstück und Haus 240.000 Mark. 2021 würde allein das Grundstück in Heidener Bestlage 200.000 Euro einbringen.

Das Technikkonzept für die Hauskonditionierung haben die Jacobs mit B&W Energy umgesetzt. Privat sind sie als Fastnachbarn gute Bekannte. Auch geschäftlich sind B&W seit ihrer Firmengründung und die Heidener Volksbank eng verbandelt. Rollte damals ein Lkw mit georderten Solarmodulen auf einer Baustelle an, griffen die Chefs Anton Wissing oder Josef Busch zum Telefon. „Hey, Ludger, die Teile sind da, du kannst überweisen." Woraufhin Banker Jacobs dem Lieferanten flugs bestätigte, sein Geld sei unterwegs. Der wiederum gab sein Go. Abladen!

Wir sprechen hier vom Start-up-Solar-Zeitalter. Das reichlich antiquierte Geschäftsge-

In jungen Jahren haben die Jacobs dieses Haus mit wenig Geld und viel Körpereinsatz gebaut. In ihren besten Jahren haben sie es mit viel Geld und viel umweltfreundlichem Pragmatismus zukunftstauglich umgebaut.

baren war schlichtweg der Gefühlslage der Akteure geschuldet: „Bammel! Auch Busch und Wissing sind nicht als PVler auf die Welt gekommen. Wir befanden uns alle miteinander in einer Lernkurve." Mit sehr kostenintensivem Lehrmaterial. Eine 30-Kilowattpeak-Anlage – das Kilowattpeak um die 5.000 Euro – war eine Kapitalinvestition. Und keiner wusste hundertprozentig: Wie lange halten die Module? Wie hoch ist ihr Leistungsabfall? Kein Solarteur. Kein Kreditgeber. Technische Ungewissheiten wegen fehlender Langzeiterfahrung trafen auf weit verbreitete Grüne-Energie-Skepsis. Das neue Jahrtausend war zwar schon ausgerufen, Begriffe wie „Nachhaltigkeit" und „öko" machten sich zunehmend als Blendwerk in Marketingansagen breit. Aber selbst mehr als 30 Jahre nach seinem fundamentalen Bericht „Die Grenzen des Wachstums" galt der Club of Rome vielen lediglich als elitärer Angstmacherverein.

Ludger Jacobs, dessen Volksbank bis zu seinem Abschied um die 1.000 Solaranlagen von 8 bis rauf auf 700 Kilowattpeak in der Region finanziert hat, ein grüner Umstürzler in feinem Bankerzwirn! Geht's auch eine Nummer kleiner? Mit etwas weniger Revoluzzerpathos? Wenn doch schon gesunder Menschenverstand ausreicht?

Seine damalige beste Kundschaft, die Bauern, ächzen immer lauter unter den Stromkosten. Die hohe Einspeisevergütung des Erneuerbare-Energien-Gesetzes verspricht langfristige Renditen und befeuert die Lust auf grüne Stromproduktion. „In dieser Reihenfolge wurde gedacht und gehandelt", beschreibt Ludger Jacobs das Hochfahren der Investitionen in Umwelttechnik. „Ein neuer Schweinestall für eine Million und aufs Dach noch mal eine Million für die PV-Anlage. Das war der Klassiker."

Ach, übrigens: „Keine einzige Anlage, weder Wind noch PV oder Biogas, ist während meiner Volksbank-Zeit pleitegegangen. Die solare Landnahme auf Heidens Dächern schreitet peu à peu voran, „um die 15 Prozent sind aktuell PV-bestückt", vermutet Ludger Jacobs mit Blick auf die Nachbarschaft. „Es wäre gut, den Turbo anzuwerfen."

Würde er als Mann der Zahlen und Wächter über Wirtschaftlichkeit jungen Bauherren zur Kreditaufstockung zwecks energetischer Selbstversorgung raten? Wo doch Grundstück und Haus schon Summen verschlingen? „Eindeutig ja. Mein eigenes Haus ist der überzeugende Beweis. Die erste PV-Anlage von 2010 hat mittlerweile 45.000 Euro eingespielt. Auch wenn die fetten Einspeisungsjahre Vergangenheit sind, amortisieren sich heutzutage PV und Speicher nach elf, zwölf Jahren."

Zweites unwiderstehliches Argument: „Die Zeiten, wo CO_2 ein unpolitisches Gas war, sind vorbei. Wer sich für eigenen grünen Strom entscheidet, tut schon mal verdammt viel Gutes für diesen Planeten."

Drittes Argument, das dem Bankeralltag mit Begriffen wie Beleihungswert oder Wiederverkaufswert für Immobilien »

Die Investition in E3/DC-Speicher und PV-Anlage hält Ex-Banker Ludger Jacobs für eine der besten überhaupt.

entlehnt ist. „Zwischen den drei Einstufungskategorien normal, höherwertig und hochwertig für ein Haus liegen allerhand Euros. Hochwertig bemisst sich heute stark an moderner Haustechnik." Mit fossilen Gasbrennwertkesseln und Co. sind weder Klimaschutzpunkte noch Blumentopf zu gewinnen.

Als Opa von drei Enkeln ist man ziemlich nah dran an der Generation Greta. Diesem zarten Persönchen, das sich an einem Freitag im August 2018 allein vor das schwedische Parlament setzt, den Hashtag #FridaysForFuture in die Welt bringt, eine erdumspannende Schulschwänzerei und Revolten in Kinderzimmern auslöst, das den Bossen dieser Welt auf der UN-Vollversammlung ihr furchtloses „Wie konntet ihr es wagen!" entgegenschleudert. Schulschwänzerei kann Ludger Jacobs selbst in höherem Auftrag nichts abgewinnen, dem Vorwurf der jungen Generation an die früher Geborenen schon. Sagt sich ein nächstes Mal „Tun wir was!" und baut seinen Enkeln ein Gartenhäuschen der besonderen Art. Ein Sonnenschein-Baumhaus. Aus Holz, mit einer Autobatterie unterm Bodenmodul, von der die Lichterkette und Innenbeleuchtung (!) gespeist werden. Die Opa-Botschaft an die Enkel: Früh übt sich, wer Ressourcen schonen will.

Schauen wir mal, wie das beim Jacobs'schen Wohnhaus gelingt:

→ 2010 wurde das 1978 bezogene Haus umfassend saniert. Durch einen Anbau wuchs es um 50 auf nunmehr 250 Quadratmeter. Zwei komplette Wohnungen bedeuten natürlich auch zweifache Komfortstromverbräuche unter einem Dach.

Das wurde mit einer Volleinspeiseanlage mit 11 Kilowattpeak bestückt. Nach zehn Jahren hatte sie ihre Investitionskosten eingespielt, die nächsten zehn wird sie folglich das Konto der Jacobs auffüllen.

Die Prognose von B&W – man rechnet dort der Ehrlichkeit halber für die Kundschaft lieber etwas konservativ – lag bei 850 Kilowattstunden Ertrag pro Kilowattpeak. Der tatsächliche beträgt über die Jahre 1.000 Kilowattstunden pro Kilowattpeak. Was an den guten Modulen und am guten Dach liegt: 36 Grad Neigung, Südausrichtung.

Wenn 2030 die lukrative Einspeisevergütung aus der Startphase der Solarenergieförderung ausläuft, werden die 11 Kilowattpeak gleichfalls in die Eigenversorgung der beiden Haushalte umgelenkt.

→ Die ursprüngliche Ölheizung – eine Erdgasversorgung gab es 1978 in Heiden noch nicht – wurde bei dieser Haussanierung durch eine Luft-Wärmepumpe ersetzt. Für ihre jährlich etwa 5.450 verbrauchten Kilowattstunden gilt ein spezieller Tarif. Die Wärme durchflutet nun eine effiziente Fußbodenheizung.

→ Im April 2015 legten die Jacobs nochmals nach: mit einer zweiten PV-Anlage, diesmal 7,8 Kilowattpeak, und einem Speicher von E3/DC. Der hat inklusive Nachrüstung von 2016 eine Kapazität von 9,2 Kilowattstunden.

Die Dachbegrünung vor der oberen Terrasse musste teilweise weichen, um Platz für die neuen SunPower-Hochleistungsmodule zu schaffen.

Diese zweite PV-Anlage dient ausschließlich dem Eigenverbrauch. Deshalb auch die Kopplung an einen intelligenten Stromspeicher.

→ Die Kosten für beide Komponenten schlagen 2015 mit 27.060 Euro zu Buche. Minus 4.000 Euro Förderung.

→ Die Wirtschaftlichkeitsberechnung von B&W verspricht für diese 7,8-Kilowattpeak-Anlage 6.800 Kilowattstunden im Jahr. Auch sie toppt die Vorschau. 2019 beispielsweise mit 7.550 Kilowattstunden.

→ Bleiben wir mal beim exemplarischen Jahr 2019:

• Übers Jahr verbraucht jede Wohnung 4.000 Kilowattstunden Komfortstrom. Keine Minimalwerte, aber es gibt ein paar Stromfresser im Alltagsleben der Familien: etwa die Sauna, die dreimal in der Woche angeworfen wird. Vornehmlich zu sonnenarmen Zeiten, abends oder in den kalten Monaten, wenn die Solaranlage nicht liefern kann. Das Aquarium des Sohns schluckt allerhand. Wie auch der Pool. „Opa, lass es mal blubbern", wünschen sich die Enkel. Und dann wird geblubbert.

Die 8.000 Kilowattstunden belasten die Haushaltskassen mit brutto 2.320 Euro.

• Statt der veranschlagten 5.600 Kilowattstunden benötigen die Jacobs nur 5.100 Kilowattstunden der eigenproduzierten Menge. Wärmepumpe und Hybridauto vor der Tür sind nicht einberechnet.

• Von den 7.550 produzierten Kilowattstunden werden 2.500 als Überschuss ins öffentliche Netz eingespeist. Sie werden bis 2035 mit 12,4 Cent je Kilowattstunde vergütet.

Im Schnitt erzielt das Haus eine Autarkie von 50 Prozent.

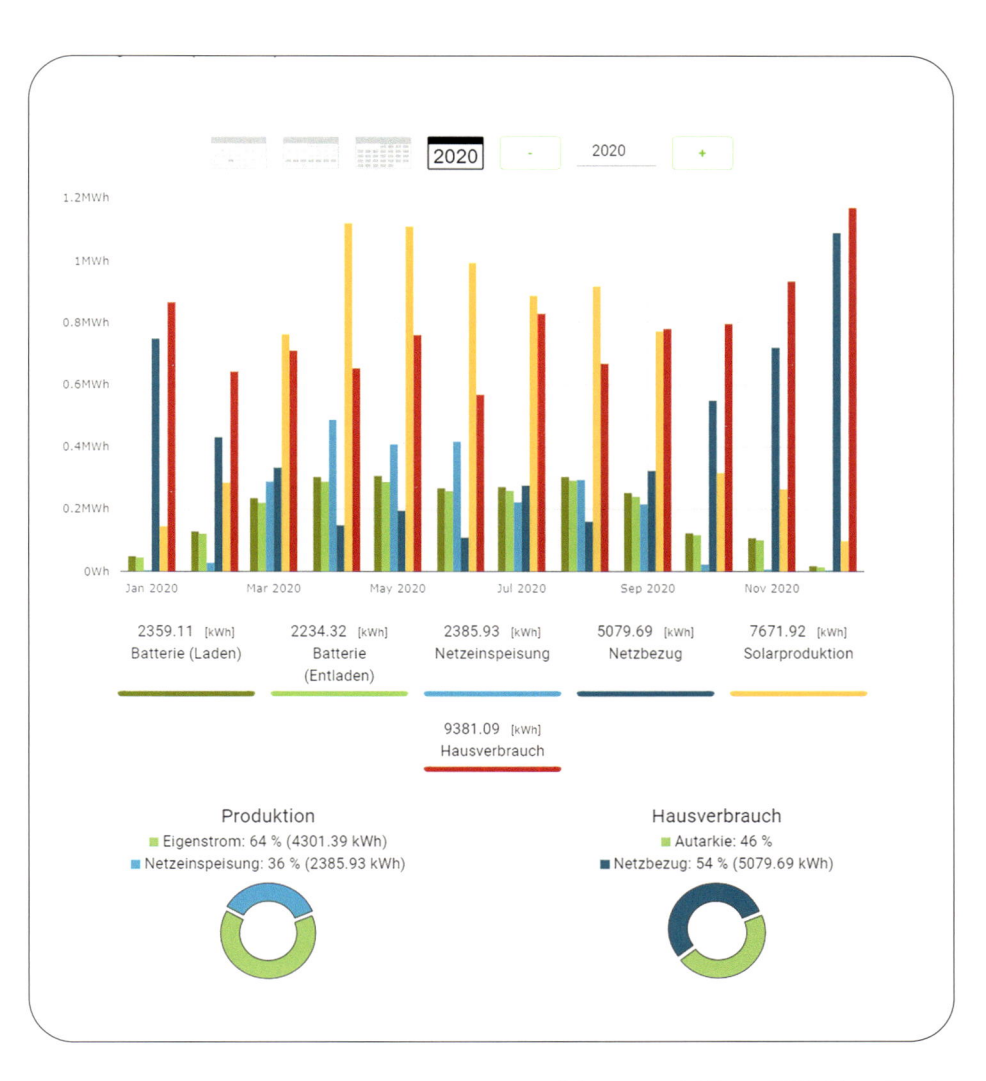

Jahresenergiebilanz 2020 Haus Jacobs

→ **Die Vorschau von B&W Energy für 2021 sah wie folgt aus:**
• Stromerzeugung für den Eigenbedarf: ca. 7.900 Kilowattstunden;
• Eigenverbrauch: 60 Prozent;
• Autarkie: 59 Prozent;
• Netzbezug: 41 Prozent.

Alles richtig gemacht, findet Ludger Jacobs. Übrigens steht neben seinem Hybridauto seit Dezember 2020 nun auch ein E-Mazda von Jacobs junior vor der Tür. «

ONLINE

• Die Rechnung eines Bankers

https://www.youtube.com/watch?v=mfixJ8bqNok

Kapitel 4

B&W Energy-Projekt Wohnhaus Radefeld

Das Systemrelevante

Die Akteure

Das Einfamilienhaus von Jana und Stefan Radefeld in Heiden ist ein Glücksfall. Für die junge Familie. Und für die große weite Welt. Mit seinem umfänglichen Grüne-Energie-Selbstversorger-Paket treibt es den klimafreundlichen Umbau voran. Tatkraft schlägt untätiges Gerede.

© Hans-Rudolf Schulz

Bei der ersten Grundstückssuchrunde in Heiden strichen Jana und Stefan Radefeld das neue Baugebiet noch von ihrer Liste. Heute fühlen sie sich hier komplett wohl. Ihr KfW-40 plus-Haus ist bester Gebäudeenergiestandard.

Kapitel 4

1

2

Die Zweierbelegung war für das junge Paar schon beim Einzug 2017 nur als temporäre Einwohnphase vorgesehen. Fast vier Jahre und eine Heirat später ist das Haus zum Mutter-Vater-Kind-Haus geworden. Mama Jana Radefeld (1990), Papa Stefan Radefeld (1989), Baby Sofie (2021). Beinahe quadratische 10 mal 10,50 Meter summieren sich auf zwei Vollgeschossen zu 190 Quadratmetern. Moderne Architektur, die mit Satteldach und Klinkerkleid regionalen Traditionen ein Überleben sichert. Innen regieren Weitläufigkeit und Klarheit.

Nach ihrem Mode- und Designmanagement-Studium pendelt Jana Radefeld zwischen Heiden und Düsseldorf. Etwa fünf Zugstunden, täglich. Anfangs klaglos, später genervt. Das Zukunftsdenken über Wohnen, Leben, Heimat verquirlt sich bei jungen Leuten nicht selten zu einer verwirrenden Gemengelage. Jana und Stefan Radefeld finden relativ schnell ihren roten Faden. Der bei dem jungen Paar starke grüne Einsprengel aufweist, wie sich zeigen wird. Der Mittelpunkt ihrer Welt sollte Heiden sein. Und bleiben. Dafür haben die beiden Unmengen guter Gründe. Janas Drei-Minuten-Fahrradweg zur neuen Arbeitsstelle in einem Industriebauunternehmen beispielsweise. Wie auch Stefans Job als Projektleiter in einem Maschinenbauunternehmen, das Umwelttechnik baut. Die enge familiäre Vernetzung. Der Freundeskreis. Die von Westfälischer Bucht und vom Naturpark Hohe Mark im Westmünsterland geprägte Landschaft. Zum Beispiel.

Die Grundstückssuche fürs eigene Haus startet dann allerdings enttäuschend. Ins neue Heidener Baugebiet? Mega uninteressant, erinnert sich Jana Radefeld an ihren ersten Eindruck. „Der Bebauungsplan schreckte uns ab. Er schrieb von der Klinkerfarbe bis zum Zaun vorm Haus diktatorisch jedes Detail vor."
Nach einem Jahr führt sie die regionale Baulandnot dann nochmals in das Neubauviertel. Diesmal springt die Ampel von Rot auf Grün. Ein Randlagengrundstück, 512 Quadratmeter. Das Nachbargrundstück wird gleich mitgekauft. Reine Vorausschau. In absehbar naher Zukunft könnte es nächste Anwärter aus der Familie auf dieses Baufenster geben.
Der Architekt, der den Hausentwurf macht, ist auf kommunale Terrorvorgaben trainiert. Die Klinker rot bis rotbraun? Steht irgendwo, dass eine durchgängige Verlegefarbe verlangt wird? Nein? Dann hat halt jeder zehnte Stein einen Rotstich. Vorgabe erfüllt. Die PV-Anlage ähnelt so gar nicht den vorgeschriebenen roten Dachziegeln? Dann muss halt eine Sondergenehmigung her. Und so weiter …

Das architektonische Wunschprogramm der jungen Leute macht dem erfahrenen Planer weniger Mühe. Viel Licht in den Räumen. Die Treppe mittig platziert. Ein Kamin. Bitte schön!

Janas Vater Anton Wissing, der sich ungern mit Oberflächenbetrachtungen begnügt, bringt früh seine Standard-Frage ins Spiel: Warum KfW 55, wenn KfW 40 plus in Reichweite ist? Das Konzept hinter dieser Wissing-Frage, Mitbegründer von B&W Energy, Oberauskenner von grünen Energiekonzepten und als solcher regelmäßig mit paradoxen, gleichgültig-ahnungslosen Berechnungen von Energieberatern konfrontiert, heißt „Alles-ist-möglich-Häuser". Nichts ist unmöglich.
Stefan Radefeld: „Unser Haus soll sich selbst umfänglich mit sauberer Energie versorgen können. Also haben wir bei der baulichen Hülle und der technischen Ausstattung auf Teufel komm raus optimiert. Strom, Wärme, Kühlung, Mobilität wurden als ein vernetztes System statt als parallele Komponenten gedacht."

Die Radefeld'sche Mikroskala: Wie absurd ist es, dreckigen Strom zu ordern? Die Radefeld'sche Makroskala verkettet private Dinge noch robuster mit der großen Weltlage: Die Eisberge schmelzen? Das Klimasystem gerät aus den Fugen? Die CO_2-Emis-

Die Akteure

sionen schrauben sich auf Rekordhöhe? Alles Gründe, extrem frustriert zu sein. Aber CO_2-Emissionen sind längst als Maßeinheit im Lebensalltag von Jana und Stefan Radefeld etabliert. Jung, optimistisch, verantwortungsvoll, fühlen sich die beiden nicht ohnmächtig.
Sie leben einfach im Einklang mit ihren Überzeugungen – und bauen ein systemrelevantes Haus.
Unser aller Planet sagt: Danke! Bitte mehr davon!

Schauen wir mal genauer auf diese CO_2-Minimierer.

→ Bereits mit der architektonischen Planung wurde von B&W Energy ein energetisches, für die nächsten Jahrzehnte taugliches Gesamtkonzept für das Haus entwickelt. Was bedeutet: kein Frickeln im Nachgang, sondern durchdachte Harmonisierung von Bauweise und technischer Ausstattung. Neben der Installation der PV-Anlage betraf das die Bilanzierung und den Einbau von Speicher, Heizung, Wärmepumpe, Lüftung, Gebäudeautomation, Ladesäule fürs E-Auto. Die Firma übernahm auch die Förderberatung und Förderbeantragung für das Bauprojekt inklusive energetischer Ausstattung.
Sämtliches Konfigurieren war den beiden angestrebten Zielen zugeordnet: bautechnisch KfW-40 plus-Standard, energetisch maximale Eigenversorgung mit selbst produziertem Strom. Dafür wurden alle Energiekomponenten leicht überdimensioniert.

→ Die Außenwand des KfW-40 plus-Hauses besteht aus zweischaligem Mauerwerk. Ihre Potenziale: Der Bedarf an Raumwärme ist sehr gering, die Transmissionswärmeverluste fallen kaum auf.
Die energieeffiziente Leistung der 50 Zentimeter starken Wand resultiert aus einem 17,5 Zentimeter starken Stein plus 18 Zentimeter Dämmung plus 2 Zentimeter Luftschicht plus 11,5 Zentimeter starkem Stein plus 5er-Klinkerschicht.

→ Photovoltaikpaneele statt Ziegel. Das gestalterisch leicht exzentrische Dach – ohne landläufigem Überstand – ist mit PV-Modulen „gedeckt". Eine ästhetisch ansprechende Innendachlösung, die SolarWorld als Komplettbausatz für Dachneigungen zwischen 15 und 60 Grad anbietet. Da alle Komponenten aufeinander abgestimmt sind, werden Langlebigkeit und Sicherheit auch rechtlich garantiert. Das System hat wegen des höheren Materialaufwands »

1
Die Deckenhöhe von 2,70 Metern bringt Luft und Weite in den Wohnbereich.

2
Essen mit Rundum-Ausblicken ins Grüne

3
Wie gewünscht: Die attraktive Treppe präsentiert sich in der Mitte des Eingangsbereichs.

4
Der offene Küchenbereich changiert zwischen Funktionalität und Wohnlichkeit.

einen geringen Aufpreis gegenüber einem normalen Aufdachsystem, kostet aber unterm Strich etwa nur so viel wie eine Ziegeleindeckung. Ein nicht zu unterschätzender Vorteil ist, dass die Dachfläche maximal für Module ausgereizt werden kann: bis unmittelbar an den Dachrand.

→ Auf den beiden Dachflächen mit 45 Grad Neigung liegen je 40 Module. 22,4 Kilowattpeak sind eine üppige Größenordnung für Einfamilienhäuser.
Der Ertrag von 16.000 bis 17.000 Kilowattstunden Eigenstrom übers Jahr deckt lässig alle drei Teilbereiche ab – Strom, Wärme, E-Mobilität.
Selbst in den dunklen Monaten sichert die PV-Anlage eine Autarkie von 80 bis 90 Prozent.
Die jährlichen solaren Überschüsse von etwa 50 Prozent werden ins öffentliche Netz eingespeist.
Die Ost-West-Ausrichtung des Dachs kann man als energetische Maximalauslegung einstufen. Die Tageserzeugungskurve ist ziemlich flach. Der Sonneneinfang beginnt morgens, zieht sich ohne extreme Überschusseinspeisungen über die Mittagsstunden und dauert bis zum Sonnenuntergang an. Es wird also kontinuierlich viel Energie erzeugt. Selbst in den Wintermonaten zwei- bis dreimal mehr als bei einer klassischen Südauslegung. Was ausreicht, um die Heizung mit 1.200 Watt elektrischer Grundlast zu betreiben.

→ Im Technikraum des Hauses steht ein E3/DC-Hauskraftwerk mit einer Speicherkapazität von 13,8 Kilowattstunden. Es verteilt die Energie über 24 Stunden bedarfsgerecht an alle Verbraucher.

→ Der 400-Liter-Pufferspeicher, der Heizungswärme zwischenlagert, bezieht gleichfalls grünen Strom aus der PV-Anlage.

→ Wie gesagt: Beheizt werden die 190 Quadratmeter mit selbst produziertem Strom. Die Luft-Luft-Wärmepumpe von Tecalor verbraucht in diesem hocheffizienten Gebäude etwa 4.000 Kilowattstunden im Jahr. Sie verrichtet anstandslos zwei Jobs: Im Winter wärmt sie die Räume, im Sommer kühlt sie diese.

→ Eine kontrollierte Lüftung mit Wärmerückgewinnung reduziert die ohnehin niedrigen Verbräuche nochmals.

→ Der Gebäudemanager myGEKKO nutzt seine Intelligenz, um energetische Optimierung mit diversen Komfortfunktionen, etwa Lichtszenarien oder Sicherheitsansagen, zu koordinieren.

→ Keine zufällige, sondern eine bewusst favorisierte Lösung: Sämtliche technischen Einheiten sind im Haustechnikraum untergebracht, auf Außengeräte wurde verzichtet. Das Equipment revanchiert sich mit hohen Wirkungsgraden und moderatem Installationsaufwand.

→ Die Berechnung der CO_2-Emissionen für Errichtung und Betrieb des Hauses ist (noch) ein schwieriges Unterfangen. Es gibt keine validen Zahlen über die gesamte graue Energie, die im Gebäude steckt. Die strenge Fokussierung auf selbst erzeugte und genutzte erneuerbare Energie baut peu à peu den CO_2-Schuldenberg ab. Stefan Radefelds Bauchgefühl: „Wahrscheinlich ist das Haus in 20 bis 30 Jahren klimaneutral."

→ **Strom-Erträge und -Verbräuche 2020 auf einen Blick:**
- 17.793,51 Kilowattstunden Produktion;
- Energieverbrauch:
  7.815 Kilowattstunden,
  davon Nutzerstrom Haus/Wärme:
  7.195,18 Kilowattstunden,
  davon Stromverbrauch E-Auto:
  619,82 Kilowattstunden;
- Einspeisung ins öffentliche Netz:
  11.069,67 Kilowattstunden;
- Eigenversorgungsquote/Autarkie:
  71 Prozent.

→ Natürlich interessieren auch die Hauskosten bei einem solch ausgeklügelten Konzept: Der Standard KfW 40 plus erhöht den finanziellen Aufwand gegenüber dem vom Gesetzgeber vorgeschriebenen Mindeststandard um etwa 50.000 Euro. Die Summe relativiert sich spürbar durch diverse Zuschuss- oder Förderprogramme der KfW, der BAFA oder der Region.
B&W Energy und die Radefelds haben diese Fördermittel mit den Ausgaben verrechnet. Das erfreuliche Ergebnis, das Stefan Radefeld säuberlich in Excel-Tabellen dokumentiert hat: „Zwei Drittel der Mehrausgaben haben wir über Fördermittel zurückerhalten. Für uns reduzierte sich die zusätzliche Investitionssumme letztlich auf 10.000 Euro. Wenn ich die mit den 4.000 Euro verrechne, die uns die überschüssigen Energieverkäufe einspielen, sind die Mehrkosten nach drei Jahren kein Thema mehr." «

Die Akteure

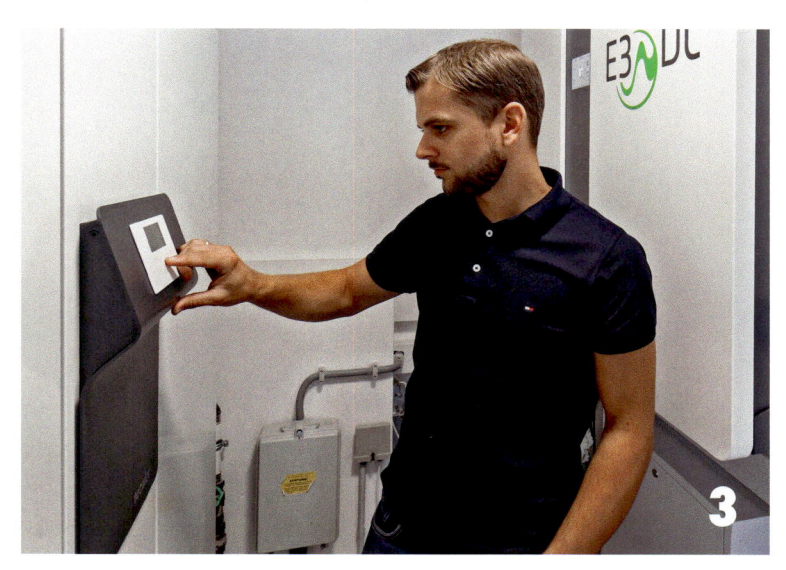

1 + 3
Technik, die begeistert: Jana Radefeld macht sich mit dem Hausmanager myGEKKO ihren Alltag komfortabel. Für ihren Mann Stefan ist der Blick auf die Displays im Technikraum immer wieder ein Moment der Freude.

2
Statt Ziegel eine ästhetisch ansprechende Indach-Photovoltaikanlage. Die Ost-West-Ausrichtung generiert tagsüber kontinuierlich Sonnenenergie.

4
Jahresenergiebilanz 2020 Haus Radefeld

Jahresenergiebilanz 2020:
- 2961.94 [kWh] Batterie (Laden)
- 2772.17 [kWh] Batterie (Entladen)
- 11069.67 [kWh] Netzeinspeisung
- 2243.64 [kWh] Netzbezug
- 17793.51 [kWh] Solarproduktion
- 7195.18 [kWh] Hausverbrauch
- 619.82 [kWh] Wallbox Gesamtladeleistung
- 7815 [kWh] Σ Verbrauch

Produktion
- Eigenstrom: 33 % (5571.36 kWh)
- Netzeinspeisung: 67 % (11069.67 kWh)

Hausverbrauch
- Autarkie: 71 %
- Netzbezug: 29 % (2243.64 kWh)

ONLINE
- Das Alles-ist-möglich-Haus

https://www.youtube.com/watch?v=JbteoXZVe58&feature=emb_title

Kapitel 4

Schweizer lieben

© Hans-Rudolf Schulz

Eigenstrom

Den Schweizern liegt bekanntlich im Blut, dass sie ihre persönliche Entscheidungsfreiheit höher wertschätzen als vieles andere. André Stierli aus Aesch (Kanton Luzern) erfüllt seinen Landsleuten ein energetisches Freiheitsbedürfnis.

André Stierli,
Stierli Solar Team,
Aesch

1.126.274,3 kg CO_2 vermieden 2012–2021*

mit 8.799.018 Kilowattstunden Solarstrom aus 377 Photovoltaikanlagen

*Für den Zeitraum von 2012 bis 2021 gilt für die Schweiz offiziell ein Emissionsfaktor von durchschnittlich 128 g CO_2eq/kWh.

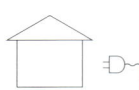

> «Unsere Kunden erwarten maximale Qualität. Bei uns sind  sie sicher, dass unsere Arbeit jeden Rappen wert ist.«

ANDRÉ STIERLI, SOLARTEUR

Sie sind als Eidg. dipl. Elektroinstallateur eingetragen. Als Solarteur mit höheren Weihen?

ANDRÉ STIERLI: Als einer mit eidgenössisch geprüfter Fachkompetenz für Energieprojekte. Weit mehr als für Titel interessieren sich unsere Kunden aber für die von uns gebauten Anlagen: Was leisten die wirklich, wie verlässlich erfüllen sie die Versprechungen und Erwartungen.

Wir reden von Einfamilienhäusern?

Vier von fünf Aufträgen kommen von privaten Hausbesitzern. Fast immer auf Empfehlung: Sie sehen unsere Anlagen bei jemandem aus der Familie oder aus dem Kollegenkreis und fragen dann nach, wie das im Alltag funktioniert mit dem Eigenstrom.

Eigenstrom ist der große Motivator?

Ja, klar. Seit zwei, drei Jahren geht es fast immer um Eigenverbrauchsoptimierung, um das volle Programm: Solaranlage, Batteriespeicher, Tankstelle für das E-Auto. Und zwar so dimensioniert, dass die Hausbesitzer 60 bis 90 Prozent Autarkie vom Stromversorgungsunternehmen erreichen.

Was mit entsprechend großen Investments verbunden ist.

Eine PV-Anlage im Einfamilienhausformat kostet bei uns in der Regel etwa 28.000 Franken. Für Solar mit Speicher sind abhängig vom Batteriespeicher etwa 50.000 Franken fällig. Die eigene Stromtankstelle inklusive Installation erfordert nochmals 3.000 Franken. Im Schnitt.

Ein paar Kilometer von hier haben wir von einem Ehepaar einen 100.000-Franken-Auftrag für ein Neubauprojekt erhalten: Fassadenmodule nach Süden und Westen, dazu eine Indach-Photovoltaikanlage, insgesamt 20 Kilowattpeak. Das Ganze gekoppelt mit einer Luft-Wasser-Wärmepumpe mit Erdsonde, großem Energiespeicher und Stromtankstelle. Das Messergebnis im ersten Jahr: 85 Prozent Autarkie!

Die Solarfassade war eine echte Herausforderung. Wir mussten mit dem Architekten sehr präzise planen, die Module hatten Spezialmaße.

Ihr Qualitätsverständnis ist extrem hoch?

Extrem weiß ich nicht, aber es steht bei

Ein besonderes Stierli-Projekt: Diese Photovoltaik-Freianlage auf dem Gelände eines Klärwerks versorgt Gebäude und Technik mit grünem Eigenstrom.

mir ganz oben auf der Liste. Unternehmen wie wir haben doch nur eine Chance mit absoluter Qualität ihrer Anlagen. Bei der die Kunden von vornherein wissen, dass wir jeden Rappen wert sind.

Sie planen für Ihre Kunden das komplette Energieprojekt und installieren das dann auch.

Bis auf die Heizung. Das ist nicht unser Metier. Wir sind bisher gut damit gefahren, dass wir nur übernehmen, was wir wirklich bis ins kleinste Detail verstehen und beherrschen. Die Heizung ist selbstverständlich ins Gesamtprojekt eingebunden – deren Installation übergeben wir aber dem Heizungsbauer unseres Vertrauens. Wir kennen ihn, er kennt uns und unsere Qualitätsanforderungen – alles gut.

Wie viele Kundenreklamationen haben Sie?
Sehr wenige. Und auch die wollen wir zeitnah aus der Welt schaffen.

Trotz wachsender Auftragsvolumen?
Ja, klar. Wobei wir den großen Umsatzsprüngen ein stetiges, solides Plus vorziehen. Wir sind mit Stierli Solar seit 2011 am Markt. Bisher haben wir in jedem

Kapitel 4

Jahr einen weiteren Mitarbeiter eingestellt, um die zunehmenden Aufträge abarbeiten zu können. Gesundes Wachstum hält länger.

Wie sind Sie auf E3/DC gekommen?

Fasziniert hat mich die Idee seit Langem: Solar und Speicher gehören von Haus aus zusammen. Es fehlte aber lange Zeit an richtigen Geräten.

Ein Kunde wollte 2014, dass ich in seinem Ferienhaus eine BYD-Batterie aus China installiere. Ich wollte das eher nicht. Wenn da irgendwas defekt geht. Die Hersteller hatten damals keine Niederlassung in Europa. Und ich spreche kein Chinesisch. So habe ich mich im Juni 2014 auf der INTERSOLAR-Messe auf die Suche nach Alternativen gemacht.

Nach welchen Kriterien?

Ich bin nicht der renditeorientierte Typ. Ich will das beste Produkt. Mit dem ich danach keinen Ärger habe. Bei dem der Support stimmt. Auch langfristig.

Dann habe ich den E3/DC-Messestand entdeckt. Mit Speicher und Tankstelle für das E-Auto. Ein intelligentes, ausbaufähiges Gerätesystem ganz nach meinem Geschmack. Mit dem ich viele Sachen ansteuern kann, Verbräuche visualisieren …

Ich habe meinem Kunden das Datenblatt gesendet, er hat sofort sein Okay gegeben. Im September 2014 habe ich einen E3/DC-Speicher bei ihm eingebaut. Meinen ersten. Mit 13,8 Kilowattstunden. Eine gute Sache.

Dass ausgerechnet E3/DC unter den aufploppenden Speicheranbietern der richtige sein würde, konnten Sie damals mehr wünschen als wissen.

Unternehmerglück. Braucht man auch, oder? Für E3/DC sprach der gute Support. Sie geben zehn Jahre Garantie. Das Hauptding war die Tankstelle. Das stufenlose Laden. Da steckt ein wirklich kluges Konzept dahinter. Richtig gut fand ich auch den Umgang von E3/DC mit den Solarteuren.

Was gefällt Ihnen daran?

E3/DC bezieht seine wichtigsten Abnehmer in die Verbesserung seiner Produkte ein. Ich bin mehrmals zu den »

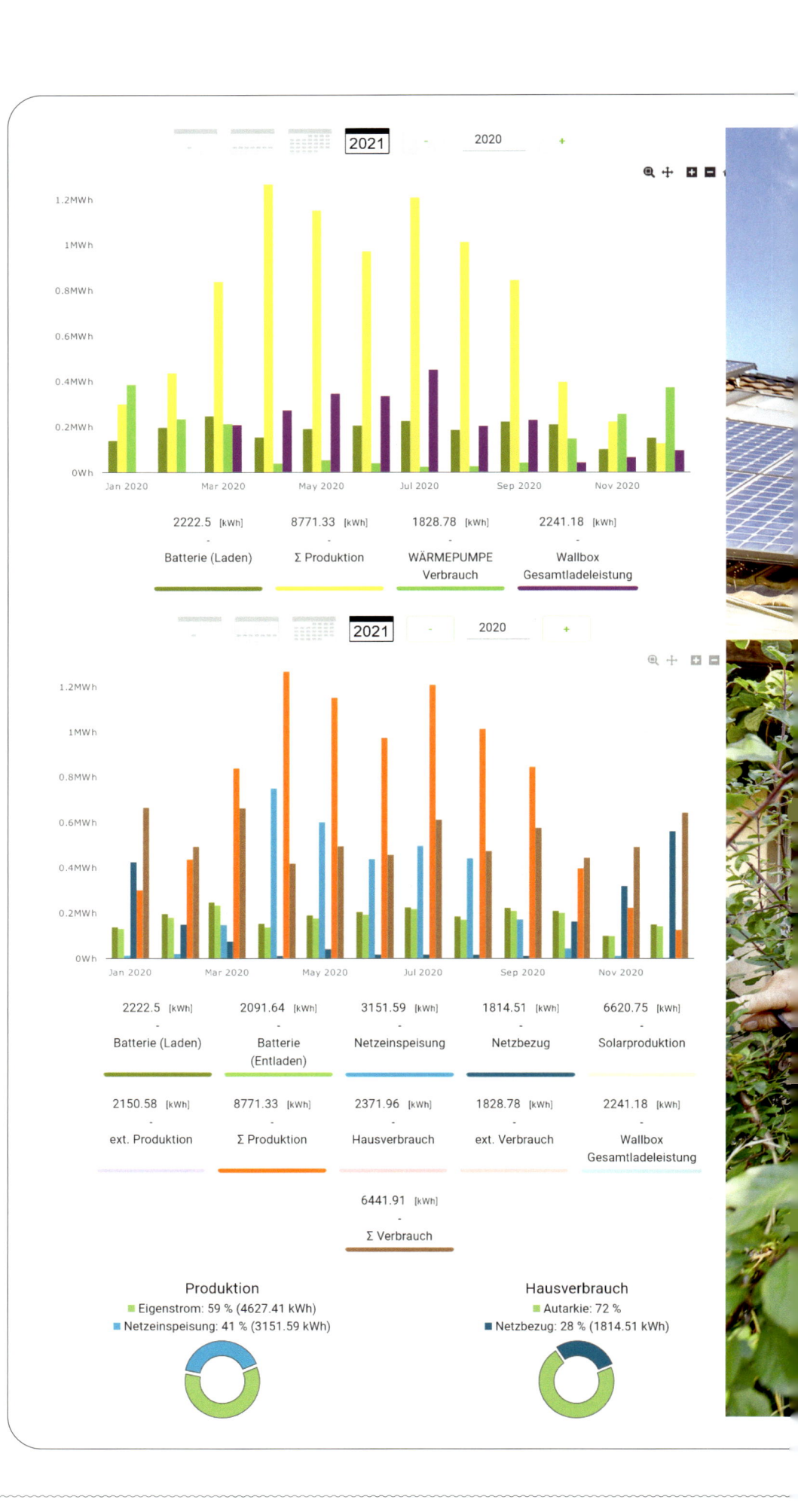

Die Akteure

Was Besseres, als Walter Haus kennenzulernen, kann dem aufstrebenden Solarteur André Stierli kaum passieren. Ein fachkundiger Mentor und väterlicher Freund, erfindungsreicher Energie-Visionär und unerschrockener Ausprobierer. Jahrgang 1950. Immer unter Strom.

Der 30 Jahre Jüngere kommt wiederum dem rastlosen Entwicklungsingenieur gerade recht. Er braucht einen Fachmann, der die von ihm gewissermaßen in Privatinitiative gebauten Solaranlagen prüfen und offiziell abnehmen darf. André Stierli erweist sich als ausgeschlafener Techniker und großer Bewunderer von Walter Haus' unkonventionell mutigen Projekten. Die meisten aus der ersten Generation der Schweizer Solarpioniere kennt Walter Haus persönlich. Natürlich auch das 1989 von Josef Jenni in Oberburg (bei Burgdorf) gebaute erste komplett solarbeheizte Wohnhaus der Schweiz. Oder ganz Europas?

Den Sprung zur Photovoltaik wagte Walter Haus mit der Jahrtausendwende. Er setzte sich eine erste kleine Anlage aufs Dach. 3,6 Kilowattpeak. Die Module beschaffte er sich aus Spanien. Mit damals starken 160 Watt Spitzenleistung. In diesen frühen Vorstoß in einen sich erst zehn Jahre später öffnenden Markt investierte er 47.500 Franken.

Heute hat er auf seinem Dach Solarmodule mit 8,4 Kilowattpeak. Und sie mit einer sehr leistungsstarken Wärmepumpe kombiniert. Arbeitsfaktor 7,9. Mit einer 300 Meter tiefen Erdsonde ist das machbar. Dafür hat Walter Haus jetzt, als Pensionär, bis auf gelegentliche Wartungen null Kosten für Wärme und Strom. Als Tesla-Besitzer der ersten Stunde kann er das Gefährt sowieso sein Elektroautoleben lang gratis tanken.

André Stierli sagt mit leisem Stolz: Früher hat er mich inspiriert, jetzt ist es manchmal schon umgekehrt.

© Fotos: Hans-Rudolf Schulz

Jahrestreffen der leistungsstärksten Installateure eingeladen worden. Was funktioniert nicht so, wie es sollte? Was fehlt? Jeder Solarteur löst Detailprobleme auf seine Art. Gerade wenn man am Anfang steht, ist es gut, sich mit Erfahreneren austauschen zu können. Es ist für die Installateure wichtig, mit ihren Fragen und Anregungen vom Hersteller ernst genommen zu werden. Ich war dort der jüngste Unternehmer in der Runde. Und der erste aus der Schweiz.

Schwarmintelligenz wird für die Produktoptimierung genutzt.

Wir sind da reingewachsen. Nach der ersten Installation im Herbst 2014 haben wir kurz darauf eine zweite mit E3/DC realisiert. Dann schauten wir erst mal ein halbes Jahr, wie die Anlagen praktisch laufen.

Und?

Keine Ausfälle. Alles hat funktioniert. Im Folgejahr haben wir gleich sieben, acht, neun E3/DC-Speicher gemacht.

Respekt. Wie kam das?

Im ersten Jahr meiner Selbstständigkeit konnte ich einem befreundeten Elektriker aus der Klemme helfen. Der hatte Lieferschwierigkeiten mit Solarmodulen. Ausgerechnet bei einem Auftrag für Marty-Haus, in der Schweiz ein bekannter Generalunternehmer.

Dort durfte ich mich dann als Einzelunternehmer vorstellen. Und in der Folge viele Marty-Dächer solarisieren.

Ich habe dann auch angefangen, deren Verkäufer zu schulen. Mit meiner Begeisterung für gute Produkte konnte ich sie überzeugen.

Spielt für Ihre Kunden der Zusammenhang zwischen Klimawandel und der persönlichen CO_2-Bilanz eine Rolle?

Bisher wenig. Jeder sieht zwar die Berge, die Gletscher – spürt die Veränderungen, sorgt sich. Die Nebelgrenze steigt immer höher, die Schneegrenze auch.

Vielen leuchtet ein, dass das mit dem Klimawandel und der wiederum mit unseren CO_2-Emissionen zusammenhängt. Das bringt ganz sicher einiges in Bewegung. Ähnlich wie bei den Bio-Produkten. Die wurden auch erst als Spinnerei belächelt, teuer, brauchen wir sie – heute haben sie mit gutem Grund beachtliche Marktanteile im Qualitätssegment.

Theoretisch müssten Sie jede Woche Dankmails an die Hersteller von E-Autos schicken – da rollt doch eine Kundenwelle ohnegleichen auf Sie zu.

Aktuell erleben wir das als eine stark wachsende Kundenmotivation. Bei Neu- und Altkunden gleichermaßen. 20 bis 30 Prozent Eigenstrom von der Solaranlage auf dem Dach ohne Speicher sind den meisten sowieso zu wenig. Mit Speicher geht die Eigenstromnutzung sofort hoch auf mindestens 60 Prozent. Mit E-Auto und Beladung aus eigener Tankstelle fängt das dann an, richtig Spaß zu machen. Auswärts tankst du doch kaum noch. Zu 90 Prozent tankst du zu Hause oder im Geschäft.

Sie sprechen aus eigener Erfahrung.

Selbstverständlich. Wir haben im Geschäft 36 Kilowattpeak Solarleistung auf dem Dach. 30 davon sind 5 Grad nach

Westen ausgerichtet. 6 Kilowattpeak sind aufgeständert auf 30 Grad wegen der höheren Wintererträge. Die laden den Batteriespeicher mit jetzt 39 Kilowattstunden Kapazität. Die wirklich gebraucht werden, um alle vier elektrischen Firmenautos betanken zu können. Abends, über Nacht, morgens – die Mitarbeiter müssen ja damit zur Baustelle.

Was fahren Sie selbst?
Einen BMW i3. Seit Jahren schon. Meine Frau fährt einen Audi e-tron. Zu Hause tanke ich ebenfalls Solarstrom. Die Speicher gehören zu dem von uns realisierten Energieverbund dreier Mietshäuser. Eine sogenannte ZEV-Lösung, die wir bereits 2015 realisiert haben. Solche Quartierslösungen, die mehrere Gebäude in einem internen Energiesystem vernetzen, sind im Kommen.

Das hat Vorteile für Mieter mit E-Autos: Ich tanke, wann immer ich muss, aus dem hauseigenen Speicherverbund. Zum Vorzugstarif von 18 Rappen je Kilowattstunde.

Was wäre für Sie technisch wünschenswert?
Die Rückspeisefähigkeit der Elektromobilität – die bidirektionale Vernetzung von Hausspeicher und Autobatterie. Außerdem leistungsstarke Speicher für die Landwirtschaft. Da fehlen einfach gute Produkte. Ab 30 Kilowattstunden Entladeleistung. Ich habe schon eine Warteliste, bis E3/DC so weit ist und liefern kann. Drittens wäre eigentlich Punkt eins: intelligente Netze.

Das sind …
… flexible, laststromgeführte Netze. Bisher haben unsere örtlichen Energieversorger zu bestimmten Zeiten ihren Kunden den Betrieb von Waschmaschinen und Elektroboilern kurzerhand gesperrt. Die Netzanbieter hinken den Anforderungen schlichtweg nach. So wurden früher die Mittagsspitzen im Netz abgefangen. Lange vor dem Solarzeitalter. Aber das gilt in vielen Kantonen bis heute.

Daher der Schweizer Drang nach frei verfügbarem Eigenstrom …
Auch, ja. Im Averstal, bei meinem ersten Kunden mit E3/DC-Speicher, haben wir mittlerweile vier Solaranlagen gebaut, davon drei mit Speicher. Ein Kunde ist auf den Rollstuhl angewiesen, auf seinen Treppenlift im Haus. Für ihn ist die E3/DC-Versorgungssicherheit mit Notstrom entscheidend. Im Averstal fällt das Freileitungsnetz öfter mal stundenlang aus. Bei unseren Kunden noch nie. Gut, oder? «

ONLINE
- Stierli-Solar-Kunden im Averstal

https://youtu.be/WVDkkfzze2M

Kapitel 4

Im grünen Bereich

Klimaschutz ist für Esther Reinert Koch und Bernhard Koch: Lebensstil. In Grün. Das Schweizer Ehepaar folgt seit Jahren unbeirrt seinen Intentionen. Holzhaus, solare Stromerzeugung, E-Auto … Da machen die Emissionen schlapp.

Das rote Haus öffnet seine Augen weit hangabwärts, zur Straße hin blinzelt es eher. Wenn ein Beweis erwünscht ist, wie Natur, Idylle und Moderne zu einem Gleichklang finden können – hier ist er.

Als sie 2002 in ihr neues Haus einziehen, haben die jungen Kochs einen Planungsirrtum des mit solcher landwirtschaftsnahen Zone untrainierten Architekten und eine abgesegnete Baugenehmigung hinter sich. „Wäre es nach dem Architekten gegangen, stünde hier ein Palast", erinnern sich beide amüsiert. Stattdessen sind es suffiziente 160 Quadratmeter für Mama Esther (Jahrgang 1973), Papa Bernhard (Jahrgang 1968) sowie die Zwillinge David und Jonas (Jahrgang 2006).

Hyperregional. Das Holz für die Wände stammt aus Wäldern in Blicknähe. Der Zimmereibetrieb in Rufweite liefert mit der Holzständerkonstruktion für die Kochs sein Erstlingsmodell ab. Mittlerweile ist er mit seinem Systembau sehr erfolgreich am Markt. Die teure nachhaltige Dämmung aus Altpapier ist kein Tabuthema für das Ehepaar. Thema ist Minergie. „Wir wussten: Damit definieren wir unser Energielevel für die nächsten 50 Jahre." »

© Hans-Rudolf Schulz

Die Akteure

Schweizer Idylle: ein Haus, das sich mit eigenproduzierter Energie versorgt, gut gelaunte Tiere, Natur im Einklang mit sich selbst …

Kapitel 4

Das Minergie-Label, 1998 eingeführt, ist der höchste Energiestandard in der Schweiz für Niedrigenergiehäuser. Erst bewundern und beneiden ambitionierte deutsche Baufirmen ihre Schweizer Kollegen darum, später wird mit den vergleichbaren KfW-40- beziehungsweise Passivhausförderungen nachgezogen.

Das damalige Koch'sche Minergie-Ausstattungsprogramm in Kurzform: dichte, gute Außenwand-, Boden- und Dachdämmung; Ausrichtung der zu öffnenden Fenster nach Süden, die nordwärts gerichteten bleiben verschlossen; zweifache Fensterverglasung; kontrollierte Wohnungslüftung; Solarthermie für warmes Wasser; Pelletheizung mit 800-Liter-Speicher; unbeheizter Keller.

In der Minergie-Statistik des Kantons steht der Posthof ziemlich weit vorn: Nummer 51. Mittlerweile führt jeder vierte Schweizer Neubau das Minergie-Label. In Summe etwa 51.000.

Der Posthof Kallern ist für Esther und Bernhard Koch mehr als ein Umzug aus der 35 Autominuten entfernten Agglomerationsgemeinde Rothenburg, mehr als ein Dach über dem Kopf, mehr als der Start eines Paares in den Alltag einer Familie. Er ist elementare Wunscherfüllung: Wenn Tante Maria und Onkel Rupert in den Ruhestand gehen, würden wir den Familienbetrieb liebend gern übernehmen. Schon während seines Landwirtschaftsstudiums schwant Bernhard Koch allerdings: Der Hof reicht nicht aus für einen Fulltime-Job als Bauer. Aber als Nebenerwerb. In diesem „Neben" steckt ein nachbarschaftliches Teilen von Maschinen, Kompetenz, Arbeit. Morgens werden digital die Aufgaben verteilt, abends wird Vollzug gemeldet. Ganz unkompliziert, gerecht, freundschaftlich.

Alles bio oder was? Alles bio! Der ehemalige Rothenburger Pfadfinderchef Beny denkt bereits zu studentischen Zeiten öko und Landwirtschaft als Symbiose. Weise gedacht, junger Mann. Wer sagt, dass es ein Menschenrecht auf industrielle Nackensteaks gibt? Für Esther Reinert Koch wäre „konventionell" ein Verrat an ihrer Kinderstube gewesen. Der Vater ist ein bekennender Umweltschützer. Auskennerei von Wildpflanzen und Tieren wie Amphibien gehört für ihn zum frühkindlichen Bildungskanon. Zum guten Anstand.

Die Lehrerin Esther Reinert Koch ist denn auch die Erste und eine Zeit lang die Einzige, die in Kallern auf dem Weg zur Schule oder zum Orgelspiel in der Kirche auf einem E-Bike gesichtet wird. Maximale persönliche Konsequenz für minimale Emissionen. Jeder Mensch ist nur ein Achtmilliardstel der Weltbevölkerung? Na und? Trotzdem kein Grund, nichts zu tun.

Elf entspannte Rinderjungtiere wachsen aktuell in der Scheune nebenan ihrem Erwachsenenleben entgegen. Auf der Weide fressen sich 20 Mastrinder an saftigem Gras satt. Auf den Feldern gedeihen Eiweiß- und Getreidekulturen. Ringsumher Weiher, Sträucher, Obstbäume. Biodiversität vom Feinsten. Wie sich das für den Fachbereichsleiter Landwirtschaft der Grün Stadt Zürich gehört.

Die Akteure

1 + 3
Esther Reinert Koch und Bernhard Koch sind mit ihrem Minergie-Haus dem üblichen Schweizer Baustandard ökologisch und energetisch ein weites Stück voraus. Mit voller Absicht und aus tief verwurzelter Überzeugung.

2
André Stierli ist seit 2012 der Stammsolarteur der Kochs. PV-Anlagen und Quattroporte-Speicher wurden installiert, während die Familie Ferien machte. „Hey, Strom läuft", stellte Bernhard Koch dann auf seinem Handy in der Ferne fest.

Metropole und Landwirtschaft, hat sich weltweit herumgesprochen, gehen passable Allianzen ein. Immerhin 810 Hektar, also ein Zehntel der Stadtfläche, werden in Zürich landwirtschaftlich genutzt. Die noch grünere Botschaft: Alle Betriebe arbeiten nach den Richtlinien von Bio Suisse. Man hört bei Bernhard Koch Stolz heraus.

Ist die Konzentration der Baubranche ausschließlich auf Energieeffizienz noch salonfähig? Ist nicht längst die CO_2-Verbrauchsminimierung fällig? Die Eigenproduktion von sauberer Energie? Ihre maximale Nutzung für alle Stromversorgung? Kein Widerspruch von Esther und Bernhard Koch. Sie haben ihr Anti-CO_2-Programm längst auf Hochtouren gebracht.
Bei einer Gemeindeversammlung hört das Ehepaar einem Vortrag von ansteckender Denkart zu. Walter Haus, einheimischer Ingenieur und Solarstromenthusiast, rechnet vor: PV-Anlagen würden der grünen Erfolgswelle einen notwendigen Schub verschaffen.

Wer Minergie sagt, sagt auch Solarstrom? Klar. Esther Reinert Koch: „Unser Kontostand hatte sich drei Jahre nach dem Einzug ins Haus wieder erholt." Also darf Walter Haus im Mai 2005 1,7 Kilowattpeak aufs Dach der Rindviehscheune installieren. Die Kochs sind total begeistert von dem neuen sauberen Strom, der jetzt durch ihre Hausleitungen fließt. Schon im November nehmen sie die nächsten Franken in die Hand und erweitern im Bunde mit Walter Haus auf 3,3 Kilowattpeak.
Dem Firmenchef geht es nicht um die richtige Moral oder Ideologie. Der denkt entwaffnend physikalisch: Auch wenn der letzte Klimaleugner ideologisch widerlegt oder moralisch ausgebremst ist, sind die Emissionen exakt so hoch wie zuvor – so wir nichts dagegen machen.
Bernhard Koch dokumentiert für 2006 und 2007 jeweils rund 3.200 Kilowattstunden selbst produzierten Strom. Der deckt annähernd 60 Prozent des familiären Bedarfs. Und die Module generieren Überschüsse von rund 2.300 Kilowattstunden im Jahr. Die werden ins Netz geschickt. »

Kapitel 4

2008 begeistert sich Bernhard Koch an einem neuen Hobby: Stromverläufe beobachten. Exzessiv. Jeden (!) Abend liest er vier Stromzähler ab und befüllt Exceltabellen mit farbigen Zahlenkolonnen. Die sind heute noch auf seiner Homepage zu bestaunen. „Ich muss in dem Jahr sehr viel Zeit gehabt haben", lästert er über sich selbst.
Es folgen weitere PV-Module. Ingenieur Walter Haus rechnet vor, Betreiber Bernhard Koch rechnet nach – go: 2009 wird groß umgebaut. Die alten Anlagenteile werden verkauft, 60 Module à 175 Watt rücken nach.
Die 10,5 Kilowattpeak verhelfen dem Posthof in die KEV, in die Kostendeckende Einspeisevergütung. Damit fördert die Schweiz die Stromproduktion aus Erneuerbaren, allerdings mit speziellen Kontingenten für die Photovoltaik. Die Kochs müssen sich nicht auf der Warteliste anstellen, sie kommen sofort ins Programm.
Die Einspeisung bringt Franken, die Franken werden nach Koch'scher Umweltlogik 2012 in das nächste Projekt gesteckt. Ab sofort wird's gewaltig: Ausbau der Anlage auf 106,11 Kilowattpeak. Macht rund 105.000 Kilowattstunden pro Jahr. Ab ins Netz! Komplett.
Es ist das Jahr, in dem Walter Haus den jungen Geschäftsführer André Stierli bei den

1
Der Posthof in Kallern ist alter Familienbesitz. Jetzt wohnt hier das Ehepaar mit seinen beiden Jungs. Landwirtschaft wird als Nebenerwerb betrieben.

2
Die Jahresenergiebilanz 2020 Haus und Hof Koch

3
Der Opel Ampera-e wird an der E3/DC-Wallbox geladen. In den Abendstunden stellt der Speicher die Strommenge bedarfsgerecht bereit.

Kochs als künftigen Stammsolarteur einführt. 2017 bestückt der die alte Scheune mit knapp 30 Kilowattpeak. Die schrauben den Jahresertrag um weitere rund 29.000 Kilowattstunden nach oben. Knapp ein Fünftel verbleibt bei den Hausbewohnern und dem neuen elektrischen Opel Ampera-e vor der Tür.

Mit dieser neuerlichen Großtat sind sämtliche geeigneten Dächer belegt. Meist mit unverwüstlichen Sunpower-Modulen. Alles voll. Rien ne va plus.

Fehlt nur noch ein Objekt der Begierde: der Stromspeicher. Ende 2018 liefert E3/DC einen seiner ersten Quattroporte nach Kallern aus. Der speichert tagsüber rund 24 Kilowattstunden. Von denen profitiert die Woche über abends auch der E-Opel für seinen halbstündigen Arbeitsweg am nächsten Tag nach Zürich.

Im Jahr darauf heißt es: „Adieu, Thermieanlage!" Warmes Wasser erzeugt ab sofort ein Heizstab im Boiler. Der bedient sich tagsüber am Überschussstrom. Doppelt hält besser: Zum Quattroporte im Keller gesellt sich nun noch der Boiler als Energiespeicher.

Mit dem Quattroporte hat Bernhard Koch einen schlauen „Assistenten" im Haus. Speicherfüllung, Autofüllung, Füllung des Boilers – das E3/DC-Gerät behält alles im Blick, jongliert mit den Stromflüssen, garantiert optimale Abläufe. Die mehrmals am Tag inspizierten Kurvenverläufe auf dem Smartphone machen Bernhard Koch mindestens genauso viel gute Laune wie einst seine Exceltabellen.

Speicher und PV-Dächer befolgen beim Energieprojekt Posthof das Grundprinzip Überdimensionierung. Aargau ist Hochnebel-Kanton, solche Wetterlagen bringen das Solarpaket trotzdem nicht ins Straucheln. Die Zahlen fürs Jahr 2020 belegen, dass die Kochs dank Eigenproduktion und Speicherung von Strom nur noch einen minimalen Rest von 5 Prozent aus dem Netz holen. Sogar im Winter bleiben sie weitgehend unabhängig.

Vom Strom auf der alten Scheune liefern sie rund 70 Prozent ins öffentliche Netz ab, der von der großen Anlage geht weiterhin komplett ins Netz.

Über Geld spricht man nicht? Esther und Bernhard Koch bleiben schweizuntypisch locker. Ihre Investitionen haben, ahnt man, bei solchen Anlagendimensionen gleichfalls Dimensionen. „Etwa 500.000 Franken über die Jahre für sämtliche Technik." Bernhard Koch verkündet die halbe Million entspannt, die Kosten-Nutzen-Rechnung relativiert die Summe. „Sie amortisiert sich vom ersten Tag an. Nach zwölf Jahren ist der Payback erreicht. Nur zwölf Jahre. Lächerlich, oder?"

Noch lächerlicher, wenn man die CO_2-Einspareffekte auf der Rechnung hat. CO_2-Minimierung ist auch in Bernhard Kochs Arbeitsalltag seit geraumer Zeit eine zentrale Aufgabe. Das in Umweltdingen ehrgeizige Zürich will 2030 beim Klima auf „Netto-Null" sein. Bauch und Verstand sagen dem Posthof-Eigentümer: Holzhaus, insgesamt knapp 140.000 Kilowattstunden grüne Stromerzeugung im Jahr, E-Auto, graue Energie für die Errichtung des Hauses und der Technik versus Verbrauchswerte, biologischer Landbau – „als Familie sind wir gut unterwegs".

Geht es um Klimaschutz, um Emissionsminderungen, beherrschen „müsste", „könnte", „sollte" die gesellschaftliche Tonlage. Esther Reinert Koch missfallen diese endlosen Konjunktive. „Wir tun es für uns. Für unser gutes Gefühl. Es ist schlichtweg unser Lebensstil." Ein sympathischer Egoismus: Wir machen uns die Welt, dass sie uns gefällt. Einwände? «

Die Alternative sind wir selbst

Die Chefs der solar-pur AG:
Werner und Karl-Heinz Simmet (r.)

Die Akteure

Bayern ist deutscher PV-Anlagen-Spitzenreiter. Die Simmet-Brüder aus dem niederbayerischen Saldenburg sind mit ihrer solar-pur AG seit Jahren vorn dabei. Die Speichertechnik gibt ihrem festen Glauben an grünen Strom und an energetische Eigenversorgung einen erfreulich neuen Drive.

© Hans-Rudolf Schulz

E-Mobilität? Bitte unbedingt!

Die verstorbenen Aldi-Brüder. Die boxenden Klitschko-Brüder. Die saldenburgischen Simmet-Brüder. Familiäre Erfolgsgeschichten im Doppelpack. Die – unabhängig von ihrem Promifaktor – genauso oft bestaunt wie bezweifelt werden. Du meine Güte, die müssen sich aber gewaltig vertragen!

Tun wir, sagt Karl-Heinz Simmet. Er sitzt uns heute allein als solar-pur AG gegenüber. Bruder Werner ist im Urlaub. Werner, Jahrgang 1966, gelernter Elektroinstallateur, später weitergebildet zum Elektrotechniker, gründete die Firma 1998.
Vor seinem Schritt in die Selbstständigkeit hatte er schlau machende Zeiten auf kleinen und großen Baustellen hinter sich. Mit sieben Jahren Rückstand kam dann der drei Jahre ältere Karl-Heinz hinzu. „Als dritter Mitarbeiter, im Februar 2005." Heute sind es 60. »

www.eMobilie.de **285**

> » Der große Schub steht uns noch bevor.
> Jeder, der hier auf dem Land ein E-Auto kauft,
> wird eine Eigenstromanlage und einen
> leistungsfähigen Speicher brauchen. «

KARL-HEINZ SIMMET

Hätte ihn sein Asthma nicht ausgebremst, wäre Karl-Heinz Simmet vermutlich Schreiner geworden. Hätte … hätte … Fahrradkette. Irgendwie ist auch das Kaufmännische in seinen Genen verankert. Rechnungswesen, Buchführung, dazu Vertriebstalente. Passt alles bestens zu solar-pur.
2007 wird ein Investor auf die PV-Anlagenversierten Niederbayern aufmerksam. Im ostdeutschen Hoyerswerda wären 250 Kilowattpeak auf Dächern unterzubringen. Wie viel? 250 Kilowattpeak sind eine spannende Herausforderung. Ein gutes Geschäft. Aber auch der Abgrund, wenn's schiefgeht. Um das finanzielle Risiko beherrschbarer zu machen, strukturieren die Brüder das Einzelunternehmen in eine sogenannte kleine Aktiengesellschaft um. Ohne Börsennotierung, aber mit Anzeigenpflicht. Und Titelwechsel: Ab sofort nennt sich Werner Simmet Vorstand des Energieunternehmens, Vertriebschef Karl-Heinz wird Aufsichtsratsvorsitzender der Aktiengesellschaft.
2011 denkt die Solarbranche, jetzt läuft's. Das entspricht auch der Gefühls- und Rekordumsatzlage bei solar-pur in Saldenburg. 7,8 Megawattpeak verbaut. Umgerechnet in Stück Solaranlagen: knapp 400. Macht beruhigende 90 Prozent des Umsatzes.
Dann dreht, ziemlich vorhersehbar, die Politik am 1. Januar 2012 mit ihrem neuen EEG den Förderhahn auf kleineren Durchlass. Die nächsten Monate sind nichts für schwache Nerven. Diverse Firmen schmeißen hin.

Die solar-pur-Brüder haben frühzeitig vorgesorgt: Auf einem Bein steht es sich schlecht. Diesem Mantra folgend betreiben sie neben dem Hauptgeschäft mit PV-Anlagen schon damals parallel einen Bereich Elektrotechnik, den Bereich Wartung und Service sowie einen Onlineshop für Wechselrichterkomponenten.
Mittlerweile haben sich PV-Anlagen mit allem Equipment und umfänglichere Planungen mit Trend zur Sektorenkopplung wieder an die Spitze ihres Tagwerks geschoben.

# # #

Bayern führt mit Abstand bei der installierten PV-Leistung, vor Baden-Württemberg und Nordrhein-Westfalen. Das muss sich für Sie gut anfühlen.

KARL-HEINZ SIMMET: Das tut es. Mein Bruder war sehr weitsichtig. Er hat schon 2003 PV-Anlagen installiert, noch bevor die erste Novelle des Erneuerbare-Energien-Gesetzes in Kraft trat. Er war nicht der Allererste hier in der Region, aber er gehörte zu den Schrittmachern. Das EEG hat im Jahr darauf das PV-Geschäft spürbar gepusht.

Weshalb sind die Bayern so vorgeprescht?

Ich rede jetzt mal nur über Niederbayern, unsere angestammte Region. Hier ist man bodenständig, heimatverbunden und – einst aus der Not heraus – ein bisschen experimentierfreudiger als anderswo. Eine bekömmliche Mischung. Als sich herausstellte, dass sich mit Photovoltaik-Strom Geld verdienen lässt, haben sich die Leute frühzeitig daran herangetraut. Von großen Arbeitgebern wie BMW in Dingolfing bringen sie gutes Geld heim, die Banken vergeben bei sicherem Finanzpolster bereitwillig Kredite. Auch die Bauern können rechnen und investieren eifrig.

Die eigentliche Motivation war also weniger, grünen Strom zu produzieren, als die Renditeerwartung?

Soll das ein Vorwurf sein? Hey, niemand wird als Ökologe geboren. Genau genommen ist es wurscht, durch welche Methoden wir die Energiewende vorantreiben. Hauptsache, wir setzen dem Nichthandeln etwas entgegen. Wenn niemand anfängt, gehen wir alle unter im Klimawandel. Ich bin dafür, Wohlstand anders zu denken: gegen Ressourcenverschleuderung und gegen unseren Egoismus.

Sind denn die Niederbayern den Stromspeichern genauso zugewandt wie damals den PV-Anlagen?

Die Nachfrage zeigt: immer öfter. Wir haben uns früh mit Speichertechnik befasst, seit 2012. Ich sage jetzt mal ganz eitel: Wir gelten als Vorreiter in der Region. Speicher wurden in dem Moment interessant, als sich die Eigenversorgung mit Strom mehr lohnte als die Netzeinspeisung. Ich kenne aber diverse Elektriker, die von Speichern nichts wissen wollen. Spei-

Die Akteure

Das Firmengebäude, im Jahr 2013 bezogen und direkt an der B 85 gelegen, versorgt sich zu 90 Prozent selbst mit Grünstrom. Die Musteranlage fügt sich aus Modulen verschiedenster Hersteller zusammen.

chertechnik ist eine andere Hausnummer, als Solarmodule aufs Dach zu bauen. Das ist Energiemanagement, Energieoptimierung. Wie groß muss der Speicher sein? Wehe, man analysiert die Verbrauchsdaten nicht ordentlich. In Bestandsobjekten gibt es bautechnische Kalamitäten. Etwa alte Kabel, die sich den modernen Anschlüssen verweigern.
Der große Schub steht uns noch bevor: Jeder, der hier auf dem Land ein E-Auto kauft, wird eine Eigenstromanlage und einen leistungsfähigen Speicher brauchen.

Sie gehören zu den erfolgreichsten Verkäufern von E3/DC-Technik. Wie sind Sie an die Osnabrücker geraten?

Anfänglich hatten wir Blei-Säure-Speicher anderer Firmen verkauft. Mit Enthusiasmus und aus Überzeugung. Lithium-Ionen-Speicher waren damals noch deutlich teurer. Der Niederbayer schaut auf sein Geld – das Thema hatten wir bereits.
2014 wollte ich auch mein eigenes Haus technisch aufrüsten, das Projekt lag fertig in der Schublade. Auf der Messe Intersolar in München lernte ich am E3/DC-Stand Dr. Piepenbrink kennen. Wie wär's, wenn er seine Produkte mal in unserer Firma vorstellen würde? Wenige Wochen später stand er in der Tür. Ich habe auf der Stelle 3.000 Euro mehr in die Hand genommen und bin vom geplanten Speicher auf das E3/DC-Hauskraftwerk umgeschwenkt. Eine meiner besten Entscheidungen.

Weil …?

… es eine absolut ausgereifte, verlässliche Technik ist. Wer die Anfangsjahre der Speichertechnologie miterlebt hat, weiß, wovon ich spreche. Da wurde von den Anbietern noch heftig ausprobiert. Live, am Markt. Entwicklung darf aber nicht zulasten der Kunden gehen. Wenn etwas nicht funktioniert, kümmern wir uns. Schnellstens. Deshalb ist es dann überhaupt nicht lustig, wenn einen der Produktanbieter im Regen stehen lässt. Mit Problemen, die auf seine Kappe gehen.
Seit wir mit E3/DC kooperieren, herrscht totale Entspanntheit: bei der Kundschaft und bei uns in der Firma. Probleme, etwa mit der Notstromfunktion, werden nicht vor sich hergeschoben. An denen wird dann gemeinsam mit den E3/DC-Entwicklern hart bis zur Lösung gearbeitet. Es ist eine ganz irdische wirtschaftliche Tugend: Wir strengen uns alle wirklich an, wir geben uns einfach Mühe.

Sie haben hauptsächlich Privatkunden?

Ja. Es werden aber immer mehr Gewerbetreibende vorstellig. Da kommen andere Dimensionen ins Spiel. Ich war unlängst in einer Fischzuchtanlage. Deren 52 Becken verbrauchen jährlich satte 170.000 Kilowattstunden Strom. Was glauben Sie, wie ich da geschaut habe. Am Bedarf lässt sich kaum schrauben, aber künftig soll der Strom zumindest teilweise selbst produziert werden.

Halten Sie die komplette energetische Unabhängigkeit für erstrebenswert?

Es wäre ideal. Aber man muss genau abwägen, wo der Aufwand in wirtschaftlichen Unfug umschlägt. Bei unserem Firmenneubau haben wir das Machbare ausgereizt und sind jetzt zu 90 Prozent Selbstversorger. Auf dem Dach liegen 92 Kilowattpeak, die PV-Fassade beteiligt sich mit 7 Kilowattpeak, geheizt wird mit einer Wärmepumpe und einem Blockheizkraftwerk. Komplettiert wird die Eigenstromproduktion mit einem 30-Kilowatt-Speicher. Das ist ein großes Paket, aber nur so gelingt die Energiewende. Die Alternative sind wir selbst.

Der italienische Physiker Alessandro Volta hat um 1800 die erste funktionierende elektrische Batterie erfunden und konstruiert. Von seinem geliebten Como aus hat er bayerische Connection gepflegt: 1808 wurde er auswärtiges Mitglied der Bayerischen Akademie der Wissenschaften.

Ich sag's ja: Wir Bayern sind dem Fortschritt zugewandt.

Als Bäcker folgt Klaus Würzbauer familiärer Tradition. Alles wie gehabt weiterlaufen zu lassen, war für ihn bei der energetischen Versorgung des Familienbesitzes allerdings keine Option.

solar-pur-Projekt Bäckerei Würzbauer, Spiegelau

Der Paradekunde

Bäcker Klaus Würzbauer ist kein Fan der Stromkonzerne. Mittlerweile hat er sich zu 85 Prozent von ihnen abgenabelt und seinen komplizierten 60er-Jahre-Gebäudekomplex mit Backstube, Café und Pension energetisch in die Neuzeit gewuppt.

Wer als Bäckerenkel beziehungsweise Bäckersohn in Niederbayern auf die Welt kommt, hat beim Thema Berufswahl schon mal gut vorgesorgt. Es kam denn auch, wie es kommen musste: Nach einem kurzen zehnjährigen Zwischenspurt als Bankkaufmann hat Klaus Würzbauer in dritter Generation das Familienunternehmen übernommen. Der agile 53-Jährige mit erstaunlich wenigen Kurzschlaf-Augenringen betreibt sein Geschäft nicht schicksalsergeben, sondern mit Lust am Tagwerk und am frühen Aufstehen.
Spiegelau kommt Ihnen irgendwie bekannt vor? Klar! Urlaubsort im Nationalpark Bayerischer Wald.
Sehr wahrscheinlich, dass Sie Ihren Wein oder Ihr Bier aus Nachtmann-Gläsern von ebendort trinken.

Unabhängigkeitsbestrebungen

Klaus Würzbauer ist seit 1992 Herr über 1.700 Quadratmeter. Im Gebäudekomplex – das Stammhaus hat der Großvater 1963 gebaut – sind Backstube, Café, Pension und die Wohnung der Mutter untergebracht.
In seinen Anfangszeiten als Juniorchef wurde noch mit Öl geheizt. Zweimal im Jahr fuhr der Tanklaster mit jeweils 20.000 Litern vor. Richtig gelesen: 40.000 Liter Heizöl! Auf der Rechnung standen bei einem Durchschnittspreis von 25 Cent für den Liter 10.000 Euro. Die zweite Rechnung war ähnlich saftig: 18.000 Euro für Strom. Um solche Summen einzuspielen, muss man viele Cremetorten verkaufen und viele Pensionszimmer vermieten.
Für die Beschreibung seiner Gefühlslage, wenn er die Forderungen aus dem Briefkasten fischte, reichen Klaus Würzbauer zwei Wörter: „Schlechte Laune."
Der gärende Ärger war letztlich ein guter Antrieb. 2001 schloss er die Backstube beim Umbau erst mal an eine Gasleitung an, auf eigene Kosten. Erdgas galt damals als schickste Energiequelle.
Nächste Aktion dann 2009. Wie viele Bayern installierte er Solarmodule aufs Dach und kassiert seitdem für die Netzeinspeisung 42 Cent je Kilowattstunde. Kummerfreie 20 Jahre lang. „Finde ich beides gut", sagt Klaus Würzbauer. „Die Rendite wie den Grünstrom."
Das Modell befriedigte ihn eine Zeit lang, aber dann wurde das innere Grundrauschen laut und lauter: Kann ich mich noch unabhängiger von den Energiemonopolisten machen? Mit diesem Ehrgeiz wurde er bei solar-pur, 20 Kilometer um die Ecke, vorstellig. Energetischer Halbprofi trifft auf Vollprofis. Top, das Projekt gilt.
Das war 2018. Seitdem funktioniert das multifunktionale Bäcker-Café-Pension-Mutterwohnungs-Gebäude auch noch als Kraftwerk und versorgt sich umfänglich selbst mit Strom.
„Der Klaus ist ein Vorzeigekunde", lobt Vertriebschef Karl-Heinz Simmet von solar-pur den pragmatischen Würzbauer-Neuerergeist. Die Investition in das Technikpaket, etwa 70.000 Euro, hält der für bestens ausgegebenes Geld. Das sich innerhalb von acht bis neun Jahren amortisiert.

Geschmeidiges Zusammenspiel

Schauen wir mal, wie das komplexe Sektorenkopplungs-Konstrukt funktioniert:
→ Die erste PV-Anlage von 2009 mit 18 Kilowattpeak darf bleiben, was sie ist: Netzeinspeiser. Sie wurde nicht in das Eigenbedarfssystem des Hauses integriert. »

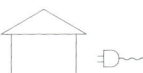

> » Jeden Morgen stehe ich vor dem Zählerschrank und freue mich. Alles im grünen Bereich. «

KLAUS WÜRZBAUER

→ Aus der zweiten PV-Anlage mit 9,5 Kilowattpeak fließen jährlich rund 8.400 Kilowattstunden. Das Mini-Blockheizkraftwerk, 2016 zeitgleich mit dem E3/DC-Speicher S10 MINI angeschafft, produziert als zweiter Stromerzeuger um die 23.500 Kilowattstunden im Jahr. Damit wird das notwendige jährliche Stromkontingent des Hauses, etwa 37.500 Kilowattstunden, zu 85 Prozent gedeckt. Was dem großen Endziel, selbstbestimmt unabhängig zu sein, erfreulich nahekommt. Die fehlenden 15 Prozent, etwa 5.000 Kilowattstunden, werden aus dem Netz bezogen.
Macht unterm Strich 8.000 Euro Einsparung pro Jahr für den Strom. Die aktuellen monatlichen Kosten für den Netzanbieter kann man vom Taschengeld begleichen: 130 Euro. (Vor der drastischen Strompreiserhöhung 2022.)
→ Das Blockheizkraftwerk wird zwar althergebracht fossil mit Gas betrieben. Für Klaus Würzbauer ist es trotzdem nützlich bis unabkömmlich. „Es gibt mir Sicherheit. Die Wintermonate ohne Sonne sind mir völlig egal – das BHKW liefert permanent 5,5 Kilowattstunden Leistung. Und deckt so die Grundlast im Gebäude ab, rund um die Uhr." Die Kühlgeräte, die Heizungspumpen, die Kaffeemaschinen, die Gästezimmer – alles schreit hier ständig nach Strom.
→ Zweiter Job des BHKW: Es übernimmt die Wärmeversorgung. Unterstützt wird es von einem Holzofen mit 50 Kilowatt. Außerdem kann Klaus Würzbauer die zentrale Gasheizung mit einer Leistung von 100 Kilowatt zuschalten. An der hängen auch die drei Backöfen. Das war ohne Aussuchen: Ihre Technologie ist leider nicht mit dem BHKW kompatibel.
→ Ab 2018 geht die Stromspeicherkurve noch einmal steil nach oben. Mit dem Quattroporte von E3/DC erhöht sich die Kapazität von 13,8 auf 26,8 Kilowattstunden. Beide Speicher und das BHKW bilden ein verlässliches Triumvirat bei der Strom- und Wärmeeigenversorgung.
Vorzug hat dank bidirektionalem Zähler der Strom vom BHKW, für den es bei Netzeinspeisung gerade mal 6 Cent gibt. Wenig lohnend. Stattdessen reicht, bis sie im Haus gefordert ist, die PV-Anlage ihre Überschüsse für 12 Cent ans öffentliche Netz weiter. In der Summe etwa 7.000 Kilowattstunden im Jahr.

→ Die Anlagen zur Stromeinspeisung und zum Eigenverbrauch sind durch verschiedene Zähler sauber getrennt. Eine Pflichtübung, damit der Energieversorger zustimmt.

Alltägliche Glücksgefühle

Der morgendliche Dienst beginnt für Bäckermeister Klaus Würzbauer mit einem Gang in den Keller. „Dann stehe ich vor dem Zählerschrank und freue mich. Alles im grünen Bereich!" «

Die Akteure

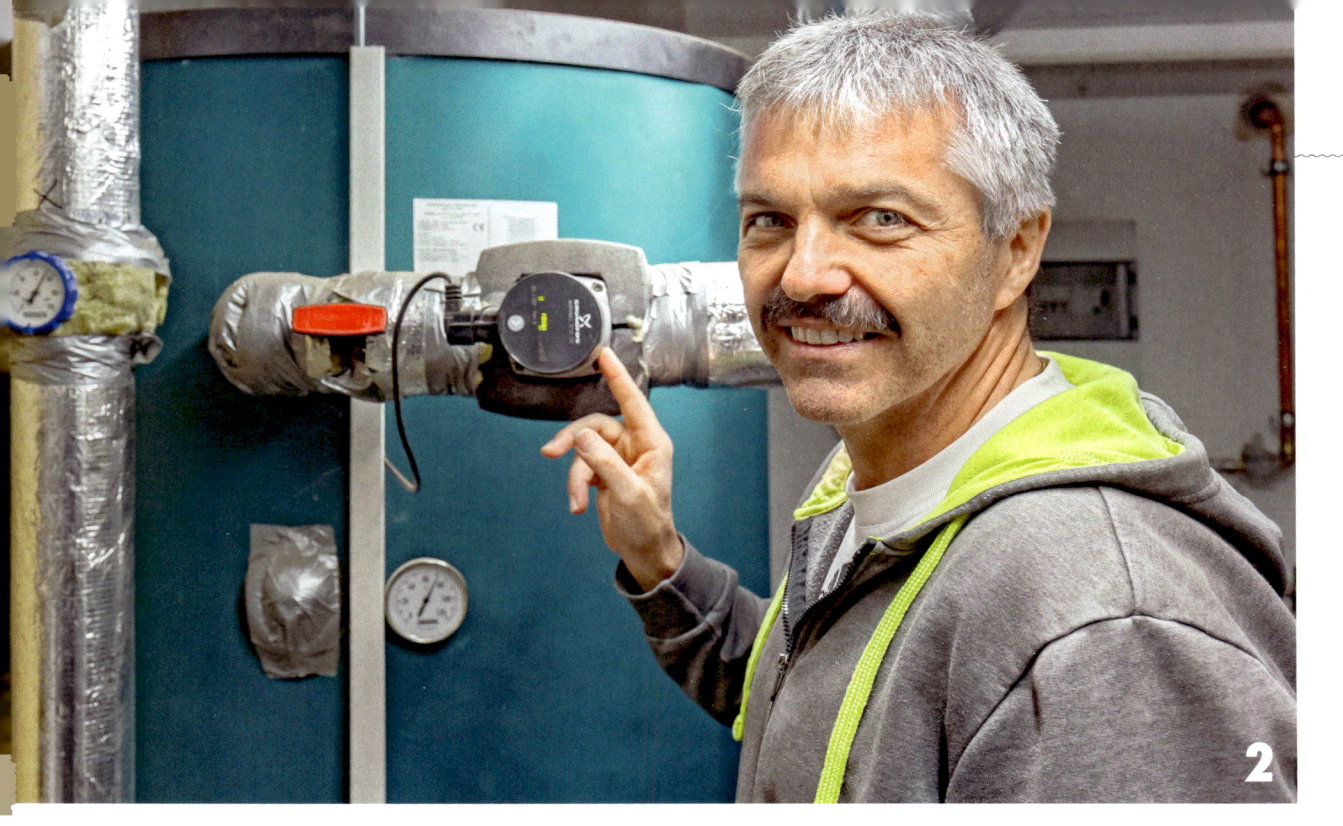

1–3
Ein Technikfreak? „Na", sagt Klaus Würzbauer in perfektem Bayerisch. Er habe aber große Freude an den Zahlen. Um die Technik für den großen Gebäudekomplex kümmern sich die solar-pur-Profis wie Karl-Heinz Simmet. „Das tun die super."

ONLINE
- Eigenversorgung Bäckerei Würzbauer

https://www.youtube.com/watch?v=iyTn7NioPGY

Kapitel 4

solar-pur-Projekt Kfz-Lackiererei Albert Schotte, Neukirchen vorm Wald

Der 60-Prozentige

Die Akteure

Premiumlackiererei.
Unter dem macht's
Albert Schotte nicht.

Albert Schotte betreibt seine Autolackiererei als Handwerk vom Feinsten.
Dabei verbrauchte er aber mehr Netzstrom, als ihm lieb war.
Das hat er radikal geändert: mit einer großen PV-Anlage und einem
Quattroporte-Speicher von E3/DC. Bilanz: 60 Prozent Eigenversorgung.

> **In Deutschland stammen mittlerweile 47 Prozent des Stroms aus regenerativen Quellen. Und ich bin dabei.**

ALBERT SCHOTTE

Bei Albert Schotte geht es seit mehr als 40 Jahren um Schönheit. Um Makellosigkeit. Ein Porsche mit Kratzer? Ein Unding. Dafür gibt es ja ihn. Autolackierer mit Meisterbrief. Genau genommen Premiumlackierer, wenn man sein Berufsethos definiert. Mal etwas irgendwie zurechtfummeln? Das würde an Selbstverrat grenzen.

Problematisches Terrain

Die Karosse eines Autos ist von überschaubarer Größe, egal ob Feuerwehr, Transporter oder Pkw. Der Einsatz für diese glänzenden Fassaden hat ein leidiges Gegenstück: den Energieverbrauch. Albert Schotte: „Allein die drei Kabinen fürs Lackieren und Trocknen schlucken Unmengen Strom, selbst wenn ich sie nur zwei bis drei Stunden am Tag benutze. Das liegt hauptsächlich an den großen Generatoren, die dafür sorgen, dass die Zu- und die Abluft ordnungsgemäß zirkulieren." Seine erste Kabine, mittlerweile 20 Jahre alt, funktioniert immer noch bestens. Die tauscht man – stolzer Preis! – nicht mal so nebenbei gegen sparsamere Modelle aus.

Die Beleuchtung hat Albert Schotte inzwischen auf LED umgestellt. Trotzdem bleibt sie ein Posten auf der Stromrechnung. „In der Kabine muss es taglichthell sein. Wegen der Farbtreue und damit man auch minimale Dellen oder Lackschäden entdeckt. Für kleinere Reparaturen benutzen wir inzwischen UV-Licht zum Trocknen."

Es lässt sich nicht schönreden: Der Lackieralltag schleppt eine mächtige Schieflage zwischen energetischem Aufwand und Arbeitsergebnis mit sich herum. Auch wenn sich die eine oder andere Kilowattstunde durch effizienteres Equipment einsparen lässt. Auch wenn Lacke ihre Härtezeit von früher drei auf heute eine Stunde reduziert haben und viele sogar an der Luft oder in Minutenschnelle unter UV-Licht trocknen. Auch wenn Albert Schotte gleich beim ersten Farbauftrag so akribisch arbeitet, dass er die Kabinenmaschinerie kein zweites Mal anwerfen muss.

Trotz alledem wird es die Branche in absehbarer Zeit kaum ins Reich der grünen Saubermänner schaffen.

Ein erfreuliches Doppel

Albert Schotte nervte es seit Jahren, wenn er auf seine Energierechnungen schaute. „Mal davon abgesehen, dass sie regelmäßig falsch waren. 1.200 bis 1.400 Euro monatlich allein für Strom waren schlichtweg deprimierend."

Vor 16 Jahren hatte er schon mal einen Vorstoß Richtung PV-Anlage unternommen. Kostenvoranschlag für 50 Kilowattpeak: 450.000 Euro. Utopisch! Trotz Einspeisevergütung-Gegenrechnung.

Zumal zeitgleich das Firmengebäude umgebaut wurde – jede Bank hätte abgewinkt. „Ich habe den schönen Gedanken vom grü-

Die Akteure

1
Die Kabinen fürs Lackieren und Trocknen sind nach wie vor ziemlich unersättliche Stromfresser.

2 + 4
Albert Schotte ist Meister seines Fachs. Die energetische Umrüstung seiner Werkstatt legte er mit absolutem Vertrauen in die Hände der Energieprofis um Karl-Heinz Simmet. Beide Akteure sind mit dem Ergebnis nach einem Jahr zufrieden.

3
Die Gebäude der Autolackiererei wurden 1996 gebaut. Jetzt sind auf den Dächern 38,2-Kilowattpeak-PV-Module untergebracht.

nen Strom erst mal gewaltsam beiseitegeschoben."

Geschichte. Inzwischen kann sich Albert Schotte in Neukirchen vorm Wald entspannt zurücklehnen. Er hat sein Entkopplungs-Maximalziel erreicht. Rund 37.000 Kilowattstunden Strom liefern die 38-Kilowattpeak-Module auf dem Werkstattdach, 30.000 Kilowattstunden nutzt er selbst. Da jede Kilowattstunde von dort oben um die Hälfte günstiger ist als die aus dem Netz, bilden Umweltfreundlichkeit und Geldersparnis ein erfreuliches Doppel. 60 Prozent selbst produzierter Strom stehen 40 Prozent Netzbezug gegenüber.
Bingo.

Gewappnet für alle Wetterlagen

Ende 2018 komplettierte solar-pur dann mit einem Quattroporte von E3/DC das Stromerzeugungssystem. Vertriebschef Karl-Heinz Simmet: „Dieses DUE-XXL-Gerät mit 26-Kilowattstunden-Speicher reagiert flexibel auf verschiedenste Situationen. Gut möglich, Herr Schotte benötigt ausgerechnet in dem Moment viel Energie, wenn auf dem Dach Schnee liegt und an Solarstrom nicht zu denken ist. Dann springt der Speicher ein. Der Quattroporte treibt das Ausmaß der Netzunabhängigkeit noch mal spürbar voran.
Außerdem eignet er sich ideal für Nachrüstungen. Die PV-Anlage mit Wechselrichter war bereits in Betrieb, der AC-Speicher wurde schnell und einfach per Plug-and-play angedockt."
Wenn es so flutscht, warum dann nicht 70, 80 oder 90 Prozent Selbstversorgung? Karl-Heinz Simmet: „Genau genommen machen die kleinen Firmen der großen Politik vor, wie Energiewende geht. Respekt. Der Lackiererei noch mehr Investitionen abzuverlangen, wäre wirtschaftlich grenzwertig. Deswegen hat auch die Ölheizung noch ein Weilchen Bleiberecht."
Als Geschäftsmann rechnet Albert Schotte vor: In acht Jahren ist die gesamte Anlage bezahlt. Als Privatmensch, auf dessen To-do-Liste steht: „Meinem Sohn eine ungetrübte Zukunft ermöglichen!", sagt er: „In Deutschland stammen mittlerweile 47 Prozent des Stroms aus regenerativen Quellen. Und ich bin dabei." «

ONLINE
- Energetische Sanierung Lackiererei

https://www.youtube.com/watch?v=0iEREOG8Zmg

solar-pur-Projekt Privathaus und Edeka-Markt von Martin Hartmannsgruber, Hengersberg

Geht's den Fischen gut, freut sich der Mensch

Die Kois im Gartenteich, die Aquarien im Haus, die Kühlgeräte im Edeka-Markt mögen Stromausfälle überhaupt nicht. Für Martin Hartmannsgruber ist eine Notstrom-Funktion etwas Fundamentales. Neben der Eigenversorgung mit Sonnenenergie.

Der ID.3 von VW ist reserviert, in ein paar Monaten wird er vor der Tür stehen. Martin Hartmannsgruber weiß: Diese Mitteilung provoziert im Freundes- und Bekanntenkreis das „Ja, mei!"-Repertoire in sämtlichen Tonlagen. Klar, alle Welt redet von E-Mobilität. Aber die, die es dann wirklich tun, gelten noch immer gern als Exoten.

Martin Hartmannsgruber lebt niederbayerisches Naturell: Ich tue, was ich für richtig halte. So verabschiedete er sich vor zehn Jahren von seinem Job als Softwareentwickler und wurde Kaufmann. Dem Vater ging es nicht gut. Eine Entweder-oder-Entscheidung: Löst er ihn ab oder wird der familieneigene Edeka-Markt geschlossen?

Ab sofort Sonnenstrom

Um diese Zeit herum hat Martin Hartmannsgruber auch die ersten PV-Anlagen geordert. Viele Wege führen nach Rom und viele Gründe zu Sonnenenergie vom Dach. Martin Hartmannsgruber dachte damals rein ökonomisch. Der gut dotierte Stromverkauf ins öffentliche Netz würde die

Fische sind ein langjähriges Hobby von Martin Hartmannsgruber. Seine vor zehn Jahren installierte PV-Anlage diente dazu, mit grünem Strom Geld zu verdienen. Jetzt nutzt er ihn lieber selbst. Auch für seine Aquarien.

© Hans-Rudolph Schulz

Energiekosten des kleinen, im Familienbesitz befindlichen Edeka-Marktes in Hengersberg – mittlerweile sind es sechs in der Region, die er betreibt – und seines Wohnhauses freundlicher machen.
Funktioniert. Die Rechnung ist aufgegangen. Die Investition in die Module hat sich finanziell erledigt, er verdient mittlerweile Geld mit seinem Grünstrom.

Komplettpaket in einem Gerät

Deshalb folgte 2018 Step 2. Beide Gebäude werden mit einem Speicher nachgerüstet. Die Martin-Hartmannsgruber-Denke hat sich inzwischen verschoben zu: hohe Eigennutzung. Und noch mehr zu: Notstrom! »

> » Ich musste beim Quattroporte-Speicher schon spitz rechnen. **Die Notstromfunktion war letztlich der entscheidende Fakt.** Die bekomme ich nur bei diesem Gerät. «
>
> MARTIN HARTMANNSGRUBER

An dieser Stelle kommen solar-pur und der Quattroporte von E3/DC ins Spiel. Vertriebschef Karl-Heinz Simmet: „Der AC-Speicher eignet sich bestens für Bestandsanlagen. Neben der selbst bestimmbaren Speicherleistung bietet er die Möglichkeit, Notstrom in einem separaten Netz zu erzeugen."

Nächste Pluspunkte, die Karl-Heinz Simmet zum Fan des vorrangig für Gewerbebetriebe entwickelten Speichers machen: „Der modulare Aufbau: Batteriewechselmodul, Batteriemodul, Energiemanagementmodul – alles in einem Gerät. Und der Platzbedarf ist erfreulich überschaubar."

Auf der Rechnung des regionalen Energieversorgers standen für den Edeka-Markt in Hengersberg mit nervender Kontinuität jedes Jahr 60.000 bis 70.000 Kilowattstunden. War einmal. Inzwischen ist der Netzbezug auf 30 Prozent geschrumpft. Die Verknüpfung Solarmodule mit 68 Kilowattpeak und Stromspeicher sichert eine Eigenversorgung von 70 Prozent.

Den Kühltruhen, den Regalen mit den Frischeprodukten, dem Backofen, der LED-Beleuchtung ist es egal, woher ihr Lebenselixier Strom stammt. Hauptsache, er fließt. Man mag sich nicht ausmalen, was da alles vor sich hin tauen würde, wenn er ausbliebe.

Dann übernimmt der Quattroporte? Im Fall der Fälle überbrückt er mit Notstrom. Genaueres lässt sich nicht berichten – noch gab es keinen Einsatz für diese spezielle Funktion.

Richtig gerechnet

Das vom Opa erbaute Wohnhaus von Martin und Manuela Hartmannsgruber ist energetisch eine Mixtur aus alter und neuer Zeit. Das Wasser wird fossil von einer Ölheizung erwärmt. Martin Hartmannsgruber: „Solange sie ihren Dienst tut, darf sie bleiben. Zumal sie selten gebraucht wird." Die Räume werden mit CO_2-neutralen Holzpellets aus der Region geheizt. Der Strom kommt vom Hallendach im Garten. Und inmitten dieser Öl-Holz-Grünstrom-Gemengelage ein Quattroporte-Speicher. Für den gibt es einen charmanten Grund: Tierliebe. Draußen im Garten bewohnen Kois einen Teich, drinnen im Haus tummeln sich Zierfische in diversen Aquarien. Die Fische sind seit Jahren Martin Hartmannsgrubers Hobby. Das die Grundlast des Stromnetzes in beachtlicher Höhe hält. Fische erwarten außer Futter Sauerstoffzufuhr, Lüftung, konstante Wassertemperatur … Und nehmen es schnell übel, wenn ihr Wellness-Programm versagt.

1
Was die Kundschaft erfreut, frisst rund um die Uhr Strom: die Kühlregale mit Frischeprodukten.

2
Edeka-Markt-Stillleben: alte Mühle vor supermodernen Quattroporte-Speichern

Martin Hartmannsgruber: „Ich musste beim Quattroporte-Speicher schon spitz rechnen. Die Notstromfunktion war letztlich der entscheidende Fakt. Die bekomme ich nur bei diesem Gerät."

Nebenbei gibt es einen weiteren ökologischen Sorgsamkeitseffekt: Sämtliche Stromaktivitäten im Haus können die Hartmannsgrubers jetzt auf dem Smartphone in Echtzeit verfolgen. Seitdem werden der Geschirrspüler und die Waschmaschine bevorzugt dann angestellt, wenn der Speicher gut gefüllt ist. «

Die Akteure

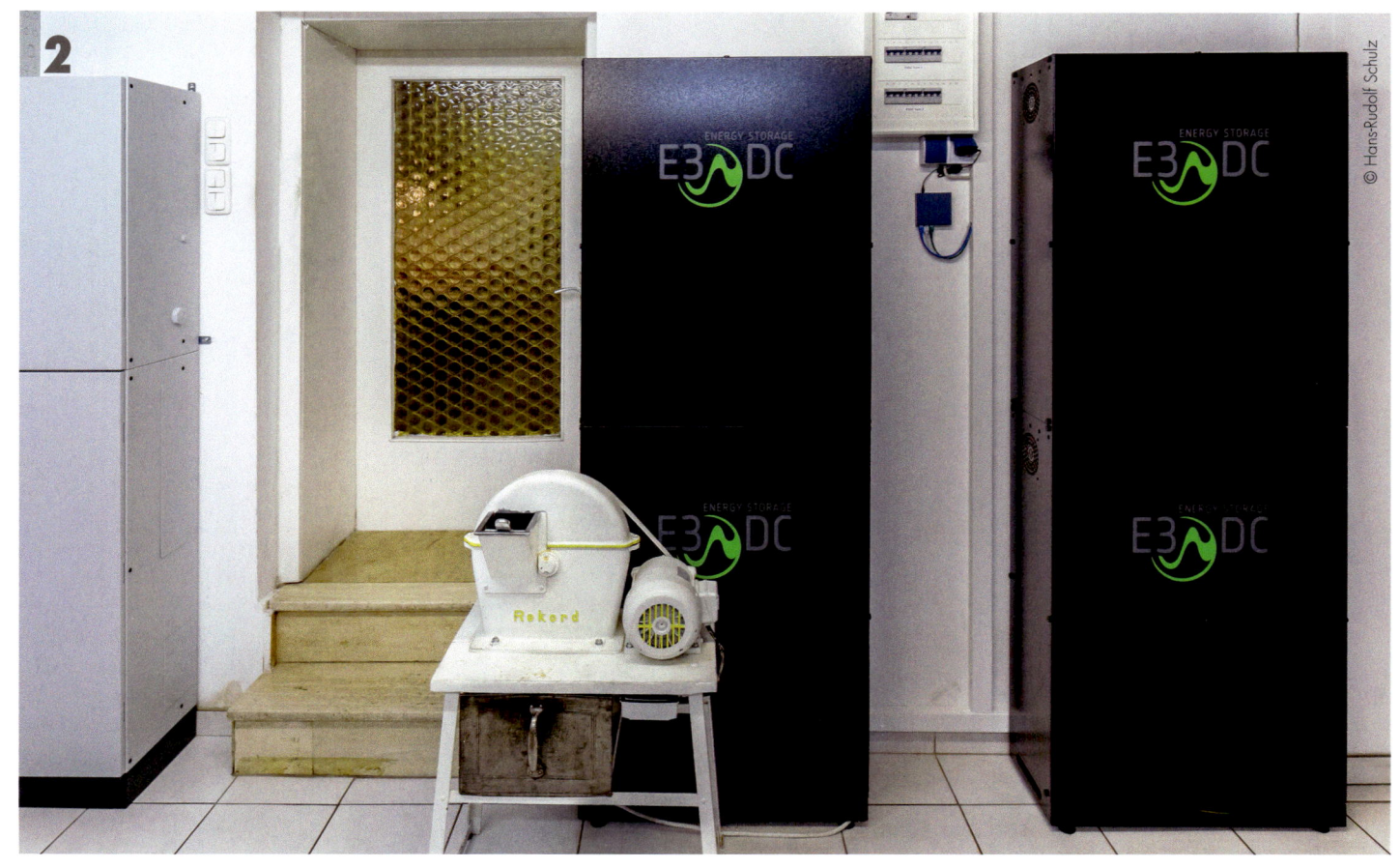

1

2

© Hans-Rudolf Schulz

Kapitel 4

"Genau genommen sind mir die konkreten Motive meiner Kunden egal. Hauptsache wieder einer mehr, der umsteuert. Mögen sie ihren Energieversorger nicht und suchen die Unabhängigkeit? Freut sich ihr Konto, wenn sie selbst Energie produzieren? Wollen sie unsere Umweltprobleme nicht mehr wegatmen? Alles legitime Gründe."

Joachim Köpfer, von Hause aus ITler, ist mehr oder weniger in die Energietechnik reingeschlittert. Mit seiner „Was koschded des?"-Frage war er bei E3/DC etwas früh dran, aber Fan der ersten Stunde. Der Tenor seines ökologischen Tagwerks: MACHEN.

Im Turbo-modus

Die Familienchronik der Köpfers klingt, als könne man dort im Ostalbischen nur in zwei Berufen sein Lebensglück finden: Elektriker oder Pfleger. Ein kleiner Auszug gefällig? Also: Der Vater von Joachim Köpfer war der Elektriker von Tannhausen, bis er das von seinen Eltern betriebene Altenheim übernahm. Sein Elektrogeschäft übergab er dem Bruder. Bei diesem Onkel erlernte Joachim das Elektrikerhandwerk. Um dann 1995 seine eigene Firma zu gründen. Der Bruder Markus wiederum ist Vorstandsvorsitzender der gemeinnützigen Sonnengarten-Stiftung Tannhausen, deren jüngstes Seniorenheim zu Joe Köpfers gebäudetechnischen Lieblingsobjekten zählt. Alles klar?

Bevor wir uns in weiteren Köpfer-Verästelungen verheddern, konzentrieren wir uns auf den Protagonisten: Joachim Köpfer. Für alle, die ihn kennen und mögen, ist er kurz „der Joe", Chef seiner Gebäudetechnik-Firma mit fünf Elektrikern, zwei Facharbeitern Heizung/Sanitär, zwei Mitarbeiterinnen im Büro. Eine davon ist seine Frau Petra, die kümmert sich um die Auftragsbearbeitung und den Einkauf. Sohn Aaron (23) ist ebenfalls an Bord. Natürlich. Siehe oben. Er hat im Herbst 2019 seinen Elektromeister gemacht. Vater und Sohn als Teamplayer bei Gebäudeautomatisierungen, die neben PV-,

Die Akteure

Joachim Köpfer,
Köpfer Gebäudetechnik GmbH,
Tannhausen

4.928.566 kg CO$_2$ vermieden 2012–2021*

mit 10.246.500 Kilowattstunden Solarstrom aus 438 Photovoltaikanlagen

*Laut Fraunhofer-Institut ISI ist für den Zeitraum von 2012 bis 2021 ein Emissionsfaktor von durchschnittlich 481,8 g CO$_2$/kWh anzusetzen.

© Hans-Rudolph Schulz

Speicher- und Heizungstechnik die Firma auf Trab hält.

Unter der Schiebermütze von Joe Köpfer verbirgt sich ein springsheller Geist. (Der AC/DC-Look? Die Jungs der australischen Hardrock-Band mit dem Stromer-Namen trugen auch gern solche Mützen.) Bis er 19 wurde, hat er unterm Dach des Altenheims gelebt, das seine Eltern in den unteren Etagen betrieben. Der Köpfer-Sound stammt auch aus diesen Kinderjahren, den sozialen Impetus hat er in seine Technikwelt rübergeschleppt. Dass Arbeit nicht nur mit dem Blick auf den Kontoauszug am Monatsende glücklich macht, sondern ruhig ein bisschen Sinn stiften darf für die Allgemeinheit. In Tannhausen kennen ihn die Mitmenschen denn auch als Mitglied des Arbeitskreises Klima und Energie. Der ist manchmal schneller unterwegs als der Bürgersinn. Besser so als andersherum. Immerhin hängen mittlerweile 60 Gebäude an einem Wärmeversorgungsnetz, das sich mit örtlich erzeugter Bioenergie versorgt. Der 56-Jährige findet: Es geht noch besser. Ganz Tannhausen gehört an das Nahwärmenetz. Auch wenn er sich das eigene Geschäft beschneidet. Schließlich dreht es sich hier um die ökologische Maximalfrage der Gegenwart, liebe Nachbarn. »

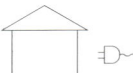

Tun wir mal so, als würde Wünschen helfen. Was steht ganz oben auf Ihrer Liste?

Joachim Köpfer: Die Bevormundung der Branche durch lobbyistisch kontaminierte Politik sollte ein Ende finden. Wie auch die Macht der Energiekonzerne.

Das ist ein großes Wunschprogramm.

Mit Rezepten der Vergangenheit ist Zukunft nicht zu gewinnen. Beispiel: Die Biogasanlage in Tannhausen produziert so viel grünen Strom, dass drei Viertel davon exportiert werden. Die Gemeinde könnte sich bei solchen Mengen eigentlich energetisch abnabeln von allen Versorgern. Das ist verboten, wir dürfen nicht in öffentliche Leitungen eingreifen. Rechtliche Regularien, wie beispielsweise das Mieterstrommodell in seiner aktuellen Form, sind abschreckender bürokratischer Wahnsinn. Ich bin kein Radikaler und verlange auch nicht die Netzautarkie für alle. Aber Kommunen, die nachweislich jeden Tag übers ganze Jahr ausreichend bis überschüssig Energie produzieren, verdienen Standing Ovations statt Blockaden.

Gab es einen Grund, von Informations- auf Energietechnik umzusatteln?

Ich bin da so reingerutscht. In mein Berufsleben bin ich als Elektriker gestartet, bei der Armee folgten der Meister für Fernmeldegerätemechanik, der ITler, der Meister für Hubschraubermechanik. Umschulungen und Fortbildungen am laufenden Band, ich knie mich gern in Sachen rein, wenn sie mich interessieren. Am Ende der Armeezeit hatte ich die Wahl: Abfindung oder Ausbildung. Ich habe mich für eine Elektrotechniker-Ausbildung entschieden. Unter den Lehrern gab es einen, der uns in das Universum der Regenerativen einführte. Der war in einem Energiespar-Verein in verschiedene Projekte involviert. Wenn Photovoltaik im Spiel war, ließ er die Anlagen von mir rechnen. Das war spannend, aber mehr erst mal nicht.

Um 2000 standen dann plötzlich immer mehr Heizungsbauer bei mir in der Firmentür: Wir bauen dem Kunden Solarthermie aufs Dach, würden aber noch zwei, drei Strommodule mit draufpacken. Du kennst dich doch damit aus, kannst du mal gucken … Also habe ich ein paar PV-Anlagen angeschlossen oder die Fehlersuche übernommen. Nebenher. Ich hatte nie das Bedürfnis, selbst PV-Anlagen zu verkaufen, ich war mit meiner IT-Firma glücklich. Bis zu dem Tag, an dem mich ein Geschäftspartner so verärgerte, dass ich beschloss: Ich mach's allein. Ein Jahr später, 2009, beruhten 99,5 Prozent unseres Firmenumsatzes auf Photovoltaikanlagen. Die IT war auf 0,5 Prozent geschrumpft.

Sie hatten die PV-Boom-Phase erwischt.

Die fetten Förderjahre. 2008 gab es für die Kilowattstunde eingespeister Solarenergie 46,75 Cent, 2009 immer noch unglaubliche 43,01 Cent. Garantiert über 20 Jahre. Solche Zahlen brennen sich ein. Ich habe übrigens niemals Freiland-, sondern grundsätzlich nur Aufdachanlagen installiert. Aus Überzeugung. Wir haben schließlich jede Menge geeigneter Dächer im Land.

Was halten Sie von Quartierslösungen, bei denen sich Gebäude schwesterlich unterstützen?

Solche energetischen Insellösungen brauchen wir. Das sind vernünftige, notwendige Bausteine, wenn die Energiewende gelingen soll. Klimakrise? Emissionssenkung? Man muss nicht apokalyptisch unterwegs sein, um zu behaupten: Wir fahren mit dem Fuß auf dem Gaspedal auf die Wand zu. Statt zerstörerisches Unterlassen zu tolerieren, bin ich für: MACHEN.

Betrachten wir mal die technischen Komponenten Ihres Arbeitsalltags. Alles fein und gut?

Die PV-Module meiner Anfangsjahre hatten einen Wirkungsgrad von 7,5 Prozent. 2008 lag er bei 12,5, die ersten monokristallinen Solarzellen überboten damals mit 14,4 Prozent. Seit März 2009

Auch beruflich als Paar unterwegs. Petra Köpfer verantwortet die Auftragsbearbeitung und den Einkauf, Joe Köpfer die Projektentwicklung.

Wenn die Köpfer Gebäudetechnik einen Speicher einbaut, ist es in jedem Fall einer von E3/DC.

verkaufe ich ausschließlich SunPower-Hochleistungsmodule, zu jener Zeit die einzigen mit 19 Prozent Wirkungsgrad. In den relativ überschaubaren Prozenten Mehrleistung stecken mehrere Jahre intensiver Entwicklung. Das Limit für reine Siliziumzellen ist bei 25 Prozent ausgereizt. Behaupte ich jetzt mal.

Bei den Wärmepumpen scheint noch jede Menge Luft nach oben zu sein.

Das Nonplusultra sind sie noch nicht. Ich spreche aus Erfahrung. Ich habe 2008 eine Wärmepumpe in unser Haus eingebaut. Sie schluckt jede Menge Strom und liefert unerfreulich wenig.
2018 hat Köpfer Gebäudetechnik einen Heizungsbaubetrieb übernommen. Der verkaufte bis dato vornehmlich Gas- und Ölheizungen, ganz selten eine Wärmepumpe. Das musste sich ändern. Ich habe mich also durch die marktgängigen Modelle gewühlt und bin relativ schnell bei Nibe gelandet. Die gute Jahresarbeitszahl, die Interaktionen mit anderen Geräten – alles überzeugend. Gestern Abend habe ich gerade in einem Haus eine Sole-Wärmepumpe mit einer Jahresarbeitszahl von 5 abgenommen. Akzeptabel, oder? Nibe arbeitet derzeit an einer neuen Verdichtereinheit, um den Wirkungsgrad weiter zu verbessern.

Sie haben schon 2010 eine Ladesäule für E-Autos gebaut.

Ich gebe zu, das war ziemlich forsch zu der Zeit. Just in dem Moment, als der Eigenverbrauch von Solarenergie zulässig wurde, haben wir eine Lagerhalle mit 100 Kilowatt bestückt. Was machen wir mit dem überschüssigen Strom?, fragte der Eigentümer. Mein Vorschlag gefiel ihm: Lass uns eine Ladestation für E-Autos bauen. Die sind die Zukunft, war ich mir schon damals sicher.

Und kam eins angerollt?

Schneller als gedacht. Der Plan sah eine Woche für den Leitungsanschluss der Ladesäule vor, eine klassische 22-Kilowatt-Station. Am Abend des Tages, an dem sie aufgestellt worden war, traf eine E-Mail ein: Bitte morgen früh anschließen, für den Nachmittag hat sich jemand zum Laden angemeldet. Dieser Jemand, Udo Werges, fuhr mit einem Tesla Roadster vor und ist heute ein bester Freund. Drei Stunden hat's gedauert, bis sein Auto voll war. Die Presse hat zugeschaut, es war eine kleine Sensation in Bopfingen. Mit weitreichenden Folgen.

Sie wollten Ladestationen-Betreiber werden …?

Nein. Drei Wochen nach diesem Event rief mich Udo Werges, heute E3/DC-Außendienstmitarbeiter, an. Eine neue Firma wolle in seinem Privathaus ein Feldtestgerät installieren. Einen Stromspeicher. Was ich davon halten würde. Ich habe mir die Daten schicken lassen, ihm empfohlen, statt der vorgesehenen PV-Module lieber die von SunPower zu nehmen, die würden seinen Hausverbrauch besser abdecken. Vier Monate später erneuter Anruf von Udo: Das Ding ist spitze, schau es dir unbedingt an. Das habe ich getan und war baff. Die Ertragszahlen, die Autarkiewerte – dieser Stromspeicher war ein Geschenk des Himmels. Und mein Einstieg bei E3/DC. »

Kapitel 4

Klingt so, als hätten Sie auf diesen Speicher gewartet.

Mein Gebäudetechnikerleben lang. Seit 1. Juli 2010 sind in Deutschland Eigenverbrauchsanlagen erlaubt. Ich habe die erste am 3. Juli 2010 gebaut. Und bin dabei geblieben. Deshalb haben wir auch schon 2010 intensiv über eigene Speicherkonstrukte nachgedacht. Für einen ITler keine ganz unmögliche Option.

Die komplexen E3/DC-Geräte waren letztlich doch komfortabler als die Eigenschöpfungen?

Udo Werges hatte meine Begeisterung an Dr. Piepenbrink weitergeleitet, der lud uns sofort in sein Testlabor nach Osnabrück ein. Wir haben von Ingenieur zu Ingenieur über alle Details geredet, das war keine Marketingveranstaltung. Schließlich die klassische Schwabenfrage: Was koschded des?

Der Preis war selbst für einen Schwaben okay?

Es gab keinen! Die Speicher wurden noch nicht verkauft. Wir mussten uns bis Anfang 2012 gedulden. Diese Zeit wurde von E3/DC gut genutzt, sie sind mit einem tadellosen Gerät gestartet. Und behaupten bis heute ihren Vorsprung am Markt.

Tadellos ist für Sie?

Premiumqualität. E3/DC-Produkte funktionieren verlässlich, haben sehr hohe Wirkungsgrade. Ich kann mit meiner Person für die Installationen bürgen, ohne um meinen Ruf fürchten zu müssen. Bei uns im Ostalbkreis funktioniert vieles über den guten Leumund.

Mit Ausnahme von zwei Jahren Pause – wir haben damals sämtliche Kapazitäten in einen großen Auftrag gesteckt, Wechselrichterumrüstungen auf 50,2 Hertz in Süddeutschland – bieten wir unserer Kundschaft ausschließlich E3/DC-Speicher an.

Ihr Arbeitsalltag spiegelt sehr direkt wider, ob Leute bei den Fundamentalthemen wie CO_2-Emission, Klimawandel, Energiewende eine Egal-Haltung leben oder ob sie sich aufraffen, eigene Verantwortung zu übernehmen.

Genau genommen sind mir die konkreten Motive meiner Kunden egal. Hauptsache wieder einer mehr, der umsteuert. Mögen sie ihren Energieversorger nicht und suchen die Unabhängigkeit? Freut sich ihr Konto, wenn sie selbst Energie produzieren? Wollen sie unsere Umweltprobleme nicht mehr wegatmen? Alles legitime Gründe.

Solange wir rein auf PV-Anlagen und Speicher fokussiert waren, unterschrieben 70 Prozent der Kunden den Auftrag. Seit wir um den Faktor Heizung erweitert haben, hat sich die Quote auf 50 Prozent reduziert. Logisch.

Wenn ich das Angebot für einen Neubau vorlege – die Sanierung lasse ich jetzt mal außen vor, da reden wir über andere Dinge –, schnappt manch einer nach Luft. 85.000 Euro sind selbst für Gutwillige ei-

Die Akteure

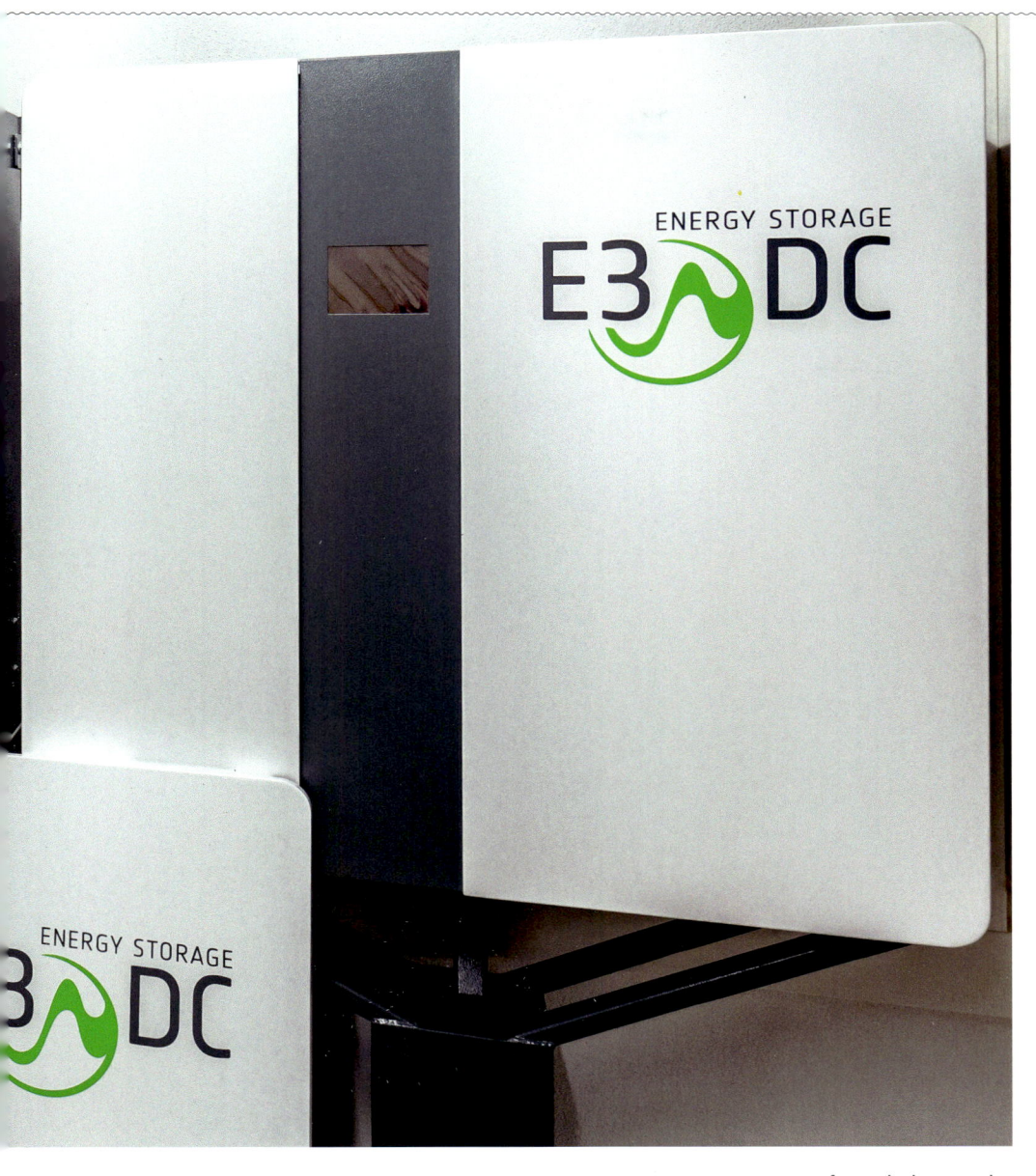

Joe Köpfer ist bekennender Premiumprodukt-Anhänger. Qualitätsanforderungen gibt er an die Kunden weiter.

ne Ansage. 35.000 Euro für die Elektroanlage, etwa 50.000 Euro für die Heizungs- und Solarkomponenten. Rechnet man die Förderung dagegen, bleiben immer noch zwischen 50.000 und 60.000 Euro stehen. Die haben sich zwar nach 12 bis 15 Jahren amortisiert, aber psychologisch muss das Investment eben erst mal bewältigt werden.

Wie würde Ihre Idealkonstellation von Haus und technischer Ausstattung aussehen?

Vermutlich wäre es ein Gebäude mit KfW-40- oder -40-plus-Standard. Ich weiß, der kostet bei der Errichtung mehr als KfW 55. Diesen Mehraufwand muss man im konkreten Fall abwägen. Das Haus würde komplett über Strom funktionieren: SunPower-Module, Nibe-Wärmepumpe, E3/DC-Speicher, Smarthome-System von Loxone. Komplett automatisiert über Kabel.

Keine Gimmicks. Der Kühlschrank, der Bescheid gibt, dass der Joghurt alle ist, interessiert mich nicht. Sondern energetisches Smarthome.

Trotz der geringen Verbräuche, die ein Plusenergiehaus nur noch hat?

Für mich ist die beste Energie diejenige, die wir gar nicht erst verbrauchen. Selbst wenn sie noch so grün ist. Das bisschen Energie für ein modernes Gebäude produzieren wir selbst. Deshalb müssen alle Systeme unbedingt miteinander kommunizieren. Nur so reizt man das Einsparpotenzial aus. Jedes Gebäude ist Teil der großen, treibhausgasverseuchten Welt. Klingt pathetisch, ist aber so.

Gutes Stichwort, um über CO_2 zu sprechen. Haben Sie Emissionen genauso konsequent im Blick wie die Energie?

Würde ich gern. Aber uns fehlen einfach Zahlen für seriöse Berechnungen. Es geistert noch zu viel Hosentaschenwissen durchs Universum. Auf die graue Energie eines Gebäudes habe ich weder Einfluss noch kann ich sie beurteilen. Unser Part, mit dem wir die CO_2-Bilanz beeinflussen können, sind vor allem Heizungen. Sobald die mit Strom vom eigenen Dach betrieben werden statt mit Öl oder Gas, senken wir die Emissionen spürbar. Außerdem Stromspeicher. Ohne die bekommen Sie keine akzeptable Gesamtbilanz gebacken.

Sie reden jetzt nur von den Erträgen und Verbräuchen. Die graue Energie der Geräte blenden Sie aus?

Graue Energie heißt ja nicht umsonst „grau". Mittendrin in einer Lieferantenkette ist es schwer bis unmöglich herauszufinden, wie viel Aufwand an Material, Herstellung oder Transport in einem konkreten Produkt steckt. Klar weiß ich, dass Lithium-Akkus ein ökologisches Drama sind. Aber noch bietet keiner brauchbare Alternativen. Wenn es die gibt, ist E3/DC mit Sicherheit als Erster dabei. Bis dahin stehen Sie mit einem Lithium-Akku-Speicher unterm Strich auf der Seite der Guten. «

Kapitel 4

Das Seniorenheim gibt fürsorglicher Betreuung komfortablen Lebensraum.
Es verknüpft grüne Energieerzeugung mit digitalen Optimierungen.
Es schlägt den Bogen von engagiertem Neubau bis zum Klimaschutz.
Bitte mehr von solchen Richtungsweisern!

Die Akteure

Vorzeigeprojekt Köpfer Gebäudetechnik: Seniorenheim „Im Sonnengarten", Unterschneidheim

Tut gut!

1
Das Seniorenzentrum „Im Sonnengarten" beweist, dass schön und nachhaltig bestens zusammenpassen.

2
Smarte Beleuchtungskonzepte und Lüftungsanlagen sichern eine wohltuende Atmosphäre in den Räumen.

Das Haus hat sich in abgesoftetem Rot, Grün, Braun schön gemacht. Adrett nennen die Menschen, die hier wohnen, solchen Schick. Adrett ist Wortschatz von 1960, den Sturm-und-Drang-Jahren dieser Generation 75 plus. Am 1. April 2016 war Einzug in das Seniorenzentrum „Im Sonnengarten", Unterschneidheim. 4.900 Quadratmeter verteilt auf zwei Wohnebenen und das Untergeschoss. Noch ehe die Möbelwagen anrückten, war es komplett ausgebucht. Mittlerweile ist auch die Seelenstreichlerin Natur allgegenwärtig. Sie breitet sich als reizvolle Parklandschaft rund ums Haus aus. »

Es ist das dritte Alten- und Pflegeheim der 1970 gegründeten gemeinnützigen Sonnengarten-Stiftung Tannhausen. Ein Zuhause für 40 alte, pflegebedürftige oder behinderte Menschen. Nicht Heimunterkunft, sondern Zuhause. Ein gewaltiger Unterschied. Der macht simple Fragen zur großen Herausforderung: Wie müssen die Räume sein, die unseren Bewohnern guttun? Wie gewährleisten wir Privatheit? Womit schaffen wir eine Atmosphäre, die zu gemeinschaftlichem Umgang ermuntert? Wie vermitteln wir Sicherheit, ein Sich-geborgen-Fühlen? Räume können weder heilen noch pflegen, aber sie können die Sinne umarmen, zur Lust auf den Tag anstiften, körperliche Grenzen weiten. Und guter Betreuung Raum geben.

Mit solchen Wenn-dann-Verknüpfungen, mit solchen sozial-technischen Geboten im Hinterkopf stürzte sich Joe Köpfer in die technische Planung des Gebäudes. Nicht die übelste Konstellation, wenn der Investor die eigene Familie ist und der Stiftungsvorstand der Bruder. Ein Halbsatz reicht Joe Köpfer zur Beschreibung des idealtypischen Zustands: „Lange Leine." Also die Chance umzusetzen, was er für klug, richtig, zukunftssicher hält. Zwei Selbstverpflichtungen standen mit Ausrufezeichen auf seiner Agenda: maximale Energieeinsparung und maximale energetische Eigenversorgung.

Schauen wir mal, welche smarten Ideen und welches Equipment die Köpfer Gebäudetechnik in ihr Vorzeigeprojekt gesteckt hat.

→ Eine dezentrale Be- und Entlüftung sorgt in jedem Zimmer für ein behagliches Klima. Hat ein Bewohner trotzdem das Bedürfnis, ein Fenster zu öffnen, dreht sich automatisch die Heizung herunter. Freie Bahn für Raumwärme ins Grüne? Kein Thema. Joe Köpfer hat den Vergleich zu anderen üblichen Heimstandards: „Wir sparen durch diesen Fenster-auf-Heizung-runter-Effekt etwa 30 Prozent Energie, durch die kontrollierte Be- und Entlüftung weitere 15 Prozent." Macht in der Summe 45 Prozent. Bingo!

→ In den Allgemeinbereichen – Flure, Gemeinschaftsräume – übernimmt eine zentrale Lüftungsanlage die Regie. Sie ist für solche Einrichtungen vorgeschrieben.

→ Bäder sind in einem Alten- und Pflegeheim ein energetisches Schlüsselelement. Sie rund um die Uhr aufheizen? Die reinste Verschwendung. Also smart agieren: Sobald jemand sein Bad betritt, schaltet sich automatisch eine Infrarotheizung ein, die sofort wohltuende Strahlungswärme verteilt. Auch diese Präsenzlösung spart spürbar Heizenergie.

→ In seinen Privaträumen soll es sich jeder so warm machen dürfen, wie es ihm beliebt: mit Einzelraum-Temperaturregelungen.

→ Für altengerechtes Wohnen gibt es präzise Beleuchtungsvorschriften. Joe Köpfer: „In den Fluren beispielsweise müssen wir permanent bestimmte Lux anbieten. Das übernehmen Lichtstärkemesser, die sagen der Automatisierung Bescheid, die schaltet dann die Leuchten."

Genauso funktionieren die Farblichtszenarien in den Wellnessbädern. Spareffekt gegenüber einer nicht smarten Beleuchtung: 70 Prozent. Wir reden hier von LEDs, nicht von einem Vergleich mit old Glühbirne.

Apropos: Alle Lichtschalter im Haus sehen aus wie früher. Kein neumodisches Zeug, mit dem alte Menschen womöglich fremdeln. Ein feinsinniges Detail, das von der Fürsorglichkeit und Professionalität der Planer erzählt.

→ Der Strom und die Wärme, von denen bisher die Rede war, werden zu 83 Prozent selbst produziert. An guten Sonnentagen sogar zu 99 Prozent.

Der Jahresstromverbrauch beläuft sich auf 71.500 Kilowattstunden. 60.000 Kilowattstunden sind Strom made im „Sonnengarten". 11.500 Kilowattstunden werden beim Netzanbieter dazugekauft.

→ Verlässliche Lieferanten – 28.000 Kilowattstunden übers Jahr – sind die auf dem

Die Akteure

1
Die Therapiekonzepte im Wellnessbad werden mit individuellen Lichtspielen unterstützt.

2
Joe Köpfer verfolgte zwei Präferenzen bei dem Projekt: maximale Energieeinsparung und maximale energetische Eigenversorgung.

Flachdach in Ost-West-Ausrichtung aufgeständerten SunPower-Module.
Theoretisch hätten 100 Kilowatt Platz gehabt, Joe Köpfer und sein Team haben sich aber bei 28 Kilowatt ausgebremst. „Das reicht. Wir hatten Erfahrungswerte aus unseren anderen Heimen."
Von Januar bis November trägt die PV-Anlage mit nahezu 50 Prozent zur Eigenversorgung des Gebäudes mit Strom bei.
→ An dieser Quote sind als Mitakteure die beiden E3/DC-Speicher S10 im Farmbetrieb beteiligt: mit einer nutzbaren Speicherkapazität von 27,5 Kilowattstunden.
→ Das Blockheizkraftwerk, ausgelegt für 20 Kilowatt elektrische und 60 Kilowatt thermische Leistung, erzeugt im Jahr etwa 98.000 Kilowattstunden Strom. Sein Bedarf an Erdgas in diesem Zeitraum: 460.000 Kilowattstunden.
→ Ein 65-Kilowatt-Spitzenlastkessel – ein Gas-Brennwert-Gerät – schaltet sich hilfreich ein, sollte das BHKW nicht die erforderliche Leistung stemmen. Aber nur dann.
→ Für die Brauchwassererwärmung wurden zwei Kessel im Technikraum aufgestellt.
→ In dieses agile Zusammenspiel von Wärme und Strom ist eine Frischwasserstation eingebunden. Sie holt sich Wärme aus dem Puffer, packt die in einen Wärmetauscher und schickt warmes, legionellenfreies Leitungswasser nach oben in die Wohnetagen.
→ Dirigiert wird dieser Gesamtkomplex von der LOXON-Steuerungsautomatik. Ein Miniserver mit acht digitalen Ausgängen kann verschiedene Geräte ansteuern, sie korrigieren, auf Tour bringen oder ausbremsen, er kann analoge und digitale Daten lesen und alle Beteiligten dazu bringen, miteinander zu kommunizieren. Ihr Verständigungscode: die Temperaturen.
Joe Köpfer: „Trotz vieler Schnittstellen funktioniert die Gebäudeautomation reibungslos. Manche Verknüpfung würde sich heute einfacher realisieren lassen, 2015 waren beispielsweise noch Magnet- oder manuelle Kontakte gängig."
Als ehrenamtlicher technischer Vorstand des Unterschneidheimer Seniorenheims passt er Präferenzen, wenn erforderlich, neu an, hält die Geräte in Schwung.
→ An den 6 Millionen Euro Investitionen für den Altenheim-Neubau ist die Gebäudetechnik mit etwa 300.000 Euro beteiligt. Die Photovoltaikanlage und die Stromspeicher amortisieren sich im Verlauf von elf Jahren, das BHKW nach acht. «

ONLINE

• Ein Video über das Seniorenzentrum Unterschneidheim:

https://youtu.be/nTuzErwmxS4

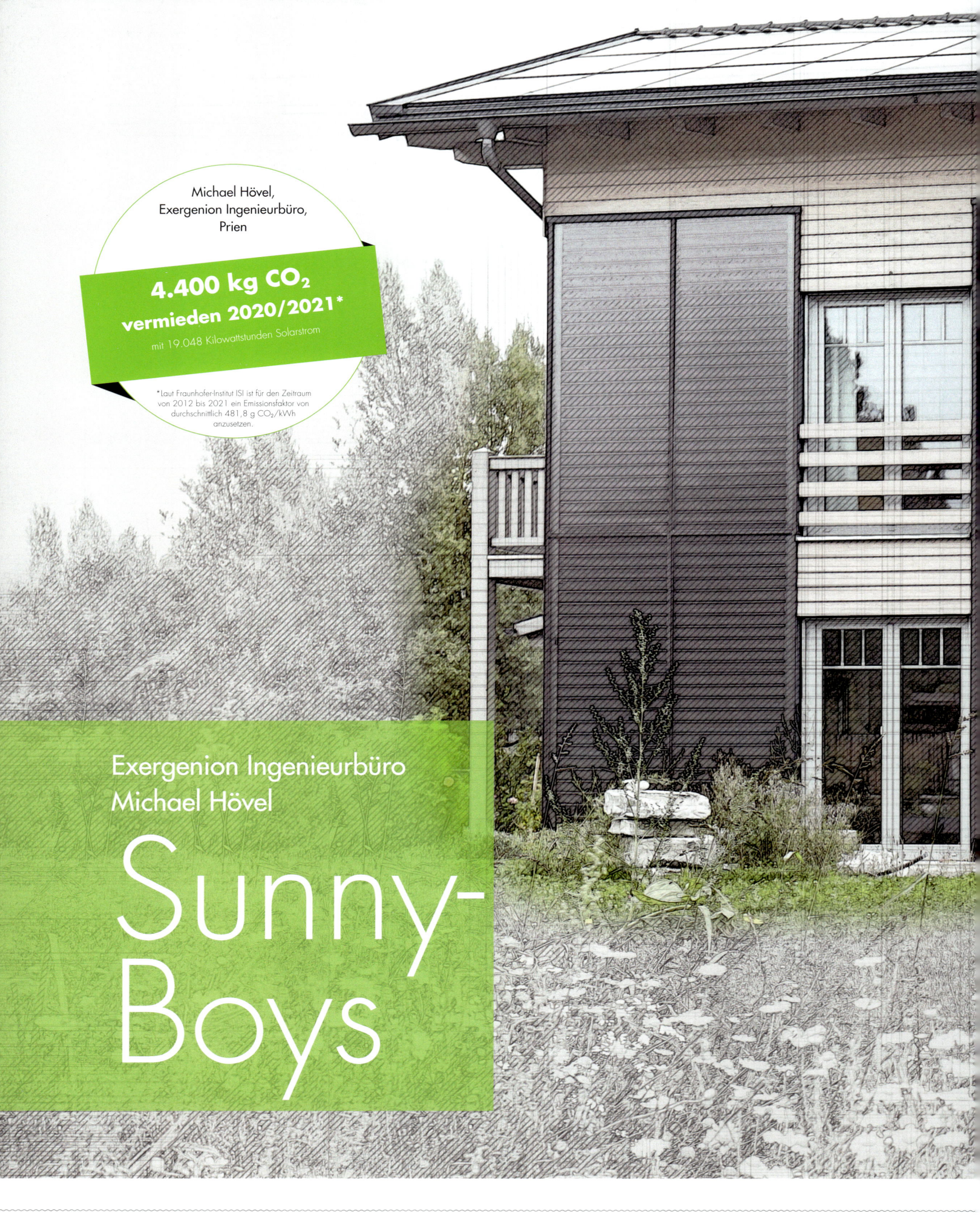

Michael Hövel,
Exergenion Ingenieurbüro,
Prien

**4.400 kg CO₂
vermieden 2020/2021***

mit 19.048 Kilowattstunden Solarstrom

*Laut Fraunhofer-Institut ISI ist für den Zeitraum von 2012 bis 2021 ein Emissionsfaktor von durchschnittlich 481,8 g CO₂/kWh anzusetzen.

Exergenion Ingenieurbüro
Michael Hövel

Sunny-Boys

Michael Hövel mit seinen „Fridays for Future"-bewegten Söhnen Vinzenz und Severin im Garten vor ihrem Sonnenhaus

Michael Hövel mag die klare Sprache der Zahlen. Nur was sich zählen lässt, ist wirklich wahr ... Seine komplexere Ingenieursdenke reibt sich freilich an solch versimpelnden „Wahrheiten" für den Hausgebrauch.

Wahr ist: Auch Zahlen können lügen. In die Irre locken. Zu falschen Lösungen führen. Der Gebäudeenergie-Berater erinnert ein praktisches Beispiel seiner eigenen Hausplanung: „Wärmesenken eines Gebäudes, die zu erwartenden Transmissions- und Lüftungsverluste zu simulieren, macht Sinn für die Dimensionierung der Technik. Dazu diente die DIN V 18599 der damals gültigen Energieeinsparverordnung. Ich habe damit für Raumtemperaturen von 20, 21 und 22 Grad Celsius Gebäudesimulationen generiert. Aber: Der Vergleich mit den dann tatsächlich im Haus gemessenen Werten bestätigt, dass die Bedarfswerte der

Die Akteure

1 + 2
Sonnenhaus heißt:
4.700-Liter-XXL-
Wärmespeicher
über zwei Etagen.

3 + 4
Haus- und
Regeltechnik vom
Feinsten: So geht
Energieoptimierung
heute.

5
Dach- und
Fassadenflächen
sind maximal auf
solare Gewinne
gepolt:
14,9 Kilowattpeak
Photovoltaik,
31 Quadratmeter
Solarthermie.
Die Fassaden-
komponenten hat
der Hausherr selbst
kreiert.

EnEV im Neubau gar nicht erreicht werden. Das physikalische Modell dahinter stimmt einfach nicht. Die Jahressimulation nach VDI 2067 dagegen prognostizierte einen realistischeren Verlauf."

Merken wir uns: Zahlen allein bringen's nicht, sie müssen schon exakt gerechnet sein. Besser noch: durch plausible Messungen bestätigt.

In Michael Hövels Energiekosmos sind selbst gemessene Zahlenwerte der Goldstandard, dem man als Kunde getrost vertrauen darf.

Bei diesem jungenhaften 50-Jährigen ist zu erleben, wie Ingenieurstalent als Interaktion zwischen gefühlter Zuneigung und coolem Rechenkalkül zur Hochform aufläuft.

Er ist aus tiefstem Herzen Naturliebhaber. Sonnenfreak.

Ins Gebäudeformat übertragen: ein überzeugter Sonnenhaus-Fan.

Sonnenhäusler empfehlen: Back to the Roots. Da die Sonne unsere Energiebedarfe auf direktestem Weg decken kann – her damit! Dem Ingenieur Hövel gefällt das: „Wir sollten unsere Probleme prinzipiell so einfach wie möglich lösen. Mit dem geringsten Aufwand."

Der am meisten zitierte Sonnenhaus-Kronzeuge ist – Sokrates. Der Athener soll sein Haus mit einer großen Trapezöffnung zur Sonne gedreht haben. Er hatte ja noch kein Fensterglas; bestenfalls große Vorhänge gegen die Nachtkühle. Im Jahresdurchschnitt freilich damals schon 7,9 Sonnenstunden pro Tag. »

Michael Hövel in seinem Ingenieur-, Denker- und Planungsbüro unterm Dach

Der Bayer Hövel hat mit durchschnittlich 2,1 Stunden zwar nur etwas mehr als ein Viertel der Sonnen-Tagesration des alten Griechen. Dafür aber ein neues, sauber gedämmtes Haus auf KfW-40-Level: mit Solarthermie und großem Pufferspeicher, Photovoltaik und Batteriespeicher. Für die sonnenschwachen, nun mal energiebedürftigsten Herbst- und Wintertage zudem einen Kaminofen.

Michael Hövel, seine Wärme-Messwerte übers Jahr betrachtend, macht bei den Stichworten „solar im Winter" auf ein „Phänomen" aufmerksam: „Die höchsten Solarthermie-Erträge hatten wir mit 1.358 Kilowattstunden im Februar 2019. Das lag daran, dass die Schneedecke im Garten die Sonnenstrahlen extrem stark an der Solarfassade reflektierte."

Seine gemessenen Solarthermie-Jahreserträge von 6.605 Kilowattstunden decken beachtliche 57 Prozent des Gesamtbedarfs an Wärmeenergie seines Hauses. Den Rest spendiert der Holzofen.

„Im Sommer brauche ich logischerweise nur sehr wenig Wärmeenergie. Die gemessenen niedrigen Erträge der Solarthermie-Fassade im Juni zum Beispiel erklären sich daraus, dass die aufgeheizten Pufferspeicher kaum noch Energie aufnehmen können. Ohnehin ist die Fassade durch den großen Dachüberstand im Hochsommer mittags zu fast 40 Prozent verschattet."

Aber zurück zum Anfang. Was war sein Plan für dieses Haus?

„Erstens: maximale Deckung des Energiebedarfs aus Eigenproduktion. Übers Jahr so nah ran an die 100 Prozent wie möglich.
Zweitens: Eigendeckung des tatsächlich gesamten Energiebedarfs – Wärme für Heizung und Trinkwasser, Strom sowohl für das Haus als auch für die E-Mobilität.
Drittens: mit einer so zukunftstauglichen Lösung, dass dieses Haus nie wieder energetisch saniert werden muss.
Viertens: radikale CO_2-Vermeidung.
Fünftens: hohe Wirtschaftlichkeit. Nach 15, längstens 20 Jahren muss sich der zusätzliche Aufwand amortisiert haben."

Strammes Programm.
Sehr ambitioniert.

Macht aber privat wie beruflich Sinn: Michael Hövel hat höchsten Energiekomfort für seine Familie mit dem Bau eines vorzeigbaren Referenzhauses für sich als selbstständiger Energieberater verbunden.

Zahlen, bitte! (1)

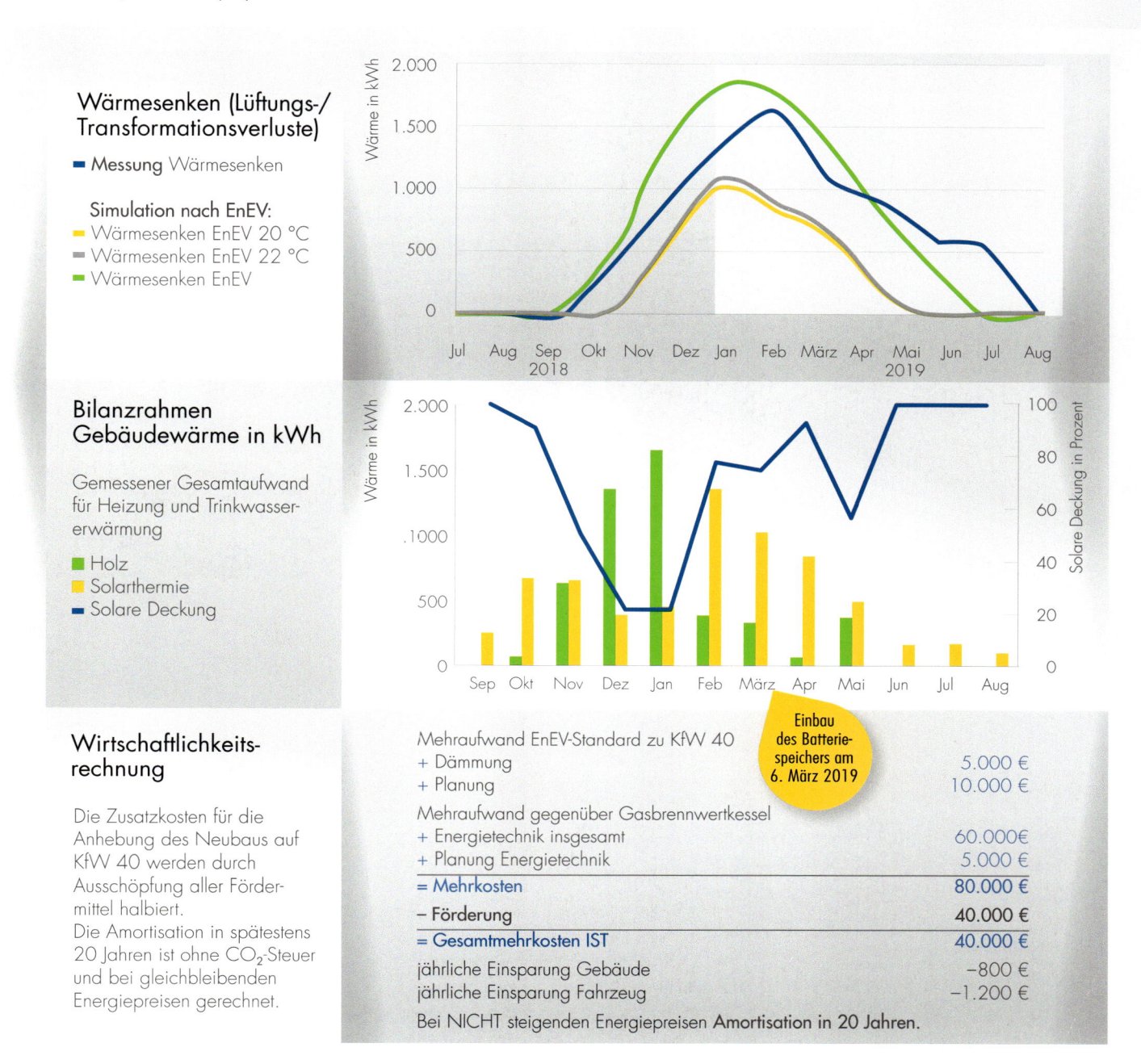

Wärmesenken (Lüftungs-/Transformationsverluste)

- Messung Wärmesenken

Simulation nach EnEV:
- Wärmesenken EnEV 20 °C
- Wärmesenken EnEV 22 °C
- Wärmesenken EnEV

Bilanzrahmen Gebäudewärme in kWh

Gemessener Gesamtaufwand für Heizung und Trinkwassererwärmung

- Holz
- Solarthermie
- Solare Deckung

Einbau des Batteriespeichers am 6. März 2019

Wirtschaftlichkeitsrechnung

Die Zusatzkosten für die Anhebung des Neubaus auf KfW 40 werden durch Ausschöpfung aller Fördermittel halbiert.
Die Amortisation in spätestens 20 Jahren ist ohne CO_2-Steuer und bei gleichbleibenden Energiepreisen gerechnet.

Mehraufwand EnEV-Standard zu KfW 40	
+ Dämmung	5.000 €
+ Planung	10.000 €
Mehraufwand gegenüber Gasbrennwertkessel	
+ Energietechnik insgesamt	60.000 €
+ Planung Energietechnik	5.000 €
= Mehrkosten	80.000 €
− Förderung	40.000 €
= Gesamtmehrkosten IST	40.000 €
jährliche Einsparung Gebäude	−800 €
jährliche Einsparung Fahrzeug	−1.200 €
Bei NICHT steigenden Energiepreisen Amortisation in 20 Jahren.	

Das persönliche Beispiel ist nicht die einzige, erwiesen aber die wirksamste Methode, potenzielle Kunden zu überzeugen.
Michael Hövel hat als Sohn eines Elektrogroßhändlers eine familiär geprägte Beziehung zu Strom. Die er dann als diplomierter Maschinenbau-Ingenieur bei der Errichtung von Großkraftwerken in aller Welt auslebte. Um anschließend seine Erfahrung mit Zukunftstechnik sowie sein energetisches Projektierungs- und Rechentalent Hausbesitzern am heimischen Chiemsee nutzwertig zu vermitteln.
Michael Hövel geht Energieprojekte für »

Zahlen, bitte! (2)

Bilanzrahmen Gebäude Strom in kWh

Selbst produzierter Solarstrom ist die tragende Säule des Energiekonzepts. Solarthermie-Fassade und Holzofen machen den Stromfresser Wärmepumpe überflüssig.

- Verbrauch E-Mobilität (Pkw)
- Verbrauch Gebäude
- Solare Deckung gesamt

Einbau des Batteriespeichers am 6. März 2019

Mit Speicherbatterie bessere Eigendeckung

Die Strommessungen zeigen, wie sich mit der Speicherbatterie die solare Deckung (und damit die Wirtschaftlichkeit) sofort erheblich verbessert.

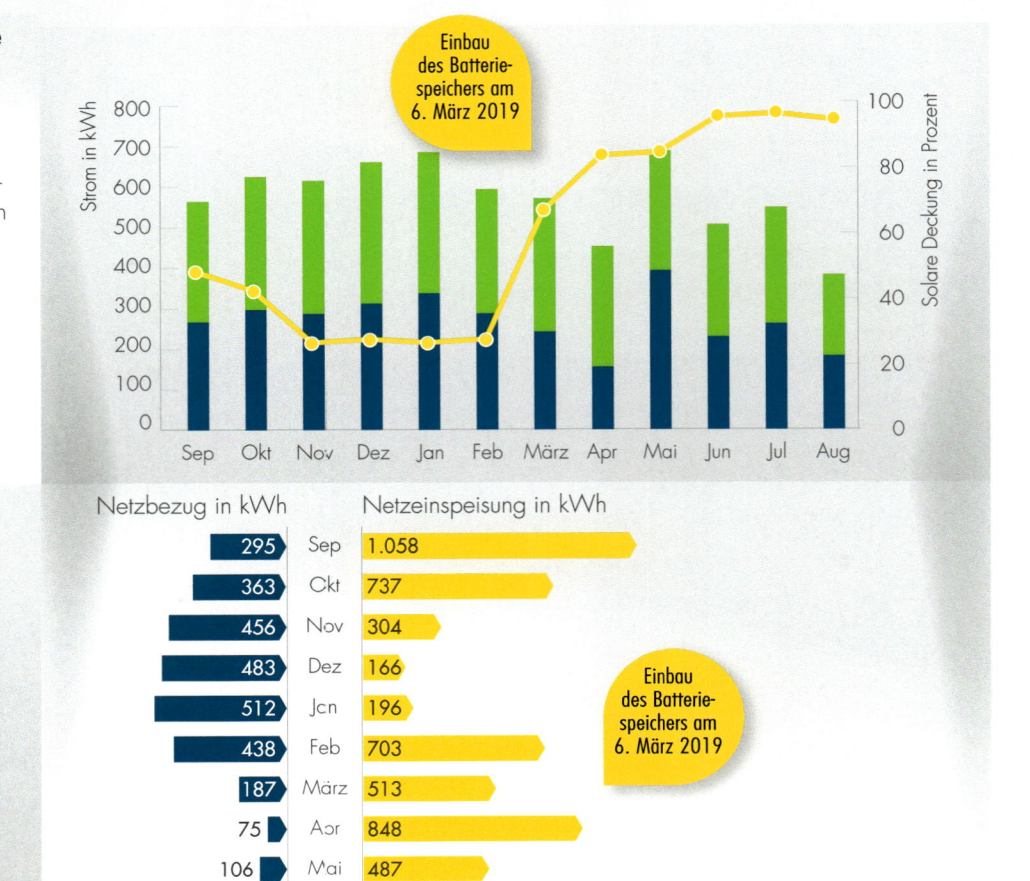

Netzbezug in kWh	Monat	Netzeinspeisung in kWh
295	Sep	1.058
363	Okt	737
456	Nov	304
483	Dez	166
512	Jan	196
438	Feb	703
187	März	513
75	Apr	848
106	Mai	487
20	Jun	1.480
15	Jul	1.394
19	Aug	1.310

Einbau des Batteriespeichers am 6. März 2019

CO_2-Emissionen mit Differenz dargestellt

- CO_2-Emission durch Strombezug
- CO_2-Emissionsvermeidung durch Einspeisung

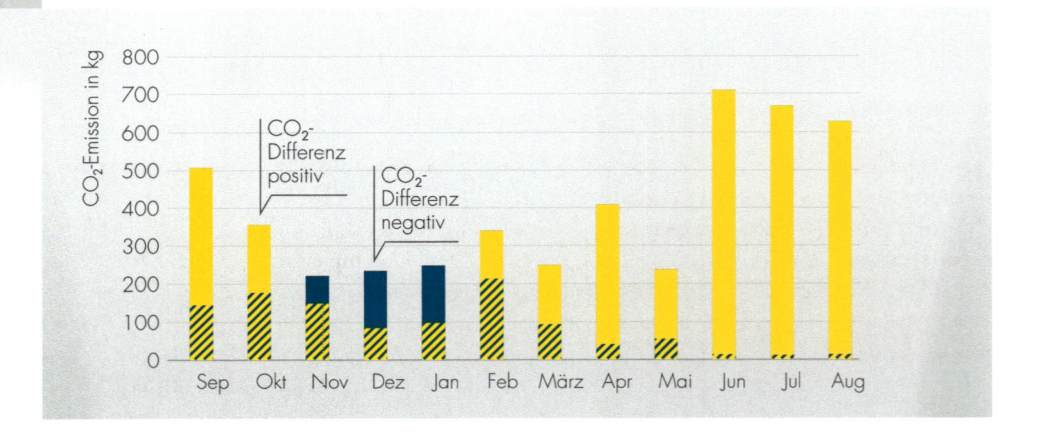

CO_2-Differenz positiv
CO_2-Differenz negativ

Die Akteure

Der VW-Bus mit Dieselantrieb, Relikt früherer Familienurlaube, wartet schon auf seinen elektrischen Nachfolger. Der E-Golf der Familie fährt mit eigenem Solarstrom 25.000 Kilometer im Jahr.

Gebäude stets ganzheitlich an: „Es macht heute keinen Sinn, nur den Energiebedarf des Hauses zu decken. Die Chancen, mit einer wirtschaftlich attraktiveren Lösung gleich auch für die eigene Elektromobilität zu sorgen, sind erheblich größer als die finanziellen Risiken des Abwartens."

Kein normaler Mensch investiere in die Vergangenheit – wenn, dann in seine Zukunft. Das möge man getrost persönlich nehmen: Wir fahren, heizen, versorgen uns jetzt immer stärker energetisch selbst. Den kostengünstigsten Weg dahin rechnet Michael Hövel gern im Einzelfall vor: Je eher wir es tun, desto besser.

Bei seinem eigenen Haus hatte dieses Herangehen zur logischen Folge, die Leistung der Photovoltaik-Module auf dem Dach von anfänglich 10 auf 14 Kilowattpeak aufzurüsten. Und um eine Speicherbatterie für 17 Kilowattstunden zu ergänzen.

Beide Investitionen wirken sich sofort positiv auf seine gemessenen Energiebilanzen aus. Und sind die technische Basis, um sich bei der solaren Deckung des Gebäudestroms erstmals im März der 100-Prozent-Marke zu nähern.

Den Bedarf an Nutzerstrom und E-Mobilität zusammen zu 97 Prozent durch Eigenstrom zu decken, gelang ihm erstmals im Juli 2019.

Michael Hövel ist kein Freund der Idee, Einschränkungen würden das Leben bereichern. Wer wie er energetisch dem Sonnenhauskonzept folgt, kann im Sommer ohne schlechtes Gewissen das Planschbecken für die Kinder mit vorgewärmtem Wasser füllen. Der XXL-Pufferspeicher hat mehr als genug davon. »

Kapitel 4

Familie Hövel macht die Welt ein Stück weit besser. CO$_2$-neutrale Nutzung des Hauses, viel Fahrradfahrerei statt Auto, Gemüse aus dem eigenen Garten …

Andererseits gehört für ihn ein exakt gerechneter Forecast der tatsächlichen Energiebedarfe zum A und O jedes Projekts: „Wenn ich den Strombedarf des Hauses und der Elektromobilität zusammen betrachte, gelingt es mit einer normal großen PV-Anlage nur in den drei optimalen Sommermonaten, ihn einigermaßen zu decken. Im Winter bin ich ohne Zusatzmaßnahmen chancenlos – jenseits von Gut und Böse."

Das Problem sei lösbar, argumentiert Michael Hövel – ob dabei die Überdimensionierung der PV-Anlage und der Speicherbatterie der wirtschaftlichste Weg sei, darf bezweifelt werden. Alles auf Solarstrom zu stellen, wolle wohlbedacht, vor allem exakt kalkuliert sein. Streitpunkt Wärmepumpe: in Hövels Ingenieursdenke ein verlustbelasteter Umweg, der mit relativ hohem Stromaufwand je nach Jahreszeit zwar eine Menge nutzbare Wärme erzeugen kann. Aber die Spitzen an PV-Erzeugung einerseits und am Wärmepumpenverbrauch andererseits liegen naturgemäß ein halbes Jahr auseinander. Das Energieloch wird mit Solarthermie und Biomasse geschlossen. Das erst ermöglicht diese hohe Eigenversorgung mit selbst erzeugtem Strom.

Seine Empfehlung: Solarthermie nicht voreilig ausschließen, wenn die maximale Deckung des Eigenbedarfs durch regenerative Eigenproduktion oberste Zielvorgabe ist. Radikal CO$_2$-neutral.

Gilt das denn auch für das Verheizen von Scheitholz? Es kann nicht mehr CO$_2$ freisetzen, als es durch Photosynthese beim Wachsen gebunden hat, antwortet Michael Hövel. Unterm Strich ergibt das eine lupenreine CO$_2$-neutrale Bilanz.

Apropos, Herr Hövel. Wie fällt denn Ihre private CO$_2$-Bilanz für 2020/2021 aus?
Er bezieht folgende Positionen in seine Rechnung ein:
– Heizwärme Haus,
– Warmwasser Haus,
– Strom Büro,
– Strom Haushalt,
– Strom E-Fahrzeug (ca. 20.000 km/Jahr),
– Diesel VW-Bus (ca. 7.500 km/Jahr),
– abzüglich der eingespeisten Strommenge.

Die Akteure

Zahlen, bitte! (3)

Elektrischer Selbstversorgungsgrad

Die gemessenen Werte solarer Eigenversorgung sind besser als prognostiziert. Über mehrere (bessere und schlechtere) Sonnen-Jahre sind durchschnittlich 90 Prozent erreichbar.

- Simulationsergebnis
- Messwerte

Versorgung mit PV-Strom direkt und aus Batteriespeicher in Prozent

Jul Aug Sep Okt Nov Dez Jan Feb März Apr Mai Jun Jul Aug
2018 — 2019

Einbau des Batteriespeichers am 6. März 2019

Grad der Wärmeversorgungsunabhängigkeit

- Selbstversorgungsgrad Sonnenhaus autark inkl. Holzverbrauch 82 %
- Selbstversorgungsgrad Sonnenhaus autark exkl. Holzverbrauch 48 %
- Holzverbrauch

Unabhängigkeit in Prozent

Jan Feb März Apr Mai Jun Jul Aug Sep Okt Nov Dez

CO_2-Bilanz

- Netzbezug in kWh
- Netzeinspeisung in kWh
- Diesel in Litern bei 7.500 km Fahrleistung für VW-Bus
- CO_2-Gutschrift für Einspeisung
- CO_2-Last für Netzbezug
- CO_2-Last für Diesel

2020: 615 | 1.434 | 9.864 — 4.752 kg CO_2 | 691 kg CO_2 | 1.599 kg CO_2
CO_2-Vermeidung: 2,5 Tonnen

2021: 615 | 1.922 | 9.184 — -4.425 kg CO_2 | 926 kg CO_2 | 1.599 kg CO_2
CO_2-Vermeidung: 1,9 Tonnen

„Damit komme ich auf eine CO_2-Vermeidung von 2,5 Tonnen in 2020 und 1,9 Tonnen in 2021, die wir auf unseren Konsum anrechnen könnten. Wichtig ist, dass wir für Gebäude und E-Fahrzeug nur einen Netzbezug in Höhe von 700 bis 1.000 Kilogramm CO_2 kompensieren müssen. Hätte ich eine Wärmepumpe, wäre diese Zahl viel höher, weil der jahreszeitlich bedingte Unterschied zwischen Stromverbrauch im Winter und Strombezug im Sommer die Bilanz negativ beeinflusst." «

Kapitel 4

Lieblingsfarbe
Grün

Michael Simon steckt seit seiner Studentenzeit in Umwelt- und Energiethemen, würde sich bessere Regularien für die Energiewende wünschen, treibt diese mit seiner Sunny Solartechnik GmbH rund um den Bodensee aber unverdrossen voran.

Die Akteure

Michael Simon führt mit seinem
Firmengebäude vor, wie
umweltfreundliche Nutzung
funktioniert.

Michael Simon,
Sunny Solartechnik GmbH,
Konstanz

**60.876.050 kg CO_2
vermieden 2012–2021 ***

mit 126.535.129 Kilowattstunden Solarstrom
aus 2.185 Photovoltaikanlagen

*Laut Fraunhofer-Institut ISI ist für den Zeitraum
2012 bis 2021 ein Emissionsfaktor von
durchschnittlich 481,8 g CO_2/kWh
anzusetzen.

© Hans-Rudolf Schulz

Kapitel 4

Sie sind mit Ihrer Firma Sunny Solartechnik seit Jahren mittendrin im großen Thema Energiewende. Mit Blick aufs Klima verschärft sich die Aufgabe: nicht mehr nur das Mögliche machen, sondern das Nötige möglich machen.

MICHAEL SIMON: Gewisse Dringlichkeiten werden jetzt tatsächlich endlich anders bewertet als noch vor zwei, drei Jahren. Beispiel: Ich erlebe bei Kundengesprächen immer öfter, dass die Leute fragen: Wie kann ich von 30 Prozent auf 60 Prozent grünen Eigenstrom erhöhen? Das ist die Denke, die uns voranbringt.

Umso wichtiger ist es, die Leute nicht auf eine passive Rolle als Kunden zu reduzieren, sondern ihnen einen aktiven Part als Mitmacher zuzuschreiben. Nur so schafft man eine Mehrheit für die ökologische Wende.

Das Wissen fordert das Gewissen.

Wir brauchen keine Helden. Wir brauchen mehr Sachverstand. Auch bei den gesetzlichen Regularien.

Was haben Sie auszusetzen?

In Deutschland bekommen Verbraucher, die den Strommix sauberer machen, die CO_2 reduzieren, nicht etwa eine Gutschrift, sondern werden mit einer EEG-Umlage bestraft. Sie müssen dafür bezahlen, dass die anderen schmutzige Energie produzieren und verwenden dürfen. Das ist doch verrückt, oder?

Da kocht ein Zörnchen in Ihnen hoch?

Sehr hoch.

Seit Jahren gilt – von der Politik angemahnt und entsprechend gefördert – Energieeffizienz als Gebot Nummer eins für die Baubranche. Richtig?

Es macht absolut Sinn, Energieschleuder-Gebäude zu konditionieren. Besonders bei der Wärmeversorgung. Aufs Heizen entfallen statistisch immer noch 75 Prozent der Energieverbräuche.

Aber die eigentliche Wahrheit ist: Wir haben kein Energieproblem, wir haben ein Emissionsproblem. Dabei liefert allein die Sonne unbegrenzt verfügbare Energiemengen. Die sind mehr als fünftausendmal größer als der gesamte Bedarf der Menschheit. Solarenergie setzt keine Luftschadstoffe frei, keine Treibhausgase – sie ist total klimaschonend.

Michael Simon: „Genau genommen baden wir in alternativer Energie."

© Hans-Rudolf Schulz

An sonnenreichen Orten auf der Welt kostet die Kilowattstunde Solarstrom heute magere zwei Cent, in Deutschland durchschnittlich fünf Cent. Das ist meist schon günstiger als Strom aus Kohle. Zur Sonne gibt es noch Geothermie, Windenergie, Biomasse. Genau genommen baden wir in Energie. Wenn wir unsere gesamte Versorgung auf die Alternativen abstellen, wenn wir uns von fossilen Brennstoffen befreien, dann haben wir etwas gekonnt.

Sehen Sie in der CO_2-Steuer einen Beschleunigungsfaktor?

Nein. Ich fürchte, sie hat keine lenkende Wirkung. Sie tut kaum weh.

Halten Sie das technische Equipment, das Ihnen zur Verfügung steht, für ausreichend?

Bei den Photovoltaik-Anlagen hat sich unglaublich viel getan. Der Quadratmeterpreis für ein Modul liegt mittlerweile unter dem Baumarkt-Preis für ein gerahmtes Fenster. Auch der Zwang zur Südausrichtung hat sich erledigt. Mit den Modulen von heute können die Dächer voll belegt werden.

Ob bei der Photovoltaik noch mehr zu holen ist? Bei den Kapazitäten gibt es Luft nach oben: Module werden künftig in andere Nutzungsformen integriert werden. In Fassaden, auf Hallendächern, auf Ackerflächen. Der Wirkungsgrad der Solarzellen, wie wir sie derzeit kennen, ist relativ ausgereizt. Aber auch da scheint noch mehr möglich.

Es gibt Versuche mit sogenannten Tandem-Technologien: Auf den Silizium-Halbleiter wird eine zusätzliche Materialschicht draufgepackt, dadurch verändern sich die Kristallstrukturen. Der Wirkungsgrad ließe sich damit von jetzt 26 Prozent angeblich auf über 30 Prozent steigern. Vielversprechend?

Das klingt im ersten Moment nicht nach Unmengen, summiert sich aber. Nichtsdestotrotz gehen drei Viertel der Sonnen-

> Die eigentliche Wahrheit ist: Wir haben kein Energieproblem, wir haben ein Emissionsproblem …

energie ungenutzt verloren. Es wird deshalb heftig an Methoden geforscht, dass Module künftig nicht nur Licht, sondern auch Wärme aus den Sonnenstrahlen absorbieren und in Energie umwandeln.

Nächste Komponente: Wärmepumpen. Ihr Wirkungsgrad bessert sich. Sie lassen sich jetzt auch, ganz wichtig, in elektronische Systeme einbinden und arbeiten dynamisch. Sie beschränken sich also nicht mehr nur auf die Funktionen Ein und Aus – ich mache mal 10 Kilowattstunden und schalte dann wieder ab –, sondern fangen dank einer intelligenten Steuerung auch bedarfsgerecht mit nur 3 Kilowattstunden an.

Speicher sind ganz wichtige Akteure im großen Umschwenken auf die Erneuerbaren. Je preiswerter sie werden, je mehr Solarstrom sie speichern, desto schneller können wir die Fossilen hinter uns lassen.

Fehlt noch das E-Auto.

Wenn es ein Auto sein muss, dann ein Elektromodell. Das mit grünem Strom betankt wird. Und mit dem Hausspeicher kommuniziert.

Finden Ihre Kunden Speichertechnik genauso gut wie Sie?

Jeder, der sagt, ich will einen Speicher, ist mir lieb. Angefragt wird er mittlerweile von jedem zweiten Kunden, genommen von jedem fünften. Das sind häufig Leute, deren allererste Denke nicht darum kreist, ob es sich finanziell lohnt. Die machen es eher, weil sie meinen: Wir können auch anders.

Was erzählen Sie den scharfen Nachrechnern?

Die Fakten. Bei aller Überzeugung vom Sinn meines Tuns: Ich bin nicht ideologisch unterwegs, ich muss als Geschäftsmann und Techniker meiner Kundschaft plausible Zahlen vorlegen. Beispiel E3/DC-Speicher, das derzeit Beste am Markt: Die Firma gibt zehn Jahre Vollgarantie, übrigens als einziger Anbieter. Diese zehn Jahre sind für mich eine feste Größe für die Gegenrechnung, ich gehe da ganz konservativ ran: Wie viel Leistung kann in den zehn Jahren aus- und eingespeichert werden?

Was kommt raus?

Die Kilowattstunde ist bei den derzeitigen Preisen, ich spreche jetzt von der Zeit vor den drastischen Preiserhöhungen ab Mitte 2022, in diesem Zeitraum kaum billiger als aus dem Netz. Wenn ich mit 15 oder 20 Jahren rechne, was einem E3/DC-Speicher anstandslos zuzutrauen ist, wird der Strom aus der Eigenversorgung natürlich günstiger als der Netzbezug. Nach 20 Jahren, da bin ich mir sicher, bleibt auch die Nachrüstung überschaubar. Sie ist Bestandteil einer seriösen Kostenermittlung. Man muss dann vermutlich nicht das komplette Gerät tauschen, sondern allenfalls die Batterie. Während der Garantiezeit würde das übrigens E3/DC übernehmen.

Die Entscheidung, Speicher ja oder nein, trifft Ihre Kundschaft vor allem mit Blick auf die Anschaffungskosten.

10.000 Euro für die Photovoltaik sind kein Problem, das kriegen die meisten ohne Kredit hin. Mit Speicher kostet es das Doppelte. Da schlucken dann viele. Hm, mal gucken, ob ich noch einen Bausparvertrag habe … später. Später ist für uns auch okay, dann wird eben nachgerüstet.

Ihre Fachkollegen, mit denen wir gesprochen haben, sagen wie Sie: E3/DC-Speicher sind die Markt-Primusse.

Klingt für Sie, als hätten wir einen Werbevertrag? Ich habe die marktgängigen Stromspeicher logischerweise im Blick. Wenn mich Kunden fragen: Was ist das Supersystem, das technisch Beste, lautet die Antwort: E3/DC.

Weil …?

… kein anderes System so funktionsfähig ist. Auch in der Schweiz oder in Österreich finden Sie nichts Innovativeres. In den Geräten ist der Solarwechsler drin. Der Zählerplatz. Der Manager. Einfach alles. Ich kann es bei Stromausfall als Inselsystem nutzen. Es ist dreiphasig. Ich kann auf einer Phase kochen, die andere ruhen und auf der dritten fünf Toaster gleichzeitig ackern lassen. Da hört es bei allen anderen Speicherherstellern auf.

Die bieten irgendwo noch eine Notstromsteckdose, von der ich eine Glühbirne zwei Stunden lang betreiben kann, das war's.

Reden wir mal über ein paar Superlative: Ihr schwierigstes Projekt?

Eine Kraft-Wärme-Kopplung, die mit einer Kraft-Kälte-Kopplung verflochten ist. Der Auftraggeber, ein Schweizer Kaffeemaschinenhersteller, lässt auf einem Teststand zig Kaffeemaschinen Tag und Nacht laufen. Damit im Prüfraum nicht irgendwann die Luft glüht, sind gewaltige Kühlleistungen nötig. Im Sommer beispielsweise wird die Wärme des Blockheizkraftwerks in Kälte umgewandelt. Technisch an der Grenze dessen, was vermittelbar ist.

Ihr bisher größtes Projekt?

Wir haben fast alle großen Solarparks im Landkreis Konstanz in der Entstehung betreut. Bisher acht. In der Dimension für uns außergewöhnlich war ein Edeka-Markt mit einer 500-Kilowatt-Anlage auf dem Dach.

Von welchem Projekt würden Sie der jungen Generation am liebsten erzählen?

Von unserem Firmensitz. Eine Kaserne aus den 1930er-Jahren, die wir zum Wohn-, Werkstatt- und Geschäftsgebäude umgebaut haben. Mit enormem Ehrgeiz. Wir haben tatsächlich Plusenergiestandard realisiert. Das Haus besitzt die größte Solarkollektorfassade und die älteste Stromtankstelle hier am Bodensee. Es hat einen 7.000-Liter-Wasserspeicher, der bedarfsgerecht aufgeheizt wird. Über eine Betonkernaktivierung der Decke optimieren wir die Temperatur in den Erdgeschossräumen. Um den Solarstrom maximal selbst zu nutzen, haben wir einen Lithium-Ionen-Speicher installiert. Die Überschüsse gehen ins Netz. Der Umbau liegt jetzt neun Jahre zurück: alles richtig gemacht.

Sie sind Diplom-Ingenieur Physikalische Technik. Wie nahe dran ist so ein Studium am Gebäudeenergieexperten mit grüner Ausrichtung?

Der Mix aus Physik, Chemie und Maschinenbau ist nicht das schlechteste Startkapital. Während meines Studiums in Hagen war ich mit Freunden in einer Umweltgruppe, die sich gegen das Waldsterben im Sauerland engagiert hat. In meiner Diplomarbeit habe ich mich mit Windenergieanlagen beschäftigt, speziell mit Drehstromantrieben. Windräder waren damals eine nahezu unbekannte Materie. Die Stromkonzerne haben Experimente mit ihnen nur unterstützt, um zu beweisen, dass sie nicht funktionieren. Die waren auf Atomkraftwerke fixiert.

Frisch diplomiert habe ich mich an der Uni Konstanz beworben. Für eine Stelle in der Solarzellenforschung. Ein Glücksfall in jeder Beziehung: eine interessante Thematik, von deren Zukunftsaussichten ich schon in jungen Jahren überzeugt war. Und das Ganze unter der Obhut des Solarenergie-Papstes Prof. Ernst Bucher. Er gilt als Pionier der Solarforschung und hat viele Studenten und Doktoranden ausgebildet, die heute weltweit als superkluge Forschungsspezialisten tätig sind. Damals haben die Stromkonzerne auch an der Stelle gesagt: Alles lächerlich, das bringt uns nicht weiter. Für die waren wir Graswurzelbewegung. Inzwischen schnauben viele vor Wut, wie preiswert sich Solarstrom dezentral erzeugen lässt.

Stromtankstelle

- kostenfrei nutzbar
- 100 % PV-Strom
- 220 Volt, 16 A
- Baujahr 1989

SUNNY solartechnik

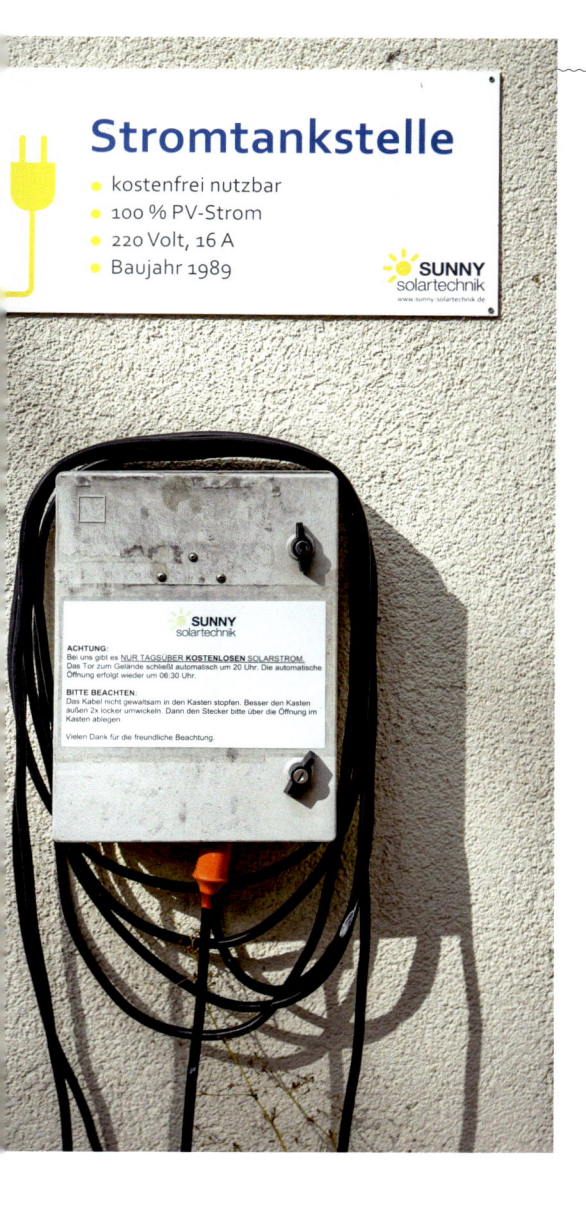

Irgendwann wechselten Sie die Seiten. Von der Theorie in die Praxis.

Fünf Jahre lang haben wir an der Uni aus verschiedensten Materialien im Hochvakuum dünne Schichten hergestellt und auf ihre photovoltaischen Effekte untersucht. Als Alternative zu Silizium, das damals exorbitant teuer war. Erst mit dem Preisverfall von Silizium begann die wirkliche Solarzellen-Revolution. Irgendwann hat man Lust auf etwas Neues. Mit ein paar anderen Verrückten an der Uni haben wir 1990 begonnen, ein E-Fahrzeug zu entwickeln. Heute heißt so etwas Start-up.

Sie wollten den Autokonzernen Konkurrenz machen?

Klar, ein bisschen Größenwahn war dabei. Aber angestachelt hat uns: Wir wollten tun, was die gelassen haben. Die großen Firmen haben uns natürlich nicht ernst genommen und auf den Pfad der Tugend haben wir sie auch nicht getrieben. Schade. Nach etwa 50 verkauften Fahrzeugen, selbst entwickelten oder umgerüsteten, wie dem Fiat Bambino, haben wir das Abenteuer beendet. Aus einem Ingenieurbüro für Solarentwicklung ist dann vor reichlich 25 Jahren die Sunny Solartechnik GmbH entstanden. Anfangs mit einer breiten Palette von Regenwassernutzung bis Pelletheizung, seit zehn Jahren konzentrieren wir uns auf Solaranlagen mit allen Komponenten.

Für einen Konstanzer naheliegend: Sie haben eine Tochterfirma in der Schweiz. Was ist auf der anderen Seite des Bodensees anders?

Der Strommix. Der stammt zu fast 70 Prozent aus erneuerbaren Energien. Vor allem aus Großwasserkraftwerken. Photovoltaik ist laut jüngster Statistik mit 7 Prozent dabei. Nicht so schick finde ich die 15 Prozent Kernenergie.

Anders oder vielmehr besser ist: In der Schweiz wird jeder Neubau mit einer Wärmepumpe ausgestattet, ohne Diskussion, ganz selbstverständlich. Und ein paar Kilometer übern See installieren dieselben Monteure in deutschen Häusern noch Gasheizungen.

Außerdem gibt es mentale Unterschiede. Hierzulande wird gern auf den günstigsten Preis geschielt, zulasten der besseren Lösung. In der Schweiz hält man es für normal, dass Qualität kostet. Sonst wäre es keine. «

Das Vorzeige-Gebäude

SUNNYsolarHaus, Europäisches Musterhaus für Energienutzung und -speicherung, Konstanz

Hausdaten

- Sanierung: 2011
- Bauweise: massiv, Ziegel und Beton
- Büro- und Geschäftsräume: 1.400 m²
- Wohnungen: 230 m²
- 12.000-l-Speicher (unterirdisch) für Regenwassernutzung

Optimal ausgelegte Wärmezonen

- Keller: Lüftungsanlage mit Wärmerückgewinnung und Speicherung der Heizungswärme
- Erdgeschoss: gut gedämmte Lager- und Werkstatträume; Betonkernaktivierung der Decke; Wandheizung; zum Arbeiten optimale Beheizung bei geringer Temperatur
- Obergeschoss: Fußbodenheizung; Dreifach-Fenster-Verglasung; gutes Beheizen der Räume mit geringer Vorlauftemperatur und gleichzeitiger Reduktion des Wärmebedarfs
- 2. Obergeschoss: komfortables Wohnen und Arbeiten; Passivhausdämmung; Einzellüftungsanlagen mit Wärmerückgewinnung; Lichtbänder auf der Pultdach-Nordseite; außen liegende Verschattungsmöglichkeit; Schutz im Sommer vor Überhitzung

Durchdachte Wärmeversorgung

- Große Süd-Solarfassade (Länge: 40 m, 3 Felder, 180 m²) mit Plattenwärmetauscher und 3 Heizungswasserspeichern; Ertragsspitzen bei tief stehender Wintersonne
- Kleine Pelletheizung; auch mit Stückholz zu betreiben

Nachhaltige Stromversorgung

- Süd-Pultdach mit Photovoltaik-Modulen 390 m² = 58,6 kWp Leistung; Einspeisung Stromüberschuss ins öffentliche Netz
- Lithium-Ionen-Speicher (erweiterbar bis 13,8 kWh) zur Erhöhung der Eigennutzung des Solarstroms
- Stromtankstelle (100 % Solarstrom) für die Elektrofahrzeuge von Mitarbeitern und für die E-Firmenfahrzeuge

Kapitel 4

Sunny-Solartechnik-Projekt
Evangelisches
Studentenwohnheim,
Konstanz

Summa cum laude

Das ABH-Studentenwohnheim schafft gleich mehrere Fundamentalprobleme aus der Welt: Es ist bezahlbar. Seine Flatrate-Miete bringt Sicherheit ins studentische Budget. Es versorgt sich umfänglich selbst mit eigener grüner Energie.

Architekt Johannes Hartwich hat seine Werkliste mit einem Vorzeigeprojekt mehr komplettiert.

Sie haben den Bodensee vor der Nase, eine Exzellenz-Uni, fahrradbesessene Mitmenschen und dürfen nun auch noch in einem Best-of-Wohnheim residieren. Du meine Güte, was für ein Start ins Erwachsenenleben. Student in Konstanz müsste man sein.

Das Ambrosius-Blarer-Haus, in Kurzfassung ABH, ist nach einem über Konstanzer Stadt- und Landesgrenzen hinaus bekannten Reformator benannt. Ein Sahnestückchen in bester Lage. Das Grundstück, wie auch das benachbarte mit dem Kinderheim, gehört der evangelischen Kirche.

Die Ein- oder Zweizimmerapartments, voll möbliert, mit eigener Küche und eigenem Bad, bieten 56 jungen Leuten Platz. Egal, ob sie die Miete als Studentenjob in der Coffeebar verdienen oder die Eltern als Sponsor einspringen – die Kosten sind glückspilzverdächtig im überhitzten Wohnungsmarkt: 410 oder 430 Euro im Monat. In diesem vergleichsweise kleinen Geld ist alles drin, was sich sonst zu einer zweiten Miete aufstapelt: Strom, Wärme, Wasser, Abwasser, Internet, Parkplatz. Flatrate-Miete! Die ist hierzulande noch eher Einzelfall denn Trend. Aber Fortschritt, findet Johannes Hartwich.

40 Jahre lang war er Chef des eigenen Architektenbüros, das seit 2010 unter HHP Architekten firmiert. Auf der Werkliste findet sich alles, was die Baulandschaft von Konstanz und Umgebung herzeigt. Eigenheime, sanierte Mehrfamilienhäuser, DRK-Rettungszentralen, Klinikerweiterungen, diverse Bauten für die Camphill Dorfgemeinschaft Lehenhof, Dachausbauten, Uni-Sanierungen ... Es gibt immer gut zu tun im größten Architekturbüro der Stadt, packen wir's an.

Architekt gibt der Zukunft ein Zuhause

Das ABH fühlt sich für Johannes Hartwich an wie der Schlussapplaus nach einem beglückenden Berufsleben.

Fridays for Future trifft auf Future for Building? „Seit 20 Jahren", sagt der 76-Jährige, „ist fossile Energie für mich, soweit möglich, ein Tabu."

Er hat sich unter den Architekten verortet, die sich von schwierigen Gemengelagen nicht die Tatkraft verderben lassen. Die ihrer gestaltenden Profession mit Grundoptimismus nachgehen. Oder sagen wir besser: vorangehen. In treuer Partnerschaft zu Energietechnikern wie Michael Simon. Die beiden haben gerechnet und noch mal gerechnet und noch mal, dann war das Dach bis auf den letzten möglichen Zipfel mit Photovoltaik-Modulen bestückt. Waren die zwei Wärmepumpen für die Fußbodenheizung und Warmwassererzeugung beschlossene Sache. Komplettieren vier Pufferspeicher fürs Brauchwasser das Konzept.

Diese Produktion und Eigennutzung von Energie machen die Flatrate überhaupt erst möglich. Partiell frei von Unwägbarkeiten wie Strompreiserhöhungen.

In der modernen Architektur geht es gern mal um Übertreibung, Extravaganz, Ego. Johannes Hartwich folgt lieber seinen Dogmen: Bezahlbarer Wohnkomfort. Pflicht zur Nachhaltigkeit. Grüne Energie. Eine Architektur, die nicht das platte Bedürfnis nach Erregung befriedigt, sondern durch zeitlose Solidität überzeugt.

Johannes Hartwich und Michael Simon folgten gemeinsamen Überzeugungen: bezahlbarer Wohnkomfort und Pflicht zur Nachhaltigkeit.

Michael Simon ist auch in dem Punkt der Mann an seiner Seite. „Für ein Haus, das 40, 50 Jahre Leben vor sich hat, braucht es Visionen, Ideen. Mit der Beschränkung, was kostet der Quadratmeter, kommt man nicht wirklich weiter. Gibt es irgendwo auf der Welt dickere Bauvorschriftensammlungen als in Deutschland? Die Vorgaben ändern sich ständig. Werden die Klimaziele ernst genommen, wären eigentlich schon wieder neue fällig. Der Bauantrag mit den Vorgaben von heute ist dann ganz schnell von gestern. Warum nicht gleich zukunftstauglich bauen? Das Studentenwohnheim ist der lebende Beweis, dass es machbar ist."

KfW-Zuschüsse decken technischen Mehraufwand

Hätte eine Standardlösung besser zum Budget gepasst als diese energieoptimierte? Johannes Hartwich freut sich noch nach fast vier Jahren über den gelungenen Zuschuss-Coup: „Das Haus hat KfW-55-Standard. Der Primärenergiebedarf ist also nur etwa halb so hoch, wie die damalige Energieeinsparverordnung vorschrieb. Die KfW belohnte das mit Zuschüssen. Die deckten beim ABH sämtliche Mehrkosten für die energetischen Maßnahmen. Der KfW-Kredit für das gesamte Haus beläuft sich auf erfreuliche 0,75 Prozent." Investoren-Schlauheit!

Da wir gerade beim Geld sind: „Als eingetragener Verein interessiert uns nicht Gewinnoptimierung, sondern bezahlbares Studentenwohnen. Trotzdem muss die Wirtschaftlichkeitsberechnung natürlich garantieren, dass wir keine Verluste machen." Kostendeckung, Rücklagen gehören auch bei solch einem ambitionierten Projekt zur Kärrnerarbeit.

Der Architekt ist völlig entspannt. Alles im grünen Bilanzbereich.

Noch glücklicher wären Michael Simon und Johannes Hartwich, würde die gesetzliche Tyrannei der Ein-und Ausspeiseabgabe abgeschafft. Auch für die Weitergabe des selbst produzierten Stroms an seine Mieter muss der Vermieter eine Umlage zahlen. Michael Simon: „Der Energieversorger sagt: Stopp! In dem Haus wohnen fremde Dritte. Her mit den Extraabgaben! Für jede selbst genutzte Kilowattstunde 6 Cent. Die Mieterstromförderung soll diese Abgabe mit 3,7 Cent kompensieren. Belohnung für klimafreundliches Verhalten sieht anders aus."

Aktuelle Zahlen bestätigen die Prognosen

Schauen wir mal die Zahlen an:
→ Auf dem Wohnheimdach liegen 30 Kilowattpeak Photovoltaik. Die sollen jedes Jahr 30.000 Kilowattstunden Solarstrom liefern. Weil die Dachfläche begrenzt, das Leistungsziel aber sportiv ist, hat sich Sunny Solartechnik für 300-Watt-Hochleistungs-

Beim Anblick des Technikraums macht das Herz jedes Kenners einen Freudensprung. Aller Platz für nützliches Equipment.

module von aleo entschieden. Und zwar konsequent in Südaufständerung, obwohl auf Flachdächern auch eine Ost-West-Ausrichtung funktioniert.

→ Das 1.778 Quadratmeter große Studentenwohnheim hat einen Strombedarf von etwa 30.000 Kilowattstunden im Jahr.

→ Zwei Luft-Wasser-Wärmepumpen mit je 31 Kilowatt Heizleistung – sie werden mit Strom betrieben – sorgen im Haus für Wärme. Der Leistungsfaktor 1:5 sagt aus: Die Wärme, die der Luft entzogen wird, wird verfünffacht. Der dafür nötige Strom stammt zumindest teilweise vom eigenen Dach. Im Winter etwa werden die Wärmepumpen noch mit 10 bis 15 Prozent solar unterfüttert. Aber auch beim Zukauf aus dem Netz kann man ja ohne Not Grünstrom favorisieren.

→ Vier Pufferspeicher mit 3.200 Litern stellen das Brauchwasser für die Studierenden.

→ Die Trinkwasserverordnung hat einen Schlenker erfordert, auf den die Planer lieber verzichtet hätten: einen Gasbrennwertkessel. Um Keime im Duschwasser zu verhindern, bestimmt die Wohnheim-Vorschrift: 60 Grad Celsius. Die Wärmepumpe arbeitet auf einem relativ niedrigen Niveau – was sich in ihrem guten Wirkungsgrad widerspiegelt. Sie könnte das Wasser aber nur auf maximal 40 Grad Celsius erwärmen.

Einwurf von Michael Simon: In der Schweiz wird das völlig akzeptiert.

→ Der Strombedarf für die Haustechnik beläuft sich auf etwa 64.500 Kilowattstunden im Jahr. Die Hälfte davon wird für die Warmwassererzeugung benötigt. Jede selbst erzeugte Kilowattstunde kostet etwa 10 Cent weniger als eine netzbezogene. (Vor der Preiserhöhung 2022. d. R.)

→ Es gibt nur einen Stromzähler für alle Wohnungen im Gebäude.

→ Unterm Strich kommen für PV-Anlage, Wechselrichter, Managementsystem von Solar-Log (gewährleistet, dass die Wärmepumpe mit überschüssigem PV-Strom versorgt wird) 45.000 Euro zusammen.

→ Ein Stromspeicher, der die Eigenversorgung erhöhen würde, fehlt noch, steht aber auf der Agenda für eine spätere Nachrüstung.

Junge Leute sind ja noch beim Disziplin-Lernen. Verführt die Flatrate zur Verschwendung? Fenster auf und warme Zimmerluft raus? In Johannes Hartwichs kategorischem „Nein" steckt neben den plantreuen Zwischenstandsverbräuchen auch die Zuversicht, diese Generation wird die Klimasünden ihrer Vorfahren korrigieren. „Nachhaltigkeit ist kein Trend. Sondern unsere Lebensversicherung."

Irgendwelche Vorschriften? Keine. Nur eine Bitte – bei der trifft jung gebliebenes Architektenherz auf städtebauliche Ordnungsliebe alter Schule: Die Wäsche nicht auf den Balkon hängen! Sondern in den Wäsche- und Trockenraum.

Übrigens lebt das ABH mehrfach soziale Verantwortung. Das Untergeschoss nutzen die Heimkinder von nebenan, die dringend mehr Platz brauchten. Und es gibt Apartments für acht Flüchtlinge. «

ONLINE

- Energie-Eigenversorgung im Studentenwohnheim – Die Auswertung

https://youtu.be/6Z85URqrVro

Kapitel 4

Sunny-Solartechnik-Projekt Einfamilienhaus Schruer/van Essen, Singen

Der fliegende

Antony van Essen und seine Frau Marti Schruer haben drei solare Welten in ihren Alltag implementiert: das Segelflugzeug, ihr Haus, ihr Auto. Fossil? Nein, danke!

Im Himmel wie auf Erden: Grünstrom. Flugscham? Was hat Pilot Antony van Essen damit zu tun? Nun unterstellt zwar niemand einem Segelflugzeug solche Umweltferkeleien wie einem Airbus. Aber bevor es sich in die Sphären des Gleitens begibt, muss es ja erst mal hochkommen. Das geschieht in aller Regel per Windenstart: Ein langes Seil wird am Flugzeug eingeklinkt, ein Windenmotor zieht es mit

Die Akteure

Segelflugzeug mit E-Motor, den Antony van Essen, wenn möglich, mit eigenem Solarstrom betankt

Holländer

Tempo ein und gibt dabei dem Flugobjekt so viel Geschwindigkeit, dass es aufsteigt. Oder man lässt sich von einem motorisierten Flugzeug an einem Seil in die Lüfte schleppen. Dritte Möglichkeit bei neueren Modellen: Eigenstart mit einem einklappbaren Triebwerk. Schon diese Kurzlektion macht deutlich, dass vor dem Schweben unter den Wolken erst mal die petrolchemische Industrie dran ist. Beispiel: Ein Schleppflugzeug verbraucht mit dem Segler hintendran in den zehn Minuten auf 500 Meter Steighöhe etwa 6 Liter Sprit.

Als sich Antony G. van Essen und sein Partner – „der ist noch grüner unterwegs als ich" – auf die Suche nach einem neuen Segelflieger begaben, folgten sie einer Selbstverpflichtung: keinen Stinker. Etwas weniger moralisch, dafür technisch präziser formuliert: keinen Zweitakt-Benzinmotor. »

Der Jubel war entsprechend, als sie am Gebrauchtmarkt fündig wurden. Ein Flugzeug mit E-Motor! Das Modernste vom Modernen. Entwickelt von einem Flugzeugbauer, seit zehn Jahren am Markt.

Kleine Pilotenlektion mit Verbrauchsangaben

Um die 7.300 zugelassene Segelflugzeuge gibt es in Deutschland. Eine fliegende Solarbatterie zählt zu den eher seltenen Erscheinungen am Himmel.
Antony van Essen: „Der Motor wird mit einer Lithium-Ionen-Batterie betrieben. Die hat 43 Kilowatt Leistung, gleich 60 PS. Was locker reicht, um mit 70 bis 80 Stundenkilometern abzuheben. Das frisst natürlich allerhand Energie. Um die 155 Ampere. Wenn ich auf 100 Meter Höhe bin, nehme ich die Leistung auf 120 Ampere zurück. Zwischen 400 und 500 Metern hat man die erste Thermik. Der Motor und der 2-Meter-Propeller werden jetzt in den Rumpf eingefahren, aber ich habe immer noch 80 Prozent Leistung. Als Reserve für eine Durststrecke, die mich unterwegs eventuell treffen könnte."
Der Mann fliegt seit 30 Jahren quer durch Europa, er weiß, was er tut. Nach all den medialen Horrorgeschichten über Testfahrten mit E-Autos lässt sich die folgende Frage trotz besten Willens nicht verkneifen: Haben Sie niemals Angst, die Batterie könnte versagen? „Ich habe Urvertrauen in die Technik. Auf dem Display kann ich die Batterieleistung ständig kontrollieren. Welche Probleme sollte es geben?"
Im besten Fall steckt in der Batterie Strom vom eigenen Hausdach in Singen. Im Sommer hängt Antony van Essen den Segler direkt an seine private Ladesäule. „Die ist mit 7 Kilowattstunden dabei, 3 hole ich aus der Speicherbatterie im Haus, 1 aus dem Netz. Vier bis fünf Stunden, dann sind 40 Kilowattstunden geladen."
Der Wahrheit die Ehre. „Eigener Solarstrom ist nur eine Option. Steht der Segler gerade auf einem französischen Flugplatz, muss getankt werden, was aus der Steckdose kommt."

Marti Schruer und ihr Mann Antony van Essen haben mithilfe von Michael Simon (rechts) alles Fossile aus ihrem Haus verbannt.

Die Welt ist voller Defizite. Tun wir was dagegen.

Marti Schruer, Lehrerin, und Antony van Essen, Industrie-Apotheker, zogen in jungen Jahren aus den Niederlanden nach Singen (Hohentwiel), um die Ecke vom Bodensee. Mit 60 verabschiedete sich Antony van Essen nach jahrelanger hoher Verantwortung in der Pharmaindustrie in den Ruhestand. Stellte aber nach einer Proberunde als Vollzeitrentner alsbald fest: Etwas fehlt fürs Alltagsglücksgefühl. Er taugt noch nicht zum Hausmann.
Just in dem Moment verlagerte ein japanischer Pharmakonzern seine Produktion nach Singen. Plötzlich war er wieder Chef von 100 Leuten. Halbjahres-Chef. Im Winter wird gearbeitet, im Sommer Urlaub gemacht.

Gute Gelegenheit, manches um- und neu zu sortieren. Beispielsweise im nicht mehr so ganz taufrischen Haus. 1983er-Jahrgang, 230 Quadratmeter groß, seit dem Auszug der drei Kinder mit untervermieteter Einliegerwohnung und Arbeitszimmer. Ökologische Wachheit, stellten die Hausherren für sich fest, sollte ruhig etwas mehr sein als der ZOE und die Fahrräder vor der Tür. „Die Welt ist voller Defizite. Die Klimakrise verschwindet ja nicht dadurch, dass wir sie ignorieren." Der niederländische Schmelz nimmt dem Marti-Schruer-Satz nichts von seiner Resolutheit.

Gut angelegtes Geld für ein Selbstversorgungsoptimum

Das sympathische Paar robbte sich peu à peu an seinen bilanziell positiven Energie-

Die Akteure

status heran. Eine Energieberatung der Stadt Singen empfahl eine neue Umlaufpumpe für das Warmwasser der Fußbodenheizung. 80 Euro. Geht's noch ein bisschen besser? Der nächste Energieberater riet zu einem Brennwertkessel. Erdgas? Nein, danke! Fossile Brennstoffe gehören nicht in die Zukunft. Alternative: eine Luft-Wärmepumpe. Kostet etwas mehr? Egal. Wird sie halt ein bisschen schöngerechnet.

Schließlich die Bekanntschaft mit Michael Simon von Sunny Solartechnik. Er setzt den Fortschrittswillen in ein Fortschrittsprojekt um. Zu dem gehört eine 10-Kilowattpeak-Photovoltaik-Anlage. Auf dem Ost- und auf dem Westdach. Wovon dem Ehepaar 15 Jahre zuvor noch zu Recht abgeraten worden war.

Die heutigen Module spielen so viel ein, dass sich ein S10 E-Hauskraftwerk von E3/DC mit 19,5 Kilowattstunden Speicherleistung lohnt. Diese Dimensionierung war andererseits auch nötig, weil die Luft-Wärmepumpe mit ihrem Doppelkompressor allerhand Strom schluckt.

Von März bis Oktober sind Marti Schruer und Antony van Essen ihre eigenen Energieversorger. Die Überschüsse dieser Sonnenmonate decken locker ab, was sie die restlichen vier Monate aus dem Netz holen müssen.

Reicht's auch für den ZOE? Sieht danach aus. Allerdings wird er an verschiedenen Ladestationen betankt, deshalb hat noch keiner en détail nachgerechnet.

„Es war ein unglaublich schöner Moment, als ich unseren regionalen Gasversorger angerufen habe: Das Gas können Sie abstellen! Jetzt haben wir nur noch eine fossile Schmauchstelle: unseren größeren Renault. Der wird für Urlaubsfahrten gebraucht." Antony van Essen klingt, als sei er mit diesem Kompromiss maximal viertelzufrieden.

Für seine energetische Kehrtwende hat das Ehepaar etwa 40.000 Euro in die Hand genommen. In der Summe steckt neben dem technischen Equipment auch die zusätzliche Dämmung der Kellerdecke. „Besser kann man sein Geld nicht anlegen."

In ihrer Wohngegend sind die beiden eher Einzel- denn Massenerscheinung. Siehe PV-freie Dächer. „Niemand weiß wirklich, wie die Zukunft aussieht. Aber wir müssen wissen, dass unser heutiges Tun entscheidend dafür ist."

Noch so ein Marti-Schruer-Satz. Der denkbar beste Schlusssatz.

1 + 2
Lithium-Ionen-Batterien kennt Michael Simon eher aus bodenständigen Stromspeichern. Pilot Antony van Essen schätzt sie auch im Flugobjekt.

3
Der E-Renault kommt auf 12.000 Kilometer im Jahr, der Diesel-Renault wird nur für den Urlaub genutzt und für alle Strecken bis 15 Kilometer das Fahrrad.

Kapitel 4

Die Bessermacher

Mit Photovoltaik aller Größenordnungen und Stromnetzen kennt sich die S-Tech Energie GmbH aus dem bayerischen Winhöring bestens aus. Mit einem ersten Mehrfamilienhaus erweiterte die Firma ihren Aktionsradius. Energetischer Selbstversorger und komfortable Wohnadresse für Ortsansässige – beides ist hundertpro gelungen.

Die Akteure

Dieses Haus ist ein Manifest, wie mit grünem Verstand gebaut werden kann. Ein Hybrid aus Alt- und Neubau. Mit sattem sozialen Anstrich. Er bietet seit Frühjahr 2021 acht Familien und einem Frisörsalon Platz.

© Hans-Rudolf Schulz

Die Freunde Andreas Hartl (links) und Manfred Eglseder (rechts) haben sich mit ihrem dritten Freund Marc Zeyss (nicht im Bild) erstmals als Bauherren betätigt.

S-Tech Energie, Winhöring

496.139.475 kg CO_2 vermieden 2012–2021*

mit 1.031.475.000 Kilowattstunden Solarstrom

*Laut Fraunhofer-Institut ISI ist für den Zeitraum von 2012 bis 2021 ein Emissionsfaktor von durchschnittlich 481,8 g CO_2/kWh anzusetzen.

www.eMobilie.de

Kapitel 4

1
Alt trifft auf Neu und verbindet sich symbiotisch. Der Altbau bekam bei der Sanierung einen enormen Effizienzschub und steht energetisch kaum schlechter da als der Neubau.

Die Akteure

Beste Freunde. Was andere ersatzweise in Filmen oder Büchern bestaunen, ist Alltag bei Andreas Hartl, Manfred Eglseder und Marc Zeyss. Seit Kindertagen. Alle Jahrgang 68. Heimlich rauchen, gemeinsam Schule schwänzen, Fußball spielen, Ski fahren – die 50-Jahre-Freundschaftsliste ist reichhaltig bestückt mit Episoden jeglicher Art.

2009 gründen die drei eine Firma. Natürlich beim Weißbier. Klar, wir sind in Bayern. Das Weißbier findet heutzutage übrigens, jenseits aller Legenden, nicht zwangsläufig im Gasthaus statt. Sondern bei viel beschäftigten Menschen gern auch auf dem heimischen Sofa. Das Gründungskapital: ihr Urvertrauen zueinander. Ein Elektromeister, ein Großhandelskaufmann, ein Polstermöbel-Unternehmer – das hört sich nach buntem Branchengeschäftsführermix an. Erweist sich aber als ideales Kompetenzzentrum, um die S-Tech Energie GmbH zu einem prominenten bayerischen PV-Unternehmen mit sichtbarer grüner Stromspur heranwachsen zu lassen. Mehr als 1.000 Kunden, von denen – Chapeau! – 70 Prozent durch die Referenz ihrer Vorgänger vorstellig werden, sollten allerdings nicht zu der größenwahnsinnigen Annahme verleiten, in Deutschland herrsche nunmehr die Epoche der Erneuerbaren. Natürlich gibt es immer mehr Photovoltaik.

Aber es gibt immer noch viel mehr zu wenig Photovoltaik. Zu den ersten Kunden von S-Tech Energie zählt übrigens eine Tierärztin aus einem Nachbarort. Ein Neugründer-Glücksgriff. S-Tech Energie hatte fortan eine Art PV-Botschafterin in ihrer potenziellen Klientel.

Bayern bestätigt aktuell seinen Ruf als Sonnenland. Im ersten Halbjahr 2022 wurde beim Zubau eine Steigerung um 84 Prozent gegenüber dem Vorjahreszeitraum erreicht.

Manfred Eglseder: Die Energiewende ist die intelligenteste Investition, die wir tätigen können.

Und S-Tech Energie ist dabei.

Andreas Hartl: Mit Ausnahme kleinerer Dellen seit Firmengründung. Wenn die Bundesregierung mit drastischen Förderkürzungen den PV-Ausbau ausbremste oder die Bürokratie sich neue Spitzenleistungen verordnete, war der Überzeugungsbedarf bei Kunden hoch. Seit geraumer Zeit geht es uns wie allen Solarteuren: Wir sind ausgebucht. Wir müssen Interessenten nicht mehr überzeugen, wenn sie in der Tür stehen. Sie sind überzeugt.

Ohne die gute Stimmung kleinreden zu wollen: Auf deutschen Dächern ist noch jede Menge Platz für Solarmodule. Gerade mal sieben Prozent technisch geeigneter Flächen seien belegt, sagt die Statistik. Das Fraunhofer-Institut für Solare Energiesysteme hat errechnet: 560 Gigawatt an Dächerleistung sind möglich.

Andreas Hartl: Wenn ich meinen Blick kreisen lasse – Potenzial gibt es auch hier überreichlich. Aktuell sind 20 Prozent der Dächer bestückt, würde ich schätzen. Bei Neubauten wurde in der Vergangenheit oft auf PV verzichtet, weil allein die Grundstückspreise die Finanzmittel der Bauherren arg geschröpft haben. Und die älteren Leute in ihren älteren Häusern sagen: „Das ist mir alles zu aufwendig, das tue ich mir nicht mehr an."

Zu ihrer Kundschaft gehören hier im ländlichen Raum vermutlich viele Landwirte.

Manfred Eglseder: Es gibt tatsächlich reichlich Scheunendächer mit jeder Menge Platz für Solarmodule. Zum Gewerbe kamen über die Jahre immer mehr private Hauseigentümer dazu. Mittlerweile sind sie in der Überzahl.

Unser Konzept orientiert von Anfang an darauf, den selbst produzierten Strom auch selbst zu verbrauchen. Damit unterschieden wir uns von Finanziers, die in PV investierten, um den Strom gewinnbringend zu verkaufen. Sie haben Photovoltaik als Rendite-Investment behandelt. Wir waren auf der Eigenverbrauchsschiene unterwegs. Was ist effizienter, als den Strom vom Dach direkt vor Ort zu verbrauchen?

Speichertechnologie war, logisch, von Anfang an ein Thema für Sie.

Andreas Hartl: Wir haben allerhand Speicher ausprobiert. Das erste Produkt, an dem wir nichts auszusetzen hatten, entdeckten wir dann 2013 bei E3/DC. Als uns der Regionalvertreter erstmals besuchte, bestellten wir auf der Stelle fünf Speicher. Ihr wollt tatsächlich gleich fünf Stück? Der war total perplex.

Was hat Sie so überzeugt?

Manfred Eglseder: Plug-and-play. Einfacher geht's nicht. Die Batterie läuft wie ein Bienchen. Wir als Installateure haben als Gegenüber auf E3/DC-Seite Leute, die uns kennen. Für die sind wir nicht Nummer x-beliebig in der Warteschleife. Ein Premiumprodukt hat seinen Preis. Aber die Kunden trauen unserer Expertise. Wenn jemand bei uns vorstellig wird, er möchte eine PV-Anlage, aber keinen Speicher von E3/DC, steigen wir aus. Nach 400 Geräten sind wir mehr denn je von deren Qualität überzeugt. PV plus Speicher. Das ist seit zwei Jahren Kundenwunschstandard. Wir würden gern noch die Wärmepumpe dazulegen. Aber wir finden keinen Heizungsbauer. Wir empfehlen also nur passende Modelle. »

Kapitel 4

Die Klimakrise ist nicht allein ein Umweltthema, sie ist genauso ein Wirtschafts-, Gesundheits-, Ernährungsthema.

ANDREAS HARTL: Ich glaube, es begreifen immer mehr Menschen, welche Folgewirkungen mit dem Klimawandel auf sie zurollen. Nicht in weiter Ferne, sondern jetzt, in greifbarer Nähe. Wir haben keine Zeit mehr für halbe Sachen, der Booster für die Erneuerbaren ist fällig. Gibt es eine vertretbare Alternative zur Dekarbonisierung unseres Alltags? Gibt es nicht. Punkt. Aus. Ende.

MANFRED EGLSEDER: Der Sonnenstrom allein vom Dach reicht nicht aus für Deutschlands grünen Energiebedarf. Wir bauen und betreiben deshalb seit ein paar Jahren auch größere Solaranlagen auf Freiflächen. Bis zu sieben Megawatt.

Die kosten Sie Nerven, weil nicht von jedermann bejubelt?

MANFRED EGLSEDER: Wir sind mit dem Thema PV allen sympathisch, egal, mit wem wir in den Kommunen sprechen. Kompliziert wird es bei den Flächen für die Anlagen. Die sind ein knappes Gut.

Und gern mal verschrien als neue Form von Landraub.

MANFRED EGLSEDER: Wir machen das Land kaputt? Es ist eher eine Flächenstilllegung, intensive landwirtschaftliche Bewirtschaftung mit allen Nebenwirkungen fällt aus. Was für die Natur und Wasserwirtschaft durchaus vorteilhaft sein kann. Es entstehen neue Naturreservate mit einer großen Biodiversität. Unter den Modulen leben Hasen, Rehe, Vögel, sogar Kälber. Kräuter, Blumen, Insekten fühlen sich wohl …

ANDREAS HARTL: Modulfelder schauen nicht so nett aus wie eine grüne Wiese. Aber wir werden uns auch hierzulande an Agri-PV gewöhnen. Der Schutz vor Hagel-, Frost- und Dürreschäden wird ein nicht zu verachtender Effekt für die Landwirtschaft sein.
Die Grüne-Strom-Ausbeute dieser großen Flächen trägt zu einer besseren Welt bei. Definitiv. Ein Beispiel: Wir haben einen 4,4-Megawatt-Solarpark entlang der Bahnlinie Laufen–Salzburg errichtet. Der versorgt 1.200 Haushalte ganzjährig mit Ökostrom.

2021 wurden in Deutschland rund 33,6 Millionen Tonnen CO_2 durch den Einsatz von Photovoltaik eingespart.

MANFRED EGLSEDER: Hey, da klopfen wir uns mal ganz ungeniert auf die Schulter.

2015 wagen sich die drei Freunde auf bis dato unvertrautes, für Seiteneinsteiger nicht ganz unheikles Terrain. Aber wer hat schon Misserfolg auf seiner Agenda, wenn sich Pragmatismus und Optimismus so eng verbandeln wie bei diesem Trio? Sie kaufen ein altes Haus in Seeon, wollen es sanieren und um einen Anbau ergänzen.

Der Klostersee vor der Haustür, der Chiemsee um die Ecke, ein ehemaliges Benediktinerkloster, das sich sogar mit dem jungen Mozart rühmen kann, eine von Touristen bejubelte „Bergdoktor"-Idylle – im voralpenländischen Seeon und drumherum kann man sich rund ums Jahr einer Überdosis Weltgeschehen entziehen. Das bringt Großstädter wie Münchner dann gern mal auf die Idee einer Zweitwohnung im Oberbayerischen.
Und die Einheimischen müssen sehen, was übrig bleibt? Falls was übrig bleibt. Bauen ist Produktion von Heimat. Das wäre die nüchternste Ansage für den Fakt: Einheimische schaffen Wohnraum für Einheimische.
Es lässt sich auch gefühliger beschreiben. Etwa mit Patriotismus. Mit Lust auf Neues. Mit Tatkraft fürs Gemeinwohl.

Die Akteure

1

1 Moderne Architektur in Beige, Grau und Holzfarben, die ihre regionale Herkunft nicht verleugnet. Auf den Dächern liegen PV-Module.

2 Das Bad beweist: Auch innen wurde mit Sinn fürs schöne Detail vorgegangen.

3 Jede Wohnung hat einen Balkon oder eine Terrasse. Grün aller Art gibt es ein paar Schritte vom Haus entfernt reichlich.

© Hans-Rudolf Schulz

Wurden Ihnen PV-Module zu langweilig? Sind Sie deshalb ins Baugeschäft eingestiegen?

MANFRED EGLSEDER: Zufälle bereichern das Leben, oder? Das alte Wohn-/Geschäftshaus stand zum Verkauf. Wir haben zur selben Zeit in der Firma überlegt, wie wir das Winterloch überbrücken können. Von Weihnachten bis März kommt unser Montageteam nicht auf die Dächer, da liegt hier Schnee. Nutzen wir unsere Handwerkerkompetenzen sinnvoll, um das Haus zu sanieren. So weit die Theorie. Praktisch hatten wir dann als Solarteure plötzlich mehr Arbeit als gedacht, weil die Freiflächenprojekte zunahmen. Die kann man zu jeder Jahreszeit bauen.

ANDREAS HARTL: Zu unserer Motivation gehörte: Wir wollten unbedingt, dass das Haus in den Händen von Seeonern bleibt. Wir besitzen selbst seit jungen Jahren eigene Häuser. Die verdanken wir dem Einheimischen-Modell: Wurde ein Kind geboren, vermachten ihm die Eltern ein Stück Land. Das Grundstück für ihr späteres Haus.

Heute gibt es kaum noch Land für die eigenen Kinder. Aus verschiedenen Gründen. Ein maßgeblicher ist, dass situierte Städter sich in den Dörfern eingekauft und die Preise in Gipfellagen getrieben haben. Wegen fehlenden Wohnraums verabschieden sich die jungen Leute aus den Dörfern. Wem soll das gefallen?

Wir haben das umgebaute Haus mit seinen acht Wohnungen und dem Frisörsalon im Untergeschoss nicht im Internet annonciert. Im März 2021 war es bezugsfertig. Sehen, fragen, mieten – innerhalb kürzester Zeit waren die Wohnungen belegt.

Sie haben sich mit Ihrem Erstling gleich an etwas besonders Herausforderndes gewagt: an einen Hybrid aus Alt und Neu.

MANFRED EGLSEDER: Wir haben im Land einen riesigen Gebäudebestand. Der muss den Sprung in die Neuzeit schaffen. Wir können ja nicht alles plattmachen. »

Grund zwei für unsere Unerschrockenheit: Wir verstehen was von energetischer Gebäudekonditionierung. Es gab für uns nicht den kleinsten Anlass, den alten Ziegelbau zu entsorgen. Die Steine bekommen ein zweites Leben. Stichwort graue Energie. Baustoffkreisläufe.

Das zugehörige Grundstück war so groß, dass ein zusätzlicher Neubau Sinn gemacht hat. Die Planungen stammen übrigens von einem ortsansässigen Architekten.

Auch technisch ist das Mehrfamilienhaus das Gegenteil eines Schubladenentwurfs.

ANDREAS HARTL: Total. Ein Mietshaus, das sich umfänglich selbst mit grüner Energie versorgt und sogar noch welche abgibt. Option auf Betankung von E-Autos. Wiederbelebte Gebäudesubstanz. Bereitstellung von Wohnraum für Einheimische. Eine bezahlbare Miete für eine komfortable Ausstattung. Das ist ein recht kompaktes Gesamtkonzept.

Wenn Sie jetzt fragen, ob die Bewohner es würdigen? Ja, tun sie. Und auch die kommunale Politik. Sie finden es teilweise exotisch, wie wir technisch unterwegs sind, aber total spannend.

Sie haben Lust auf weitere Wohnprojekte?

MANFRED EGLSEDER: Richtig vermutet. Wir warten bereits auf die nächste Baugenehmigung.

1

Idylle ist in der Miete inbegriffen: Ausblick auf Kloster und See

2

Die technische Ausstattung war für Manfred Eglseder und Andreas Hartl ein Heimspiel. Das Strommanagement des Hauses übernimmt der S10 E PRO-Speicher von E3/DC, assistiert von zwei Wechselrichtern.

Schauen wir mal, was in dem Konzept von S-Tech Energie steckt, das Mehrfamilienhaus zu einem effizienten Superbau zu konditionieren, der seine Energieversorgung in Eigenregie leistet.

→ Das erworbene alte Gebäude, in Seeons Ortsmitte gelegen, war ehemals eine Bäckerei mit einer darüberliegenden Wohnung. Um 1900 gebaut, in den folgenden Jahrzehnten immer mal wieder angestückelt. Die Bausubstanz bestand also aus einem Material- und Stilgemisch.

Das Haus ist etwas mehr Alt- denn Neubau. Der sanierte alte Korpus bietet 540 Quadratmeter Wohnfläche. Die Steinwände von anno dazumal blieben erhalten. Die Außenmauern wurden mit Steinwolle gedämmt, 20 Zentimeter stark.

Der wie ein kurzer Schenkel angesetzte, aus Ziegeln errichtete Neubau steuert weitere 240 Quadratmeter bei.

Die Obergeschosse haben – Verbeugung vor regionaler Architekturtradition! – eine Holzverkleidung. Partiell gibt es die der schönen Optik halber auch im Erdgeschoss. Die beige Trespa-Verkleidung der Fassade zur Dorfstraße hin sieht gut aus. Dient aber vor allem als Schutz. Beispielsweise, wenn der Schneepflug Matschkaskaden verteilt.

→ Die acht Wohnungen sind zwischen 75 und 110 Quadratmeter groß. Die Mieter decken die Bandbreite vom Single bis zur 3-Kinder-Familie ab. Und haben natürlich verschiedene Energie- und Wasserbedarfe. Der ehemalige Hauseigentümer hat übrigens lebenslanges Wohnrecht. Auch das stand auf der sozialen Agenda von S-Tech Energie für dieses Projekt.

→ Auf den Dächern liegen Photovoltaikmodule mit 45 Kilowattpeak. In Ost-West- und Nord-Süd-Ausrichtung. Okay, der Norden steuert etwa ein Fünftel weniger Sonnenstunden bei als seine benachbarten Himmelsrichtungen. Allemal kein Grund, ihn zu ignorieren.

Die solare Ausbeute summiert sich auf 40.000 Kilowattstunden im Jahr. Eine beachtliche Menge, die den Eigenbedarf des Hauses zu 70 Prozent deckt.

→ Ein S10 E PRO, der leistungsstärkste E3/DC-Stromspeicher, mit einer Kapazität von 40 Kilowattstunden und zwei E3/DC-Zusatzwechselrichter mit je 10 Kilowattstunden sammeln die solare Energie und stellen sie bedarfsgerecht zur Verfügung.

→ Für angenehme Raumtemperaturen sorgt eine Luftwärmepumpe mit 12 Kilowatt Leistung. COP 4 bedeutet: gute Wirtschaftlichkeit.

→ Für das Brauchwasser ist eine weitere Wärmepumpe zuständig. Auch sie wird mit grüner Energie betrieben. Was sonst?

→ Eine Frischwasserzentrale heizt das Wasser auf 60 Grad Celsius auf. Prinzip Durchlauferhitzer.

→ Durch die Fußbodenheizungen in den Wohnungen strömt das vorgewärmte Wasser aus dem Pufferspeicher. Dessen Zirkulationszeiten werden abhängig vom Mieterbegehren optimiert.

→ Die Zahl ist richtig gut: Nur 70 Prozent des grünen Stroms vom Dach verbraucht das Haus im Jahresschnitt selbst. Für Strom und Wärme, wohlgemerkt. Das andere Drittel ist Überschuss und wird ins Netz abgegeben. Noch. Demnächst sollen zwei intelligente E3/DC-Wallboxen den Komfort für die Hausbewohner komplettieren. Inklusive Carsharing. Muss jeder seine eigene Blechkiste haben, wenn sich Mobilität auch anders ermöglichen lässt? Noch dazu Elektromobilität?

→ Während der dunklen Monate – maximal fünf im bayerischen Alpenvorland, sollte der Winter hartnäckig sein – muss Strom zugekauft werden. 10.000 bis 15.000 Kilowattstunden in Summe.

→ Eine heimliche Reserve, die wie ein Rückfall in fossile Zeiten wirkt, steht im Technikraum: eine Gastherme. Manfred Eglseder und Andreas Hartl geben zu: kein Wunschobjekt, nur eine Sicherheitsgeschichte. Funktioniert die Wärmepumpe bei minus 20 Grad Celsius tatsächlich so, wie sie soll? Und was, wenn plötzlich das gesamte Haus Samstagnachmittag in die Badewannen hüpft? Anfängerfragen und -ängste. Dem beauftragten Heizungsbauer fehlte gleichfalls die Erfahrung mit dieser speziellen Abhängigkeit: acht Mietparteien und eine Wärmepumpe.

Nach zweimal Frühling, zweimal Sommer, zweimal Herbst und einmal Winter wissen die beiden: Eine Gasheizung ist künftig out. Zumal sie bislang eh nur ungenutzt herumsteht.

→ Zehn Prozent der Gesamtkosten für diesen Um-/Neubau entfallen auf die technischen Komponenten. Rund zwei Millionen Euro. «

ONLINE

- Ein Video über das Mehrfamilienhaus in Seeon:

https://www.youtube.com/watch?v=G7hn_YELxOg